Taschenbuch

für die

Soda-, Pottasche- und Ammoniak-Fabrikation.

Herausgegeben

von

Dr. G. Lunge,
Professor der techn. Chemie am eidgenöss. Polytechnikum in Zürich.

Dritte, umgearbeitete Auflage.

Mit 18 in den Text gedruckten Figuren.

Berlin.
Verlag von Julius Springer.
1900.

ISBN 978-3-642-98423-5   ISBN 978-3-642-99237-7 (eBook)
DOI 10.1007/978-3-642-99237-7

Der Abdruck der für dieses Werk neu berechneten Tabellen oder anderer einzelner Theile desselben, welche nicht Gemeingut sind, ist nur mit Bewilligung des Herausgebers gestattet, dem auch das Recht zur Uebersetzung in fremde Sprachen vorbehalten ist.

Königl. Universitätsdruckerei von H. Stürtz in Würzburg.

Vorwort zur dritten Auflage.

Die vorliegende Neubearbeitung des „Taschenbuches" erscheint im alleinigen Namen und unter alleiniger Verantwortung des Herausgebers, da der Verein deutscher Sodafabrikanten, welcher die beiden früheren Auflagen veranlasst hatte, sich inzwischen aufgelöst hat. Der Herausgeber hat daher auf die sehr schätzenswerthen Rathschläge der betreffenden Vereins-Kommission diesesmal verzichten müssen. Er hat dies theilweise durch private Nachfragen an massgebenden Stellen über die von Praktikern gewünschten Verbesserungen und Zusätze ersetzt; ferner ist auch inzwischen der ganze Stoff von ihm für die 4. Auflage der „Chemisch-technischen Untersuchungsmethoden" (deren drei frühere Auflagen von Boeckmann bearbeitet waren) in vollständigerer Weise, als dies durch das „Taschenbuch" bezweckt wird, durchgearbeitet worden. Im Texte des letzteren wird öfters auf das eben erwähnte Werk verwiesen werden, wo es zweckmässig schien, die nothwendigerweise knappe Fassung und begrenzte Ausführung der Methoden für spezielle Fälle zu ergänzen. An einigen Stellen enthält das „Taschenbuch" schon wieder kleine Verbesserungen gegenüber jenem grösseren Werke, übrigens ausserdem viele in diesem gar nicht vorkommende Tabellen etc., sodass das „Taschenbuch" keineswegs als ein Auszug aus den „Untersuchungen" anzusehen ist.

Das Ziel des Werkchens war es von vorneherein, im Gebiete der anorganischen chemischen Grossindustrie eine bis dahin vermisste Uebereinstimmung in den analytischen Methoden, Atomgewichten und Reduktions-Tabellen herzustellen (vergl. darüber „Chemische Industrie" 1881, 341 ff., 379 ff.; 1882, 76 ff.). Zu diesem Zweck wird hier meist nur eine Methode angeführt, nämlich diejenige, welche zur Zeit als zweckmässigste gelten darf und diese wird zwar mit aller Knappheit (denn das Werkchen ist ja für Chemiker bestimmt), aber mit allen für ihr Gelingen nothwendigen Anweisungen beschrieben. Nur in vereinzelten Fällen sind auch noch weitere Kontroll-Methoden angegeben.

Der erstrebte Zweck ist im Grossen und Ganzen erreicht worden, wie es die Erschöpfung der zweiten Auflage (1892) in verhältnissmässig kurzer Zeit zeigt; auch hat das Werkchen sich zu Uebungszwecken im Laboratorium als sehr brauchbar erwiesen. Es war daher selbstverständlich, dass bei Bearbeitung der dritten Auflage, bei zahlreichen Verbesserungen und Zusätzen im Einzelnen, doch nicht nur die allgemeinen Grundsätze der früheren Auflagen, sondern auch die Einzel-Tabellen und Methoden durchgängig (mit wenigen Ausnahmen) beizubehalten und nur, wo irgend möglich, durch bei längerem Gebrauche als zweckmässig erkannte Zusätze aus der Praxis zu ergänzen waren. Es konnte im Interesse der in erster Linie anzustrebenden Uebereinstimmung unter den Analytikern nicht darauf Rücksicht genommen werden, wenn von Zeit zu Zeit neue Methoden zur Analyse, Titerstellung u. s. w. als die allerbesten empfohlen werden, so lange nicht die (in meinem Laboratorium meist durchgeführte) Nachprüfung wirkliche, irgend erhebliche Vorzüge der neuen Methoden vor den alten, bewährten und gerade für wichtigere Fälle so allgemein üblich gewordenen nachweist. Nur in verhältnissmässig wenigen Fällen musste hiervon abgewichen werden.

Der wichtigste davon ist der der Atomgewichte. In den früheren Ausgaben waren die „abgerundeten" Atomgewichte durchgeführt worden, weil nur über diese, nicht über die „genauen" Atomgewichte eine Uebereinstimmung zu erwarten war. Inzwischen haben sich aber doch einige der früher angenommenen „abgerundeten" Zahlen als gar zu ungenau erwiesen (z. B. 24 für Magnesia, statt 24·36), und, was noch richtiger ist, die Atomgewichtskommission der Deutschen Chemischen Gesellschaft (Landolt, Oswald, Seubert) hat eine Tabelle herausgegeben, welche von nun an in deutsch redenden Ländern jedenfalls fast ausnahmslos zur Geltung kommen wird. Ein Vergleich der neuesten, im Januarheft der „Berichte" pro 1900 enthaltenen Tabelle und derjenigen der amerikanischen Spezialforscher F. W. Clarke und Th. W. Richards, ebenfalls für 1900, zeigt in fast allen irgend wichtigeren Fällen (die einzige grössere Ausnahme, die des Platins, kommt grade hier nicht in Betracht; vgl. S. 250 Anm.) entweder vollständige oder doch so gut wie vollständige Uebereinstimmung. Wir dürfen also annehmen, dass in absehbarer Zeit keine irgendwie für uns wesentlichen Aenderungen der deutschen Tabelle stattfinden werden, und können uns nicht länger der Annahme der genaueren Atomgewichte, wie sie jene Tabelle hinstellt, statt der „abgerundeten" entziehen. Dabei war es auch nicht zu umgehen, nach dem Vorgange der deutschen Kommission als Einheit die Zahl $O = 16$ anzunehmen, obwohl die für Annahme des Wasserstoffes als Einheit, also $H = 1$, sprechenden Gründe dem Schreiber dieses sehr gewichtig erscheinen. Aus diesem Grunde ist auch in Tabelle 1 neben den Zahlen für $O = 16$ eine Umrechnung derselben auf $H = 1$ gegeben.

Die Annahme der Atomgewichtstabelle der „Berichte" für 1900 zog die Umrechnung aller Procentgehaltsangaben (Tabelle 2), der Analysen-Faktoren (Tabelle 3), der Litergewichte der Gase (Tabelle 16) und zahlreicher sonst im Buche zerstreuter Angaben nach sich, um durchgehende Konsequenz herzustellen. Für alle diese Berechnungen ist es übrigens gleichgiltig, ob man später doch wieder zu der Annahme von $H = 1$ zurückkehren wird, da ja das Verhältniss der Atomgewichte zu einander dadurch nicht verändert wird.

Die zahlreichen in dieser Auflage enthaltenen, ganze Tabellen und viele neue Methoden umfassenden Zusätze können hier nicht im Einzelnen erwähnt werden, so wenig wie die noch zahlreicheren Verbesserungen im früheren Texte.

Besonderen Dank muss ich der Badischen Anilin- und Sodafabrik für die Mittheilung der anderweitig noch nicht veröffentlichten Schmelzpunkte von Schwefelsäuren und Oleum nach den Untersuchungen von Dr. Knietsch abstatten.

Zürich, im Juni 1900.

Professor Dr. Lunge.

Inhaltsverzeichniss.

Seite

Atomgewichte, Formeln, Procentigkeiten.

1. Tabelle der Atomgewichte 2
2. Formeln, Molekulargewichte und procentische Zusammensetzung von chemischen Verbindungen . . . 3
3. Faktoren zur Berechnung von Gewichtsanalysen . . 12
4. Berechnung der bei gasvolumetrischen Arbeiten abgelesenen ccm auf mg der gesuchten Substanz . . . 16

Löslichkeiten.

5. Löslichkeit verschiedener Substanzen in kaltem und siedendem Wasser 17
6. Löslichkeit einiger Salze in Wasser 18
7. Löslichkeit von Wasserstoff, Stickstoff und Sauerstoff in Wasser nach L. W. Winkler 21
8. Löslichkeit einiger Gase nach Bunsen 22
9. Löslichkeit von Ammoniak in Wasser 23
10. Löslichkeit von Chlor in Wasser 23
11. Löslichkeit von Chlorwasserstoff in Wasser . . . 23

Specifische Gewichte.

12. Specifische Gewichte verschiedener fester Körper . 24
13. Gewichte von geschichteten Körpern 26
14. Specifische Gewichte verschiedener Flüssigkeiten . . 28
15. Specifische Gewichte und Procentgehalte gesättigter Salzlösungen 28
16. Theoretische Dichte und Litergewichte von Gasen und Dämpfen 29

Wärme und Ausdehnung.

17. Lineare Ausdehnung verschiedener Körper beim Erwärmen 30
18. Vergleichung der Temperaturskalen
    A. Celsius-Grade als Einheit — 40 bis 100° C. . . 31
    B. Fahrenheit-Grade als Einheit — 40 bis 212° R. 32
    C. Grade über dem Siedepunkt des Wassers . . 34

— VIII —

	Seite
19. Schmelzpunkte (Gefrierpunkte)	34
20. Gefrierpunkte von Lösungen	35
21. Siedepunkte	36
22. Hohe Temperaturen, bestimmt mit dem Pyrometer von Le Chatelier	37
23. Reduktion der Gasvolumina	
I. auf die Temperatur von 0^0	38
II. auf den Barometerstand 760 mm	44
24. Volumina des Wassers bei verschiedenen Temperaturen	54
25. Reduktion von Wasserdruck auf Quecksilberdruck	54
26. Spannkraft des Wasserdampfes -20^0 bis $+118^0$	55
27. Spannkraft des Wasserdampfes von 40^0 bis 230^0 in mm und Atmosphären	56
28. Siedepunkte des Wassers bei verschiedenem Barometerstand	57
29. Specifische Wärme	57
a) für feste Substanzen	57
b) für Gase und Dämpfe	57
c) für Gase bei höheren Temperaturen	58
30. Wärmeeinheiten	58
31. Wärmeaufwand zur Erzeugung von Wasserdampf	58
32. Luftkompression	59
33. Verbrennungswärmen von Gasen	60
34. Explosive Gasmischungen	60
35. Eigenschaften der im Handel vorkommenden verflüssigten Gase	61

Elektricität.

36. Elektrische Maasse	62
37. Elektrochemische Aequivalente	63

Mathematik.

38. Kreisumfänge und -Inhalte, Quadrate, Kuben, Quadrat- und Kubikwurzeln	64
39. Ausmessung einiger Flächen und Körper	77

Maasse, Gewichte, Münzen.

40. Amtliche Bezeichnung der Münzen, Maasse und Gewichte in Deutschland	79
41. Maasse und Gewichte verschiedener Länder	80
Quadratfusse, Quadratmeter	82
Kubikfusse, Kubikmeter	82
1 Kilogramm pro lauf. Meter = Pfund pro Fuss etc.	82
Pferdestärken	82

— IX —

	Seite
42. Reduktionstabellen zwischen preussischen und Meter-Maassen und Gewichten	83
43. Englische Längenmaasse = preussischen	87
44. Reduktionstabellen zwischen englischen und Meter-Maassen und Gewichten	87
45. Werthe der Nummern von Drahtgewebe und Siebgaze	92
46. Gewicht von 1 Quadratmeter Blech	95
47. Gewicht von Quadrat- und Rundeisen	95
48. Deutsche Normaltabelle für gusseiserne Muffe und Flanschenröhren	96
49. Bleiröhren	98
50. Münztabelle	98
51. Patentgesetz von 1891	100
52. Wichtige Bestimmungen der Patentgesetze des In- und Auslandes	112
53. Auszug aus dem Unfallversicherungsgesetz und den Statuten der Berufsgenossenschaft der deutschen Industrie	122

Spezieller Theil.

I. Brennmaterialien und Feuerungen.

A. Brennmaterialien 126
   1. Feuchtigkeit 126
   2. Koksrückstand 126
   3. Aschensbestimmung 126
   4. Schwefel 127
   5. Heizkraft 127
B. Feuerungen 128
   1. Analyse der Rauchgase 128
   2. Analyse der Generatorgase 131
   3. Zugmessung 132
   4. Temperaturmessung 134

II. Schwefelsäurefabrikation.

A. Schwefel (Rohschwefel) 136
   1. Feuchtigkeit 136
   2. Aschengehalt 136
   3. Arsen 136
   4. Direkte Bestimmung des Schwefels . . . 136
   5. Selen 137
   6. Feinheitsgrad des gemahlenen Schwefels . 138

	Seite
B. Gasschwefel	139
C. Schwefelkies (Kiese überhaupt)	140
1. Feuchtigkeit	140
2. Schwefel	140
3. Kupfer	141
4. Blei	142
5. Zink	142
6. Kohlensaure Erden	143
7. Arsen	143
D. Abbrände von Kiesen	143
1. Schwefel	143
2. Kupfer	144
3. Eisen	144
E. Zinkblende	144
1. Gesammtschwefel	144
2. Zink	144
3. Blei	146
4. Kalk und Magnesia	146
5. Arsen	146
6. Kohlensäure	146
7. Verwerthbarer Schwefel	146
F. Geröstete Blende	146
1. Schwefel	146
2. Zink	147
G. Gasanalysen	147
1. Kiesofengase a) SO_2 nach Reich	147
b) Gesammtsäure nach Lunge	148
2. Kammergase	148
3. Austrittsgase aus dem Kammersystem a) Sauerstoff, b) Säuren des Schwefels und Stickstoffs	148
c) Stickoxyd	150
H. Schwefelsäure	151
1. Specifische Gewichte von Schwefelsäuren	151
2. Reduktion derselben auf andere Temperaturen	156
3. Reduktion der Grädigkeit zwischen 65 u. 66° B.	164
4. Siedepunkte der Schwefelsäure	164
5. Schmelzpunkte der Schwefelsäure und des Oleums	166
6. Dichte und Gehalt der rauchenden Schwefelsäuren bei verschiedenen Temperaturen nach Cl. Winkler	167
7. Gehalt der rauchenden Schwefelsäure an Trioxyd nach Grehm	168
8. Specifische Gewichte von rauchenden Schwefelsäuren nach Messel	169
9. Quantitative Bestimmung von freier Schwefelsäure	169

Seite

10. Untersuchung der Schwefelsäure auf Nebenbestandtheile
   a) auf salpetrige Säure 170
   b) Stickstoffverbindungen ingesammt. Nitrometer, Gasvolumeter 172
                     174
   c) Verhältniss der drei Stickstoffsäuren zu einander 177
   d) Qualitative Prüfung auf Spuren von Stickstoffsäuren 178
   e) Selen 178
   f) Blei 178
   g) Eisen 178
   h) Arsen 179
   i) Chloride 179
   k) Untersuchung von rauchender Schwefelsäure oder Anhydrid (Oleum) 179

III. Sulfat- und Salzsäure-Fabrikation.

A. Steinsalz und Kochsalz 182
   1. Feuchtigkeit 182
   2. Unlösliches 182
   3. Chlor 182
   4. Kalk 183
   5. Schwefelsäure 183
   6. Magnesiumchlorid 183

B. Sulfat 183
   1. Freie Säure 183
   2. Chlornatrium 183
   3. Eisen 184
   4. Unlösliches 184
   5. Kalk 184
   6. Magnesia 184
   7. Thonerde 184
   8. Schwefelsaures Natron 184

C. Austrittsgase aus der Salzsäure-Kondensation oder im Kamin 184

D. Prüfung der Gase beim Hargreaves-Verfahren 185

E. 1. Specifische Gewichte von reiner Salzsäure 186
   2. Temperaturkorrektionen 188
   3. Analyse der Salzsäure 188
      a) Bestimmung des Chlorwasserstoffs 188
      b) Bestimmung der Schwefelsäure 189

		Seite
c) Freies Chlor		189
d) Eisen		189
e) Schweflige Säure		189
f) Arsen		189

IV. Chlorkalkfabrikation etc.

A. **Natürlicher Braunstein** 191
    1. Bestimmung des Mangandioxyds 191
    2. Bestimmung der Kohlensäure 193
    3. Bestimmung der zur Zersetzung nöthigen Salzsäure 193

B. **Regenerirter Braunstein und Laugen des Weldonverfahrens** 194
    1. Bestimmung des MnO_2 im Schlamm 194
    2. Gesammt-Mangangehalt des Schlammes ... 194
    3. Bestimmung der Basis 195

C. **Kalkstein** 195
    1. Unlösliches 195
    2. Kalk 195
    3. Magnesia 196
    4. Eisen 196

D.   a) **Kalk, gebrannter** 196
    1. Bestimmung des freien CaO 196
    2. Bestimmung der Kohlensäure 196
    b) **Gelöschter Kalk** 196
    1. Wasser 196
    2. Kohlensäure 196
    3. Kalkmilch, specifische Gewichte 197

E. **Chlorkalk** 197
    1. Bleichendes Chlor a) Penot's Methode ... 197
        b) Wasserstoffsuperoxyd-Methode 198
    2. Prüfung der Kammerluft auf Chlorgehalt ... 199

F. **Deacon-Verfahren** 200

G. **Chlorsaures Kali** 201

H. **Bleichlaugen** 201

I. **Drucke und Volumgewichte des flüssigen Chlors** 202

V. Sodafabrikation.

A. **Rohstoffe** 203
    1. Sulfat 203
    2. Kalkstein zum Schmelzen 203
    3. Reduktionskohle 203

	Seite
B. Rohsoda	203
I. Trübes Gemisch 1. Freier Kalk	203
2. Gesammtkalk	204
II. Klare Lösung	204
1. Gesammttiter	204
2. Aetznatron	204
3. Schwefelnatrium	204
4. Chlornatrium	205
5. Schwefelsaures Natron	205
6. Carbonisirte Lauge	205
C. Sodarückstand	205
1. Nutzbares Natron	205
2. Gesammt-Natron	206
3. Gesammt- und oxydirbarer Schwefel	206
D. Rohsodalauge	206
1. Kohlensaures Natron	206
2. Aetznatron	206
3. Schwefelnatrium	206
4. Schwefelsaures Natron	207
5. Gesammtschwefel	207
6. Chlornatrium	207
7. Ferrocyannatrium	207
8. Kieselsäure, Thonerde und Eisenoxyd	207
9. Lauge nach dem Carbonisiren	208
E. Carbonisirte Lauge: Bicarbonat	208
Apparat von Lunge und Marchlewski	209
Methode von Sundström	210
F. Sodamutterlaugen	211
G. Ammoniaksodafabrikation	212
I. Rohmaterialien	212
1. Steinsalz	212
2. Salzsoole	212
3. Gaswasser	212
4. Kalkstein	212
5. Gebrannter Kalk	212
6. Kohlen	212
II. Fabrikationsanalysen	212
1. Ammoniakalische Soole	212
2. Bicarbonatgefässe	212
3. Mutterlauge	213
4. Bicarbonat (rohes)	213
5. Ammoniakdestillation	213
6. Kalkofengase	213

III. Endprodukte 213
1. Calcinirte Soda 213
2. Bicarbonat (käufliches) 213

H. Kaustische Soda 213
1. Kaustische Lauge 213
2. Kalkrückstand 213
3. Ausgesoggte Salze 214
4. Bodensatz 214
5. Kaustische Soda des Handels 215

I. Elektrolytische Alkalilaugen 215
1. Hypochlorit 215
2. Freie unterchlorige Säure 215
3. Chlorsaures Salz 215
4. Chlorid 217
5. Kohlensäure 217
6. Basen 217

K. Tabellen 216
1. Specifische Gewichte von Lösungen von kohlensaurem Natron bei 15^{0} 216
2. Gehalt koncentrirter Lösungen von kohlensaurem Natron bei 30^{0} 217
3. Einfluss der Temperatur auf das specifische Gewicht der Lösungen von kohlensaurem Natron 218
4. Specifische Gewichte von Aetznatronlaugen . . 222
5. Einfluss der Temperatur auf diese 224

L. Analyse des Handelssoda 226
Tabelle zur Vergleichung der Handelsgrade von Soda 228

VI. Schwefel-Regeneration.

A. Verfahren von Schaffner-Mond 231
1. Sodarückstand 231
2. Schwefellaugen 231
3. Ablaufende Füllungslaugen 232
3. Regenerationsschwefel 232

B. Verfahren von Chance-Claus 232
1. Sulfidschwefel im Sodarückstande 232
2. Sulfidschwefel im carbonisirten Rückstand . . 233
3. Sulfidschwefel $+ CO_2$ im Sodarückstand . . . 233
4. Sulfidschwefel in Laugen 233
5. Natron, Kalk und Thiosulfat in Laugen . . . 233
6. Kalkofengase 234

	Seite
7. Gas aus dem Gasometer	234
8. Austrittsgase aus Claus-Oefen	234

VII. Salpetersäurefabrikation.

A. Chilisalpeter 235
   1. Wasser 235
   2. Salpetersäure 235
   3. Unlösliches 236
   4. Sulfat 236
   5. Chlorid 236
   6. Kali 236
   7. Jod 237
   8. Perchlorat 237

B. Bisulfat 237
   1. Freie Säure 237
   2. Salpetersäure 237
   3. Eisenoxyd und Thonerde 237

C. Salpetersäure 238
   1. Specifische Gewichte 238
   2. Einfluss der Temperur auf diese 244
   3. Gesammt-Acidität 248
   4. Chlor 248
   5. Schwefelsäure 248
   6. Salpetrige bezw. Untersalpetersäure 248
   7. Fester Rückstand 248
   8. Eisen 248
   9. Jod 248

D. Analyse von Mischsäuren (Gemengen von Schwefelsäure und Salpetersäure) . . . 249
   1. Schwefelsäure 249
   2. Salpetrige Säure 249
   3. Salpetersäure 249
   4. Salpetersäure + Salpetrigsäure 249

VIII. Pottaschefabrikation.

A. Chlorkalium 250
   1. Feuchtigkeit 250
   2. Kaligehalt 250
      a) bei Abwesenheit von schwefelsaurem Kali . 250
      b) bei Anwesenheit von Kaliumsulfat 250
   3. Chlornatrium a) bei hochprocentiger Waare . 251
                 b) bei niedrigprocentiger Waare . 251
   4. Magnesiumchlorid oder -sulfat 252

		Seite
B.	Kaliumsulfat	252
C.	Kalkstein	252
D.	Kohle	252
E.	Rohpottasche	252
F.	Pottaschenrückstand	252
G.	Rohpottaschlauge	252
H.	Carbonisirte Lauge	252
I.	Handelspottasche	252
K.	Schlempenkohle	253
L.	Spec. Gewicht von Pottaschlaugen	255
M.	Einfluss der Temperatur auf diese	256
N.	Spec. Gewicht von Kalilaugen	262

IX. Ammoniakfabrikation.

A. Gaswasser	263
1. Flüchtiges Ammoniak.	263
2. Gesammt-Ammoniak	264
3. Gesammtschwefel	264
4. Rhodanammonium	265
B. Schwefelsaures Ammoniak	265
1. Ammoniak	265
2. Rhodanammonium	266
C. Spec. Gewichte von Ammoniaklösungen	266
D. Spec. Gewichte der Lösungen von kohlensaurem Ammoniak	267

X. Bereitung der Normallösungen.

A. Normalsäure und Normallauge	268
B. Chamäleonlösung	273
C. Jodlösung	275
D. Arsenlösung	276
E. Silberlösung	277
F. Kupfervitriollösung	277
G. Oxalsäurelösung	277

XI. Vorschriften für das Ziehen von Durchschnittsmustern.

A. Erze und Mineralien aller Art	278
1. Gepulverte Erze, Schliech, Salz	278
2. Grobstückige Erze etc.	279

	Seite
B. Chemische Produkte	279
1. Sulfat, Soda etc.	279
2. Chlorkalk, Pottasche etc.	280
3. Kaustische Soda	281

XII. Vergleichung der verschiedenen Araeometergrade.

A. Schwere Flüssigkeiten	281
1. Baumé-Grade als Einheit	281
2. Densimeter nnd Twadell als Einheit	282
B. Leichte Flüssigkeiten	284

Alphabetisches Register 285

Berichtigungen 291

Vorbemerkung.

Alle Temperaturangaben sind als Grade des hunderttheiligen Thermometers (^{0} C.) zu verstehen.

Allgemeiner Theil.

1. Atomgewichte.

Die erste Spalte enthält die von der Atomgewichts-Kommission der Deutschen Chemischen Gesellschaft für das Jahr 1900 aufgestellte Tabelle (O = 16); die zweite eine Umrechnung desselben für H = 1, durch Division mit der Zahl 1·008.

		O = 16	H = 1			O = 16	H = 1
Aluminium	Al	27·1	26·9	Nickel	Ni	58·7	58·2
Antimon	Sb	120	119	Niobium	Nb	94	93
Argon	A	40	39·7	Osmium	Os	191	189
Arsen	As	75	74·4	Palladium	Pd	106	105
Baryum	Ba	137·4	136·3	Phosphor	P	31·0	30·8
Beryllium	Be	9·1	9·03	Platin	Pt	194·8	193·2
Blei	Pb	206·9	205·3	Proseodym	Pr	140·5	139·4
Bor	B	11	10·9	Quecksilber	Hg	200·3	198·7
Brom	Br	79·96	79·23	Rhodium	Rh	103·0	102·2
Cadmium	Cd	112·4	111·5	Rubidium	Rb	85·4	84·7
Caesium	Cs	133	132	Ruthenium	Ru	101·7	100·9
Calcium	Ca	40	39·7	Samarium	Sa	150	149
Cerium	Ce	140	139	Sauerstoff	O	16	15·87
Chlor	Cl	35·45	35·17	Scandium	Sc	44·1	43·7
Chrom	Cr	52·1	51·6	Schwefel	S	32·06	31·80
Eisen	Fe	56·0	55·55	Selen	Se	79·1	78·4
Erbium (?)	Er	166	165	Silber	Ag	107 93	107·07
Fluor	F	19	18·8	Silicium	Si	28·4	28·2
Gallium	Ga	70	69	Stickstoff	N	14 04	13·93
Germanium	Ge	72	71	Strontium	Sr	87·6	86·9
Gold	Au	197·2	195·6	Tantal	Ta	183	181
Helium	He	4	4	Tellur	Te	127	126
Indium	In	114	113	Thallium	Tl	204·1	202·5
Iridium	Ir	193·0	191·5	Thorium	Th	232·5	230·6
Jod	J	126·85	125·84	Titan	Ti	48·1	47·7
Kalium	K	39·15	38·84	Uran	U	239·5	237·6
Kobalt	Co	59·0	58·5	Vanadin	V	51·2	50·8
Kohlenstoff	C	12·00	11·90	Wasserstoff	H	1·01	1·00
Kupfer	Cu	63·6	63·1	Wismuth	Bi	208·5 *	206·8
Lanthan	La	138	137	Wolfram	W	184	183
Lithium	Li	7·03	6·97	Ytterbium	Yb	173	172
Magnesium	Mg	24·36	24·17	Yttrium	Y	89	88
Mangan	Mn	55·0	54·5	Zink	Zn	65·4	64·9
Molybdän	Mo	96·0	95 2	Zinn	Sn	118·5	117·5
Natrium	Na	23·05	22·87	Zirconium	Zr	90·7	90·0
Neodym	Nd	143·6	142·4				

2. Formeln, Molekulargewichte und procentische Zusammensetzung
von chemischen Verbindungen, welche in der chemischen Grossindustrie oder in den analytischen Arbeiten dafür vorkommen.

Bemerkungen. Die Salze finden sich bei den Basen und sind (ausg. Ammoniak) bei dem führenden Elemente aufzusuchen, z. B. schwefelsaure Thonerde = Aluminiumsulfat bei Aluminium.
Doppelsalze sind meist nur einmal aufgeführt, z. B. Ammonium-natrium-phosphat bei Ammonium.
Bei der procentischen Zusammensetzung schliesst H_2O auch das durch Zerfall der Hydrate und des Ammonium-Molekuls entstehende Wasser mit ein.

Lf. Nr.	Verbindungen	Molekularformel	Mol.-Gew. (O=16)	Procentische Zusammensetzung
1	Aluminiumoxyd (Thonerde)	Al_2O_3	102·20	Al 53·03; O 46·97
2	Aluminiumhydroxyd (Thonerdehydrat)	$Al_2(OH)_6$	156·26	Al_2O_3 65·40; H_2O 34·60
3	Aluminiumchlorid	Al_2Cl_6	266·90	Al 20·31; Cl 79·69
4	Aluminiumsulfat (schwefelsaure Thonerde)	$Al_2(SO_4)_3$	342·38	Al_2O_3 29·85; SO_3 70·15
5	Aluminiumsulfat, krystallisirt	$Al_2(SO_4)_3 + 18$ aq	666·74	Al_2O_3 15·33; SO_3 36·02; H_2O 48·65
6	Ammoniak	NH_3	17·07	N 82·25; H 17·75
7	Ammoniakalaun	$Al(NH_4)(SO_4)_2 + 12$ aq	453·54	Al_2O_4 11·27; NH_3 3·76; SO_3 35·31; H_2O 49·66
8	Ammoniumcarbonat (käufl. kohlensaures Ammoniak)	$H.NH_4.CO_3 + NH_4.CO_2.NH_2$	157·23	NH_3 32·57; CO_2 55·97; H_2O 11·46
9	Ammoniumchlorid (Salmiak)	NH_4Cl	53·53	NH_3 31·89; HCl 68·11

Lf. Nr.	Verbindungen	Molekularformel	Mol.-Gew. ($O=16$)	Procentische Zusammensetzung
10	Ammonium-magnesium-arseniat (bei 100° getrock.)	$Mg(NH_4)AsO_4 + \frac{1}{2}$ aq	190·45	MgO 21·19; As_2O_5 60·39; NH_3 8·96; H_2O 9·46
11	Ammonium-magnesium-phosphat (kryst.)	$Mg(NH_4)PO_4 +$ 6 aq	245·56	MgO 16·44; NH_3 6·95; P_2O_5 28·91; H_2O 47·70
12	Ammoniumnitrat	$(NH_4)NO_3$	80·12	NH_3 21·31; N_2O_5 67·45; H_2O 11·24
13	Ammoniumphosphat	$(NH_4)_2HPO_4$	132·17	NH_3 25·83; P_2O_5 53·72; H_2O 20·45
14	Ammonium-natrium-phosphat (Phosphorsalz)	$(NH_4)NaHPO_4 +$ 4 aq	209·22	NH_3 8·16; Na_2O 14·84; P_2O_5 33·94; H_2O 43·06
15	Ammoniumplatinchlorid	$(NH_4)_2PtCl_6$	443·66	NH_3 7·69; Pt 43·91; Cl 47·94; H_2 0·46
16	Ammoniumsulfat	$(NH_4)_2SO_4$	132·22	NH_3 25·82; SO_3 60·55; H_2O 13·63
17	Ammoniumsulfocyanat (Rhodanammon.)	$(NH_4)CNS$	76·18	NH_3 22·41; H 1·33; CN 34·18; S 42·08
18	Arsenige Säure	As_2O_3	198	As 75·76; O 24·24
19	Arsensäure	As_2O_5	230	As 65·22; O 34·78
20	Arsensulfür	As_2S_3	246·18	As 60·93; S 39·07
21	Baryumoxyd	BaO	153·4	Ba 89·57; O 10·43

22	Barythydrat	$Ba(OH)_2$	171·42	BaO 89·49; H_2O 10·51
23	,, kryst.	$Ba(OH)_2 + 8$ aq	315·58	BaO 48·61; H_2O 51·39
24	Baryumcarbonat	$BaCO_3$	197·40	BaO 77·71; CO_2 22·29
25	Baryumchlorid	$BaCl_2$, 2 aq	244·34	$BaCl_2$ 85·25; H_2O 14·75
26	Baryumsulfat	$BaSO_4$	233·46	BaO 65·71; SO_3 34·29
27	Bleioxyd (Glätte)	PbO	222·90	Pb 92·82; O 7·18
28	Bleicarbonat	$PbCO_3$	266·90	PbO 83·51; CO_2 16·49
29	Bleichlorid	$PbCl_2$	277·80	Pb 74·48; Cl 25·52
30	Bleisulfat	$PbSO_4$	302·96	PbO 73·57; SO_3 26·43
31	Bleisulfid	PbS	238·96	Pb 86·58; S 13·42
32	Calciumoxyd (Aetzkalk) . . .	CaO	56·00	Ca 71·43; O 28·57
33	Calciumhydroxyd (Kalkhydrat) .	$Ca(OH)_2$	74·02	CaO 75·66; H_2O 24·34
34	Calciumcarbonat	$CaCO_3$	100·00	CaO 56·00; CO_2 44·00
35	Calciumchlorid	$CaCl_2$	110·9	Ca 36·07; Cl 63·93
36	,, kryst.	$CaCl_2$, 6 aq	219·02	$CaCl_2$ 50·63; H_2O 49·37
37	Calciumchlorat	$Ca(ClO_3)_2$	206·9	CaO 27·07; Cl_2O_5 72·93
38	Calciumhypochlorit	$Ca(OCl)_2$	142·9	CaO 39·19; Cl 49·61; O 11·20
39	Calciumphosphat, primäres . .	$CaH_4(PO_4)_2$	234·04	CaO 23·93; P_2O_5 60·67; H_2O 15·40
40	,, sekundäres .	$CaHPO_4$	136·01	CaO 41·18; P_2O_5 52·20; H_2O 6·62
41	,, tertiäres . .	$Ca_3(PO_4)_2$	310·00	CaO 54·19; P_2O_5 45·81
42	Calciumsulfat	$CaSO_4$	136·06	CaO 41·16; SO_3 58·84
43	,, kryst. (Gyps). . .	$CaSO_4$, 2 aq	172·10	CaO 32·54; SO_3 46·52; H_2O 20·94
44	Calciumsulfit (schwefligsaurer Kalk)	$CaSO_3$	120·06	CaO 46·64; SO_2 53·36
45	Calciumthiosulfat (unterschwefligs. Kalk)	CaS_2O_3	152·12	CaO 36·81; SO_2 42·11; S 21·08
46	Calciumsulfid	CaS	72·06	Ca 55·51; S 44·49

Lf. Nr.	Verbindungen	Molekularformel	Mol.-Gew. (O = 16)	Procentische Zusammensetzung
47	Calciumpentasulfid	CaS_5	200·30	Ca 19·97; S 80·03
48	Chlorwasserstoff	HCl	36·46	Cl 97·23; H 2·77
49	Chlorsäure	ClO_3H	84·46	Cl 41·97; O 47·36; H_2O 10·67
50	Unterchlorigsäure-anhydrid	Cl_2O	86·90	Cl 81·59; O 18·41
51	Unterchlorige Säure	$ClOH$	52·46	Cl 67·58; O 30·50; H 1·92
52	Eisenoxyd	Fe_2O_3	160	Fe 70·00; O 30·00
53	Eisenoxydhydrat	$Fe_2(OH)_6$	214·06	Fe_2O_3 74·75; H_2O 25·25
54	Eisenchlorür	$FeCl_2$	126·90	Fe 44·13; Cl 55·87
55	,, kryst.	$FeCl_2$, 4 aq	198·18	$FeCl_2$ 63·78; H_2O 36·22
56	Eisenchlorid	Fe_2Cl_6	324·70	Fe 34·49; Cl 65·51
57	Eisensulfuret	FeS	88·06	Fe 63·59; S 36·41
58	Eisenbisulfuret (Pyrit)	FeS_2	120·12	Fe 46·62; S 53·38
59	Eisenvitriol	$FeSO_4$, 7 aq	278·20	Fe 20·13; O 5·75; SO_3 28·78; H_2O 45·34
60	Kali	K_2O	94·30	K 83·03; O 16·97
61	Kalihydrat	KOH	56·16	K_2O 83·96; H_2O 16·04
62	Kaliumcarbonat	K_2CO_3	138·30	K_2O 68·19; CO_2 31·81
63	Kaliumbicarbonat	$KHCO_3$	100·16	K_2O 47·07; CO_2 43·93; H_2O 9·00
64	Kaliumchlorat	$KClO_3$	122·60	K_2O 38·46; Cl 28·91; O 32·63
65	Kaliumchlorid	KCl	74·60	K 52·48; Cl 47·52
66	Kaliumchromat	K_2CrO_4	194·4	K_2O 48·51; CrO_3 51·49
67	Kaliumbichromat	$K_2Cr_2O_7$	294·50	K_2O 32·02; CrO_3 67·98

— 7 —

68	Kaliumeisencyanid (Roth. Blutlaugensalz)	$K_6Fe_2(NC)_{12}$	659·38	K 35·62; Fe 16·99; NC 47·39
69	Kaliumeisencyanür (Gelb. Blutlaugensalz)	$K_4Fe(NC)_6$, 3 aq	422·9	K 37·03; Fe 13·24; NC 36·95; H_2O 12·78
70	Kaliumjodid	KJ	166·00	K 23·58; J 76·42
71	Kaliumnitrat (Salpeter)	KNO_3	101·19	K_2O 46·60; N_2O_5 53·40
72	Kaliumpermanganat	$KMnO_4$	158·15	K_2O 29·81; Mn_2O_7 70·19
73	Kaliumphosphat	K_2HPO_4	174·31	K_2O 54·10; P_2O_5 40·73; H_2O 5·17
74	*Kaliumplatinchlorid	K_2PtCl_6	485·80	Pt 40·10; Cl 43·78; K 16·12 (KCl 30·71)
75	Kaliumsilicat	K_2SiO_3	154·70	K_2O 60·96; SiO_2 39·04
76	Kaliumsulfat	K_2SO_4	174·36	K_2O 54·08; SO_3 45·92
77	Kaliumbisulfat	$KHSO_4$	136·22	K_2O 34·61; SO_3 58·77; H_2O 6·62
78	Kaliumsulfid	K_2S	110·36	K 70·95; S 29·05
79	Kaliumsulfit	K_2SO_3, 2 aq	194·40	K_2O 48·51; SO_2 32·95; H_2O 18·54
80	Kaliumbisulfit	$KHSO_3$	120·22	K_2O 39·22; SO_2 53·29; H_2O 7·49
81	Kaliumsulfocyanat (Rhodankalium)	KCNS	97·25	K 40·25; C 12·34; N 14·44; S 32·97
82	Kalialaun	$KAl(SO_4)_2$, 12 aq	474·61	K_2O 9·93; Al_2O_3 10·77; SO_3 33·74; H_2O 45·56
83	Kalkhydrat s. Calcium			
84	Kieselsäure	SiO_2	60·4	Si 47·02; O 52·98
85	Kohlenoxyd	CO	28	C 42·86; O 57·14
86	Kohlensäure	CO_2	44	C 27·27; O 72·73

* Hier ist das wirkliche Atomgewicht des Platins = 194·8 zu Grunde gelegt.

— 8 —

Lf. Nr.	Verbindungen	Molekularformel	Mol.-Gew. (O=16)	Procentische Zusammensetzung
87	Kohlenwasserstoff, leichter (Methan, Grubengas)	CH_4	16·04	C 74·81; H 25·19
88	Kohlenwasserstoff, schwerer (Aethylen)	C_2H_4	28·04	C 85·59; H 14·41
89	Kupferchlorid	$CuCl_2$	134·5	Cu 47·29; Cl 52·71
90	Kupferoxyd	CuO	79·6	Cu 79·90; O 20·10
91	Kupfersulfid	CuS	95·66	Cu 66·49; S 33·51
92	Kupfersulfür	Cu_2S	159·26	Cu 79·87; S 20·13
93	Kupfervitriol	$CuSO_4, 5\,aq$	249·76	CuO 31·87; SO_3 32·05; H_2O 36·08
94	Magnesia	MgO	40·36	Mg 60·36; O 39·64
95	Magnesiahydrat	$Mg(OH)_2$	58·38	MgO 69·13; H_2O 30·87
96	Magnesiumchlorid	$MgCl_2$	95·26	Mg 25·57; Cl 74·43
97	„ „ kryst.	$MgCl_2, 6\,aq$	203·38	$MgCl_2$ 46·84; H_2O 53·16
98	**Magnesiumcarbonat**	$MgCO_3$	84·36	MgO 47·84; CO_2 52·16
99	Magnesiumsulfat (Bitter-Salz)	$MgSO_4, 7\,aq$	246·56	MgO 16·37; SO_3 32·47; H_2O 51·16
100	Magnesiumpyrophosphat	$Mg_2P_2O_7$	222·72	MgO 36·24; P_2O_5 63·76
101	Manganoxydul	MnO	71	Mn 77·47; O 22·53
102	**Manganoxyduloxyd**	Mn_3O_4	229	Mn 72·05; O 27·95
103	**Mangansesquioxyd**	Mn_2O_3	158	Mn 69·62; O 30·38
104	**Mangansuperoxyd**	MnO_2	87	Mn 63·22; O 36·78
105	Manganchlorür	$MnCl_2$	125·90	Mn 43·69; Cl 56·31
106	Mangansulfat	$MnSO_4$	151·06	MnO 47·00; SO_3 53·00
107	Mennige	Pb_3O_4	684·7	Pb 90·65; O 9·35

108	Natron	Na_2O	62·1	Na 74·24; O 25·76
109	Natronhydrat	NaOH	40·06	Na_2O 77·51; H_2O 22·49
110	Natriumchlorid	NaCl	58·5	Na 39·40; Cl 60·60
111	Natriumaluminat	$Na_6Al_2O_6$	288·5	Na_2O 64·58; Al_2O_3 35·42
112	,, ...	$Na_2Al_2O_4$	164·3	Na_2O 37·80; Al_2O_3 62·20
113	Natriumborat (Borax)	$Na_2B_4O_7$, 10 aq	382·3	Na_2O 16·24; B_2O_3 36·62; H_2O 47·14
114	Natriumcarbonat	Na_2CO_3	106·1	Na_2O 58·53; CO_2 41·47
115	,, kryst.	Na_2CO_3, 10 aq	286·3	Na_2O 21·69; CO_2 15·37; H_2O 62·94
116	Natriumbicarbonat	$NaHCO_3$	84·06	Na_2O 36·94; CO_2 52·34; H_2O 10·72
117	Natriumchlorat	$NaClO_3$	106·5	Na_2O 29·15; Cl_2O_5 70·85
118	Natriumchromat	Na_2CrO_4	162·2	Na_2O 38·29; CrO_3 61·71
119	,, saures	$NaHCrO_4$	140·16	Na_2O 22·15; CrO_3 71·42; H_2O 6·43
120	Natriumhypochlorid	NaOCl	74·5	Na_2O 41·68; Cl_2O 58·32
121	Natriumnitrat	$NaNO_3$	85·09	Na_2O 36·49; N_2O_5 63·51
122	Natriumphosphat	Na_2HPO_4, 12 aq	358·35	Na_2O 17·33; P_2O_5 19·81; H_2O 62·86
123	Natriumsilicat	Na_2SiO_3	122·50	Na_2O 50·69; SiO_2 49·31
124	Natriumsulfat	Na_2SO_4	142·16	Na_2O 43·68; SO_3 56·32
125	,, kryst.	Na_2SO_4, 10 aq	322·36	Na_2O 19·26; SO_3 24·84; H_2O 55·90
126	Natriumbisulfat	$NaHSO_4$	120·12	Na_2O 25·85; SO_3 66·65; H_2O 7·50
127	Natriumsulfit	Na_2SO_3, 6 aq	234·28	Na_2O 26·51; SO_2 27·34; H_2O 46·15
128	Natriumbisulfit	$NaHSO_3$	104·12	Na_2O 29·82; SO_2 61·53; H_2O 8·65
129	Natriumthiosulfat (Unterschweflig-saures Natron)	$Na_2S_2O_3$, 5 aq	248·32	Na_2O 25·01; S 12·91; SO_2 25·80; H_2O 36·28
130	Natriumsulfid	Na_2S	78·16	Na 58·98; S 41·02 (entsp. 79·45 °/₀ Na_2O)

— 10 —

Lf. Nr.	Verbindungen	Molekularformel	Mol.-Gew. (O=16)	Procentische Zusammensetzung
131	Natriumpentasulfid	Na_2S_5	206·4	Na_2S 37·87; S_4 62·13
132	Natriumsulfhydrat	$NaSH$	56·12	Na_2S 69·64; H_2S 30·36
133	Nitrosylschwefelsäure (Kammerkrystalle)	$SO_2(OH)(ONO)$	127·11	SO_3 62·98; N_2O_3 29·93; H_2O 7·09
134	Phosphorigsäureanhydrid	P_2O_3	110·00	P 56·36; O 43·64
135	Phosphorsäureanhydrid	P_2O_5	142·00	P 43·66; O 56·34
136	Phosphorsäure, gewöhnl.	H_3PO_4	98·03	P_2O_5 72·43; OH_2 27·57
137	Pyrophosphorsäure	$H_4P_2O_7$	178·04	P_2O_5 79·76; H_2O 20·24
138	Metaphosphorsäure	HPO_3	80·01	P_2O_5 88·74; H_2O 11·26
139	Platinchlorid	H_2PtCl_6	409·52	Pt 47·57; Cl 51·94; H 0·49
140	Salpetersäure	HNO_3	63·05	N_2O_5 85·71; H_2O 14·29
141	Salpetrigsäure-anhydrid	N_2O_3	76·08	N 36·91; O 63·09
142	Untersalpetersäure	$NO_2[N_2O_4]$	46·04	N 30·50; O 69·50
143	Schwefligsäure-anhydrid	SO_2	64·06	S 50·05; O 49·95
144	Schwefelsäure-anhydrid	SO_3	80·06	S 40·05; O 59·95
145	Schwefelsäure (Monohydrat)	SO_4H_2	98·08	SO_3 81·63; H_2O 18·37
146	Pyroschwefelsäure	$S_2H_2O_7$	178·14	H_2SO_4 55·06; SO_3 44·94
147	Thioschwefelsäure (Unterschweflige Säure)	$H_2S_2O_3$	114·14	SO_2 56·12; S 28·09; H_2O 15·79
148	Trithionsäure	$H_2S_3O_6$	194·2	SO_3 41·22; SO_2 32·99; S 16·51; H_2O 9·28
149	Tetrathionsäure	$H_2S_4O_6$	226·26	SO_3 35·39; SO_2 28·31; S 28·34; H_2O 7·96

150	Pentathionsäure	$H_2S_5O_6$	258·32	SO_3 30·99; SO_2 24·80; S 37·23; H_2O 6·98
151	Schwefelwasserstoff	H_2S	34·08	S 94·07; H 5·93
152	Selenige Säure	SeO_2	111·1	Se 71·20; O 28·80
153	Silberchlorid	$AgCl$	143·38	Ag 75·28; Cl 24·72
154	Silbernitrat	$AgNO_3$	169·97	Ag 63·50; NO_3 36·50
155	Silbersulfür	Ag_2S	247·92	Ag 87·07; S 12·93
156	Stickoxydul	N_2O	44·08	N 63·70; O 36·30
157	Stickoxyd	NO	30·04	N 46·74; O 53·26
158	Stickstofftrioxyd vergl. bei Salpetrigsäure			
159	Stickstofftetroxyd vergl. bei Untersalpetersäure Nr. 142			
160	Thonerde vgl. Aluminiumoxyd			
161	Wasser	H_2O	18·02	H 11·21; O 88·79
162	Zinkoxyd	ZnO	81·4	Zn 80·34; O 19·66
163	Zinkchlorid	$ZnCl_2$	136·3	Zn 47·98; Cl 52·02
164	Zinksulfat	$ZnSO_4$	161·46	ZnO 50·41; SO_3 49·59
165	" kryst. (Zinkvitriol)	$ZnSO_4$, 7 aq	287·60	ZnO 28·30; SO_3 27·84; H_2O 43·86
166	Zinksulfid	ZnS	97·46	Zn 67·10; S 32·90
167	Zinnchlorür	$SnCl_2$, 2 aq	225·44	Sn 52·56; Cl 31·45; H_2O 15·99

3. Faktoren zur Berechnung

Gefunden	Gesucht	1	2
Ammonium:			
Chlorammonium NH_4Cl	Ammoniak NH_3	0·31888	0·63776
Ammoniumplatinchlorid $(NH_4)_2 PtCl_6$	Ammoniumoxyd $(NH_4)_2O$	0·11757	0·23514
	Ammoniak NH_3	0·07695	0·15390
	Stickstoff N	0·06329	0·12658
Arsen:			
Arsensulfür As_2S_3	Arsen As	0·60931	1·21862
	Arsenige Säure As_2O_3	0·80429	1·60858
	Arsensäure As_2O_5	0·93428	1·86856
Arsensaure Ammoniak-Magnesia $Mg(NH_4)AsO_4 + \frac{1}{2}$ aq.	Arsen As	0·39380	0·78760
	Arsenige Säure As_2O_3	0·51982	1·03964
	Arsensäure As_2O_5	0·60383	1·20766
Baryum:			
Baryumsulfat $BaSO_4$	Baryt BaO	0·65707	1·31414
Baryumcarbonat $BaCO_3$	Baryt BaO	0·77710	1·55420
Kieselfluorbaryum $BaSiF_6$	Baryt BaO	0·54825	1·09650
Blei:			
Bleioxyd PbO	Blei Pb	0·92822	1·85644
Bleisulfat $PbSO_4$	Blei Pb	0·68293	1·36586
	Bleioxyd PbO	0·73574	1·47148
Bleisulfid PbS	Blei Pb	0·86583	1·73166
	Bleioxyd PbO	0·93279	1·86558
Blei Pb	Bleioxyd PbO	1·07733	2·15466
Calcium:			
Calciumsulfat $CaSO_4$	Calciumoxyd CaO	0·41158	1·82316
Calciumcarbonat $CaSO_3$	Calciumoxyd CaO	0·56000	1·12000
Chlor:			
Chlorsilber AgCl	Chlor Cl	0·24725	0·49450
	Salzsäure HCl	0·25429	0·50858
	Chlorsäure Cl_2O_5	0·52622	1·05244
	Chlornatrium NaCl	0·40801	0·81602
	Chlorkalium KCl	0·52030	1·04060
Eisen:			
Eisenoxyd Fe_2O_3	Eisen Fe	0·70000	1·40000
	Eisenoxydul FeO	0·90000	1·80000
Kalium:			
Kaliumsulfat K_2SO_4	Kali K_2O	0·54084	1·08168
Chlorkalium KCl	Kali K_2O	0·63204	1·26408
Kaliumplatinchlorid* K_2PtCl_6	Kali K_2O	0·19315	0·38630
	Chlorkalium KCl	0·30560	0·61120
	Kaliumsulfat K_2SO_4	0·35690	0·71380

* Hier sind die in Stassfurt angenommenen Reduk-

von Gewichtsanalysen.

3	4	5	6	7	8	9
0·95664	1·27552	1·59440	1·91328	2·23216	2·55104	2·86992
0·35271	0·47028	0·58785	0·70542	0·82299	0·94056	1·05813
0·23085	0·30780	0·38475	0·46170	0·53865	0·61560	0·69255
0·18987	0·25316	0·31645	0·37974	0·44303	0·50632	0·56961
1·82793	2·43724	3·04655	3·65586	4·26517	4·87448	5·48379
2·41287	3·21716	4·02145	4·82574	5·63003	6·43432	7·23861
2·80284	3·73712	4·67140	5·60568	6·53996	7·47424	8·40852
1·18140	1·57520	1·96900	2·36280	2·75660	3·15040	3·54420
1·55946	2·07928	2·59910	3·11892	3·63874	4·15856	4·67838
1·81149	2·41532	3·01915	3·62298	4·22681	4·83064	5·43447
1·97121	2·62828	3·28535	3·94242	4·59949	5·25656	5·91363
2·33130	3·10840	3·88550	4·66260	5·43970	6·21680	6·99390
1·64475	2·19300	2·74125	3·28950	3·83775	4·38600	4·93425
2·78466	3·71288	4·64110	5·56932	6·49754	7·42576	8·35398
2·04879	2·73172	3·41465	4·09758	4·78051	5·46344	6·14637
2·20722	2·94296	3·67870	4·41444	5·15018	5·88592	6·62166
2·59749	3·46332	4·32915	5·19498	6·06081	6·92664	7·79247
2·79837	3·73116	4·66395	5·59674	6·52953	7·46232	8·39511
3·23199	4·30932	5·38665	6·46398	7·54131	8·61864	9·69597
1·23474	1·64632	2·05790	2·46948	2·88106	3·29264	3·70422
1·68000	2·24000	2·80000	3·36000	3·92000	4·48000	5·04000
0·47175	0·98900	1·23625	1·48350	1·73075	1·97800	2·22525
0·76287	1·01716	1·27145	1·52574	1·78003	2·03432	2·28861
1·57866	2·10488	2·63110	3·15732	3·68354	4·20976	4·73598
1·22403	1·63204	2·04005	2·44806	2·85607	3·26408	3·67209
1·56090	2·08120	2·60150	3.12180	3·64210	4·16240	4·68270
2·10000	2·80000	3·50000	4·20000	4·90000	5·60000	6·30000
2·70000	3·60000	4·50000	5·40000	6·30000	7·20000	8·10000
1·62252	2·16336	2·70420	3·24504	3·78588	4·32672	4·86756
1·89612	2·52816	3·16020	3·79224	4·42428	5·05632	5·68836
0·57945	0·77260	0·96575	1·15890	1·35205	1·54520	1·73835
0·91680	1·22240	1·52800	1·83360	2·13920	2·44480	2·75040
1·07070	1·42760	1·78450	2·14140	2·49830	2·85520	3·21210

tionsfaktoren zu Grunde gelegt.

— 14 —

Gefunden	Gesucht	1	2
Kohlenstoff:			
Kohlensäure CO_2	Kohlenstoff C	0·27273	0·54546
Calciumcarbonat $CaCO_3$	Kohlensäure CO_2	0·44000	0·88000
Baryumcarbonat $BaCO_3$	Kohlensäure CO_2	0·22290	0·44580
Kupfer:			
Kupferoxyd CuO	Kupfer Cu	0·79900	1·59800
Kupfersulfür Cu_2S	{ Kupfer Cu	0·79869	1·59738
	Kupferoxyd CuO	0·99962	1·99924
Magnesium:			
Magnesiumsulfat $MgSO_4$	Magnesia MgO	0·33516	0·67032
Magnesiumpyrophosphat $Mg_2P_2O_7$	Magnesia MgO	0·36243	0·72486
Mangan:			
Manganoxyduloxyd Mn_3O_4	Mangan Mn	0·72052	1·44104
Mangansulfür MnS	{ Mangan Mn	0·63175	1·26350
	Manganoxydul MnO	0·81553	1·63106
Natrium:			
Natriumsulfat Na_2SO_4	Natron Na_2O	0·43683	0·87366
Natriumcarbonat Na_2CO_3	Natron Na_2O	0·58530	1·17060
Chlornatrium NaCl	Natron Na_2O	0·53077	1·06154
Phosphor:			
Magnesiumpyrophosphat $Mg_2P_2O_7$	{ Phosphorsäure P_2O_5	0·63757	1·27514
	Phosphor P	0·27838	0·55676
Schwefel:			
	Schwefel S	0·13733	0·27466
	Schwefeltrioxyd SO_3	0·34293	0·68586
	Schwefeldioxyd SO_2	0·27439	0·54878
Baryumsulfat $BaSO_4$	Schwefelsäure H_2SO_4	0·42011	0·84022
	Schwefelsaur. Natr. Na_2SO_4	0·60893	1·21786
Stickstoff:			
Ammoniumplatinchlorid $(NH_4)_2 PtCl_6$	Stickstoff N	0·06329	0·12658
Platin Pt	Stickstoff N	0·14415	0·28830
Wasserstoff:			
Wasser H_2O	Wasserstoff H	0·11210	0·22420
Zink:			
Zinkoxyd ZnO	Zink Zn	0·80344	1·60688
Zinksulfid ZnS	{ Zink Zn	0·67105	1·34210
	Zinkoxyd ZnO	0·83521	1·67042

3	4	5	6	7	8	9
0·81819	1·09092	1·36365	1·63638	1·90911	2·18184	2·25457
1·32000	1·76000	2·20000	2·64000	3·08000	3·52000	3·96000
0·66870	0·89160	1·11450	1·33740	1·56030	1·78320	2·00610
2·39700	3·19600	3·99500	4·79400	5·59300	6·39200	7·19100
2·39607	3·19476	3·99345	4·79214	5·59083	6·38952	7·18821
2·99886	3·99848	4·99810	5·99772	6·99734	7·99696	8·99658
1·00548	1·34064	1·67580	2·01096	2·34612	2·68128	3·01644
1·08729	1·44972	1·81215	2·17458	2·53701	2·89944	3·26187
2·16156	2·88208	3·60260	4·32312	5·04364	5·76416	6·48468
1·89525	2·52700	3·15875	3·79050	4·42225	5·05400	5·68575
2·44659	3·26212	4·07765	4·89318	5·70871	6·52424	7·33977
1·31049	1·74732	2·18415	2·62098	3·05781	3·49464	3·93147
1·75590	2·34120	2·92650	3·51180	4·09710	4·68240	5·26770
1·59231	2·12308	2·65385	3·18462	3·71539	4·24616	4·77693
1·91271	2·55028	3·18785	3·82542	4·46299	5·10056	5·73813
0·83514	1·11352	1·39190	1·67028	1·94866	2·22704	2·50542
0·41199	0·54932	0·68665	0·82398	0·96131	1·09864	1·23597
1·02879	1·37172	1·71465	2·05758	2·40051	2·74344	3·08637
0·82317	1·09756	1·37195	1·64634	1·92073	2·19512	2·46951
1·26033	1·68044	2·10055	2·52066	2·94077	3·36088	3·78099
1·82679	2·43572	3·04465	3·65358	4·26251	4·87144	5·48037
0·18987	0·25316	0·31645	0·37974	0·44303	0·50632	0·56961
0·43245	0·57660	0·72075	0·86490	1·00905	1·15320	1·29735
0·33630	0·44840	0·56050	0·67260	0·78470	0·89680	1·00890
2·41032	3·21376	4·01720	4·82064	5·62408	6·42752	7·23096
2·01315	2·68420	3·35525	4·02630	4·69735	5·36840	6·03945
2·50563	3·34084	4·17605	5·01126	5·84647	6·68168	7·51689

4. Berechnung der bei gasvolumetrischen Arbeiten abgelesenen ccm auf mg der gesuchten Substanz.

ccm bei 0° u. 760 mm	1	2	3	4	5	6	7	8	9
CO_2 = mg CO_2	1·9650	3·9300	5·8950	7·8600	9·8250	11·7900	13·7550	15·7200	17·6850
CO_2 = mg $CaCO_3$	4·4670	8·9340	13·4010	17·8680	22·3350	26·8020	31·2690	35·7360	40·2030
O = mg O	1·4290	2·8580	4·2870	5·7160	7·1450	8·5740	10·0030	11·4320	12·8610
(O = mg O [1])	0·7145	1·4290	2·1435	2·8580	3·5725	4·2870	5·0015	5·7160	6·4305
O = mg MnO_2	3·8853	7·7706	11·6559	15·5412	19·4265	23·3118	27·1971	31·0824	34·9677
O = mg Cl	3·1661	6·3322	9·4983	12·6644	15·8305	18·9966	22·1627	25·3288	28·4949
N = mg Cl	1·2540	2·5080	3·7620	5·0160	6·2700	7·5240	8·7780	10·0320	11·2860
N = mg NH_3	1·5246	3·0492	4·5738	6·0984	7·6230	9·1476	10·6722	12·1968	13·7214
(N = mg N [2])	1·2853	2·5706	3·8559	5·1412	6·4265	7·7118	8·9971	10·2824	11·5677
(N = mg NH_3 [2])	1·5627	3·1254	4·6881	6·2508	7·8135	9·3762	10·9389	12·5016	14·0643
NO = mg N	0·6270	1·2540	1·8810	2·5080	3·1350	3·7620	4·3890	5·0160	5·6430
NO = mg NO	1·3416	2·6832	4·0248	5·3664	6·7080	8·0496	9·3912	10·7328	12·0744
NO = mg N_2O_3	1·6988	3·3976	5·0964	6·7952	8·4940	10·1928	11·8916	13·5904	15·2892
NO = mg HNO_3	2·8158	5·6316	8·4474	11·2632	14·0790	16·8948	19·7106	22·5264	25·3422
NO = mg $NaNO_3$	3·7993	7·5986	11·3979	15·1972	18·9965	22·7958	26·5951	30·3944	34·1937

[1] Bei den Wasserstoffsuperoxydmethoden, wo nur die Hälfte des ausgeschiedenen Sauerstoffs aus der Substanz stammt. [2] Bei den azotometrischen Methoden, wo die Bromkali-Reaktion 2·5 % N zu wenig ergiebt.

5. Löslichkeit verschiedener Substanzen
in kaltem und siedendem Wasser.

Bem. Die Löslichkeit ist in Theilen von wasserfreiem Salze auf 100 Th. Wasser angegeben.

100 Wasser lösen	kalt	siedend
Alaun, Ammoniak-	9 (10°)	422
„ Kali-	9·5 (10°)	357
Ammoniak, oxalsaures	4·5	40·8
„ salpetersaures	199	—
„ schwefelsaures	66	100
Baryumchlorid	35	60
Barythydrat	5	10
Baryt, salpetersaurer	8	35
Bleichlorid	3	5
Blei, essigsaures	46	71
„ salpetersaures	48	139
„ schwefelsaures	0·008	—
Borsäure	2	21
Brom	3	--
Calciumcarbonat	0·0036	—
Calciumchlorid	70	—
Eisenoxydul, schwefelsaures	20	178
Kalkhydrat	0·128	0·079
Kalk, salpetersaurer	362	—
„ schwefelsaurer	0·23	0·21
Kalihydrat	100	· ·
Kali, chromsaures (neutrales)	48	—
„ „ (saures)	10	102
„ oxalsaures (saures)	2·5	10
„ schwefligsaures	100	—
„ thioschwefelsaures	zerfl.	—
„ weinsaures (saures)	0·4	7
„ „ (neutrales)	133	296
Kaliumferrocyanür	30	100
Kaliumferricyanid	40	82
Kaliumjodid	141	221
Kupfer, essigsaures	7	19·8
„ salpetersaures	127	· ·
„ schwefelsaures	21	75
Magnesia	0·002	0·002
„ kohlensaure	0·02	—
Magnesiumchlorid	54	—
Manganchlorür	62	123
Natronhydrat	58	
Natron, borsaures (Borax)	4	55
„ essigsaures	35	150
„ phosphorsaures	4·2	99
„ schwefligsaures	25	100
„ thioschwefelsaures	70	über 200
Oxalsäure	8·2	—
Strontianhydrat	0·77	5
Strontian, salpetersaurer	60	103
Strontiumchlorid	53	102
Thonerde, schwefelsaure	33	89
Weinsäure	76	200
Zinkchlorid	300	—
Zink, schwefelsaures	50	95
Zinnchlorür	270	—

6. Löslichkeit einiger Salze in Wasser.

Chlorammonium:
100 Wasser lösen bei 15^0
  35·68 NH_4Cl (Gerlach)
100 Wasser lösen bei 19^0
  36·8 NH_4Cl (Schiff)
100 Wasser lösen bei 100^0
  100 NH_4Cl

Chlorcalcium:
Das wasserfreie $CaCl_2$ löst sich nach Kremers
bei $10·2^0$ in 1·58 Wasser
  20 „ 1·35 „
  40 „ 0·83 „
  60 „ 0·72 „
Das kryst. $CaCl_2$, 6aq löst sich
bei 0^0 in 0·5 Wasser
  16 „ 0·25 „
  100 in jedem Verhältnisse.

Chlornatrium:
100 Wasser lösen nach Poggiale
bei -15^0 32·73 Th. NaCl
  -10 33·49 „
  -5 34·22 „
  0   35·52 „
  5   35·63 „
  9   35·74 „
  14   35·87 „
  25   36·13 „
  40   36·64 „
  50   36·98 „
  60   37·25 „
  70   37·88 „
  80   38·22 „
  90   38·87 „
  100   39·61 „
  109·7   40·35 „

Chlorkalium:
100 Th. Wasser lösen bei
  0^0 29·21 KCl (Gay-Lussac)
  $11·8^0$ 34·6 KCl (Kopp)
  13·8 34·9 „ „
  15·6 35   „ „
  19   34·53 „ (Gay-
  52   43·59 „ Lussac)
  79   50·93 „ „
  109·6 59·26 „ „

Chlorsaures Kali:
100 Wasser lösen nach Gay-Lussac
bei 0^0 3·33 Th. $KClO_3$
  $13·32^0$ 5·60   „
  15·37   6·03   „
  24·43   8·44   „
  35·02   12·05   „
  49·08   18·96   „
  74·89   35·40   „
  104·78   60·24   „
nach V. Meyer (Ber. 8·999
bei 17^0 6·68 Th. $KClO_3$
  18   6·82   „
  98   55·50   „

Chlorsaures Natron:
100 Wasser lösen nach Kremers
bei 0^0 81·9 Th. $NaClO_3$
  20   99   „
  40   123·5   „
  60   147·1   „
  80   175·6   „
  100   232·6   „
  120   333·3   „

Kohlensaures Ammoniak:
100 Wasser lösen nach Berzelius
bei 13^0 25 Th. Salz
  17   30   „
  32   37   „
  41   40   „
  49   50   „

Kohlensaures Kali.

a) Wasserfreies:
1 Th. löst sich nach Osann
bei 3⁰ in 1·05 Th. Wasser
    6   „ 0·962   „
  12·6 „ 0·900   „
  26   „ 0·747   „
  70   „ 0·490   „
nach Gerlach in 0·922 Th.
Wasser v. 15⁰.

b) Krystallisirtes:
100 Th. Wasser lösen nach
Poggiale bei
0⁰ 83·12K_2CO_3=131·15K_2CO_3
+2aq

10⁰	88·72	142·50	„
20	94·06	153·70	„
30	100·09	166·85	„
40	106·20	180·07	„
50	112·90	196·60	„
60	119·24	212·35	„
70	127·10	232·84	„
80	134·25	252·57	„
90	143·18	278·72	„
100	153·66	311·85	„
135	205·11	526·10	„

Saures kohlensaures Kali:

100 Wasser lösen nach Poggiale
bei 0⁰ 19·61 Th. $KHCO_3$
    10 23·23   „
    20 26·91   „
    30 30·57   „
    40 34·15   „
    50 37·92   „
    60 41·35   „
    70 45·24   „

Kohlensaures Natron:

100 Th. Wasser lösen bei
0⁰ 6·97 Na_2CO_3 21·33 Na_2CO_3
                        +10aq
10⁰ 12·06 „ 40·94 (Loewel)
15 16·20 „ 63·20
20 21·71 „ 92·82
25⁰ 28·50 Na_2CO_3 149·13
30 37·24   „   273·64
32 59   „   (Mulder)
34·79 46·2 „
80 45·9   „
85 45·7   „
90 45·6   „
95 45·4   „
100 45·1   „
Siedp. der gesätt. Lösung 106⁰.

Saures kohlensaur. Natron:

100 Th Wasser lösen nach Dibbits
bei 0⁰ 6·90 Th. $NaHCO_3$
   10 8·15   „
   20 9·60   „
   30 11·10 „
   40 12·70 „
   50 14·45 „
   60 16·40 „

Salpetersaures Kali:

100 Wasser lösen nach Gay-Lussac
bei 0"   13·32 Th. KNO_3
   5,01   16·72 „
  11·67 22·23 „
  17·91 29·31 „
  24·94 38·40 „
  35·13 54·82 „
  45·10 74·66 „
  54·72 97·05 „
  65·45 125·42 „
  79·72 169·27 „
  97·66 236·45 „
 114·5 284·61 „
          (Griffiths.)

Salpetersaures Natron:

100 Wasser lösen nach Poggiale
bei —6⁰ 68·80 Th. $NaNO_3$
   0 79·75 „
  10 84·30 „
  16 87·63 „

bei 20° 89·55 Th. NaNO₃
30 95·37 „
40 102·31 „
50 111·13 „
60 119·94 „
70 129·63 „
80 140·72 „
90 153·63 „
100 168·20 „
120 225·30 „
(Griffiths.)
Die gesättigte Lösung siedet bei 122°.

Schwefelsaures Kali:

100 Wasser lösen n. Brandes und Firnhaber
bei 12·5° 10 Th. K₂SO₄
15 10·38 „
31·25 14 „
37·5 17 „
50 25 „
56·25 22 „
68·75 21·95 „
87·5 25 „
100 26 „
101·7 21·21 „

Schwefelsaure Magnesia:

100 Wasser lösen nach Gay-Lussac und Tobler
bei 0° 24·7 MgSO₄ (als kryst.
10 30·5 „ Salz)
20 35·0 „
25 37·1 „
30 39·8 „
40 47·0 „
50 49·7 „
55 52·8 „
60 55·9 „
70 60·4 „

bei 80 65·1 MgSO₄
90 70·3 „
105·5 132·50 „
(Griffiths.)

Schwefelsaures Natron:

100 Wasser lösen nach Gay-Lussac bei
0°   5·02 Na₂SO₄ 10·17 Na₂SO₄ +10aq
11·67° 10·12 „ 26·38 „
13·30 11·74 „ 31·33 „
17·91 16·73 „ 48·28 „
25·05 28·11 „ 99·48 „
28·76 37·35 „ 161·53 „
30·75 43·05 „ 215·77 „
31·84 47·37 „ 270·22 „
32·73 50·65 „ 322·12 „
33·88 50·04 „ 312·11 „
40·15 48·78 „ 291·44 „
45·04 47·81 „ 276·91 „
50·40 46·82 „ 262·35 „
59·79 45·42 „ — „
70·61 44·35 „ — „
84·42 42·96 „ — „
103·17 42·65 „ — „

Natriumthiosulfat
(Unterschwefligsaures Natron):

100 Wasser lösen nach Mulder
bei 0° 47·6 Na₂S₂O₃ (als
16 65 „ kryst.
20 69 „ Salz)
25 75 „
30 82 „
35 89 „
40 98 „
45 109 „
47 114 „
60 192 „
(Kremers.)

7. Löslichkeit von Wasserstoff, Stickstoff und Sauerstoff

in Wasser bei 760 mm Druck und bei den Temperaturen t^0

(nach L. W. Winkler, Berl. Ber. **24**, 89 und 3602).

t	H	N	O	t	H	N	O
0	0·02135	0·02334	0·04860	21	0·01761	0·01482	0·02970
1	2112	2276	4728	22	1746	1457	2911
2	2090	2220	4601	23	1730	1433	2853
3	2068	2166	4479	24	1715	1410	2797
4	2047	2113	4362	25	1700	1387	2743
5	2026	2063	4250	30	1630	1284	2500
6	2006	2013	4142	35	1574	1185	2306
7	1987	1966	4040	40	1525	1097	2140
8	1968	1920	3941	45	1475	1023	1981
9	1950	1877	3847	50	1413	0955	1837
10	1932	1834	3756	55	1356	0889	1701
11	1915	1795	3670	60	1287	0822	1565
12	1899	1758	3587	65	1206	0751	1421
13	1883	1722	3507	70	1109	0676	1270
14	1867	1687	3431	75	0992	0597	1111
15	1851	1654	3358	80	0853	0510	0939
16	1836	1622	3288	85	0688	0410	0748
17	1821	1591	3220	90	0494	0294	0532
18	1806	1562	3155	95	0266	0158	0284
19	1792	1534	3093	100	0000	0000	0000
20	1777	1507	3031				

8. Löslichkeit einiger Gase in Wasser bei 760 mm Druck nach Bunsen.

1 Vol. Wasser löst bei °C.	Kohlen-säure	Kohlen-oxyd	Stickoxydul	Stickoxyd (in Alkohol)	Schwefel-wasserstoff	Schweflige Säure	Ammoniak	Atmosph. Luft
0	1·7967	0·03287	1·3052	0·31606	4·3706	68·861	1049·6	0·02471
1	1·7207	0·03207	1·2605	0·31262	4·2874	67·003	1020·8	0·02406
2	1·6481	0·03131	1·2172	0·30928	4·2053	65·169	993·3	0·02345
3	1·5787	0·03057	1·1752	0·30604	4·1243	63·360	967·0	0·02287
4	1·5126	0·02987	1·1346	0·30290	4·0442	61·576	941·9	0·02237
5	1·4497	0·02920	1·0954	0·29985	3·9652	59·816	917·9	0·02179
6	1·3901	0·02857	1·0575	0·29690	3·8872	58·080	895·0	0·02128
7	1·3339	0·02796	1·0210	0·29405	3·8103	56·369	873·1	0·02080
8	1·2809	0·02739	0·9858	0·29130	3·7345	54·683	852·1	0·02034
9	1·2311	0·02686	0·9520	0·28865	3·6596	53·021	832·0	0·01992
10	1·1847	0·02635	0·9196	0·28609	3·5858	51·383	812·8	0·01953
11	1·1416	0·02588	0·8885	0·28363	3·5132	49·770	794·3	0·01916
12	1·1018	0·02544	0·8588	0·28127	3·4415	48·182	776·6	0·01882
13	1·0653	0·02504	0·8304	0·27901	3·3708	46·618	759·6	0·01851
14	1·0321	0·02466	0·8034	0·27685	3·3012	45·079	743·1	0·01822
15	1·0020	0·02432	0·7778	0·27478	3·2326	43·504	727·2	0·01795
16	0·9753	0·02402	0·7535	0·27281	3·1651	42·073	711·8	0·01771
17	0·9519	0·02374	0·7306	0·27094	3·0986	40·608	696·9	0·01750
18	0·9318	0·02350	0·7090	0·26917	3·0331	39·165	682·3	0·01732
19	0·9150	0·02329	0·6888	0·26750	2·9687	37·749	668·0	0·01717
20	0·9014	0·02312	0·6700	0·26592	2·9053	36·216	654·0	0·01704

9. Löslichkeit von Ammoniak
in Wasser, dem Gewichte nach.
(Löslichkeit nach Volum siehe vorige Seite.)
1 g Wasser löst nach Roscoe und Dittmar bei 760 mm Druck:

bei	g NH_3	bei	g NH_3	bei	g NH_3	bei	g NH_3
0°	0.875	16°	0.582	30°	0.403	44°	0.275
2	0.833	18	0.554	32	0.382	46	0.259
4	0.792	20	0.526	34	0.362	48	0.244
6	0.751	22	0.499	36	0.343	50	0.229
8	0.713	24	0.474	38	0.324	52	0.214
10	0.679	26	0.449	40	0.307	54	0.200
12	0.645	28	0.426	42	0.290	56	0.185
14	0.612						

10. Löslichkeit von Chlor
in Wasser (Schönfeld).
1 Vol. Wasser absorbirt Vol. Chlor, ber. auf 0° und 760 mm Druck:

bei	Vol. Chlor	bei	Vol. Chlor	bei	Vol. Chlor	bei	Vol. Chlor
10°	2.5852	18°	2.2405	26°	1.9099	34°	1.5934
11	2.5413	19	2.1984	27	1.8695	35	1.5555
12	2.4977	20	2.1565	28	1.8295	36	1.5166
13	2.4543	21	2.1148	29	1.7895	37	1.4785
14	2.4111	22	2.0734	30	1.7499	38	1.4406
15	2.3681	23	2.0322	31	1.7104	39	1.4029
16	2.3253	24	1.9915	32	1.6712	40	1.3655
17	2.2828	25	1.9502	33	1.6322		

11. Löslichkeit von Chlorwasserstoff
in Wasser
1) nach Gewicht (Roscoe u. Dittmar).
1 g Wasser absorbirt unter 760 mm Druck:

bei	g HCl	bei	g HCl	bei	g HCl	bei	g HCl
0°	0.825	16°	0.742	32°	0.665	48°	0.603
4	0.804	20	0.721	36	0.649	52	0.589
8	0.783	24	0.700	40	0.633	56	0.575
12	0.762	28	0.682	44	0.618	60	0.561

2) nach Volum (Deicke).
1 ccm Wasser absorbirt unter 760 mm Druck:

bei	ccm HCl	Spec. Gewicht der entstehenden Säure	Gehalt derselben an HCl in Procent
0	525.2	1.2257	45.148
4	497.7	1.2265	44.361
8	480.3	1.2185	43.828
12	471.3	1.2148	43.277
14	462.4	1.2074	42.829
18	451.2	1.2064	42.344
18.25	450.7	1.2056	42.283
23	435.0	1.2014	41.536

12. Specifische Gewichte
verschiedener fester Körper
(Gewichte eines Kubikdecimeters in kg).

Ahornholz (lufttr.)	0·6—0·7	Braunstein	4·7—5·0
Alaun, Kali-	1·724	Bronze	8·7
„ Ammoniak-	1·626	Buchenholz, lufttr.	0·7—0·8
Aluminium	2·76	Camphor	0·99
Ammoniak, salpeter-		Cannelkohle	1·16—1·27
saures	1·707	Cement	2·7—3·05
Ammoniak, schwe-		Cellulose	1·52
felsaures	1·77	Chamottesteine	1·85
Anhydrit	2·96	Chlorammonium	1·528
Anthracit	1·4—1·7	Chlorblei	5·802
Antimon	6·7	Chlorbaryum, kryst.	2·664
Arsen	5·73	Chlorcalcium, „	1·612
Arsenige Säure	3·884	„ wasserfr.	2·240
Arsensäure	4·250	Chlorkalium	1·945
Asbest	2·51	Chlormagnesium,	
Asphalt	1·1—1·2	kryst.	1·558
Baryt	4·73	Chlornatrium	2·078
„ kohlensaurer	4·56	Chlorsaures Kali	2·350
Barythydrat, kryst.	1·66	Chlorsilber	5·501
Basalt	2·8—3·2	Diamant	3·52
Bausteine, im Mittel	2·5	Eichenholz, lufttr.	0·85—0·95
Bergkrystall	2·68	Eis (0°)	0·917
Birkenholz, lufttr.	0·7—0·8	Eisen, geschmied.	7·4—7·9
Bittersalz, kryst.	1·751	„ graues Roh-	6·6—7·3
Blei, gegossen	11·3	„ weisses Roh-	7·1—7·9
Bleiglätte	9·36	Eisenoxyd	5·22
Bleiglanz	7·4—7·6	Eisenoxydhydrat	3·94
Blei, chromsaures	6·00	Eisenoxyduloxyd	5·4
„ essigsaures,		Eisenoxydul, koh-	
kryst.	2·395	lensaures	3·87
Blei, kohlensaures	6·47	Eisenvitriol	1·904
„ salpetersaures	4·40	Elfenbein	1·8
„ schwefelsaur.	6·169	Erlenholz, lufttr.	0·5—0·6
Bleiweiss	5·5—6·4	Erlenholz, „	0·5—0·6
Bleizucker	2·395	Eschenholz, „	0·7—0·8
Blende	3·9—4·2	Feldspath	2·5—2·6
Blutlaugensalz, gelb.	1·832	Fett, thierisches	0·92
Boracit	2·9	Feuerstein	2·7
Borax, kryst.	1·692	Fichtenholz, trocken	0·5
Borsäure, kryst.	1·479	Flussspath	3·15
„ geschm.	1·830	Föhrenholz, lufttr.	0·6
Braunkohle	1·2—1·4	Galmei	4·1—4·5

Glas, grünes	2·642	Knochen	1·8—2·0
„ Spiegel-	2·450	Kochsalz	2·078
„ Krystall-		Kohle, organisch., ca.	1·57
(böhm.)	2·9—3·0	Koks, poröser	0·4
Glas, Flint- (engl.)	3·4—3·44	Kork	0·24
Glaubersalz, kryst.	1·52	Kreide	1·8—2·7
„ wasserfr.	2·63	Kryolith	2·96
Gold	19·3	Kupfer, gegossen	8·726
Granit	2·5—2·9	„ gehämmert	
Graphit	2·33	u. elektrolyt.	8·94
Gummi arabicum	1·31—1·45	Kupferkies	4·1—4·3
Guttapercha	0·96—0·98	Kupferoxyd	6·43
Gyps	2·322	Kupfervitriol	2·27
„ gegossen,		Lärchenholz	0·44—0·5
trocken	0·97	Lehm	1·5—2·8
Harz, Fichten-	1·07	Lindenholz	0·5
Holz, Laubh. trocken		Magnesia, gebrannte	3·2
im Mittel	0·66	„ kohlensaure	2·94
Holz, Laubh. nass	1·1	Magnesit	2·9—3·1
„ Nadelh. trocken	0·45	Mangansuperoxyd	2·94
„ „ nass	0·84	Marmor	2·5—2·8
Holzkohle (mit Poren)	0·3—0·5	Mauerwerk, Bruch-	
Horn	1·69—1·83	stein	2·4
Jod	4·948	Mauerwerk, Sand-	
Kali, chlorsaures	2·35	stein	2·1
„ chromsaures		Mauerwerk, Ziegel-	
(saures)	2·603	stein	1·5—1·7
Kali, kohlensaures	2·264	Mauersteine, ca.	2·0
„ salpetersaures	2·058	Mennige	8·62
„ schwefelsaures	2·66	Mergel	2·6
„ „ saures	2·277	Messing	8·4—8·7
Kalihydrat	2·044	Natron, kohlens.	2·509
Kalk, gebrannter	3·08	„ „ kryst.	1·454
„ kieselsaurer	2·9	„ salpeters.	2·226
„ kohlensaurer	2·7	„ schwefels.	2·63
„ phosphorsaurer	3·18	„ „ kryst.	1·52
„ schwefelsaurer		„ thioschwefels.	1·736
wasserfr.	2·927	Natronhydrat	2·130
Kalkmörtel	1·64—1·86	Nickel	8·9
Kalkspath	2·72	Pappelholz	0·38
Kalkstein	2·6—2·8	Pflanzenfaser	1·51
Kaolin	2·21	Platin	21·1
Kautschuk (nicht		Phosphor, gelber	1·826
vulc.)	0·93	„ rother	2·106
Kiefernholz	0·6	Pockholz	1·263
Kieselsäure	2·65	Porphyr	2·8

Porzellan	2·1—2·5	Stärkmehl	1·53
Pottasche	2·3	Steinkohle	1·16—1·63
Quarz	2·7	Steinsalz	2·1—2·2
Salmiak	1·528	Strahlkies	4·65—4·88
Salpeter s. Kali und Natron		Tannenholz, weisses	0·55
		„ rothes	0·5
Sand, trocken	1·4—1·6	Thon	1·8—2·6
„ feucht	1·9—2·0	Thonerde (wasserfr.)	4·15
Sandstein	1·9—2·5	„ schwefelsaur., kryst.	1·569
Schiefer	2·7		
Schwefel, gediegen	2·069	Thonschiefer	2·8
„ Stangen frisch	1·98	Torf (trocken)	0·51
„ „ alt	2·05	Ulmenholz	0·67
„ weicher, amorph.	1·96	Wachs (Bienen)	0·96
		Weidenholz	0·5—0·58
Schwefelblei	7·505	Wismuth	9·85
Schwefelkies	5·18	Witherit	4·30
Schwefelkupfer Cu_2S	5·97	Ziegelstein, gew.	1·4—2·2
		„ Klinker	1·5—2·3
Schwefelnatrium	2·47	Zink, gegossen	6·8
Schwefelsäureanhydrid	1·97	„ gewalzt	7·2
		Zinkblende	3·9—4·2
Schwefelzink	3·92	Zinkoxyd	5·73
Schwerspath	4·3—4·48	Zinkvitriol	2·036
Silber	10·6	Zinn, gegossen	7·21—7·4
Spatheisenstein	3·87	„ gehämmert	7·475
Stahl	7·80	Zinnober	8·10
„ Guss-	7·92	Zucker	1·61
„ „ gehärtet	7·66		

13. Gewichte von geschichteten Körpern.

1) 1 Kubikmeter wiegt Kilogramm:

Eichenholz in Scheiten	420	Feuchter Flusssand	1770
Buchenholz „ „	400	Lehm, frisch gegraben	1650
Weisstannenholz „	340	„ trocken	1507
Fichtenholz in „	320	Mörtel aus Kalk und Sand	1800
Cement, aufgeschüttet	1200	Ziegelsteine	2100
Gebrannter Kalk	1000	Bruch- und Kalksteine	2000
Trockner Sand und Schutt	1330	Gesumpfter Kalk	1177
Kohlenasche	740		

2) 1 Hektoliter wiegt Kilogramm:

Zwickauer Kohle	77	Zechenkoks	38—45
Saarkohle	87	Holzkohlen (weiches	
Ibbenbürener Kohle	91	Holz)	15
Oberschlesische ,,	82	Holzkohlen (hartes Holz)	22
Niederschlesische Kohle	91	Böhmische Braunkohlen	60—65
Ruhrkohle	98	Zeitzer ,,	80
Gaskoks	30—35	Meuselwitzer ,,	74
Schmelzkoks	43—45		

3) 1 Ladung à 10000 kg enthält Kubikmeter:

Zwickauer Kohle	13·00	Trockner Sand	7·52
Ruhrkohle	10·20	Feuchter Flusssand	5·65
Gaskoks	30·30	Lehm, frisch gegraben	6·06
Zechenkoks	23·81	Bruch- und Kalksteine	5·00
Holzkohle, weiches Holz	66·66	Ziegelsteine	4·76
,, hartes ,,	45·45		

4) Materialien von Schwefelsäure- und Sodafabriken.

1 Kubikmeter wiegt Kilogramm:

Schwefelkies, Stücke	2500	Krystallsoda	1010
,, Schliech	2340	Bicarbonat (trocke-	
,, Abbrände	1520	nes, gemahlen)	986
Chilisalpeter	1310	Bicarbonat (feuchtes,	
Bisulfat (sogenanntes)	1335	von Ammoniak-	
Kochsalz (Siedesalz)	689	soda)	1100
Steinsalz, grob gem.	1220-1350	Aetzkalk (kleine	
,, fein ,,	1126	Stücke)	1038
Sulfat	1180	Gesiebtes Kalkhydrat	
Kalkstein (Grus)	1400	(für Chlorkalk)	497—593
Rohsoda (Blöcke)	962	Chlorkalk	721—834
Sodarückstand		Braunstein (Erz)	2210
(feucht)	1268	Kalkstein, feinge-	
Sodarohsalz(Na_2CO_3,		mahlen	1550
H_2O), abgetropft	810	Koks für Koksthürme	417—534
Calcinirte Leblanc-		Kiesel ,, ,,	1600
Soda (ungemahlen)	1195	Kohlenasche	738
Ammoniaksoda			
(Thelenöfen)	750—850		

14. Specifische Gewichte verschiedener Flüssigkeiten.

	Spec. Gew.	bei		Spec. Gew.	bei
Aceton	0·81		Quecksilber	13·596	0⁰
Aether	0·723	12·5⁰	Repsöl	0·9282	15
Alkohol	0·7939	15·5	Rüböl	0·9136	15
Baumöl	0·917	15	Schwefelkoh-		
Benzin	0·85	15·5	lenstoff	1·272	
Benzol	0·884		Schwefel-		
Brom	3·15		dioxyd	1·45	−20
Essigsäurehy-			Seewasser	1·02—1·04	15
drat	1·064	17	Steinkohlen-		
Glycerin	1·260	15	theer	1·15	
Leinöl	0·9347	15	Terpentinöl	0·865	15
Olivenöl siehe			Untersalpeter-		
Baumöl			säure	1·45	
Petroleum	0·78—0·81	15	Vulkanöl	0·89-0·925	

15. Specifische Gewichte und Procentgehalte gesättigter Salzlösungen.

Bem. Der Procentgehalt ist in wasserfreiem Salze angegeben.

	Temp.	Procent-gehalt	Spec. Gew.	Grade Baumé
Chlorammonium	15⁰	26·30	1·0776	10·2⁰
Chlorbaryum	15	25·97	1·2827	31·7
Chlorcalcium	15	40·66	1·4110	42·0
Chlorkalium	15	24·9	1·1723	21·2
Chlornatrium	15	26·395	1·2043	24·4
Kohlensaures Kali	15	52·02	1·5708	52·4
Kohlensaures Natron . . .	15	14·35	1·1535	19·2
Salpetersaures Kali	15	21·07	1·1441	18·2
Salpetersaures Natron . . .	19·5	46·25	1·3804	39·8
Schwefelsaures Kali	15	9·92	1·0831	11·0
Schwefelsaures Natron . . .	15	11·95	1·1117	15·1
Schwefelsaure Magnesia . .	15	25·25	1·2880	32·3
Schwefelsaures Ammoniak .	19	50	1·289	32·4

16. Theoretische Dichte von Gasen und Dämpfen

und Litergewichte bei 0⁰ und 760 mm Druck

in 45⁰ nördlicher Breite.

(Berechnet auf Grund der Dichte des Sauerstoffs $= 1\cdot4290$ bei 45⁰ nördl. Breite und der Atomgewichte der Deutschen Chem. Gesellschaft 1900).

Ein Gramm-Molekel jedes Gases $= 22\cdot39$ Liter. Ein Liter jedes Gases $= 0\cdot04466 \times$ seinem Molekulargewichte. Spec. Gewicht der Gase, bezogen auf atmosphärische Luft als Einheit $= \dfrac{\text{Molekulargewicht}}{28\cdot95} = \dfrac{34\cdot54 \times \text{Molekulargew.}}{1000}$.

	Formel	Molekulargewicht $O = 16$	Dichte Luft $= 1$	Gewicht von 1 Liter in Gramm
Acetylen	C_2H_2	26·02	0·8977	1·1621
Aethylen	C_2H_4	28·04	0·9685	1·2522
Ammoniak	NH_3	17·07	0·5896	0·7623
Bromdampf	Br_2	159·92	5·5187	7·1342
Chlor	Cl_2	70·90	2·4489	3·1664
Chlorwasserstoff	HCl	36·46	1·2594	1·6282
Kohlenoxyd	CO	28·00	0·9671	1·2505
Kohlendioxyd	CO_2	44·00	1·5198	1·9650
Methan	CH_4	16·04	0·5540	0·7163
Sauerstoff	O_2	32·00	1·1053	1·4290
Schwefeldampf	S_2	64·12	2·2137	2·8629
Schwefeldioxyd	SO_2	64·06	2·2116	2·8608
Schwefeltrioxyd	SO_3	80·06	2·7653	3·5756
Schwefelwasserstoff	H_2S	34·08	1·1771	1·5220
Stickstoff	N_2	28·08	0·9699	1·2540
Stickoxydul	N_2O	44·08	1·5227	1·9686
Stickoxyd	NO	30·04	1·0500	1·3577
*Stickstoffperoxyd	NO_2	46·08	1·5916	2·0578
(Untersalpetersäure)	N_2O_4	92·16	3·1832	4·1156
Wasserdampf	H_2O	18·02	0·6224	0·8048
Wasserstoff	H_2	2·02	0·06977	1·90153
Atmosphär. Luft			1·00000	1·12931

* Die wirkliche Dampfdichte der (stets aus einem Gemenge von NO_2 und N_2O_4 bestehenden) Untersalpetersäure schwankt zwischen 2·6 und 1·8 (Luft $= 1$).

17. Lineare Ausdehnung verschiedener Körper beim Erwärmen von 0—100º C.

Blei	0·002848	1 : 351
Eisen, Schmiedeisen	0·001235	1 : 812
„ Gusseisen	0·001110	1 : 901
Glas, Flintglas	0·000817	1 : 1219
„ weisses	0·000861	1 : 1161
„ grünes	0·000766	1 : 1305
Gold	0·001466	1 : 682
Hartloth	0·002058	1 : 486
Kohle von Eichenholz	0·001200	1 : 833
„ „ Tannenholz	0·001000	1 : 1000
Kupfer	0·001718	1 : 582
Marmor von Carrara	0·000849	1 : 1178
„ „ St. Beat	0·000418	1 : 2392
Messing	0·001868	1 : 535
Platin	0·000884	1 : 1131
Quecksilber	0·006006	1 : 166·5
Silber	0·001908	1 : 524
Stahl, ungehärtet	0·001079	1 : 927
„ gehärtet	0·001240	1 : 807
Wasser	0·015530	1 : 71·4
Zink	0·002942	1 : 340
Zinn	0·001938	1 : 516

— 31 —

18. Vergleichung der Temperaturskalen.
A. Celsius-Grade als Einheit −40° bis 100° C.

$$t^0 C = \frac{4}{5} t^0 R = \frac{9}{5} t + 32^0 F; \quad t^0 R = \frac{9}{4} t^0 C = \frac{5}{4} t + 32^0 F; \quad t^0 F = \frac{5}{9}(t-32)^0 C = \frac{4}{9}(t-32)^0 R.$$

Réaum.	Cels.	Fahr.	Réaum.	Cels.	Fahr.	Réaum.	Cels.	Fahr.	Réaum.	Cels.	Fahr.	Réaum.	Cels.	Fahr.
−32	−40	−40	−12.8	−16	+3.2	+6.4	+8	+46.4	+25.6	+32	+89.6	+62.4	+78	+172.4
31.2	39	38.2	12	15	5	7.2	9	48.2	26.4	33	91.4	63.2	79	174.2
30.4	38	36.4	11.2	14	6.8	8	10	50	27.2	34	93.2	64	80	176
29.6	37	34.6	10.4	13	8.6	8.8	11	51.8	28	35	95	64.8	81	177.8
28.8	36	32.8	9.6	12	10.4	9.6	12	53.6	28.8	36	96.8	65.6	82	179.6
28	35	31	8.8	11	12.2	10.4	13	55.4	29.6	37	98.6	66.4	83	181.4
27.2	34	29.2	8	10	14	11.2	14	57.2	30.4	38	100.4	67.2	84	183.2
26.4	33	27.4	7.2	9	15.8	12	15	59	31.2	39	102.2	68	85	185
25.6	32	25.6	6.4	8	17.6	12.8	16	60.8	32	40	104	68.8	86	186.8
24.8	31	23.8	5.6	7	19.4	13.6	17	62.6	32.8	41	105.8	69.6	87	188.6
24	30	22	4.8	6	21.2	14.4	18	64.4	33.6	42	107.6	70.4	88	190.4
23.2	29	20.2	+3.2	5	23	15.2	19	66.2	34.4	43	109.4	71.2	89	192.2
22.4	28	18.4	2.4	4	24.8	16	20	68	35.2	44	111.2	72	90	194
21.6	27	16.6	1.6	3	26.6	16.8	21	69.8	36	45	113	72.8	91	195.8
20.8	26	14.8	0.8	2	28.4	17.6	22	71.6	36.8	46	114.8	73.6	92	197.6
20	25	13	0	1	30.2	18.4	23	73.4	37.6	47	116.6	74.4	93	199.4
19.2	24	11.2	+0.8	+1	33.8	19.2	24	75.2	38.4	48	118.4	75.2	94	201.2
18.4	23	9.4	1.6	2	35.6	20	25	77	39.2	49	120.2	76	95	203
17.6	22	7.6	2.4	3	37.4	20.8	26	78.8	40	50	122	76.8	96	204.8
16.8	21	5.8	3.2	4	39.2	21.6	27	80.6	40.8	51	123.8	77.6	97	206.6
16	20	4	4	5	41	22.4	28	82.4	41.6	52	125.6	78.4	98	208.4
15.2	19	2.2	4.8	6	42.8	23.2	29	84.2	42.4	53	127.4	79.2	99	210.2
14.4	18	0.4	+5.6	+7	44.6	24	30	86	43.2	54	129.2	80	100	212
13.6	17	+1.4				24.8	31	87.8						

B. Fahrenheit-Grade als Einheit, —40° bis 212° F.

Fahr.	Cels.	Réaum.	Fahr.	Cels.	Réaum.	Fahr.	Cels.	Réaum.
—40	—40·0	—32·0	+ 1	—17·2	—13·8	+42	+ 5·6	+ 4·4
39	39·4	31·6	2	16·7	13·3	43	6·1	4·9
38	38·9	31·1	3	16·1	12·9	44	6·7	5·3
37	38·3	30·7	4	15·6	12·4	45	7·2	5·8
36	37·8	30·2	5	15·0	12·0	46	7·8	6·2
35	37·2	29·8	6	14·4	11·6	47	8·3	6·7
34	36·7	29·3	7	13·9	11·1	48	8·9	7·1
33	36·1	28·9	8	13·3	10·7	49	9·4	7·6
32	35·6	28·4	9	12·8	10·2	50	10·0	8·0
31	35·0	28·0	10	12·2	9·8	51	10·6	8·4
30	34·4	27·6	11	11·7	9·3	52	11·1	8·9
29	33·9	27·1	12	11·1	8·9	53	11·7	9·3
28	33·3	26·7	13	10·6	8·4	54	12·2	9·8
27	32·8	26·2	14	10·0	8·0	55	12·8	10·2
26	32·2	25·8	15	9·4	7·6	56	13·3	10·7
25	31·7	25·3	16	8·9	7·1	57	13·9	11·1
24	31·1	24·9	17	8·3	6·7	58	14·4	11·6
23	30·6	24·4	18	7·8	6·2	59	15·0	12·0
22	30·0	24·0	19	7·2	5·8	60	15·6	12·4
21	29·4	23·6	20	6·7	5·3	61	16·1	12·9
20	28·9	23·1	21	6·1	4·9	62	16·7	13·3
19	28·3	22·7	22	5·6	4·4	63	17·2	13·8
18	27·8	22·2	23	5·0	4·0	64	17·8	14·2
17	27·2	21·8	24	4·4	3·6	65	18·3	14·7
16	26·7	21·3	25	3·9	3·1	66	18·9	15·1
15	26·1	20·9	26	3·3	2·7	67	19·4	15·6
14	25·6	20·4	27	2·8	2·2	68	20·0	16·0
13	25·0	20·0	28	2·2	1·8	69	20·6	16·4
12	24·4	19·6	29	1·7	1·3	70	21·1	16·9
11	23·9	19·1	30	1·1	0·9	71	21·7	17·3
10	23·3	18·7	31	0·6	0·4	72	22·2	17·8
9	22·8	18·2	32	+ 0·0	+ 0·0	73	22·8	18·2
8	22·2	17·8	33	0·6	0·4	74	23·3	18·7
7	21·7	17·3	34	1·1	0·9	75	23·9	19·1
6	21·1	16·9	35	1·7	1·3	76	24·4	19·6
5	20·6	16·4	36	2·2	1·8	77	25·0	20·0
4	20·0	16·0	37	2·8	2·2	78	25·6	20·4
3	19·4	15·6	38	3·3	2·7	79	26·1	20·9
2	18·9	15·1	39	3·9	3·1	80	26·7	21·3
1	18·3	14·7	40	4·4	3·6	81	27·2	21·8
0	17·8	14·2	41	5·0	4·0	82	27·8	22·2

Fahr.	Cels.	Réaum.	Fahr.	Cels.	Réaum.	Fahr.	Cels.	Réaum.
+83	+28·3	+22·7	+127	+52·8	+42·2	+170	+76·7	+61·3
84	28·9	23·1	128	53·3	42·7	171	77·2	61·8
85	29·4	23·6	129	53·9	43·1	172	77·8	62·2
86	30·0	24·0	130	54·4	43·6	173	78·3	62·7
87	30·6	24·4	131	55·0	44·0	174	78·9	63·1
88	31·1	24·9	132	55·6	44·4	175	79·4	63·6
89	31·7	25·3	133	56·1	44·9	176	80·0	64·0
90	32·2	25·8	134	56·7	45·3	177	80·6	64·4
91	32·8	26·2	135	57·2	45·8	178	81·1	64·9
92	33·3	26·7	136	57·8	46·2	179	81·7	65·3
93	33·9	27·1	137	58·3	46·7	180	82·2	65·8
94	34·4	27·6	138	58·9	47·1	181	82·8	66·2
95	35·0	28·0	139	59·4	47·6	182	83·3	66·7
96	35·6	28·4	140	60·0	48·0	183	83·9	67·1
97	36·1	28·9	141	60·6	48·4	184	84·4	67·6
98	36·7	29·3	142	61·1	48·9	185	85·0	68·0
99	37·2	29·8	143	61·7	49·3	186	85·6	68·4
100	37·8	30·2	144	62·2	49·8	187	86·1	68·9
101	38·3	30·7	145	62·8	50·2	188	86·7	69·3
102	38·9	31·1	146	63·3	50·7	189	87·2	69·8
103	39·4	31·6	147	63·9	51·1	190	87·8	70·2
104	40·0	32·0	148	64·4	51·6	191	88·3	70·7
105	40·6	32·4	149	65·0	52·0	192	88·9	71·1
106	41·1	32·9	150	65·6	52·4	193	89·4	71·6
107	41·7	33·3	151	66·1	52·9	194	90·0	72·0
108	42·2	33·8	152	66·7	53·3	195	90·6	72·4
109	42·8	34·2	153	67·2	53·8	196	91·1	72·9
110	43·3	34·7	154	67·8	54·2	197	91·7	73·3
111	43·9	35·1	155	68·3	54·7	198	92·2	73·8
112	44·4	35·6	156	68·9	55·1	199	92·8	74·2
113	45·0	36·0	157	69·4	55·6	200	93·3	74·7
114	45·6	36·4	158	70·0	56·0	201	93·9	75·1
115	46·1	36·9	159	70·6	56·4	202	94·4	75·6
116	46·7	37·3	160	71·1	56·9	203	95·0	76·0
117	47·2	37·8	161	71·7	57·3	204	95·6	76·4
118	47·8	38·2	162	72·2	57·8	205	96·1	76·9
119	48·3	38·7	163	72·8	58·2	206	96·7	77·3
120	48·9	39·1	164	73·3	58·7	207	97·2	77·8
121	49·4	39·6	165	73·9	59·1	208	97·8	78·2
122	50·0	40·0	166	74·4	59·6	209	98·3	78·7
123	50·6	40·4	167	75·0	60·0	210	98·9	79·1
124	51·1	40·9	168	75·6	60·4	211	99·4	79·6
125	51·7	41·3	169	76·1	60·9	212	100·0	80·0
126	52·2	41·8						

C. Grade über dem Siedpunkt des Wassers.

F.	C.	F.	C.	F.	C.	F.	C.	F.	C.	F.	C.	F.	C.
220	104	420	216	620	327	820	438	1040	560	1440	782	1840	1004
230	110	430	221	630	332	830	443	1060	571	1460	793	1860	1016
240	116	440	227	640	338	840	449	1080	582	1480	804	1880	1027
250	121	450	232	650	343	850	454	1100	593	1500	816	1900	1038
260	127	460	238	660	349	860	460	1120	604	1520	827	1920	1049
270	132	470	243	670	354	870	466	1140	616	1540	838	1940	1060
280	138	480	249	680	360	880	471	1160	627	1560	849	1960	1071
290	143	490	254	690	366	890	477	1180	639	1580	860	1980	1082
300	149	500	260	700	371	900	482	1200	649	1600	871	2000	1093
310	155	510	266	710	377	910	488	1220	660	1620	882	2100	1149
320	160	520	271	720	382	920	493	1240	671	1640	893	2200	1204
330	166	530	277	730	388	930	499	1260	682	1660	904	2300	1260
340	171	540	282	740	393	940	504	1280	693	1680	916	2400	1315
350	177	550	288	750	399	950	510	1300	704	1700	927	2500	1371
360	182	560	293	760	404	960	516	1320	716	1720	938	2600	1427
370	188	570	299	770	410	970	521	1340	727	1740	949	2700	1482
380	193	580	304	780	416	980	527	1360	738	1760	960	2800	1537
390	199	590	310	790	421	990	532	1380	749	1780	971	2900	1593
400	204	600	316	800	427	1000	538	1400	760	1800	982	3000	1649
410	210	610	321	810	432	1020	549	1420	771	1820	993		

19. Schmelzpunkte (Gefrierpunkte).

Aethylalkohol	—130°	Chlorstrontium	825°
Ammoniak	—75	Colophonium	135
Aluminium	655	Eisen, Roheisen, weiss.	1075-1135
Antimon	630	„ „ graues	1200-1250
Benzol	6	„ Schmiedeisen	1500
Blei	326	Erdpech	100
Bleiglätte	954	Flussspath	902
Borsäure	186	Glas, bleihaltig	1000
Brom	—22	„ bleifrei	1200
Bromwasserstoff	—120	Gold	1065
Bronze	900	Hammelstalg	42
Cadmium	316	Jod	113
Chlorblei	498	Jodkalium	634
Chlornatrium	772	Jodwasserstoff	—55
Chlorsaures Kali	359	Kobalt	1500
„ Natron	302	Kohlensäureanhydrid	—70
Chlorsilber	451	Kohlensaures Kali	878

Kohlensaures Natron	850°	Schwefelsäure s. spec. Theil	
Kupfer	1080		
Kupferchlorid	498	Schwefelsaures Kali	1078°
Kupferchlorür	434	„ Natron	863
Magnesium	500	Schwefelwasserstoff	—85
Messing	900	Schwefligsäureanhydr.	—79
Naphtalin	79	Selen	217
Nickel	1500	Silber	962
Palmöl	29	Stahl	1375
Paraffin	45—60	Stearinsäure	70
Pech (hart. Steinkohl.)	150—200	Stickoxyd	—167
Phosphor	44	Stickoxydul	—99
Platin	1780	Stickstoffperoxyd (Untersalpetersäure)	—11·5
Quecksilber	—39·38		
Quecksilberchlorid	293	Thallium	290
Rindstalg	40	Wachs (Bienen)	62—70
Rose'sches Metall	94	Wallrath	45—50
Salpetersäure HNO_3	—50	Wismuth	260
Salpetersaures Kali	329	Wood's Metall	70
„ Natron	316	Xylol, Ortho	—28
„ Silber	217	„ Meta	—54
Schweinefett	27	Zink	420
Schwefel	111·5	Zinn	232
Schwefelkohlenstoff	—116	Zinntetrachlorid	—29

20. Gefrierpunkte von Lösungen.

Nach Rüdorff erniedrigen die folgenden Verbindungen den Gefrierpunkt des Wassers für jedes aufgelöste Procent um den beigesetzten Betrag. (NB. Auch wo die angeführten Hydrate im festen Zustande nicht dargestellt sind, muss man sie als solche in den Lösungen annehmen.)

Formel	Erniedr. des Gefrierp. für jedes Procent	Formel	Erniedr. des Gefrierp. für jedes Procent
	° C.		° C.
$(NH_4)_2O + 2\,H_2O$	0·423	NH_4Cl	0·635
$K_2O + 5\,H_2O$	0·399	$CaCl_2 + 6\,H_2O$	0·227
$Na_2O + 4\,H_2O$	0 500	$BaCl_2 + 2H_2O\,(bis\,24^0/_0)$	0·190
$HCl + 6\,H_2O$	0·251	$BaCl_2 + 6H_2O\,(üb.\,24^0/_0)$	0·150
NaCl (bis $16^0/_0$)	0·600	$SrCl_2 + 12\,H_2O$	0·120
$CaCl + 2H_2O\,(üb.\,16^0/_0)$	0·341	$MnCl_2 + 12\,H_2O$	0·138
KCl	0·446	$CuCl_2 + 4H_2O\,(üb.\,20^0/_0)$	0 283

Formel	Erniedr. des Gefrierp. für jedes Procent	Formel	Erniedr. des Gefrierp. für jedes Procent
	°C.		°C.
$CuCl_2 + 12H_2O$ (b. 20°/o)	0·127	$H_2SO_4 + 9H_2O$	0·129
KJ	0·212	K_2SO_4	0·201
$NaJ + 4H_2O$	0·152	Na_2SO_4	0·297
KBr	0·292	$(NH_4)_2SO_4$	0·269
$NaBr + 4H_2O$	0·189	$MgSO_4 + 7H_2O$	0·072
$H_2N_2O_6 + 9H_2O$	0·231	$ZnSO_4 + 7H_2O$	0·058
CaN_2O_6	0·277	$MnSO_4 + 12H_2O$	0·037
SrN_2O_6	0·184	K_2CrO_4	0·194
$MgN_2O_6 + 12H_2O$	0·132	$NaC_2H_3O_2 + 5H_2O$	0·202
$MnN_2O_6 + 12H_2O$	0·116	K_2CO_3	0·317
$CuN_2O_6 + 12H_2O$	0·111	KCNS	0·320

21. Siedpunkte.

Aceton	56	Phosphors. Natronl. (ges.)	106·6
Aether	35	Quecksilber	357
Aldehyd	21	Salpetersäure, stärkste	86
Alkohol	78	„ v. 1·42 sp. G.	121
Ammoniak, wasserfrei	−33·7	Salpetrigsäureanhydrid	−2
Benzol	80·4	Salpeters. Ammonl. (ges.)	164
Brom	63	„ Kalklös. („)	152
Chlor	−33·6	„ Kalilös. („)	118
Chlorbaryumlösung (ges.)	104·4	„ Natronlös. („)	122
Chlorcalciumlös. („)	179·5	Salzsäure von 20·2 Proc.	110
„ (66 proc.)	156	Schwefel	445
„ (33 „)	128	Schwefelkohlenstoff	47
Chlorkaliumlösung (ges.)	110	Schwefelsäureanhydrid α	15
Chlornatriumlös. („)	108·4	„ β	50
Chlorsaur. Kalilös. („)	105	Schwefelsäurehydrat	326
Essigs. Kalilösung („)	169·4	Schwefeldioxyd	−10
„ Natronlös. („)	124·4	Stickoxydul	−88
Holzgeist	60	Terpentinöl	160
Jod	über 200	Toluol	111
Kohlendioxyd	−78	Untersalpetersäure	28
Kohlens. Kalilös. (ges.)	135	Xylole	136–141
„ Natronlös. („)	106	Zink	930
Naphtalin	218		

(Siedepunkte von Schwefelsäuren verschiedener Stärke im speciellen Theile, No. II H. 4.)

22. Hohe Temperaturen bestimmt mit den Pyrometern von Le Chatelier.

(Wenn nicht anders bezeichnet, nach Le Chatelier 1892, 1895 u. 1900.)

Spirituslampe (Heraeus)		ca. 800°
Petroleumflamme		ca. 1500
Bunsenbrenner (Lewes):	mit blauem Kegel	mit grünem Kegel
Spitze des inneren Kegels . .	1090	1575°
Mitte „ äusseren „ . .	1533	1630
Spitze „ „ „ . .	1175	1545
Rand „ „ „ in der Höhe der inneren Kegelspitze	1333	1511
Schmelzpunkt von weissem schwed. Roheisen		1135
„ „ grauem Giesserei-Roheisen		1220
„ „ Flusseisen mit 0·1 %/₀ C.		1475
„ „ „ halbhart 0·3 „		1455
„ „ Flussstahl 0·9 „		1410
„ „ Silber		962
„ „ Gold		1065
„ „ Kupfer		1076
„ „ Nickel		1496
„ „ Platin		1780
Bessemer-Converter		1580—1640
Siemens-Martin-Ofen		1420—1550
Gas beim Austritt aus Generator		720
„ „ Eintritt in Regenerator		400
„ „ Austritt aus „		1200
Luft „ „ „ „		1000
Rauchgas im Schornstein		300
Siemens-Tiegelgussstahl-Ofen		1600
Rotirender Puddelofen, zuletzt		1330
Hochofen (grauesBessemereisen) gegenüb.Düsen		1930
„ Eisen beim Abstich		1400—1520
Glasofen: Hafenofen		1375
Im Hafen beim Läutern		1310
„ „ „ Heissschüren . .		1045
Wannenofen		1400
„ Glas		1310
Porzellanofen für Hartporzellan, zuletzt . . .		1400
Leuchtgas: Siemensofen oben		1190
„ unten		1045
Retorte zuletzt		975
Rauchgas am Schornstein . . .		680
Ring-Ziegelofen		1100
Elektrische Glühlampen		1800—2100
„ Lichtbogen (abs. Temp.)		4100
Sonnenwärme nach Paschen (abs. Temp.) . .		5400
„ „ Wilson & Grey		6200

23. Reduction der Gas-Volumina auf

Allgemeine Formel für trockene Gase: $V_0 = \dfrac{V \times 273\,b}{(273 + t)\,760}$,

b = Barometerstand (reducirt auf 0°). t = Temperatur.

I. Tabelle zur Reduction der gefundenen

0°	1°	2°	3°	4°	5°	6°	7°	8°	9°	10°	0°
1	0·996	0·993	0·989	0·986	0·982	0·978	0·975	0·972	0·968	0·965	1
2	1·993	1·985	1·978	1·971	1·964	1·957	1·950	1·943	1·936	1·929	2
3	2·989	2·978	2·967	2·957	2·946	2·936	2·925	2·915	2·904	2·894	3
4	3·985	3·971	3·956	3·942	3·928	3·914	3·900	3·886	3·872	3·859	4
5	4·982	4·964	4·946	4·928	4·910	4·893	4·875	4·858	4·841	4·824	5
6	5·978	5·956	5·935	5·913	5·892	5·871	5·850	5·830	5·809	5·788	6
7	6·974	6·949	6·924	6·899	6·874	6·850	6·825	6·801	6·777	6·753	7
8	7·970	7·942	7·913	7·885	7·856	7·828	7·800	7·773	7·745	7·718	8
9	8·967	8·934	8·902	8·870	8·838	8·807	8·775	8·744	8·713	8·682	9
10	9·963	9·927	9·891	9·856	9·820	9·785	9·750	9·716	9·681	9·647	10
11	10·96	10·92	10·88	10·84	10·80	10·76	10·73	10·69	10·65	10·61	11
12	11·96	11·91	11·87	11·83	11·78	11·74	11·70	11·66	11·62	11·57	12
13	12·95	12·91	12·86	12·81	12·76	12·72	12·68	12·63	12·59	12·54	13
14	13·95	13·90	13·85	13·80	13·75	13·70	13·65	13·60	13·55	13·50	14
15	14·95	14·89	14·84	14·78	14·73	14·68	14·63	14·57	14·52	14·47	15
16	15·94	15·88	15·83	15·77	15·71	15·66	15·60	15·55	15·49	15·43	16
17	16·94	16·87	16·82	16·75	16·69	16·64	16·58	16·52	16·46	16·40	17
18	17·93	17·87	17·81	17·74	17·67	17·61	17·55	17·49	17·43	17·36	18
19	18·93	18·86	18·79	18·72	18·65	18·58	18·53	18·46	18·39	18·33	19
20	19·93	19·85	19·78	19·71	19·64	19·57	19·50	19·43	19·36	19·29	20
21	20·93	20·84	20·77	20·69	20·62	20·55	20·48	20·40	20·33	20·26	21
22	21·92	21·84	21·76	21·68	21·60	21·53	21·45	21·37	21·30	21·22	22
23	22·92	22·83	22·75	22·66	22·58	22·51	22·43	22·35	22·26	22·18	23
24	23·92	23·82	23·74	23·65	23·56	23·48	23·40	23·32	23·23	23·15	24
25	24·81	24·81	24·73	24·64	24·55	24·46	24·38	24·29	24·20	24·11	25
26	25·91	25·81	25·72	25·62	25·53	25·44	25·35	25·26	25·17	25·08	26
27	26·90	26·80	26·71	26·61	26·52	26·42	26·33	26·23	26·13	26·04	27
28	27·90	27·79	27·69	27·59	27·50	27·40	27·30	27·20	27·10	27·01	28
29	28·90	28·78	28·68	28·58	28·48	28·38	28·28	28·17	28·07	27·97	29
30	29·89	29·78	29·67	29·57	29·46	29·36	29·25	29·15	29·04	28·94	30
31	30·89	30·77	30·66	30·55	30·44	30·34	30·23	30·12	30·01	29·91	31
32	31·88	31·76	31·65	31·54	31·42	31·32	31·20	31·09	30·98	30·87	32
33	32·88	32·76	32·64	32·52	32·40	32·30	32·18	32·06	31·94	31·84	33
34	33·68	33·75	33·63	33·51	33·38	33·27	33·15	33·03	32·91	32·80	34
35	34·87	34·74	34·62	34·50	34·37	34·25	34·13	34·01	33·88	33·77	35
36	35·87	35·74	35·61	35·48	35·35	35·23	35·10	34·98	34·85	34·73	36
37	36·87	36·73	36·60	36·47	36·33	36·21	36·08	35·95	35·82	35·70	37
38	37·86	37·72	37·59	37·45	37·32	37·19	37·05	36·92	36·79	36·66	38
39	38·86	38·71	38·58	38·44	38·30	38·03	37·89	37·75	37·62	39
40	39·85	39·71	39·56	39·42	39·28	39·14	39·00	38·86	38·72	38·59	40
41	40·85	40·70	40·55	40·41	40·26	40·12	39·98	39·83	39·69	39·55	41
42	41·85	41·69	41·54	41·39	41·24	41·10	40·95	40·80	40·66	40·52	42
43	42·84	42·68	42·53	42·38	42·22	42·08	41·93	41·78	41·62	41·48	43
44	43·84	43·68	43·52	43·37	43·20	43·05	42·90	42·75	42·59	42·45	44
45	44·84	44·67	44·51	44·35	44·19	44·03	43·88	43·72	43·56	43·41	45
46	45·83	45·66	45·50	45·34	45·17	45·01	44·85	44·69	44·53	44·38	46
47	46·83	46·65	46·48	46·32	46·15	45·99	45·83	45·66	45·50	45·34	47
48	47·83	47·65	47·48	47·31	47·13	46·97	46·80	46·63	46·47	46·31	48
49	48·82	48·64	48·47	48·29	48·12	47·95	47·78	47·60	47·44	47·27	49
50	49.82	49·64	49·46	49·28	49·10	48·93	48·75	48·58	48·41	48·24	50

— 39 —

Normal-Temperatur und Druck.

für feuchte Gase: $V_0 = \dfrac{V \times 273 (b-f)}{(273 + t) 760}$.

f = Wasserdampfspannung für die Temperatur (vgl. Tabelle 26).

Volume des Gases auf die Temperatur von 0⁰.

0⁰	1⁰	2⁰	3⁰	4⁰	5⁰	6⁰	7⁰	8⁰	9⁰	10⁰	0⁰
51	50·82	50·63	50·45	50·26	50·08	49·91	49·73	49·55	49·38	49·21	51
52	51·81	51·62	51·44	51·25	51·06	50·89	50·70	50·52	50·35	50·17	52
53	52·81	52·62	52·43	52·24	52·05	51·87	51·68	51·49	51·31	51·13	53
54	53·81	53 61	53·42	53·22	53·03	52·84	52·65	52·46	52·28	52·10	54
55	54·80	54·60	54·41	54·21	54·01	53·82	53·63	53·44	53·25	53·06	55
56	55·80	55·60	55·40	55·19	54·99	54·80	54·60	54·41	54·22	54·03	56
57	56·80	56·59	56·39	56·18	55·97	55·78	55·58	55·38	55·19	54·99	57
58	57·79	57·58	57·37	57·16	56·95	56·76	56·55	56·35	56·15	55·96	58
59	58·79	58·57	58·37	58·15	57·93	57·74	57·53	57·32	57·12	56·92	59
60	59·78	59·56	59·35	59·13	58·92	58·71	58·50	58·30	58·09	57·88	60
61	60·78	60·56	60·34	60·12	59·90	59·69	59·48	59·27	59·06	58·85	61
62	61·78	61·55	61·33	61·10	60·88	60 67	60·45	60·24	60·03	59·81	62
63	62·77	62·54	62·32	62·09	61·86	61·65	61·43	61·21	60·99	60·77	63
64	63·77	63·53	63·31	63·07	62·84	62·63	62·40	62·18	61·96	61·74	64
65	64·76	64·53	64·30	64·06	63·83	63·61	63·38	63·15	62·93	62·70	65
66	65·76	65·52	65·29	65·04	64·81	64·58	64·35	64·13	63·89	63·67	66
67	66·75	66·51	66·27	66·03	65·79	65·56	65·33	65·10	64·86	64 63	67
68	67·75	67·50	67·26	67 02	66·77	66·54	66 30	66·07	65·83	65·60	68
69	68·75	68·50	68·25	68·01	67·75	67·52	67·28	67·04	66·80	66·56	69
70	69·74	69·49	69·24	68 99	68·74	68·50	68·25	68·01	67·77	67·53	70
71	70·74	70·48	70·23	69 98	69·72	69·48	69·23	68·98	68·74	68·49	71
72	71·74	71·48	71·22	70·96	70·70	70·46	70 20	69·95	69·71	69·46	72
73	72·73	72·47	72 21	71·95	71 69	71·44	71·18	70·93	70·67	70·42	73
74	73·73	73·46	73 20	72·93	72 66	72·41	72·15	71·90	71·64	71·39	74
75	74·72	74·45	74 19	73·92	73 65	73·39	73·13	72·87	72·61	72·35	75
76	75·72	75·45	75·18	74·90	74·63	74·37	74·10	73·84	73·58	73·32	76
77	76·72	76·44	76·17	75·89	75·61	75·35	75 08	74·81	74·55	74·28	77
78	77·71	77·43	77·15	76·87	76·59	76·33	76 05	75·78	75·51	75·25	78
79	78·71	78·42	78 14	77·86	77·58	77·31	77 03	76·75	76·48	76·21	79
80	79·70	79·42	79·13	78·85	78·56	78·28	78 00	77·73	77·45	77·18	80
81	80·70	80·41	80·12	79·83	79·54	79·26	78·98	78·70	78·42	78·14	81
82	81·69	81·40	81·11	80·82	80·52	80·24	79·95	79·67	79·39	79·11	82
83	82 69	82·39	82·10	81·81	81·51	81·22	80·93	80·64	80·36	80·07	83
84	83·69	83·39	83·09	82·79	82·49	82·20	81·90	81·61	81·32	81·04	84
85	84·68	84 38	84·08	83·78	83·47	83·17	82·88	82·58	82·29	82·00	85
86	85·68	85·37	85·07	84·76	84·45	84·15	83 85	83·55	83·26	82·97	86
87	86·68	86·37	86·06	85·75	85·43	85·13	84·83	84·53	84·23	83·93	87
88	87·67	87·36	87·05	86·73	86·42	86·11	85·80	85·50	85·20	84·90	88
89	88 67	88·35	88·04	87·72	87·40	87·09	86·78	86·47	86·16	85·86	89
90	89·67	89·34	89·02	88·70	88·38	88·07	87·75	87·44	87·13	86·82	90
91	90·66	90·34	90 01	89·69	89·36	89 05	88·73	88·41	88·10	87·79	91
92	91·66	91·33	91·00	90·67	90·34	90·03	89·70	89·38	89·07	88·75	92
93	92·66	92·32	91·99	91·66	91·33	91·01	90 68	90·36	90·03	89·72	93
94	93·65	93·31	92·98	92 64	92·31	91·98	91·65	91·33	91·00	90 68	94
95	94·65	94 31	93·97	93·63	93·29	92·96	92·63	92·30	91·97	91·65	95
96	95·65	95·30	94·96	94·61	94·27	93·94	93·60	93·27	92·94	92·61	96
97	96·64	96·29	95·95	95·60	95·25	94·92	94·58	94·24	93·91	93·57	97
98	97·64	97·28	96·93	96·58	96·24	95·90	95 55	95·21	94·87	94·54	98
99	98·64	98·27	97·92	97·57	97·22	96·87	96·53	96·18	95·84	95·50	99
100	99·63	99·27	98 91	98·56	98·20	97 85	97·50	97·16	96·81	96·47	100

I. Tabelle zur Reduction der gefundenen Volume des

0°	11°	12°	13°	14°	15°	16°	17°	18°	19°	20°	0°
1	0·961	0·958	0·955	0·951	0·948	0·945	0·941	0·938	0·935	0·932	1
2	1·923	1·916	1·909	1·903	1·896	1·889	1·883	1·876	1·869	1·864	2
3	2·884	2·874	2·864	2·854	2·844	2·834	2·824	2·815	2·805	2·795	3
4	3·845	3·832	3·818	3·805	3·792	3·779	3·766	3·753	3·740	3·727	4
5	4·807	4·790	4·773	4·757	4·740	4·724	4·707	4·691	4·675	4·659	5
6	5·768	5·747	5·728	5·708	5·688	5·668	5·648	5·629	5·609	5·591	6
7	6·729	6·705	6·682	6·659	6·636	6·613	6·590	6·567	6·544	6·523	7
8	7·690	7·663	7·637	7·610	7·584	7·558	7·531	7·506	7·479	7·454	8
9	8·652	8·621	8·591	8·562	8·532	8·502	8·472	8·444	8·414	8·386	9
10	9·613	9·579	9·546	9·518	9·480	9·447	9·414	9·382	9·349	9·318	10
11	10·57	10·53	10·50	10·46	10·43	10·39	10·35	10·32	10·28	10·25	11
12	11·53	11·49	11·45	11·42	11·38	11·33	11·30	11·26	11·21	11·18	12
13	12·49	12·45	12·41	12·36	12·32	12·28	12·24	12·20	12·15	12·11	13
14	13·45	13·41	13·36	13·31	13·27	13·22	13·17	13·13	13·08	13·04	14
15	14·42	14·37	14·32	14·27	14·22	14·17	14·12	14·07	14·02	13·97	15
16	15·38	15·32	15·27	15·22	15·17	15·11	15·06	15·01	14·96	14·91	16
17	16·34	16·28	16·23	16·17	16·12	16·06	16·00	15·95	15·89	15·84	17
18	17·30	17·24	17·18	17·12	17·06	17·00	16·94	16·89	16·82	16·76	18
19	18·26	18·20	18·14	18·07	18·01	17·95	17·89	17·83	17·76	17·70	19
20	19·23	19·16	19·09	19·03	18·96	18·89	18·83	18·76	18·69	18·64	20
21	20·19	20·12	20·04	19·98	19·91	19·84	19·77	19·70	19·62	19·57	21
22	21·15	21·08	21·00	20·93	20·86	20·78	20·71	20·64	20·56	20·50	22
23	22·11	22·03	21·95	21·88	21·80	21·73	21·65	21·58	21·50	21·43	23
24	23·07	22·99	22·91	22·83	22·75	22·67	22·59	22·51	22·43	22·37	24
25	24·03	23·95	23·86	23·78	23·70	23·61	23·54	23·45	23·37	23·30	25
26	25·00	24·91	24·81	24·73	24·65	24·56	24·48	24·39	24·30	24·23	26
27	25·96	25·87	25·77	25·69	25·60	25·50	25·42	25·33	25·23	25·16	27
28	26·92	26·82	26·72	26·64	26·54	26·45	26·36	26·25	26·17	26·09	28
29	27·88	27·78	27·68	27·59	27·49	27·39	27·30	27·20	27·10	27·02	29
30	28·84	28·74	28·64	28·54	28·44	28·34	28·24	28·15	28·05	27·95	30
31	29·80	29·70	29·59	29·49	29·39	29·28	29·18	29·09	28·99	28·87	31
32	30·76	30·66	30·55	30·44	30·34	30·23	30·12	30·03	29·92	29·81	32
33	31·72	31·61	31·50	31·39	31·28	31·17	31·06	30·97	30·86	30·74	33
34	32·68	32·57	32·46	32·34	32·23	32·12	32·01	31·90	31·79	31·68	34
35	33·65	33·53	33·41	33·30	33·18	33·06	32·95	32·84	32·73	32·61	35
36	34·61	34·49	34·37	34·25	34·13	34·01	33·89	33·78	33·66	33·54	36
37	35·57	35·45	35·32	35·20	35·08	34·95	34·83	34·72	34·59	34·47	37
38	36·53	36·40	36·28	36·15	36·02	35·90	35·77	35·66	35·53	35·40	38
39	37·49	37·36	37·23	37·10	36·97	36·84	36·71	36·59	36·46	36·34	39
40	38·45	38·32	38·18	38·05	37·92	37·79	37·66	37·53	37·40	37·27	40
41	39·41	39·28	39·14	39·00	38·87	38·73	38·60	38·47	38·34	38·20	41
42	40·37	40·24	40·09	39·95	39·82	39·68	39·54	39·41	39·27	39·13	42
43	41·33	41·19	41·05	40·90	40·76	40·62	40·48	40·35	40·21	40·07	43
44	42·30	42·15	42·00	41·86	41·71	41·57	41·43	41·28	41·14	41·00	44
45	43·26	43·11	42·95	42·81	42·66	42·51	42·37	42·22	42·08	41·93	45
46	44·29	44·07	43·91	43·76	43·61	43·46	43·31	43·16	43·01	42·86	46
47	45·18	45·03	44·86	44·71	44·56	44·40	44·25	44·10	43·94	43·79	47
48	46·14	45·98	45·82	45·66	45·50	45·35	45·19	45·04	44·88	44·72	48
49	47·10	46·94	46·77	46·61	46·45	46·29	46·18	45·97	45·81	45·65	49
50	48·07	47·90	47·73	47·57	47·40	47·24	47·07	46·91	46·75	46·59	50

— 41 —

Gases auf die Temperatur von 0°. (Fortsetzung.)

0°	11°	12°	13°	14°	15°	16°	17°	18°	19°	20°	0°
51	49·03	48·86	48·69	48·52	48·35	48·18	48·01	47·85	47·68	47·52	51
52	49·99	49·82	49·64	49·47	49·30	49·13	48·95	48·79	48·62	48·45	52
53	50·95	50·77	50·59	50·42	50·24	50·07	49·89	49·72	49·55	49·38	53
54	51·91	51·73	51·55	51·37	51·19	51·02	50·84	50·66	50·49	50·32	54
55	52·87	52·69	52·50	52·33	52·14	51·96	51·78	51·60	51·43	51·25	55
56	53·84	53·65	53·46	53·28	53·09	52·91	52·72	52·54	52·36	52·18	56
57	54·80	54·61	54·41	54·23	54·04	53·86	53·66	53·48	53·29	53·11	57
58	55·76	55·56	55·37	55·18	54·98	54·80	54·60	54·42	54·23	54·04	58
59	56·72	56·52	56·32	56·13	55·93	55·74	55·54	55·35	55·16	54·97	59
60	57·68	57·47	57·28	57·08	56·88	56·68	56·48	56·29	56·09	55·91	60
61	58·64	58·43	58·23	58·03	57·83	57·63	57·42	57·23	57·02	56·84	61
62	59·60	59·39	59·19	58·98	58·78	58·57	58·36	58·17	57·96	57·77	62
63	60·56	60·35	60·14	59·93	59·72	59·52	59·30	59·11	58·90	58·71	63
64	61·53	61·31	61·10	60·88	60·67	60·46	60·25	60·04	59·83	59·64	64
65	62·49	62·26	62·05	61·84	61·62	61·40	61·19	60·98	60·77	60·57	65
66	63·45	63·22	63·01	62·79	62·57	62·35	62·13	61·92	61·70	61·50	66
67	64·41	64·18	63·96	63·74	63·52	63·29	63·07	62·86	62·63	62·43	67
68	65·37	65·13	64·92	64·69	64·46	64·23	64·01	63·80	63·57	63·36	68
69	66·33	66·09	65·87	65·64	65·41	65·18	64·95	64·73	64·50	64·30	69
70	67·29	67·05	66·82	66·59	66·36	66·13	65·90	65·67	65·44	65·23	70
71	68·25	68·01	67·77	67·54	67·31	67·07	66·84	66·61	66·38	66·16	71
72	69·21	68·97	68·73	68·49	68·26	68·02	67·78	67·55	67·31	67·09	72
73	70·17	69·92	69·68	69·44	69·20	68·96	68·72	68·49	68·26	68·03	73
74	71·14	70·88	70·64	70·40	70·15	69·91	69·66	69·42	69·18	68·96	74
75	72·10	71·84	71·59	71·35	71·10	70·85	70·61	70·37	70·12	69·89	75
76	73·06	72·80	72·55	72·30	72·05	71·80	71·55	71·30	71·05	70·82	76
77	74·02	73·76	73·51	73·25	73·00	72·74	72·49	72·24	71·98	71·75	77
78	74·98	74·71	74·46	74·20	73·94	73·69	73·43	73·18	72·92	72·68	78
79	75·94	75·67	75·41	75·15	74·89	74·63	74·37	74·11	73·85	73·61	79
80	76·90	76·63	76·37	76·10	75·84	75·58	75·31	75·06	74·79	74·54	80
81	77·86	77·59	77·32	77·05	76·79	76·52	76·25	76·00	75·73	75·47	81
82	78·82	78·55	78·28	78·00	77·74	77·47	77·19	76·94	76·66	76·40	82
83	79·78	79·50	79·23	78·95	78·68	78·41	78·13	77·87	77·60	77·34	83
84	80·75	80·46	80·19	79·91	79·63	79·35	79·08	78·81	78·53	78·27	84
85	81·71	81·42	81·14	80·86	80·58	80·30	80·02	79·75	79·47	79·20	85
86	82·67	82·38	82·10	81·81	81·53	81·24	80·96	80·69	80·40	80·13	86
87	83·63	83·33	83·05	82·76	82·48	82·19	81·90	81·63	81·33	81·06	87
88	84·59	84·29	84·01	83·71	83·42	83·13	82·84	82·57	82·27	81·99	88
89	85·56	85·25	84·96	84·66	84·37	84·08	83·78	83·50	83·22	82·93	89
90	86·52	86·21	85·92	85·62	85·32	85·02	84·72	84·44	84·14	83·86	90
91	87·48	87·17	86·87	86·57	86·27	85·96	85·66	85·38	85·07	84·79	91
92	88·44	88·13	87·83	87·52	87·22	86·91	86·60	86·32	86·01	85·72	92
93	89·40	89·08	88·78	88·47	88·16	87·85	87·54	87·25	86·95	86·66	93
94	90·36	90·04	89·73	89·42	89·11	88·80	88·49	88·19	87·88	87·55	94
95	91·33	91·00	90·68	90·38	90·06	89·74	89·43	89·13	88·82	88·52	95
96	92·29	91·96	91·64	91·33	91·01	90·69	90·37	90·07	89·75	89·45	96
97	93·25	92·92	92·59	92·28	91·96	91·63	91·31	91·00	90·68	90·38	97
98	94·21	93·87	93·55	93·23	92·90	92·58	92·25	91·94	91·62	91·31	98
99	95·17	94·83	94·50	94·18	93·85	93·52	93·19	92·88	92·55	92·24	99
100	96·13	95·79	95·46	95·13	91·80	94·47	94·14	93·82	93·49	93·18	100

I. Tabelle zur Reduction der gefundenen Volume des

0°	21°	22°	23°	24°	25°	26°	27°	28°	29°	0°
1	0·929	0·926	0·922	0·919	0·916	0·913	0·910	0·907	0·904	1
2	1·857	1·851	1·845	1·839	1·832	1·826	1·820	1·814	1·808	2
3	2·786	2·777	2·767	2·758	2·749	2·739	2·730	2·721	2·712	3
4	3·714	3·702	3·690	3·677	3·665	3·652	3·640	3·628	3·616	4
5	4·643	4·628	4·612	4·597	4·581	4·566	4·551	4·535	4·520	5
6	5·572	5·553	5·534	5·516	5·497	5·479	5·461	5·442	5·424	6
7	6·500	6·479	6·457	6·435	6·413	6·392	6·371	6·349	6·328	7
8	7·429	7·404	7·379	7·354	7·330	7·305	7·281	7·256	7·232	8
9	8·357	8·330	8·302	8·274	8·246	8·218	8·191	8·163	8·136	9
10	9·286	9·255	9·224	9·193	9·162	9·131	9·101	9·070	9·040	10
11	10·21	10·18	10·15	10·11	10·07	10·04	10·01	9·98	9·94	11
12	11·14	11·11	11·07	11·03	10·99	10·96	10·92	10·88	10·85	12
13	12·07	12·03	11·99	11·95	11·91	11·87	11·83	11·79	11·75	13
14	13·00	12·96	12·91	12·87	12·83	12·78	12·74	12·70	12·66	14
15	13·93	13·88	13·84	13·79	13·74	13·70	13·65	13·61	13·56	15
16	14·86	14·81	14·76	14·71	14·66	14·61	14·56	14·51	14·46	16
17	15·79	15·73	15·68	15·63	15·58	15·52	15·47	15·42	15·37	17
18	16·71	16·66	16·60	16·55	16·49	16·44	16·38	16·33	16·27	18
19	17·64	17·58	17·53	17·47	17·41	17·35	17·29	17·23	17·18	19
20	18·57	18·51	18·45	18·39	18·32	18·26	18·20	18·14	18·08	20
21	19·50	19·43	19·37	19·31	19·24	19·17	19·11	19·05	18·98	21
22	20·43	20·36	20·29	20·23	20·15	29·09	20·02	19·95	19·89	22
23	21·36	21·29	21·21	21·15	21·07	21·00	20·93	20·86	20·79	23
24	22·28	22·21	22·14	22·07	21·99	21·91	21·84	21·77	21·70	24
25	23·21	23·14	23·06	22·99	22·90	22·83	22·75	22·68	22·60	25
26	24·14	24·06	23·98	23·91	23·82	23·74	23·66	23·58	23·50	26
27	25·07	24·99	24·90	24·83	24·73	24·65	24·57	24·49	24·41	27
28	26·00	25·91	25·82	25·74	25·65	25·57	25·48	25·40	25·31	28
29	26·93	26·84	26·75	26·67	26·57	26·48	26·39	26·30	26·22	29
30	27·86	27·77	27·67	27·58	27·49	27·39	27·30	27·21	27·12	30
31	28·79	28·70	28·59	28·50	28·41	28·30	28·21	28·12	28·02	31
32	29·72	29·62	29·51	29·42	29·32	29·22	29·12	29·02	28·93	32
33	30·65	30·55	30·44	30·34	30·24	30·13	30·03	29·93	29·83	33
34	31·57	31·47	31·36	31·26	31·16	31·04	30·94	30·84	30·74	34
35	32·50	32·40	32·28	32·18	32·07	31·96	31·85	31·75	31·64	35
36	33·43	33·32	33·20	33·10	32·99	32·87	32·76	32·65	32·54	36
37	34·36	34·25	34·12	34·02	33·90	33·78	33·67	33·56	33·45	37
38	35·29	35·17	35·05	34·93	34·82	34·70	34·58	34·47	34·35	38
39	36·22	36·10	35·97	35·85	35·74	35·61	35·49	35·37	35·26	39
40	37·14	37·02	36·90	36·77	36·65	36·52	36·40	36·28	36·16	40
41	38·07	37·95	37·82	37·69	37·57	37·43	37·31	37·19	37·06	41
42	39·00	38·87	38·74	38·61	38·48	38·35	38·22	38·09	37·97	42
43	39·93	39·80	39·66	39·53	39·40	39·26	39·13	39·00	38·87	43
44	40·85	40·72	40·59	40·45	40·32	40·17	40·04	39·91	39·78	44
45	41·78	41·65	41·51	41·37	41·23	41·09	40·95	40·82	40·68	45
46	42·71	42·57	42·43	42·29	42·15	42·00	41·86	41·72	41·58	46
47	43·64	43·50	43·35	43·21	43·06	42·91	42·77	42·63	42·49	47
48	44·57	44·42	44·27	44·12	43·98	43·83	43·68	43·54	43·39	48
49	45·50	45·35	45·19	45·04	44·89	44·74	44·59	44·44	44·30	49
50	46·43	46·28	46·12	45·97	45·81	45·66	45·51	45·35	45·20	50

— 43 —

Gases auf die Temperatur von 0⁰. (Fortsetzung.)

0⁰	21⁰	22⁰	23⁰	24⁰	25⁰	26⁰	27⁰	28⁰	29⁰	0⁰
51	47·36	47·20	47·04	46 89	46·73	46·57	46·42	46·26	46·10	51
52	48·29	48·13	47·96	47·81	47·64	47·49	47·33	47·16	47·01	52
53	49·22	49·06	48·89	48·73	48 56	48 40	48·24	48·07	47·91	53
54	50·14	49·98	49·81	49·65	49·48	49·31	49·15	48·98	48·82	54
55	51·07	50·91	50·73	50·57	50·39	50·23	50·06	49·89	49·72	55
56	52 00	51·83	51·65	51·49	51·31	51·14	50·97	50·79	50·62	56
57	52·93	52·76	52·58	52·41	52·22	52·05	51·88	51·70	51·53	57
58	53·86	53·68	53·50	53·32	53·14	52·97	52·79	52·61	52·43	58
59	64·79	54·61	54·42	54·24	54·06	53·88	53·70	53·51	53·34	59
60	55·72	55·53	55·34	55·16	54·97	54·79	54·61	54·42	54·24	60
61	56 65	56·46	56·26	56 08	55 89	55·70	55·52	55·33	55·14	61
62	57 58	57·38	57 19	57 00	56·80	56·62	56·43	56·23	56·05	62
63	58·51	58 31	58·11	57·92	57·72	57·53	57·34	57·14	56·95	63
64	59·42	59·23	59·03	58·84	58·64	58·44	58·25	58·05	57·86	64
65	60·36	60·16	59·95	59·76	59 55	59 36	59 16	58·96	58·76	65
66	61·29	61·08	60·87	60·68	60·47	60·27	60·07	59 86	59·66	66
67	62·22	62·01	61·79	61·60	61·38	61·18	60·98	60·77	60·57	67
68	63·15	62·93	62·72	62 51	62·30	62·10	61·89	61·68	61·47	68
69	64·08	63·86	63 64	63·43	63·22	63 01	62·80	62·58	62·38	69
70	65·00	64·79	64·57	64·35	64·13	63·92	63·71	63·49	63·28	70
71	65·93	65·71	65·49	65·27	65·05	64·83	64·62	64·40	64·18	71
72	66 86	66·64	66·42	66·19	65·96	65·75	65·53	65·30	65·09	72
73	67·79	67·57	67·34	67·11	66·88	66·66	66·44	66·21	65·99	73
74	68·61	68·49	68·26	68·03	67·80	67·57	67·35	67·12	66·90	74
75	69·64	69·42	69·18	68 95	68·71	68·49	68·26	68·03	67·80	75
76	70·57	70·34	70·10	69·87	69 63	69·40	69·17	68·93	68 70	76
77	71·50	71·27	71·03	70·79	70·54	70·31	70·08	69·84	69·61	77
78	72·43	72·19	71·95	71 70	71·46	71·22	70·99	70·75	70·51	78
79	73·36	73·12	72·87	72·62	72·38	72·14	71·90	71·65	71·42	79
80	74·29	74·04	73·79	73 54	73·30	73·05	72·81	72·56	72·32	80
81	75·22	74 97	74·71	74·46	74·22	73·96	73·72	73·47	73·23	81
82	76·15	75·89	75·63	75 38	75·13	74·88	74·63	74·37	74·13	82
83	77·08	76·82	76·56	76·30	76·05	75·79	75 54	75·28	75·03	83
84	78·00	77·74	77·48	77·22	76·96	76·70	76·45	76·19	75 94	84
85	78·93	78 67	78·40	78·14	77·88	77·62	77·36	77·10	76·84	85
86	79·86	79·59	79·32	79·06	78·80	78 53	78 27	78·00	77·74	86
87	80·79	80 52	80·25	79 98	79·71	79·44	79·18	78·91	78 65	87
88	81·72	81·44	81·17	80·90	80·63	80·36	80 09	79 82	79·55	88
89	82 65	82·37	82·09	81 82	81·55	81·27	81·00	80·72	80·46	89
90	83·57	83 30	83 02	82·74	82·46	82·18	81·91	81·63	81·36	90
91	84·50	84·22	83·94	83·66	83·38	83·09	82·82	82·54	82·26	91
92	85·43	85·15	84·86	84·58	84·29	84·01	83·73	83·44	83·17	92
93	86·36	86 08	85·79	85·50	85·21	84·92	84·64	84·35	84·07	93
94	87·28	87·00	86·71	86·42	86·13	85·83	85 55	85·26	84·98	94
95	88·21	87·93	87·63	87·34	87·01	86·75	86·46	86·17	85·88	95
96	89·14	88 85	88·55	88·26	87·96	87·66	87·37	87·07	86·78	96
97	90·07	89·78	89·48	89·18	88·87	88·57	88·28	87·98	87·69	97
98	91 00	90·70	90·40	90·09	89·79	89·48	89·19	88·89	88·59	98
99	91·93	91·63	91·32	91·01	90·71	90·40	90·10	89·79	89·50	99
100	92·86	92 55	92·21	91·93	91·62	91·31	91·01	90 70	90·40	100

II. Tabelle zur Reduction der gefundenen Volume

(Die am Barometer abgelesene Zahl ist für Temperaturen von 0 bis vermindern, um die Ausdehnung

760	680	682	684	686	688	690	692	694	760
1	0·895	0·897	0 900	0·903	0·905	0·908	0 911	0·913	1
2	1·789	1·795	1·800	1·805	1·811	1·816	1 821	1·826	2
3	2·684	2·692	2·700	2·708	2·716	2·724	2·732	2·739	3
4	3 579	3·589	3·600	3 610	3·621	3 632	3·642	3·653	4
5	4·474	4·487	4·500	4·513	4·526	4·539	4 553	4·566	5
6	5·368	5·384	5·400	5·416	5·432	5·448	5 463	5·479	4
7	6·263	6·281	6·300	6·318	6·337	6 355	6 374	6 392	7
8	7·158	7·179	7·200	7·221	7·242	7·263	7·284	7 305	8
9	8·053	8·076	8·100	8·124	8·147	8·171	8·195	8 218	9
10	8·947	8·974	9·000	9 026	9·053	9·079	9·105	9 131	10
11	9 842	9·871	9 900	9·929	9 958	9·987	10·02	10·04	11
12	10·74	10·77	10·80	10·83	10·86	10 89	10 93	10 96	12
13	11·63	11·67	11·70	11·73	11·77	11·80	11·84	11·87	13
14	12·53	12·56	12 60	12 64	12·67	12·71	12 75	12·78	14
15	13·42	13·46	13·50	13·54	13 58	13·62	13 66	13·70	15
16	14·32	14·36	14·40	14·44	14·48	14·53	14 57	14 61	16
17	15·21	15·25	15·30	15·34	15·39	15·43	15 48	15·52	17
18	16·10	16·15	16·20	16·25	16·29	16·34	16 39	16·44	18
19	17·00	17·05	17·10	17·15	17·20	17 25	17·30	17 35	19
20	17·89	17·95	18·00	18 05	18 10	18·16	18 21	18 26	20
21	18·79	18·84	18·90	18·95	19·01	19 07	19·12	19·18	21
22	19·68	19·74	19·80	19·86	19·92	19 97	20 03	20·09	22
23	20 58	20·64	20·70	20·76	20·82	20 88	20·94	21·00	23
24	21·47	21·54	21·60	21·66	21·73	21·79	21 85	21·92	24
25	22·37	22·43	22·50	22·57	22 63	22·70	22·76	22·83	25
26	23·26	23·33	23·40	23·47	23 54	23·60	23 67	23·74	26
27	24·16	24·23	24·30	24·37	24·44	24·51	24 58	24 65	27
28	25·05	25·13	25·20	25·27	25 35	25·42	25 49	25·57	28
29	25·95	26·02	26·10	26·18	26 25	26·33	26·40	26·48	29
30	26·84	26·92	27 00	27·08	27·16	27·24	27·32	27·39	30
31	27·74	27·82	27·90	27·98	28 06	28·14	28·23	28·31	31
32	28·63	28·72	28·80	28·68	28·97	29 05	29·14	29·22	32
33	29·53	29·61	29·70	29·79	29·87	29 96	30·05	30·13	33
34	30·42	30·51	30·60	30·69	80·78	30·87	30 96	31·05	34
35	31·81	31·40	31·50	31·59	31·68	31·78	31 87	31·96	35
36	32·21	32·30	32·40	32·49	32 59	32·68	32·78	32 87	36
37	33·10	33·20	33·30	33·40	33·49	33·59	33 69	33·79	37
38	34·00	34·10	34·20	34·30	34·40	34·50	34 60	34·70	38
39	34·89	35·00	35·10	35·20	35·30	35·41	35·51	35 61	39
40	35·79	35·89	36·00	36·10	36·21	36 32	36·42	36 53	40
41	36·68	36·79	36·90	37·01	37·12	37·22	37·33	37·44	41
42	37·58	37·69	37·80	37·91	38 02	38·13	38·24	38 35	42
43	38·47	38·59	38·70	38·81	38·93	39·04	39·15	39·26	43
44	39·37	39·48	39·60	39·72	39·83	39·95	40·06	40·18	44
45	40·26	40·38	40·50	40·62	40·74	40·85	40 97	41·09	45
46	41·16	41·28	41·40	41·52	41·64	41·76	41·88	42·00	46
47	42·05	42·18	42·30	42·42	42·55	42·67	42·79	42·92	47
48	42·95	43·07	43·20	43·33	43·45	43 58	43·70	43 83	48
49	43·84	43·97	44·10	44·23	44 36	44·49	44·61	44·74	49
50	44·74	44·87	45·00	45·13	45·26	45·39	45 53	45·66	50

— 45 —

des Gases auf einen Barometerstand von 760 mm.

12⁰ um 1 mm, für 13 bis 19⁰ um 2 mm, für 20 bis 25⁰ um 3 mm zu des Quecksilbers zu compensiren.)

760	696	698	700	702	704	706	708	710	760
1	0·916	0·918	0 921	0·924	0·926	0·929	0 932	0·934	1
2	1·832	1·837	1·842	1·847	1·853	1·858	1 863	1·868	2
3	2·747	2·755	2·763	2·771	2·779	2·787	2·795	2·803	3
4	3·663	3 674	3·684	3·695	3·705	3·716	3·726	3·737	4
5	4 579	4·592	4·605	4·618	4 631	4·645	4·658	4·571	5
6	5·495	5·510	5·526	5·542	5·558	5·574	5·589	5 605	6
7	6·410	6 429	6·447	6·466	6·484	6·503	6·521	6·539	7
8	7·326	7·347	7·368	7·389	7·410	7·431	7·453	7·474	8
9	8·242	8·266	8·289	8·313	8 337	8·360	8·384	8·408	9
10	9·158	9·184	9·210	9·237	9·263	9 289	9 316	9 342	10
11	10·07	10·10	10·13	10·16	10·19	10·22	10·25	10·28	11
12	10·99	11·02	11·05	11·08	11·12	11·15	11·18	11·21	12
13	11·90	11·94	11·97	12·01	12·04	12 08	12·11	12·14	13
14	12·82	12·86	12·89	12·93	12·97	13·00	13 04	13 08	14
15	13·74	13·78	13 82	13·85	13·89	13·93	13 97	14·01	15
16	14·65	14 69	14·74	14·78	14·82	14·86	14·90	14·95	16
17	15·57	15·61	15 66	15·70	15·75	15·79	15·84	15·88	17
18	16·48	16·53	16·58	16·63	16·67	16·72	16 77	16·82	18
19	17·40	17·45	17·50	17·55	17·60	17·65	17·70	17·75	19
20	18·32	18·37	18·42	18·47	18·53	18·58	18·63	18 68	20
21	19·23	19·29	19·34	19·40	19·45	19·51	19·56	19·62	21
22	20·15	20·20	20·26	20·32	20·38	20·44	20·49	20·55	22
23	21·06	21·12	21·18	21·24	21·30	21·37	21·43	21·49	23
24	21·98	22·04	22 10	22·17	22·23	22·29	22·36	22 42	24
25	22·89	22·96	23·03	23·09	23·16	23·22	23·29	23·35	25
26	23·81	23·88	23·95	24·02	24·08	24·15	24·22	24·29	26
27	24·73	24·80	24·87	24·94	25·01	25·08	25·15	25·22	27
28	25·64	25·72	25 79	25·86	25·94	26·01	26·08	26·16	28
29	26·56	26·63	26·71	26·79	26·86	26·94	27·02	27·09	29
30	27·47	27·55	27 63	27·71	27·79	27·87	27·95	28·03	30
31	28·39	28·47	28 55	28·63	28·72	28·80	28·88	28·96	31
32	29·30	29·39	29 47	29·56	29·64	29 73	29·81	29·89	32
33	30·22	30·31	30·59	30·48	30·57	30·65	30·74	30·83	33
34	31·14	31·23	31·32	31·40	31·49	31·58	31·67	31·76	34
35	32·05	32 14	32·24	32·33	32·42	32·51	32·60	32·70	35
36	32·97	33·06	33·16	33·25	33·35	33·44	33·54	33·63	36
37	33·88	33·98	34·08	34·18	34·27	34·37	34·47	34·57	37
38	34·80	34·90	35·00	35·10	35·20	35·30	35·40	35·50	38
39	35·71	35·82	35·92	36·02	36·13	36·23	36·33	36·43	39
40	36·63	36·74	36·84	36 95	37·05	37·16	37·26	37·37	40
41	37·55	37·65	37·76	37·87	37·98	38·09	38·19	38·30	41
42	38·46	38·57	38·68	38·79	38·90	39·01	39·13	39 24	42
43	39·38	39·49	39·60	39·72	39·83	39·94	40·06	40·17	43
44	40·29	40·41	40·53	40·64	40·76	40·87	40·99	41·10	44
45	41·21	41·33	41·45	41·57	41·68	41·80	41·92	42·04	45
46	42·13	42·25	42·37	42·49	42·61	42·73	42·85	42·97	46
47	43·04	43·17	43·29	43·41	43·54	43·66	43·78	43·91	47
48	43·96	44·08	44 21	44·34	44·46	44·59	44·71	44·84	48
49	44·87	45·00	45 13	45·26	45·39	45·52	45·65	45·78	49
50	45·79	45 92	46·05	46·18	46·31	46 45	46·58	46·71	50

II. Tabelle zur Reduction der gefundenen Volume des

760	680	682	684	686	688	690	692	694	760
51	45·63	45·76	45·90	46·03	46·17	46·30	46·44	46·57	51
52	46·53	46·66	46·80	46·94	47·07	47·21	47·35	47·48	52
53	47·42	47·56	47·70	47·84	47·98	48·12	48·26	48·40	53
54	48·31	48·46	48·60	48·74	48·88	49·03	49·17	49·31	54
55	49·21	49 35	49 50	49·64	49 79	47·93	50·08	50·22	55
56	50 10	50·25	50·40	50·55	50·69	50·84	50·99	51·14	56
57	51·00	51·15	51 30	51·45	51·60	51·75	51·90	52·05	57
58	51·89	52·05	52·20	52·35	52 50	52 66	52·81	52·96	58
59	52·79	52·94	53·10	53·25	53·41	53·57	53·72	53 88	59
60	53·68	53·84	54·00	54·16	54·32	54·47	54·63	54·79	60
61	54·58	54·74	54·90	55·06	55·22	55·38	55·54	55·70	61
62	55·47	55 64	55·80	55·96	56·13	56·29	56·45	56·61	62
63	56·37	56·53	56·70	56·87	57·03	57·20	57·36	57·53	63
64	57·26	57·43	57 60	57·77	57·94	58·10	58·27	58·44	64
65	58·16	58·33	58·50	58·67	58·84	59·01	59·18	59·35	65
66	59·05	59·23	59·40	59 57	59·75	59 92	60·09	60·27	66
67	59·95	60·12	60·30	60·48	60 65	60 83	61·00	61·18	67
68	60 84	61·02	61·20	61·38	61·56	61·74	61·91	62·09	68
69	61·74	61 92	62·10	62·28	62·46	62·64	62·83	63·01	69
70	62 63	62 81	63 00	63·18	63 37	63·55	63·74	63·92	70
71	63 53	63·71	63·90	64·09	64·27	64·46	64·65	64·83	71
72	64·42	64·61	64·80	64·99	65·18	65·37	65·56	65·75	72
73	65·31	65·51	65·70	65 89	66·08	66·28	66·47	66·66	73
74	66·21	66·40	66·60	66·79	66·98	67·18	67·38	67·57	74
75	67·10	67·30	67·50	67·70	67·89	68·09	68·29	68.49	75
76	68·00	68·20	68·40	68 60	68·80	69 00	69·20	69·40	76
77	68·89	69·10	69·30	69·50	69·70	69·90	70·11	70·31	77
78	69·79	69·99	70·20	70·40	70·61	70·81	71·02	71·23	78
79	70 68	70·89	71·10	71·31	71·51	71·72	71·93	72·14	79
80	71·58	71·79	72 00	72·21	72·42	72·63	72·84	73·05	80
81	72·47	72 69	72·90	73·11	73 33	73·54	73·75	73·96	81
82	73·37	73·58	73·80	74·02	74·23	74·45	74·66	74·88	82
83	74·26	74·48	74·70	74·92	75·14	75·35	75·57	75·79	83
84	75·16	75·38	75·60	75·82	76·04	76·26	76·48	76·70	84
85	76·05	76·28	76·50	76·72	76 95	77·17	77 39	77·62	85
86	76 95	77·17	77·40	77·63	77·85	78·08	78·30	78 53	86
87	77·84	78 07	78·30	78·53	78·76	78·99	79·21	79·44	87
88	78·74	78·97	79·20	79·43	79·66	79·89	80·13	80·36	88
89	79·63	79·86	80·10	80 33	80·57	80·80	81·04	81·27	89
90	80·53	80·76	81·00	81 24	81·47	81·71	81·95	82·18	90
91	81·42	81·66	81·90	82·14	82·38	82·62	82·86	83·10	91
92	82·31	82·56	82 80	83 04	83·28	83·53	83·77	84·01	92
93	83·21	83·45	83·70	83·94	84·19	84·43	84·68	84·92	93
94	84·10	84·35	84·60	84·85	85·09	85·34	85·59	85·84	94
95	85·00	85·25	85·50	85·75	86·00	86·25	86·50	86·75	95
96	85·89	86 15	86·40	86 65	86·90	87·16	87·41	87·66	96
97	86·79	87·04	87·30	87·55	87·81	88·06	88·32	88·58	97
98	87·68	87·94	88 20	88·46	88·71	88·97	89·23	89·49	98
99	88 58	88·84	89·10	89·36	89 62	89·88	90·14	90·40	99
100	89·47	89 74	90 00	90·26	90·53	90·79	91 05	91·31	100

— 47 —

Gases auf einen Barometerstand von 760 mm. (Fortsetzung.)

760	696	698	700	702	704	706	708	710	760
51	46·70	46·84	46·97	47·11	47·24	47·38	47·51	47·64	51
52	47·62	47·76	47·89	48·03	48·17	48·30	48·44	48·58	52
53	48·54	48·68	48·82	48·95	49·09	49·23	49·37	49·51	53
54	49·45	49·59	49·74	49·88	50·02	50·16	50·30	50·45	54
55	50·37	50·51	50·66	50·80	50·95	51·09	51·24	51·38	55
56	51·28	51·43	51·58	51·73	51·87	52·02	52·17	52·32	56
57	52·20	52·35	52·50	52·65	52·80	52·95	53·10	53·25	57
58	53·11	53·27	53·42	53·57	53·73	53·88	54·03	54·18	58
59	54·03	54·19	54·34	54·50	54·65	54·81	54·96	55·12	59
60	54·95	55·10	55·26	55·42	55·58	55·74	55·89	56·05	60
61	55·86	56·02	56·18	56·34	56·50	56·66	56·83	56·99	61
62	56·78	56·94	57·10	57·27	57·43	57·59	57·76	57·92	62
63	57·69	57·86	58·03	58·19	58·36	58·52	58 69	58·85	63
64	58·61	58·78	58·95	59·12	59·28	59·45	59·62	59·79	64
65	59·53	59·70	59·87	60·04	60·21	60·38	60·55	60·72	65
66	60·44	60·62	60·79	60·96	61·14	61·31	61·48	61·66	66
67	61·36	61·53	61·71	61·89	62·06	62·24	62·41	62·59	67
68	62·27	62·45	62·63	62·81	62 99	63·17	63·35	63·53	68
69	63·19	63·37	63·55	63·73	63·91	64·10	64·28	64·46	69
70	64·10	64·29	64·47	64·66	64·84	65·03	65·21	65·39	70
71	65·02	65·21	65·39	65·58	65·77	65·95	66·14	66·33	71
72	65·94	66·13	66·32	66·50	66·69	66·88	67·07	67·26	72
73	66·85	67·04	67·24	67·43	67·62	67·81	68·00	68·20	73
74	67·77	67·96	68·16	68·35	68·55	68·74	68·94	69·13	74
75	68·68	68·88	69·08	69·28	69·47	69·67	69·87	70 07	75
76	69·60	69·80	70·00	70·20	70·40	70·60	70·80	71·00	76
77	70·51	70·72	70·92	71·12	71·33	71·53	71·73	71·93	77
78	71·43	71·64	71·84	72·05	72·25	72·46	72·66	72·87	78
79	72·35	72·55	72·76	72·97	73·18	73·39	73·59	73·80	79
80	73·26	73·47	73·68	73·89	74·10	74·31	74·53	74·74	80
81	74·18	74·39	74·60	74·82	75·03	75·24	75·46	75·67	81
82	75·09	75·31	75·53	75·74	75·96	76·17	76·39	76·60	82
83	76·01	76·23	76·45	76·66	76·88	77·10	77 32	77·54	83
84	76 93	77·15	77·37	77·59	77·81	78·03	78 25	78·47	84
85	77·84	78·07	78·29	78·51	78·74	78·96	79·18	79·41	85
86	78·76	78·98	79·21	79·44	79·66	79 89	80·11	80·34	86
87	79·67	79·90	80·13	80·36	80 59	80·82	81·05	81·28	87
88	80·59	80·82	81·05	81·28	81·51	81·75	81 98	82·21	88
89	81·50	81·74	81·97	82·21	82·44	82 68	82·91	83·14	89
90	82·42	82·66	82·89	83·13	83·37	83·60	83·84	84·08	90
91	83·34	83·58	83·82	84·05	84·29	84·53	84·77	85 01	91
92	84·25	84·49	84·74	84·98	85·22	85·46	85·70	85 95	92
93	85·17	85·41	85·66	85·90	86·15	86·39	86·64	86 88	93
94	86·08	86·33	86·58	86·83	87·07	87·32	87·57	87·82	94
95	87·00	87·25	87·50	87·75	88·00	88·25	88·50	88·75	95
96	87·91	88 17	88·42	88 67	88·93	89·18	89·43	89·68	96
97	88·83	89·09	89·34	89·60	89·85	90·11	90·36	90·62	97
98	89·75	90·00	90·26	90·52	90·78	91 04	91·29	91·55	98
99	90·66	90·92	91·18	91·44	91·70	91·96	92·22	92·49	99
100	91·58	91·84	92·10	92·37	92·63	92·89	93·16	93·42	100

II. Tabelle zur Reduction der gefundenen Volume

(Die am Barometer abgelesene Zahl ist für Temperaturen von
um 3 mm zu

760	710	712	714	716	718	720	722	724	726	728	760
1	0·934	0·937	0·940	0·942	0·945	0·947	0·950	0·953	0·955	0·958	1
2	1·868	1·874	1·879	1·884	1·890	1·895	1·900	1·905	1·911	1·916	2
3	2·803	2·810	2·818	2·826	2·834	2·842	2·850	2·858	2·866	2·874	3
4	3·738	3·747	3·758	3·768	3·779	3·789	3·800	3·810	3·821	3 882	4
5	4·672	4·685	4·697	4·711	4·724	4·736	4 750	4·763	4·777	4·790	5
6	5·607	5·621	5 637	5·653	5·669	5·684	5·700	5·716	5·732	5·747	6
7	6·540	6·558	6·577	6·595	6·614	6·631	6·650	6·668	6·687	6·705	7
8	7·474	7·494	7·516	7·537	7·558	7·578	7·600	7·621	7·642	7·663	8
9	8·409	8·431	8·456	8·479	8·503	8·526	8 550	8·573	8·598	8·621	9
10	9·34	9·37	9·40	9·42	9·45	9·47	9·50	9 53	9·55	9·58	10
11	10·28	10·31	10·34	10·36	10·39	10·42	10·45	10·48	10·51	10·54	11
12	11·21	11·24	11·27	11·30	11·34	11·37	11·40	11·43	11·46	11·50	12
13	12·14	12·18	12·21	12·24	12·28	12·31	12·35	12·38	12·41	12·45	13
14	13·08	13·12	13·16	13·19	13·23	13 26	13·30	13·34	13·37	13·41	14
15	14·02	14·06	14·10	14·13	14·17	14·21	14·25	14·29	14·33	14·37	15
16	14·95	14·99	15·03	15·07	15·11	15·15	15·20	15·24	15·28	15·33	16
17	15·58	15 93	15·98	16·02	16·06	16·10	16·15	16·19	16·23	16·28	17
18	16·82	16 87	16·92	16·96	17·01	17·04	17·10	17·15	17·19	17·24	18
19	17·76	17·81	17·86	17·90	17·95	18·00	18·05	18·10	18·15	18·21	19
20	18·68	18·74	18·79	18·84	18·90	18·95	19·00	19·05	19·11	19·16	20
21	19·62	19·68	19·73	19·78	19·84	19·90	19·95	20·00	20·06	20·12	21
22	20·55	20·61	20·67	20·72	20·78	20·84	20·90	20·96	21·01	21·07	22
23	21·49	21·55	21·61	21·66	21·73	21·79	21·85	21·91	21·97	22·03	23
24	22·43	22·49	22·55	22·61	22·68	22·74	22·80	22·86	22·92	22·99	24
25	23·35	23·42	23·49	23·55	23·62	23 69	23·75	23·81	23·88	23·95	25
26	24·29	24·36	24·43	24·50	24·57	24·64	24·70	24·77	24·83	24·90	26
27	25·23	25·30	25·37	25·44	25·51	25·58	25·65	25·72	25·79	25·86	27
28	26·16	26·23	26·30	26·37	26·45	26·53	26·60	26·67	26·74	26·82	28
29	27·10	27·17	27·24	27·31	27·40	27·48	27·55	27·62	27·70	27·78	29
30	28·03	28·10	28·18	28·26	28·34	28·42	28·50	28·58	28·66	28·74	30
31	28·97	29·04	29·12	29·20	29·29	29·37	29·45	29·53	29·62	29·70	31
32	29·90	29·98	30·06	30·14	30·23	30·32	30·40	30·48	30·57	30·66	32
33	30·83	30·91	31·00	31·08	31·17	31·26	31·35	31·43	31·52	31·61	33
34	31·77	31·85	31·94	32·03	32·12	32·21	32·30	32·39	32·48	32·57	34
35	32·71	32·79	32·83	32·97	33·07	33·16	33·25	33·34	33·44	33·53	35
36	33·64	33·78	33·82	33·91	34·01	34·10	34·20	34·29	34·39	34·49	36
37	34·57	34·66	34·76	34·86	34·96	35·05	35·15	35·25	35·35	35·45	37
38	35·50	35·60	35 70	35·80	35·90	36·00	36·10	36·20	36·30	36·40	38
39	36·44	36·54	36·64	36·74	36·85	36·95	37·05	37·15	37·26	37·87	39
40	37·38	37·48	37·58	37·68	37·79	37·89	38·00	38·10	38·21	38·32	40
41	38·31	38 41	38·52	38·62	38·74	38·84	38·95	39·05	39·17	39·28	41
42	39·23	39·35	39·46	39·57	39·69	39·79	39·90	40·01	40·12	40·23	42
43	40·18	40·29	40·40	40·51	40·62	40·73	40·85	40·96	41·08	41·19	43
44	41·11	41·22	41·34	41·44	41·56	41·68	41·80	41·91	42·03	42·16	44
45	42·05	42·16	42·28	42·39	42·52	42·63	42·75	42·87	42·99	43·11	45
46	42·98	43 10	43·22	43·34	43·46	43·58	43·70	43·82	43·94	44·06	46
47	43·91	44·03	44·15	44·27	44·40	44·52	44 65	44·77	44·90	45·03	47
48	44·84	44·96	45·09	45·22	45·35	45·47	45·60	45·72	45·85	45·98	48
49	45·78	45·91	46·04	46·17	46·30	46 42	46·55	46·67	46·80	46·94	49
50	46·72	46·85	46·97	47·11	47·24	47·36	47·50	47·63	47·77	47·90	50

— 49 —

des Gases auf einen Barometerstand von 760 mm.
0 bis 12⁰ um 1 mm, für 13 bis 19⁰ um 2 mm, für 20 bis 25⁰ vermindern.)

760	710	712	714	716	718	720	722	724	726	728	760
51	47·65	47·79	47 92	48·05	48·18	48·31	48·45	48·59	48·73	48·86	51
52	48·58	48·72	48·85	48·99	49·13	49·26	49·40	49·54	49·68	49·82	52
53	49·52	49·66	49·79	49·93	50·07	50·21	40·35	50·48	50·64	50·78	53
54	50·45	50·59	50·73	50·87	51·01	51·15	51·30	51·44	51·59	51·73	54
55	51·38	51·53	51·67	51·82	51·96	52·10	52·25	52·39	52·54	52·69	55
56	52·32	52·47	52·61	52·76	52·91	53·05	53·20	53·35	53·50	53·65	56
57	53·25	53·41	53·55	53·70	53·85	54·00	54·15	54·30	54·45	54·60	57
58	54·19	54·34	54·49	54·64	54·79	54·94	55·10	55·25	55·41	55·56	58
59	55·13	55·28	55·43	55·59	55·74	55·89	56·05	56·21	56·37	56·52	59
60	56·07	56·22	56·37	56·53	56·69	56·84	57·00	57·16	57·32	57·47	60
61	57·00	57·15	57·31	57·47	57·63	57·79	57·95	58·11	58·27	58·43	61
62	57·93	58·09	58·25	58·41	58·58	58·74	58 90	59·06	59·23	59·39	62
63	58·87	59·03	59·19	59·35	59·52	59·68	59·85	60·01	60·18	60·35	63
64	59·80	59·96	60·13	60·30	60·47	60·63	60·80	60·97	61·14	61·30	64
65	60·74	60·90	61·07	61·24	61·41	61·58	61·75	61·92	62·09	62·26	65
66	61·67	61·84	62·01	62·18	62·35	62·52	62·70	62·87	63·05	63·22	66
67	62·60	62·77	62 95	63·12	63·30	63·47	63·65	63·82	64·00	64·18	67
68	63·54	63·71	63 89	64·06	64·24	64·42	64·60	64·78	64·96	65·13	68
69	64·47	64·65	64·83	65·01	65·19	65·37	65·55	65·73	65·91	66·09	69
70	65·40	65·58	65·77	65·95	66·14	66·32	66·50	66·68	66·87	67·05	70
71	66·34	66·52	66·71	66 89	67·08	67·26	67·45	67·63	67·82	68·01	71
72	67·27	67·46	67·65	67·83	68 02	68·21	68·40	68·59	68·78	68·97	72
73	68·20	68·39	68·58	68·77	68·97	69·16	69·35	69·54	69·73	69·92	73
74	69·14	69 33	69·53	69 72	69·92	70·11	70·30	70·49	70·69	70·88	74
75	70·07	70·27	70·47	70·66	70·86	71·05	71·25	71·44	71·64	71·84	75
76	71·01	71·21	71·41	71·60	71·80	72·00	72·20	72·40	72·60	72·80	76
77	71·94	72·14	72 34	72·54	72·75	72·95	73·15	73·35	73·55	73·75	77
78	72·87	73 07	73·28	73·48	73·69	73·89	74·10	74·30	74·51	74·71	78
79	73·80	74·01	74·22	74·42	74·63	74·84	75·05	75·25	75·46	75·67	79
80	74·74	74·94	75·16	75·37	75·58	75·78	76·00	76·21	76·42	76·63	80
81	75·67	75·88	76·10	76·31	76·53	76·74	76·95	77·16	77·37	77·58	81
82	76·60	76·82	77·04	77·25	77·47	77·68	77·90	78·11	78·33	78·54	82
83	77·54	77·76	77·98	78·19	78·41	78·63	78 85	79·07	79·28	79·50	83
84	78·47	78·69	78·91	79·13	79·35	79·57	79·80	80·02	80·24	80·46	84
85	79·41	79·63	79·86	80 08	80·31	80·53	80·75	80·97	81·19	81·41	85
86	80·34	80·57	80·80	81·02	81·25	81·47	81·70	81·92	82·15	82 37	86
87	81·28	81·50	81·74	81·96	82·19	82·42	82·65	82·87	83·10	83·33	87
88	82·21	82·44	82 68	82 90	83·13	83·36	83·60	83·83	84·06	84·29	88
89	83·15	83·38	83·62	83·85	84·08	84·31	84·55	84·78	85·02	85·25	89
90	84·09	84·31	84·56	84·79	85·03	85·26	85·50	85·73	85·98	86·21	90
91	85·02	85·25	85·50	85·73	85·98	86·21	86·45	86·69	86·93	87·17	91
92	85·95	86·19	86 44	86·68	86·92	87·16	87·40	87·64	87·89	88·13	92
93	86·89	87·12	87·38	87·62	87·87	88·11	88·35	88·59	88·84	89·08	93
94	87·82	88 06	88·32	88·56	88·81	89·05	89·30	89·54	89·80	90·04	94
95	88·76	89·01	89·26	89·50	89·75	90·00	90·25	90·50	90·75	91·00	95
96	89·69	89·94	90·20	90·45	90·70	90·95	91·20	91·45	91·70	91·95	96
97	90·62	90·87	91·13	91·38	91·64	91·89	92·15	92·40	92·66	92·91	97
98	91·56	91·82	92·07	92·33	92·59	92·84	93·10	93·35	93·62	93·87	98
99	92·49	92·75	93·01	93·26	93·53	93·79	94·05	94·31	94·57	94·83	99
100	93·42	93·68	93·95	94·21	94·47	94·74	95·00	95·26	95·53	95·79	100

II. Tabelle zur Reduktion der gefundenen Volume des

(Die am Barometer abgelesene Zahl ist für Temperaturen von
um 3 mm zu

760	780	732	734	736	738	740	742	744	746	748	760
1	0·961	0·968	0·966	0·968	0·971	0·974	0·976	0·979	0·982	0·984	1
2	1·921	1·926	1·932	1·987	1·942	1·947	1·953	1·958	1·968	1·968	2
3	2·882	2·889	2·898	2·905	2·913	2·921	2 929	2·937	2·945	2·953	3
4	3·842	3·852	3·864	3·874	3·884	3·895	3·905	3·916	3·926	3·937	4
5	4·803	4·816	4·830	4·842	4·855	4·868	4·882	4·895	4·908	4·921	5
6	5·763	5·779	5 796	5·810	5·826	5·842	5·858	5·874	5·890	5·905	6
7	6·724	6·742	6·762	6·779	6·797	6·816	6·834	6·853	6·871	6·899	7
8	7·684	7·705	7·728	7·747	7·768	7·790	7·810	7·832	7·853	7·874	8
9	8·645	8·668	8·693	8·716	8·739	8·763	8·787	8·811	8·834	8·858	9
10	9·61	9·63	9·66	9·68	9·71	9·74	9·76	9·79	9·82	9·84	10
11	10·57	10·59	10·62	10·65	10·68	10·71	10·74	10·77	10·80	10·82	11
12	11·53	11·56	11·59	11·62	11·65	11·68	11·71	11·75	11·78	11·81	12
13	12·49	12·52	12·55	12·59	12·62	12·66	12·69	12·73	12·76	12·79	13
14	13·45	13·48	13·52	13·56	13 59	13·63	13·66	13·70	13·74	13·78	14
15	14·41	14·44	14·48	14·52	14·56	14·60	14·64	14·69	14·73	14·77	15
16	15·87	15·41	15·45	15·49	15·53	15·58	15·62	15·67	15·71	15·75	16
17	16·33	16·37	16·41	16·46	16·50	16 55	16·60	16·65	16·69	16·73	17
18	17·29	17·33	17·38	17·43	17·47	17·52	17·57	17·62	17·67	17·72	18
19	18·25	18·29	18·35	18·40	18·45	18·50	18·55	18·60	18·65	18·70	19
20	19·21	19·26	19·33	19·37	19·42	19·47	19·53	19·58	19·63	19·68	20
21	20·17	20·23	20·28	20·34	20·39	20·44	20·50	20·56	20·61	20·66	21
22	21·13	21·19	21·25	21·31	21·36	21·42	21·48	21·54	21·59	21·65	22
23	22·09	22·15	22·21	22·27	22·33	22·39	22·45	22·51	22·57	22·64	23
24	23·05	23·11	23·18	23·24	23·30	23·36	23 43	23·50	23·56	23·63	24
25	24·01	24·07	24·14	24·21	24·27	24·34	24·41	24·48	24 54	24·61	25
26	24·97	25·04	25·11	25·18	25·24	25·31	25·38	25·45	25·52	25·59	26
27	25·93	26·00	26·07	26·14	26·21	26·28	26·36	26·43	26·50	26·58	27
28	26·89	26·96	27·04	27·12	27·18	27·26	27·33	27·41	27·48	27·56	28
29	27·85	27·92	28·00	28·08	28·15	28·23	28·31	28·39	28·47	28·55	29
30	28 82	28·89	28·97	29·05	29·13	29·21	29·29	29·87	29·45	29·53	30
31	29·78	29·86	29·94	30·02	30·10	30·18	30·26	30 85	30 43	30·51	31
32	30·74	30·82	30·91	30·99	31·07	31·15	31·24	31 33	31·41	31·50	32
33	31·70	31·78	31·87	31·96	32·04	32·13	32·21	32·30	32·39	32·48	33
34	32·66	32·75	32·84	32·93	33·01	33·10	33·19	33·28	33·37	33·46	34
35	33·62	33·71	33 80	33·89	33·98	34·07	34·17	34·27	34·36	34·45	35
36	34·58	34·67	34·77	34·86	34·95	35 05	35·15	35·25	35·34	35·43	36
37	35·54	35·63	35·73	35·83	35·92	36·02	36 12	36·22	36·32	36·42	37
38	36·50	36·60	36·70	36·80	36·90	37·00	37·10	37·20	37·30	37·40	38
39	37·47	37·57	37·67	37·77	37·87	37·97	38·07	38·18	38·28	38·39	39
40	38·42	38·52	38·64	38·74	38·84	38·95	39·05	39·16	39·26	39·37	40
41	89·38	39·48	39·60	39·71	39·81	39·92	40·02	40·14	40·24	40·36	41
42	40·34	40·44	40·56	40·68	40·78	40·89	41·00	41·12	41·22	41·34	42
43	41·30	41·46	41·53	41·64	41·75	41·86	41·97	42·10	42·20	42·32	43
44	42·27	42·38	42 50	42·62	42·73	42·84	42·95	43·07	43·18	43·30	44
45	43·22	43·34	43·46	43·58	43 69	43·81	43 93	44·06	44·17	44·29	45
46	44·18	44·30	44·42	44·54	44·66	44·78	44·90	45 03	45·15	45·27	46
47	45·15	45·26	45·39	45·52	45·64	45·76	45·88	46·01	46 13	46·26	47
48	46·10	46·23	46·36	46·49	46 61	46·73	46·85	46·99	47·12	47·24	48
49	47·06	47·19	47·32	47·44	47·57	47·70	47·83	47·97	48·10	48·23	49
50	48·03	48·18	48·30	48·42	48·55	48·68	48·82	48·95	49·08	49·21	50

Gases auf einen Barometerstand von 760 mm. (Fortsetzung.)
0 bis 12⁰ um 1 mm, für 13 bis 19⁰ um 2 mm, für 20 bis 25⁰ vermindern.)

760	730	732	734	736	738	740	742	744	746	748	760
51	48·99	49·12	49·26	49·39	49·52	49·65	49·79	49·93	50·06	50·19	51
52	49·96	50·08	50·22	50·36	50·49	50·63	50·77	50·91	51·04	51·18	52
53	50·91	51·05	51·19	51·33	51·46	51·60	51·75	51·89	52·02	52·16	53
54	51·87	52·01	52·16	52·30	52·44	52·58	52·72	52·87	53·01	53·15	54
55	52·83	52·98	53·13	53·27	53·41	53·55	53·70	53·85	53·99	54·14	55
56	53·79	53·94	54·09	54·23	54·37	54·52	54·68	54·83	54·97	55·11	56
57	54·75	54·90	55·05	55·20	55·35	55·50	55·65	55·80	55·95	56·10	57
58	55·71	55·86	56·02	56·17	56·32	56·47	56·63	56·78	56·93	57·08	58
59	56·67	56·83	56·99	57·14	57·29	57·44	57·60	57·76	57·92	58·07	59
60	57·63	57·79	57·95	58·10	58·26	58·42	58·58	58·74	58·90	59·05	60
61	58·59	58·75	58·91	59·07	59·23	59·39	59·56	59·72	59·88	60·04	61
62	59·55	59·72	59·88	60·04	60·20	60·36	60·53	60·70	60·86	61·02	62
63	60·51	60·68	60·85	61·01	61·17	61·34	61·51	61·68	61·84	62·00	63
64	61·47	61·64	61·81	61·98	62·15	62·32	62·49	62·66	62·82	62·99	64
65	62·43	62·60	62·77	62·94	63·11	63·28	63·46	63·64	63·81	63·98	65
66	63·39	63·57	63·74	63·91	64·08	64·26	64·44	64·62	64·79	64·96	66
67	64·35	64·53	64·71	64·88	65·05	65·23	65·41	65·59	65·77	65·94	67
68	65·31	65·50	65·68	65·85	66·02	66·20	66·38	66·56	66·74	66·92	68
69	66·27	66·45	66·64	66·82	67·00	67·18	67·37	67·55	67·73	67·91	69
70	67·24	67·42	67·61	67·79	67·97	68·16	68·34	68·53	68·71	68·89	70
71	68·20	68·39	68·58	68·76	68·94	69·13	69·32	69·51	69·69	69·88	71
72	69·16	69·35	69·54	69·73	69·92	70·11	70·30	70·49	70·68	70·86	72
73	70·12	70·31	70·51	70·69	70·88	71·08	71·27	71·47	71·66	71·85	73
74	71·08	71·28	71·48	71·66	71·85	72·05	72·25	72·45	72·64	72·83	74
75	72·04	72·24	72·44	72·63	72·82	73·02	73·22	73·42	73·62	73·82	75
76	73·00	73·20	73·40	73·60	73·80	74·00	74·20	74·40	74·60	74·80	76
77	73·96	74·17	74·37	74·57	74·77	74·97	75·18	75·39	75·59	75·79	77
78	74·92	75·12	75·33	75·53	75·74	75·95	76·16	76·37	76·57	76·77	78
79	75·88	76·09	76·30	76·50	76·71	76·92	77·13	77·34	77·55	77·75	79
80	76·84	77·05	77·27	77·47	77·68	77·90	78·10	78·32	78·53	78·74	80
81	77·80	78·02	78·23	78·44	78·65	78·87	79·08	79·30	79·51	79·72	81
82	78·76	78·98	79·20	79·41	79·62	79·84	80·06	80·28	80·50	80·71	82
83	79·72	79·94	80·16	80·38	80·60	80·82	81·04	81·26	81·48	81·69	83
84	80·68	80·90	81·12	81·34	81·56	81·79	82·01	82·24	82·46	82·68	84
85	81·64	81·87	82·10	82·31	82·53	82·76	82·99	83·22	83·44	83·66	85
86	82·60	82·83	83·06	83·28	83·50	83·73	83·97	84·20	84·42	84·64	86
87	83·56	83·79	84·02	84·25	84·48	84·71	84·94	85·17	85·40	85·62	87
88	84·52	84·76	85·00	85·22	85·55	85·68	85·92	86·15	86·38	86·61	88
89	85·48	85·72	85·96	86·19	86·42	86·66	86·89	87·13	87·36	87·59	89
90	86·45	86·68	86·93	87·16	87·39	87·63	87·87	88·11	88·34	88·58	90
91	87·41	87·65	87·89	88·12	88·36	88·61	88·85	89·09	89·33	89·56	91
92	88·37	88·61	88·86	89·09	89·33	89·58	89·82	90·07	90·31	90·55	92
93	89·33	89·57	89·82	90·06	90·30	90·55	90·80	91·05	91·29	91·53	93
94	90·29	90·54	90·79	91·03	91·27	91·53	91·78	92·03	92·27	92·51	94
95	91·25	91·50	91·75	92·00	92·25	92·50	92·75	93·00	93·25	93·50	95
96	92·21	92·46	92·72	92·97	93·22	93·47	93·73	93·98	94·23	94·48	96
97	93·17	93·43	93·68	93·93	94·19	94·45	94·71	94·96	95·22	95·47	97
98	94·13	94·39	94·65	94·90	95·16	95·42	95·68	95·94	96·20	96·45	98
99	95·09	95·35	95·61	95·87	96·13	96·39	96·66	96·92	97·18	97·43	99
100	96·05	96·32	96·58	96·84	97·11	97·37	97·63	97·89	98·16	98·42	100

II. Tabelle zur Reduktion der gefundenen Volume des

(Die am Barometer abgelesene Zahl ist für Temperaturen von
um 3 mm zu

760	750	752	754	756	758	762	764	766	768	770	760
1	0·987	0·989	0·992	0·995	0·997	1·003	1·005	1·008	1·011	1·013	1
2	1·974	1·979	1·984	1·989	1·995	2·005	2·011	2·016	2·021	2·026	2
3	2·960	2·968	2·976	2·984	2·992	3 007	3·016	3 024	3 032	3·039	3
4	3·947	3·958	3·968	3·979	3 990	4·010	4·021	4·032	4·042	4·025	4
5	4·934	4·947	4·960	4·974	4·987	5·013	5·026	5·040	5·053	5·066	5
6	5·921	5·937	5·952	5·968	5·984	6·016	6·032	6·047	6·063	6·079	6
7	6·908	6·926	6·944	6 968	6·982	7·018	7·037	7·055	7·074	7·092	7
8	7·894	7 916	7·936	7·958	7·979	8·021	8·042	8 063	8·084	8·106	8
9	8 881	8·905	8 929	8 952	8·977	9·023	9·048	9 071	9 095	9·119	9
10	9·87	9·89	9·92	9·95	9·97	10·03	10·05	10·08	10·11	10·13	10
11	10·85	10·88	10·91	10·94	10·97	11·03	11·06	11·09	11·12	11·14	11
12	11·84	11·87	11·90	11·94	11·97	12·04	12·07	12·10	12·13	12 16	12
13	12·83	12·86	12·89	12·93	12·96	13·04	13·07	13·10	13·14	13·17	13
14	13·82	13·85	13·88	13·92	13·96	14·04	14·07	14·11	14·15	14·17	14
15	14·81	14·84	14·87	14·92	14·96	15·04	15·08	15·12	15·16	15·19	15
16	15·79	15·83	15·87	15·91	15·95	16·09	16·13	16·17	16·21	16
17	16·78	16·82	16·86	16·91	16·95	17·05	17·09	17·14	17·18	17·22	17
18	17·77	17·81	17·85	17·90	17·95	18·05	18 10	18·15	18·19	18·23	18
19	18·75	18·80	18·85	18·90	18·95	19·05	19·10	19·15	19·20	19·25	19
20	19·74	19·79	19·84	19 89	19·95	20·05	20·11	20 16	20·21	20·26	20
21	20·72	20·77	20·83	20·89	20·94	21·05	21·11	21·17	21·22	21·27	21
22	21·71	21·76	21·82	21·88	21·94	22·06	22·12	22·18	22·23	22·28	22
23	22·70	22·75	22·81	22 88	22·94	23 06	23·12	23·18	23 24	23·30	23
24	23·69	23·74	23·80	23·87	23·93	24·06	24·13	24·19	24·25	24·31	24
25	24·67	24·73	24·80	24·87	24·93	25·06	25·13	25·20	25·26	25·32	25
26	25·66	25·72	25·79	25·86	25 93	26·06	26·14	26·21	26·27	26·34	26
27	26·65	26·71	26·78	26·86	26·93	27·07	27·15	27·22	27·28	27·35	27
28	27·63	27·70	27·77	27·85	27·92	28·07	28·15	28·23	28·29	28 36	28
29	28·62	28·69	28·76	28·84	28·92	29 07	29·16	29·24	29·30	29 37	29
30	29·60	29·68	29·76	29·84	29·92	30·07	30·16	30·24	30·32	30·39	30
31	30·59	30·67	30 75	30·84	30·92	31·08	31·17	31·25	31 33	31·41	31
32	31·58	31·66	31·74	31·83	31·92	32·08	32·17	32·26	32 34	32 42	32
33	32·56	32·65	32 73	32·82	32·91	33·08	33·18	33·27	33 35	33·43	33
34	33 55	33·64	33·73	33·82	33·91	34·09	34·18	34·28	34·36	34·45	34
35	34·54	34·63	34·72	34 82	34·91	35·09	35·19	35·28	35·37	35·46	35
36	35·52	35·62	35·71	35·81	35·91	36·09	36 19	36·29	36 38	36·47	36
37	36·51	36·61	36·71	36·81	36·90	37·09	37·20	37·30	37·39	37·49	37
38	37·50	37·60	37·70	37·80	37·90	38·10	38·20	38·30	38 40	38·50	38
39	38·49	38 59	38·69	38·80	38·90	39·10	39·21	39·31	39·41	39·51	39
40	39·47	39·58	39·68	39·79	39·90	40·10	40 21	40·32	40·42	40·52	40
41	40·46	40·56	40·67	40·79	40·89	41·11	41·22	41·33	41·43	41·54	41
42	41·44	41·55	41·66	41·78	41·89	42·11	42·22	42·34	42·44	42·55	42
43	42·43	42·54	42·66	42·78	42·89	43·11	43·23	43·35	43·45	43·56	43
44	43·42	43·53	43·65	43·77	43·89	44·12	44·23	44 35	44·46	44·58	44
45	44·40	44 52	44·64	44·76	44·88	45·12	45·24	45 36	45·47	45·59	45
46	45·39	45·51	45·63	45 76	45·88	46·12	46·24	46·36	46·48	46·60	46
47	46·38	46·50	46·63	46·76	46·88	47·12	47·25	47·38	47·49	47·61	47
48	47·36	47·49	47·62	47·75	47·87	48·13	48·25	48·39	48 51	48·63	48
49	48·35	48 48	48·61	48 74	48·87	49·13	49 26	49·40	49·52	49·64	49
50	49·34	49·47	49·60	49·74	49 87	50·13	50·26	50·40	50·53	50 66	50

— 53 —

Gases auf einen Barometerstand von 760 mm. (Fortsetzung.)
0 bis 12⁰ um 1 mm, für 13 bis 19⁰ um 2 mm, für 20 bis 25⁰ vermindern.)

760	750	752	754	756	758	762	764	766	768	770	760
51	50·33	50·46	50 60	50·74	50·87	51·14	51·27	51·41	51·54	51·67	51
52	51·82	51·45	51·59	51·73	51·87	52·14	52·28	52 42	52·55	52·68	52
53	52·30	52·44	52·58	52·73	52·87	53·14	53·28	53·42	53 56	53 70	53
54	53·29	53·43	53·57	53·72	53 86	54·14	54·28	54·43	54·57	54·72	54
55	54·28	54·42	54·56	54·71	54 86	55·15	55·29	55·41	55·58	55·73	55
56	55·26	55·41	55·56	55·71	55·86	56·15	56·29	56·45	56 59	56·74	56
57	56·25	56·40	56 55	56·70	56·85	57·15	57·30	57·45	57 60	57·76	57
58	57·24	57·39	57·54	57 69	57·85	58·15	58 30	58 46	58 61	58·77	58
59	58·22	58 38	58·53	58 69	58 85	59·16	59·31	59·47	59·62	59 78	59
60	59·21	59·37	59·52	59 68	59·84	60·16	60 32	60 47	60·63	60 79	60
61	60·20	60 36	60·52	60·68	60 84	61·16	61·32	61·48	61·64	61·81	61
62	61·19	61·35	61·51	61·67	61·84	62·16	62 33	62·49	62 65	62·82	62
63	62·17	62 34	62·50	62·67	62·83	63·17	63·33	63·50	63·67	63·84	63
64	63·16	63·33	63·49	63·66	63·83	64·17	64·34	64·51	64 68	64·85	64
65	64·15	64·32	64·49	64·66	64·83	65·17	65 34	65 51	65·69	65·86	65
66	65·13	65 31	65·48	65·65	65 82	66·17	66·35	66 52	66·70	66·88	66
67	66·12	66·30	66·47	66·64	66 82	67·18	67·35	67 53	67·71	67·89	67
68	67·10	67·29	67·46	67 64	67·82	68·18	68·36	68·54	68 72	68·90	68
69	68·09	68·28	68·45	68·63	68·82	69 18	69 36	69 54	69·73	69·91	69
70	69·08	69·26	69·44	69·63	69·82	70·18	70·37	70·55	70·74	70·92	70
71	70·07	70·25	70·43	70·62	70 81	71·19	71 37	71·56	71·75	71·94	71
72	71·05	71·24	71·43	71·62	71·81	72 19	72·38	72 57	72·76	72 95	72
73	72 04	72·23	72 42	72 61	72·81	73·19	73 38	73 57	73·77	73·97	73
74	73·03	73 22	73·41	73 61	73 80	74·19	74·39	74·58	74 78	74·98	74
75	74·01	74 21	74·40	74 60	74·80	75 20	75·39	75 59	75·79	75
76	75·00	75·20	75 40	75 60	75 80	76·20	76·40	76·60	76·80	77·01	76
77	75·99	76·19	76·39	76 59	76 79	77 20	77·40	77·60	77·81	78 02	77
78	76·97	77·18	77·38	77 58	77·79	78·20	78·41	78 61	78 82	79·03	78
79	77·96	78 17	78 37	78·58	78 79	79 21	79·41	79 62	79·83	80 04	79
80	78·94	79 16	79 36	79 58	79·79	80·21	80·42	80·63	80 84	81·06	80
81	79 93	80·15	80·35	80·57	80·79	81·21	81·42	81·61	81·85	82·07	81
82	80·92	81·14	81·35	81 56	81·78	82·21	82·43	82 65	82·87	83 09	82
83	81·91	82 13	82·34	82·56	82·78	83·22	83·44	83 66	83·88	84·10	83
84	82 90	83·12	83·34	83 56	83·78	84 22	84·44	84·66	84·89	85·11	84
85	83·88	84 11	84·33	84·55	84·78	85·22	85·45	85 67	85·90	86 13	85
86	84·87	85·10	85·32	85·55	85 78	86·22	86·46	86·67	86·91	87·14	86
87	85·85	86·08	86·31	86·54	86·77	87·23	87·46	87 68	87 92	88 15	87
88	86·84	87·07	87·30	87 54	87·77	88·23	88·47	88 69	88·93	89 17	88
89	87·82	88 06	88 29	88·53	88·77	89 23	89·47	89·70	89 94	90·18	89
90	88·81	89·05	89·29	89 52	89·77	90·23	90·48	90·71	90·95	91·19	90
91	89·80	90·04	90·28	90·52	90·76	91·24	91·48	91·72	91 96	92·21	91
92	90·79	91·03	91·27	91 51	91·76	92 24	92·49	92 73	92·97	93 22	92
93	91·77	92·02	92·26	92·51	92·76	93 24	93·49	93·74	93·98	94·23	93
94	92·76	93·01	93 26	93·50	93 75	94·24	94·49	94·74	94·99	95 24	94
95	93·74	94·00	94·25	94·50	94·75	95·25	95 50	95 75	96·00	96·26	95
96	94·73	94·98	95·24	95 49	95·75	96·25	96·51	96 76	97·01	97·27	96
97	95·72	95·97	96·23	96·49	96·75	97·25	97·51	97·77	98·02	98 29	97
98	96·70	96·96	97·22	97·48	97·74	98·25	98·52	98·77	99 03	99 30	98
99	97·69	97·95	98 21	98·48	98·74	99 26	99·52	99·78	100 04	100 31	99
100	98·68	89 95	99·21	99 47	99·74	100 26	100 53	100·79	101·05	101 32	100

24. Volumina des Wassers
bei verschiedenen Temperaturen (Kopp).

Temp. Cels.		Temp. Cels.		Temp. Cels.	
0	1	14	1·000556	40	1·007531
1	0·999947	15	1·000695	45	1·099541
2	0·999908	16	1·000846	50	1·011766
3	0·999885	17	1·001010	55	1·014100
4	0 999877	18	1·001184	60	1·016590
5	0·999883	19	1·001370	65	1·019302
6	0·999903	20	1·001567	70	1·022246
7	0·999938	21	1·001776	75	1·025440
8	0·999986	22	1·001995	80	1·028581
9	1·000048	23	1·002225	85	1·031894
10	1·000124	24	1·002465	90	1·035397
11	1·000213	25	1·002715	95	1·039094
12	1·000314	30	1·004064	100	1·042986
13	1·000429	35	1·005697		

25. Reduktion von Wasserdruck
auf Quecksilberdruck (in Millimeter).

aq	Hg	aq	Hg	aq	Hg	aq	Hg	aq	Hg
1	0·07	23	1·70	45	3·32	67	4·94	89	6·57
2	0·15	24	1·77	46	3·39	68	5 02	90	6·64
3	0·22	25	1·84	47	3·47	69	5·09	91	6·72
4	0·30	26	1·92	48	3·54	70	5·17	92	6·79
5	0·37	27	1·98	49	3·62	71	5·24	93	6·86
6	0·44	28	2·07	50	3·69	72	5·31	94	6·94
7	0·52	29	2·14	51	3·76	73	5·39	95	7·01
8	0·59	30	2·21	52	3·84	74	5·46	96	7·08
9	0·66	31	2·29	53	3·91	75	5·54	97	7·16
10	0·74	32	2·36	54	3 99	76	5·61	98	7·23
11	0·81	33	2·44	55	4·06	77	5·68	99	7·31
12	0·89	34	2·51	56	4·13	78	5·76	100	7·38
13	0·96	35	2·58	57	4·21	79	5·83	200	14·76
14	1·03	36	2·66	58	4·28	80	5·90	300	22·14
15	1·12	37	2·73	59	4·35	81	5·98	400	29·52
16	1·18	38	2·80	60	4·43	82	6·05	500	36·90
17	1·26	39	2·88	61	4·50	83	6·13	600	44·28
18	1·33	40	2·95	62	4·58	84	6·20	700	51·66
19	1·40	41	3·03	63	4·65	85	6 27	800	59·04
20	1·38	42	3·10	64	4·72	86	6·35	900	66·42
21	1·55	43	3·17	65	4·80	87	6·42	1000	73·80
22	1·62	44	3·25	66	4·87	88	6·49		

26. Spannkraft des Wasserdampfes

zwischen −20 und +118° C. in Millimetern Quecksilber
(Magnus).

T	mm	T	mm	T	mm	T	mm
−20°	0·916	+15°	12·677	+50°	92·0	+85°	432·3
19	0·999	16	13·519	51	96·6	86	449·6
18	1·089	17	14·409	52	101·5	87	467·5
17	1·186	18	15·351	53	106·6	88	486·0
16	1·290	19	16·345	54	111·9	89	505·0
15	1·403	20	17·396	55	117·4	90	524·8
14	1·525	21	18·505	56	123·1	91	545·1
13	1·655	22	19·675	57	129·1	92	566·1
12	1·796	23	20·909	58	135·3	93	587·8
11	1·947	24	22·211	59	141·8	94	610·2
10	2·109	25	23·582	60	148·6	95	633·3
9	2·284	26	25·026	61	155·6	96	657·1
8	2·471	27	26·547	62	162·9	97	681·7
7	2·671	28	28·148	63	170·5	98	707·0
6	2·886	29	29·832	64	178·4	99	733·1
5	3·110	30	31·602	65	186·6	100	760·0
4	3·361	31	33·5	66	195·1	101	787·7
3	3·624	32	35·4	67	204·0	102	816·3
2	3·900	33	37·5	68	213·2	103	845·7
1	4·205	34	39·6	69	222·7	104	876·0
0	4·525	35	41·9	70	232·6	105	907·1
+1	4·867	36	44·3	71	242·9	106	939·2
2	5·231	37	46·8	72	253·5	107	972·3
3	5·619	38	49·4	73	264·6	108	1006·3
4	6·032	39	52·1	74	276·0	109	1041·3
5	6·471	40	55·0	75	287·9	110	1077·3
6	6·939	41	58·0	76	300·2	111	1114·3
7	7·436	42	61·1	77	312·9	112	1152·3
8	7·964	43	64·4	78	326·1	113	1191·4
9	8·525	44	67·8	79	339·8	114	1231·7
10	9·126	45	71·4	80	353·9	115	1273·0
11	9·756	46	75·2	81	368·6	116	1315·5
12	10·421	47	79·1	82	383·7	117	1359·1
13	11·130	48	83·2	83	399·4	118	1403·9
14	11·882	49	87·5	84	415·6		

27. Spannkraft des Wasserdampfes für Temperaturen von 40° an.

Temperatur	Tension in mm	in Atmosphären	Druck auf 1 qcm in kg
+ 40°	54·906	0·072	0·07465
45	71·391	0·094	0·09706
50	91·982	0·121	0·12505
55	117·478	0·154	0·15972
60	148·791	0·196	0·20323
65	186·945	0·246	0·25417
70	233·093	0·306	0·31692
75	288·517	0·380	0·39227
80	354·643	0·466	0·48217
85	433·041	0·570	0·58877
90	525·450	0·691	0·71440
95	633·778	0·834	0·86168
100	760·00	1·000	1·03330
105	906·41	1·193	1·23236
110	1075·37	1·415	1·4621
115	1269·41	1·673	1·72592
120	1491·28	1·962	2·02755
125	1743·88	2·294	2·37098
130	2030·28	2·671	2·76037
135	2353·73	3·097	3·20013
140	2717·63	3·575	3·69400
145	3125·55	4·112	4·24950
150	3581·23	4·712	4·86904
155	4088·56	5·380	5·55881
160	4651·62	6·120	6·32434
165	5274·54	6·940	7·17127
170	5961·66	7·844	8·10547
175	6717·43	8·838	9·13302
180	7546·39	9·929	10·2601
185	8453·23	11·122	11·4930
190	9442·70	12·424	12·8383
195	10519·73	13·841	14·3025
200	11688·96	15·380	15·8923
205	12955·66	17·047	17·6145
210	14324·80	18·848	19·4760
215	15801·33	20·791	21·4835
220	17390·00	22·881	23·6439
225	19097·04	25·127	25·9643
230	20926·40	27·534	28·4515

28. Siedepunkte des Wassers bei verschiedenem Barometerstand (nach Regnault).

Siedepunkt	mm	Siedepunkt	mm
98·5⁰	720·15	99·5⁰	746·50
98·6	722·75	99·6	749·18
98·7	725·35	99·7	751·87
98·8	727·96	99·8	754·57
98·9	730·58	99·9	757·28
99·0	733·21	100 0	760·00
99·1	735 85	100·1	762·73
99·2	738·50	100·2	765 46
99·3	741·16	100·3	768·20
99 4	743·83	100·4	771·95

29. Specifische Wärme (nach Regnault)
a) für feste und flüssige Substanzen. (Wasser = 1·000.)

Antimon	0·0508	Schwefel	0·2026
Blei	0·0314	Silber	0·0570
Eisen (Schmiedeisen)	0·1138	Stahl (weicher)	0 1165
„ (Gusseisen)	0·1298	„ (harter)	0·1175
Glas	0·1937	Wismuth	0·0308
Gold	0·0324	Zink	0·0956
Kohle	0·2411	Zinn	0·0562
Kupfer	0·0951	Phosphor	0·1187
Messing	0·0939	Ziegelsteine	0·1890-0·2410
Platin	0·0324	Alkohol	0·7000
Quecksilber	0·0333	Schwefelsäure	0·3350

b) für Gase und Dämpfe.

	Temperatur			Für gleiche Gewichte bei konstantem Druck (Wasser = 1)	pro cbm
Atmosphärische Luft	0	bis	200⁰	0·23751	0·308
Sauerstoff	10	„	200	0 21751	0·312
Stickstoff	0	„	200	0·2438	0·303
Wasserstoff	10	„	200	3 4090	0·303
Kohlensäure CO_2	—30	„	+10	0·18427	0·364
„	+10	„	100	0·20246	0·400
„	100	„	210	0·21692	0·428
Kohlenoxyd	10	„	200	0·2450	0·307
Methan	10	„	200	0·59295	0·424
Aethylen	10	„	200	0 4040	0·501
Schwefeldioxyd	10	„	200	0·15531	0·444
Wasserdampf	10	„	200	0·48051	0·387
Benzoldampf	10	„	200	0·3754	1·307

c) Specifische Wärme von Gasen bei höheren Temperaturen.

Fast unverändert bleiben die specifischen Wärmen von Sauerstoff, Stickstoff, Wasserstoff und Kohlenoxyd auch bei hohen Temperaturen. Sehr stark verändern (vergrössern) sich diejenigen von Kohlensäure und Wasserdampf. Nach Åkerman (1891) betragen diese (s) bei den Temperaturen t:

t^0	CO_2 s	Wasserdampf s	t^0	CO_2 s	Wasserdampf s
0	0·195	0·427	1000	0·294	0·679
100	0·206	0·454	1100	0·303	0·703
200	0·217	0·480	1200	0·312	0·726
300	0·227	0·506	1300	0·321	0·750
400	6·237	0·532	1400	0·329	0·773
500	0·247	0·557	1500	0·338	0·796
600	0·257	0·582	1600	0·347	0·789
700	0·266	0·607	1700	0·355	
800	0·276	0·631	1800	0·364	
900	0·285	0·685			

Vgl. auch E. Blass, Stahl und Eisen 1892, S. 893.

80. Wärmeeinheiten.

1 kleine W.E. (Gramm-Calorie): Menge von Wärme, die zur Erhitzung von 1 g Wasser von 0^0 auf 1^0 C. erforderlich ist.

1 grosse W.E. = 1000 kleine Calorieen.

1 englische Wärmeeinheit (heat unit) bezieht sich auf Erhitzung von 1 engl. Pfund Wasser von 32^0 auf 33^0 F. = 252 Gramm-Calorieen. Doch kommt diese Beziehung nur in dem selten vorkommenden Falle in Frage, wo die absoluten Werthe der W.E. gebraucht werden. Meist handelt es sich nur um relative Werthe, also z. B. Gramm einerseits oder Pfund anderseits von Kohlen etc. gegenüber Gramm bezw. Pfunden von Wasser, und ist dann die „British heat unit" einfach $^5/_9$ der Gramm-Calorie, da sie mit Fahrenheitgraden rechnet.

1 Joule (j) = 10 Mill. Erg. = 0·2391 Gramm-Calorieen.

1 kleine (Gramm-) Calorie = 4·183 j.

1 J = 1000 j = 239·1 cal. = 10^{10} Erg.

81. Wärmeaufwand zur Erzeugung von Wasserdampf.

Nach Regnault beträgt die Wärmemenge λ, welche man zur Erzeugung von Wasserdampf von der Temperatur t^0 bei konstantem Druck aus Wasser von 0^0 aufwenden muss:

$$\lambda = 606·5 + 0·305 \, t \text{ Wärmeeinheiten.}$$

Die Grösse λ setzt sich zusammen aus zwei Faktoren, nämlich

1. q = Wärmeaufwand zur Erhitzung des Wassers von 0^0 auf t^0 (kann für Temperaturen unter 100^0 ohne merklichen Fehler = t, für $100-150^0$ = 1·02 t gesetzt werden).

2. r = Wärmeaufwand zur Verwandlung des flüssigen Wassers in Dampf von derselben Temperatur („latente Wärme"), wofür man nach Clausius folgende Annäherungsformel setzen kann:

$$r = 607 - 0·708 \, t.$$

Die Werthe von r und λ sind beispielsweise

		r	λ	
für	0^0	607	607	Wärmeeinheiten
„	50	571	621	„
„	100	536	636	„
„	150	501	654	„
„	180	479	663	„
„	200	465	669	„

32. Luftkompression.

Folgende (auf Grund von Hurter's Angaben vom Verfasser für Metermaass und Gewicht umgestaltete) Tabelle erleichtert die Berechnung von mit Gaskompression verbundenen Aufgaben. Die Tabelle ist allerdings nur für Luft vollkommen genau, ist aber ohne merklichen Fehler auch auf andere technisch verwerthete Gase, z. B. Kalkofengase, anwendbar. Sie zeigt das Volum und die Temperatur, welche 1 cbm atmosphärische Luft bei 15^0 und 760 mm Barometerstand nach adiabatischer Kompression bei dem in der ersten Spalte angegebenen Druck besitzt; ferner die ihr gerade das Gleichgewicht haltende Wassersäule, die zur Kompression nöthige Kraft in Meterkilogramm und den mittleren Druck auf den Luftkolben.

End-Druck über 1 Atm. pro qcm kg	Von dem Gase getragene Wassersäule m	Volum von 1 cbm nach der Kompression cbm	Temperatur nach der Kompression ^{0} C.	Mittlerer Druck auf den Kolben kg pro qcm	Arbeit für 1 cbm in Meterkilogramm
0·703	7·05	0·692	62·5	0·579	5789
0·844	8·44	0·655	70·1	0·674	6769
0·984	9·87	0 622	77·2	0·764	7633
1·125	11·28	0·593	84·4	0·849	8488
1·266	12·69	0·567	91·1	0·930	9307
1·406	14·10	0·544	97·4	1·009	9791
1·547	15·50	0·523	103·5	1·084	10835
1·687	16·91	0·504	109·2	1·157	11557

End-Druck über 1 Atm. pro qcm kg	Von dem Gase getragene Wassersäule m	Volum von 1 cbm nach der Kompression cbm	Temperatur nach der Kompression ⁰ C.	Mittlerer Druck auf den Kolben kg pro qcm	Arbeit für 1 cbm in Meterkilogramm
1·828	18·32	0·486	115·9	1·226	12251
1·969	19·74	0·469	120·6	1·293	12919
2·109	21·14	0·454	125·7	1·358	13578
2·250	22·55	0·440	130·8	1·421	14203
2·391	23·96	0·428	135·8	1·481	14808
2·531	25·37	0·416	140·7	1·541	15403
2·674	26·78	0·404	145·3	1·599	15984
2·812	28·19	0·394	149·9	1·654	16541

33. Verbrennungswärmen von Gasen.

	Mol.-Gew.	Atom-Calorieen		Calorieen pro cbm	
		aq. flüssig	aq. Dampf	aq. flüssig	aq. Dampf
Wasserstoff H_2	2	68·4	57·7	3064	2585
Methan CH_4	16	213·5	192·1	9565	8606
Aethylen C_2H_4	28	334·8	313·4	14999	14060
Benzol C_6H_6	78	788·0	755·9	35302	33864
Naphtalin $C_{10}H_8$	128	1258·4	1230·6	56376	55131
Kohlenoxyd CO	28	68·4	68·4	3064	3064

34. Explosive Gasmischungen.

(Clowes, Journ. Soc. Chem. Ind. 1896, 418 u. 701.)

	Vol.		Vol.
Acetylen	3–82	Luft	97–18
Wasserstoff	5–72	"	95–28
Kohlenoxyd	13–75	"	87–25
Aethylen	4–22	"	96–78
Methan	5–13	"	95–87
Leuchtgas	6–23	"	94–77

25. Eigenschaften der im Handel vorkommenden verflüssigten Gase.

Nach Dr. A. Lange, Niederschönweide.

	Spec. Gewicht			Dampfdruck Atm.			Gasvolumen von 1 kg entspricht bei 0° und 760 mm einem Liter	Kritische Temperatur °C.	Kritischer Druck Atm.	Siedpunkt bei 760 mm °C.	Schmelzpunkt °C.	Erforderlicher Gefässraum für 1 kg Füllung Liter	Amtliche Prüfung der Gefässe auf einen Druck von Atm.	Wiederholung der Druckprüfung verlangt in Jahren
	0°	15°	30°	0°	15°	30°								
Stickoxydul	0·937	0·870	—	36·1	49·8	68·0	506	36	75	−87·9	−115	1·34	250	3
Kohlensäure	0·947	0·864	0·732	35·4	52·2	73·8	506	31·3	77	−78·2	* −65	1·34	250	3
Schweflige Säure	1·435	1·396	1·349	1·5	2·7	4·5	348	155·4	78·9	−10·0	−79	0·8	30	1
Chlor**)	1·468	1·426	1·380	3·7	5·8	8·7	316	146	93·5	−33·6	−102	0·9	50	1
Ammoniak	0·634	0·614	0·592	4·2	7·1	11·4	1313	130	115	−33·7	−75	1·86	100	3

* Der Schmelzpunkt des Kohlendioxyds soll merkwürdigerweise oberhalb seines Siedpunktes liegen.
** Für Chlor vgl. noch speciell die Tabelle von Knietsch, Specieller Theil, IV. I.

36. Elektrische Maasse.

1. Das **Ampère** ist das Maass der Stromstärke (I) und bedeutet die Menge von Elektricität, welche von einer elektromotorischen Kraft (E) = 1 Volt in einem Stromkreise, dessen Widerstand (W) = 1 Ohm ist, geliefert wird. Nach dem Ohm'schen Gesetz ist $I = \dfrac{E}{W}$ oder $E = IW$.

Die Stromstärke von 1 Ampère scheidet in 1 Sekunde aus: 0·1740 ccm Knallgas (auf 0⁰ und 760 mm reducirt) oder 1·1181 mg Silber oder 0·3281 mg Kupfer oder überhaupt bei allen Stoffen das 0·010386 fache (nach anderen Angaben das 0·01036 fache) ihres Milligramm-Aequivalentes [welche Menge von Elektricität in Lösungen an den dissociirten Ionen haftet]). Also entspricht 1 cem Knallgas pro Minute 0·0958 Amp. oder 1 mg Silber pro Minute 0·0149 Amp., oder das Gramm-Aequivalent jedes Körpers per Sekunde 96520 Ampère.

2. Das **Volt** ist die Einheit der **elektromotorischen Kraft**. Die elektromotorische Kraft eines Daniell'schen Elementes = 1·12 Volt, eines Bunsen-Elementes = 1·9, eines Clark-Elementes = 1·44 Volt.

3. Das **Ohm** ist die Einheit des **Widerstandes**, nämlich der Widerstand einer Quecksilbersäule von 1 qmm Querschnitt und 1·06 m Länge bei 0⁰, ungefähr gleich dem Widerstande eines Eisendrahtes von 100 m Länge und 4 mm Durchmesser, oder eines Kupferdrahtes von 48 m Länge und 1 mm Durchmesser. Häufig werden auch noch folgende Widerstandseinheiten gebraucht: diejenige von **Siemens**, gleich dem Widerstand einer Quecksilbersäule von 1 m Länge und 1 qmm Querschnitt bei 0⁰ oder = 0·944 Ohm, und die British Association Unit (B. A. U.) = 0·989 Ohm.

4. Das **Coulomb** ist die Einheit der **Elektricitätsmenge**, d. h. derjenigen, welche durch 1 Ampère in 1 Sekunde geliefert wird, also durch einen Leiter vom Widerstande 1 Ohm unter dem Einfluss einer elektromotorischen Kraft von 1 Volt hindurchgeht.

Eine **Ampère-Stunde** ist die Menge Elektricität, welche bei der Stromstärke 1 Ampère einen Stromkreis in 1 Stunde durchläuft, also = 3600 Coulomb.

5. Das **Farad** ist die Kapacität eines Kondensators, welcher, zum Potential von 1 Volt geladen, 1 Coulomb enthält.

6. Ein **Watt** oder **Volt-Ampère** ist die während 1 Sekunde von der Stromstärke 1 Ampère unter dem Ein-

flusse der elektromotorischen Kraft 1 Volt erzeugte Arbeit.
Sie ist $= \dfrac{1 \text{ Meterkilogramm}}{9{\cdot}81}$ pro Sekunde $= 0{\cdot}102$ mkg; daher
1 Pferdekraft $= 735{\cdot}5$ Watt. Die englische Board of Trade Unit $= 1000$ Stunden-Watt.

Ein Strom von i Ampère in einem Widerstande w Ohm entwickelt während t Sekunde die Wärmemenge: $0{\cdot}24104\ i^2\ w\ t$ Gramm-Calorieen.

37. Elektrochemische Aequivalente.

Durch die Stromstärke von 1 Ampère werden der Theorie nach ausgeschieden oder durch sekundäre Reaktionen gebildet:

	in einer Stunde g	in 24 Stunden g
Chlor	1·3236	31·766
Natrium	0·8600	20·640
Kalium	1·4582	34·997
Natronhydrat	1·4956	35·894
Natriumcarbonat	1·9817	47·561
Kalihydrat	2·0938	50·251
Kaliumcarbonat	2·5799	61·918
Natriumchlorat	0·6630	15·912
Kaliumchlorat	0·7627	18·305
Wasserstoff	0·0374	0·898
Sauerstoff	0·2992	7·184

38. Mathematische Tabellen.

Kreisumfänge und -Inhalte, Quadrate, Kuben, Quadrat- und Kubikwurzeln.

n	πn $\bigcirc$	$\pi \frac{n^2}{4}$ $\bullet$	n^2	n^3	$\sqrt{n}$	$\sqrt[3]{n}$
1·0	3·142	0·7854	1·000	1·000	1·0000	1·0000
1·1	3·456	0·9503	1·210	1·331	1·0488	1·0323
1·2	3·770	1·1310	1·440	1·728	1·0955	1·0627
1·3	4·084	1·3273	1·690	2·197	1·1402	1·0914
1·4	4·398	1·5394	1·960	2·744	1·1832	1·1187
1·5	4·712	1·7672	2·250	3·375	1·2247	1·1447
1·6	5·027	2·0106	2·560	4·096	1·2649	1·1696
1·7	5·341	2·2698	2·890	4·913	1·3038	1·1935
1·8	5·655	2·5447	3·240	5·832	1·3416	1·2164
1·9	5·969	2·8353	3·610	6·859	1·3784	1·2386
2·0	6·283	3·1416	4·000	8·000	1·4142	1·2599
2·1	6·597	3·4636	4·410	9·261	1·4491	1·2806
2·2	6·912	3·8013	4·840	10·648	1·4832	1·3006
2·3	7·226	4·1548	5·290	12·167	1·5166	1·3200
2·4	7·540	4·5239	6·760	13·824	1·5492	1·3389
2·5	7·854	4·9087	6·250	15·625	1·5811	1·3572
2·6	8·168	5·3093	6·760	17·576	1·6125	1·3751
2·7	8·482	5·7256	7·290	19·683	1·6432	1·3925
2·8	8·797	6·1575	7·840	21·952	1·6733	1·4095
2·9	9·111	6·6052	8·410	24·389	1·7029	1·4260
3·0	9·425	7·0686	9·00	27·000	1·7321	1·4422
3·1	9·739	7·5477	9·61	29·791	1·7607	1·4581
3·2	10·053	8·0425	10·24	32·768	1·7889	1·4736
3·3	10·367	8·5530	10·89	35·937	1·8166	1·4888
3·4	10·681	9·0792	11·56	39·304	1·8439	1·5037
3·5	10·996	9·6211	12·25	42·875	1·8708	1·5183
3·6	11·310	10·179	12·96	46·656	1·8974	1·5326
3·7	11·624	10·752	13·69	50·653	1·9235	1·5467
3·8	11·938	11·341	14·44	54·872	1·9494	1·5605
3·9	12·252	11·946	15·21	59·319	1·9748	1·5741
4·0	12·566	12·566	16·00	64·000	2·0000	1·5874
4·1	12·881	13·203	16·81	68·921	2·0249	1·6005
4·2	13·195	13·854	17·64	74·088	2·0494	1·6134
4·3	13·509	14·522	18·49	79·507	2·0736	1·6261
4·4	13·823	15·205	19·36	85·184	2·0976	1·6386

n	πn	$\pi \frac{n^2}{4}$	n^2	n^3	$\sqrt{n}$	$\sqrt[3]{n}$
4·5	14·137	15·904	20·25	91·125	2·1213	1·6510
4·6	14·451	16·619	21·16	97·336	2·1448	1·6631
4·7	14·765	17·349	22·09	103·823	2·1680	1·6751
4·8	15·080	18·096	23·04	110·592	2·1909	1·6869
4·9	15·394	18·857	24·01	117·649	2·2136	1·6985
5·0	15·708	19·635	25·00	125·000	2·2361	1·7100
5·1	16·022	20·428	26·01	132·651	2·2583	1·7213
5·2	16·336	21·237	27·04	140·608	2·2804	1·7325
5·3	16·650	22·062	28·09	148·877	2·3022	1·7435
5·4	16·965	22·902	29·16	157·464	2·3238	1·7544
5·5	17·279	23·758	30·25	166·375	2·3452	1·7652
5·6	17·593	24·630	31·36	175·616	2·3664	1·7758
5·7	17·907	25·518	32·49	185·193	2·3875	1·7863
5·8	18·221	26·421	33·64	195·112	2·4083	1·7967
5·9	18·535	27·340	34·81	205·379	2·4290	1·8070
6·0	18·850	28·274	36·00	216·000	2·4495	1·8171
6·1	19·164	29·225	37·21	226·981	2·4698	1·8272
6·2	19·478	30·191	38·44	238·328	2·4900	1·8371
6·3	19·792	31·173	39·69	250·047	2·5100	1·8469
6·4	20·106	32·170	40·96	262·144	2·5298	1·8566
6·5	20·420	33·183	42·25	274·625	2·5495	1·8663
6·6	20·735	34·212	43·56	287·496	2·5691	1·8758
6·7	21·049	35·257	44·89	300·763	2·5884	1·8852
6·8	21·363	36·317	46·24	314·432	2·6077	1·8945
6·9	21·677	37·393	47·61	328·509	2·6268	1·9038
7·0	21·991	38·485	49·00	343·000	2·6458	1·9129
7·1	22·305	39·592	50·41	357·911	2·6646	1·9220
7·2	22·619	40·715	51·84	373·248	2·6833	1·9310
7·3	22·934	41·854	53·29	389·017	2·7019	1·9399
7·4	23·248	43·008	54·76	405·224	2·7203	1·9487
7·5	23·562	44·179	56·25	421·875	2·7386	1·9574
7·6	23·876	45·365	57·76	438·976	2·7568	1·9661
7·7	24·190	46·566	59·29	456·533	2·7749	1·9747
7·8	24·504	47·784	60·84	474·552	2·7929	1·9832
7·9	24·819	49·017	62·41	493·039	2·8107	1·9916
8·0	25·133	50·266	64·00	512·000	2·8284	2·0000
8·1	25·447	51·530	65·61	531·441	2·8461	2·0083
8·2	25·761	52·810	67·24	551·368	2·8636	2·0165
8·3	26·075	54·106	68·89	571·787	2·8810	2·0247
8·4	26·389	55·418	70·56	592·704	2·8983	2·0328

n	πn	$\pi\frac{n^2}{4}$	n^2	n^3	$\sqrt{n}$	$\sqrt[3]{n}$
8·5	26·704	56·745	72·25	614·125	2·9155	2·0408
8·6	27·018	58·088	73·96	636·056	2·9326	2·0488
8·7	27·332	59·447	75·69	658·503	2·9496	2·0567
8·8	27·646	60·821	77·44	681·472	2·9665	2·0646
8·9	27·960	62·211	79·21	704·969	2·9833	2·0724
9·0	28·274	63·617	81·00	729·000	3·0000	2·0801
9·1	28·588	65·039	82·81	753·571	3·0166	2·0878
9·2	28·903	66·476	84·64	778·688	3·0332	2·0954
9·3	29·217	67·929	86·49	804·357	3·0496	2·1029
9·4	29·531	69·398	88·36	830·584	3·0659	2·1105
9·5	29·845	70·882	90·25	857·375	3·0822	2·1179
9·6	30·159	72·382	92·16	884·736	3·0984	2·1253
9·7	30·473	73·898	94·09	912·673	3·1145	2·1327
9·8	30·788	75·430	96·04	941·192	3·1305	2·1400
9·9	31·102	76·977	98·01	970·299	3·1464	2·1472
10·0	31·416	78·540	100·00	1000·000	3·1623	2·1544
10·1	31·730	80·119	102·01	1030·301	3·1780	2·1616
10·2	32·044	81·713	104·04	1061·208	3·1937	2·1687
10·3	32·358	83·323	106·09	1092·727	3·2094	2·1757
10·4	32·673	84·949	108·16	1124·864	3·2249	2·1828
10·5	32·987	86·590	110·25	1157·625	3·2404	2·1897
10·6	33·301	88·247	112·36	1191·016	3·2558	2·1967
10·7	33·615	89·920	114·49	1225·043	3·2711	2·2036
10·8	33·929	91·609	116·64	1259·712	3·2863	2·2104
10·9	34·243	93·313	118·81	1295·029	3·3015	2·2172
11·0	34·558	95·033	121·00	1331·000	3·3166	2·2239
11·1	34·872	96·769	123·21	1367·631	3·3317	2·2307
11·2	35·186	98·520	125·44	1404·928	3·3466	2·2374
11·3	35·500	100·29	127·69	1442·897	3·3615	2·2441
11·4	35·814	102·07	129·96	1481·544	3·3764	2·2506
11·5	36·128	103·87	132·25	1520·875	3·3912	2·2572
11·6	36·442	105·68	134·56	1560·896	3·4059	2·2637
11·7	36·757	107·51	136·89	1601·613	3·4205	2·2702
11·8	37·071	109·36	139·24	1643·032	3·4351	2·2766
11·9	37·385	111·22	141·61	1685·159	3·4496	2·2831
12·0	37·699	113·10	144·00	1728·000	3·4641	2·2894
12·1	38·013	114·99	146·41	1771·561	3·4785	2·2957
12·2	38·327	116·90	148·84	1815·848	3·4928	2·3021
12·3	38·642	118·82	151·29	1860·867	3·5071	2·3084
12·4	38·956	120·76	153·76	1906·624	3·5214	2·3146

n	πn	$\pi \dfrac{n^2}{4}$	n^2	n^3	$\sqrt{n}$	$\sqrt[3]{n}$
12·5	39·270	122·72	156·25	1953·125	3·5355	2·3208
12·6	39·584	124·69	158·76	2000·376	3·5496	2·3270
12·7	39·898	126·68	161·29	2048·383	3·5637	2·3331
12·8	40·212	128·68	163·84	2097·152	3·5777	2·3392
12·9	40·527	130·70	166·41	2146·689	3·5917	2·3453
13·0	40·841	132·73	169·00	2197·000	3·6056	2·3513
13·1	41·155	134·78	171·61	2248·091	3·6104	2·3573
13·2	41·469	136·85	174·24	2299·968	3·6332	2·3633
13·3	41·783	138·93	176·89	2352·637	3·6469	2·3693
13·4	42·097	141·03	179·56	2406·104	3·6606	2·3752
13·5	42·412	143·14	182·25	2460·375	3·6742	2·3811
13·6	42·726	145·27	184·96	2515·456	3·6878	2·3870
13·7	43·040	147·41	187·69	2571·353	3·7013	2·3928
13·8	43·354	149·57	190·44	2628·072	3·7148	2·3986
13·9	43·668	151·75	193·21	2685·619	3·7283	2·4044
14·0	43·982	153·94	196·00	2744·000	3·7417	2·4101
14·1	44·296	156·15	198·81	2803·221	3·7550	2·4159
14·2	44·611	158·37	201·64	2863·288	3·7683	2·4216
14·3	44·925	160·61	204·49	2924·207	3·7815	2·4272
14·4	45·239	162·86	207·36	2085·984	3·7947	2·4329
14·5	45·553	165·13	210·25	3048·625	3·8079	2·4385
14·6	45·867	167·42	213·16	3112·136	3·8210	2·4441
14·7	46·181	169·72	216·09	3176·523	3·8341	2·4497
14·8	46·496	172·03	219·04	3241·792	3·8471	2·4552
14·9	46·810	174·37	222·01	3307·949	3·8600	2·4607
15·0	47·124	176·72	225·00	3375·000	3·8730	2·4662
15·1	47·438	179·08	228·01	3442·951	3·8859	2·4717
15·2	47·752	181·46	231·04	3511·808	3·8987	2·4772
15·3	48·066	183·85	234·09	3581·577	3·9115	2·4825
15·4	48·381	186·27	237·16	3652 264	3·9243	2·4879
15·5	48·695	188·69	240·25	3723·875	3·9370	2·4933
15·6	49·009	191·13	243·36	3796·416	3·9497	2·4986
15·7	49·323	193·59	246·49	3869·893	3·9623	2·5039
15·8	49·637	196·07	249·64	3944·312	3·9749	2·5092
15·9	49·951	198·56	252·81	4019·679	3·9875	2·5146
16·0	50·265	201·06	256·00	4096·000	4·0000	2 5198
16·1	50·580	203·58	259·21	4173·281	4·0125	2·5251
16·2	50·894	206·13	262·44	4251·528	4·0249	2·5303
16·3	51·208	208·67	265·69	4330·747	4·0373	2·5355
16·4	51·522	211·24	268·96	4410·944	4·0497	2·5406

— 68 —

n	πn	$\pi \frac{n^2}{4}$	n^2	n^3	$\sqrt{n}$	$\sqrt[3]{n}$
16·5	51·836	213·83	272·25	4492·125	4·0620	2·5458
16·6	52·150	216·42	275·56	4574·296	4·0743	2·5509
16·7	52·465	219·04	278·89	4657·463	4·0866	2·5561
16·8	52·779	221·67	282·24	4741·632	4·0988	2·5612
16·9	53·093	224·32	285·61	4826·809	4·1110	2·5663
17·0	53·407	226·98	289·00	4913·000	4·1231	2·5713
17·1	53·721	229·66	292·41	5000·211	4·1352	2·5763
17·2	54·035	232·35	295·84	5088·448	4·1473	2·5813
17·3	54·350	235·06	299·29	5177·717	4·1593	2·5863
17·4	54·664	237·79	302·76	5268·024	4·1713	2·5913
17·5	54·978	240·53	306·25	5359·375	4·1833	2·5963
17·6	55·292	243·29	309·76	5451·776	4·1952	2·6012
17·7	55·606	246·06	313·29	5545·233	4·2071	2·6061
17·8	55·920	248·85	316·84	5639·752	4·2190	2·6109
17·9	56·235	251·65	320·41	5735·339	4·2308	2·6158
18·0	56·549	254·47	324·00	5832·000	4·2426	2·6207
18·1	56·863	257·30	327·61	5929·741	4·2544	2·6256
18·2	57·177	260·16	331·24	6028·568	4·2661	2·6304
18·3	57·491	263·02	334·89	6128·487	4·2778	2·6352
18·4	57·805	265·90	338·56	6229·504	4·2895	2·6400
18·5	58·119	268·80	342·25	6331·625	4·3012	2·6448
18·6	58·434	271·72	345·96	6434·856	4·3128	2·6495
18·7	58·748	274·65	349·69	6539·203	4·3243	2·6543
18·8	59·062	277·59	353·44	6644·672	4·3359	2·6590
18·9	59·376	280·55	357·21	6751·269	4·3474	2·6637
19·0	59·690	283·53	361·00	6359·000	4·3589	2·6684
19·1	60·004	286·52	364·81	6967·871	4·3703	2·6731
19·2	60·319	289·53	368·64	7077·888	4·3818	2·6777
19·3	60·633	292·55	372·49	7189·057	4·3932	2·6824
19·4	60·947	295·59	376·36	7301·384	4·4045	2·6869
19·5	61·261	298·65	380·25	7414·875	4·4159	2·6916
19·6	61·575	301·72	384·16	7529·536	4·4272	2·6962
19·7	61·889	304·81	388·09	7645·373	4·4385	2·7008
19·8	62·204	307·91	392·04	7762·392	4·4497	2·7053
19·9	62·518	311·03	396·01	7880·599	4·4609	2·7098
20·0	62·832	314·16	400·00	8000·000	4·4721	2·7144
20·1	63·146	317·31	404·01	8120·601	4·4833	2·7189
20·2	63·460	320·47	408·04	8242·408	4·4944	2·7234
20·3	63·774	323·66	412·09	8365·427	4·5055	2·7279
20·4	64·088	326·85	416·16	8489·664	4·5166	2·7324

n	πn	$\pi \frac{n^2}{4}$	n^2	n^3	$\sqrt{n}$	$\sqrt[3]{n}$
20·5	64·403	330·06	420·25	8615·125	4·5277	2·7368
20·6	64·717	333·29	424·36	8741·816	4·5387	2·7413
20·7	65·031	336·54	428·49	8869·743	4·5497	2·7457
20·8	65·345	339·80	432·64	8998·912	4·5607	2·7502
20·9	65·659	343·07	436·81	9129·329	4·5716	2·7545
21·0	65·973	346·36	441·00	9261·000	4·5826	2·7589
21·1	66·288	349·67	445·21	9393·931	4·5935	2·7633
21·2	66·602	352·99	449·44	9528·128	4·6043	2·7676
21·3	66·916	356·33	453·69	9663·597	4·6152	2·7720
21·4	67·230	359·68	457·96	9800·344	4·6260	2·7763
21·5	67·544	363·05	462·25	9938·375	4·6368	2·7806
21·6	67·858	366·44	466·56	10077·696	4·6476	2·7849
21·7	68·173	369·84	470·89	10218·313	4·6583	2·7893
21·8	68·487	373·25	475·24	10360.232	4·6690	2·7935
21·9	68·801	376·69	479·61	10503·459	4·6797	2·7978
22·0	69·115	380·13	484·00	10648·000	4·6904	2·8021
22·1	69·429	383·60	488·41	10793·861	4·7011	2·8063
22·2	69·743	387·08	492·84	10941·048	4·7117	2·8105
22·3	70·058	390·57	497·29	11089·567	4·7223	2·8147
22·4	70·372	394·08	501·76	11239·424	4·7329	2·8189
22·5	70·686	397·61	506·25	11390·625	4·7434	2·8231
22·6	71·000	401·15	510·76	11543·176	4·7539	2·8273
22·7	71·314	404·71	515·29	11697·083	4·7644	2·8314
22·8	71·628	408·28	519·84	11852·352	4·7749	2·8356
22·9	71·942	411·87	524·41	12008·989	4·7854	2·8397
23·0	72·257	415·48	529·00	12167·000	4·7958	2·8438
23·1	72·571	419·10	533·61	12326·391	4·8062	2·8479
23·2	72·885	422·73	538·24	12487·168	4·8166	2·8521
23·3	73·199	426·39	542·89	12649·337	4·8270	2·8562
23·4	73·513	430·05	547·56	12812·904	4·8373	2·8603
23·5	73·827	433·74	552·25	12977·875	4·8477	2·8643
23·6	74·142	437·44	556·96	13144·256	4·8580	2·8684
23·7	74·456	441·15	561·69	13312·053	4·8683	2·8724
23·8	74·770	444·88	566·44	13481·272	4·8785	2·8765
23·9	75·084	448·63	571·21	13651·919	4·8888	2·8805
24·0	75·398	452·39	576·00	13824·000	4·8990	2·8845
24·1	75·712	456·17	580·81	13997·521	4·9092	2·8885
24·2	76·027	459·96	585·64	14172·488	4·9193	2·8925
24·3	76·341	463·77	590·49	14348·907	4·9295	2·8965
24·4	76·655	467·60	595·36	14526·784	4·9396	2·9004

— 70 —

n	πn	π$\frac{n^2}{4}$	n²	n³	$\sqrt{n}$	$\sqrt[3]{n}$
24·5	76·969	471·44	600·25	14706·125	4·9497	2·9044
24·6	77·283	475·29	605·16	14886·936	4·9598	2·9083
24·7	77·597	479·16	610·09	15069·223	4·9699	2·9123
24·8	77·911	483·05	615·04	15252·992	4·9799	2·9162
24·9	78·226	486·96	620·01	15438·249	4·9899	2·9201
25·0	78·540	490·87	625·00	15625·000	5·0000	2·9241
25·1	78·854	494·81	630·01	15813·251	5·0099	2·9279
25·2	79·168	498·76	635·04	16003·008	5·0199	2·9318
25·3	79·482	502·73	640·09	16194·277	5·0299	2·9356
25·4	79·796	506·71	645·16	16387·064	5·0398	2·9395
25·5	80·111	510·71	650·25	16581·375	5·0497	2·9434
25·6	80·425	514·72	655·36	16777·216	5·0596	2·9472
25·7	80·739	518·75	660·49	16974·593	5·0695	2·9510
25·8	81·053	522·79	665·64	17173·512	5·0793	2·9549
25·9	81·367	526·85	670·81	17373·979	5·0892	2·9586
26·0	81·681	530·93	676·00	17576·000	5·0990	2·9624
26·1	81·996	535·02	681 21	17779·581	5·1088	2 9662
26·2	82·310	539·13	686 44	17984·728	5·1185	2·9701
26·3	82·624	543·25	691·09	18191·447	5·1283	2·9738
26·4	82·938	547·39	696·96	18399·744	5·1380	2·9776
26·5	83·252	551 55	702·25	18609·625	5·1478	2·9814
26·6	83·566	555·72	707·56	18821·096	5·1575	2·9851
26·7	83·881	559·90	712·89	19034·163	5·1672	2·9888
26·8	84·195	564·10	718·24	19248·832	5·1768	2·9926
26·9	84·509	568·32	723·61	19465·109	5·1865	2·9963
27·0	84·823	572·56	729·00	19683·000	5·1962	3·0000
27·1	85·137	576·80	734·41	19902·511	5·2057	3·0037
27·2	85·451	581·07	739·84	20123·648	5·2153	3·0074
27·3	85·765	585·35	745·29	20346·417	5·2249	3·0111
27·4	86·080	589·65	750·76	20570·824	5·2345	3 0147
27·5	86·394	593·96	756·25	20796·875	5·2440	3·0184
27·6	86·708	598·29	761·76	21024·576	5·2535	3 0221
27·7	87·022	602·63	767·29	21253·933	5·2630	3·0257
27·8	87·336	606·99	772·84	21484·952	5·2725	3·0293
27·9	87·650	611·36	778·41	21717·639	5·2820	3·0330
28·0	87·965	615·75	784·00	21952·000	5·2915	3·0366
28·1	88·279	620·16	789·61	22188·041	5·3009	3·0402
28·2	88·593	624·58	795·24	22425·768	5·3103	3·0438
28·3	88·907	629·02	800·89	22665·187	5·3197	3·0474
28·4	89·221	633·47	806·56	22906·304	5·3291	3·0510

n	πn	$\pi\frac{n^2}{4}$	n^2	n^3	$\sqrt{n}$	$\sqrt[3]{n}$
28·5	89·535	637·94	812·25	23149·125	5·3385	3·0546
28·6	89·850	642·42	817·96	23393·656	5·3478	3·0581
28·7	90·164	646·93	823·69	23639·903	5·3572	3·0617
28·8	90·478	651·44	829·44	23887·872	5·3665	3·0652
28·9	90·792	655·97	835·21	24137·569	5·3758	3·0688
29·0	91·106	660·52	841·00	24389·000	5·3852	3·0723
29·1	91·420	665·08	846·81	24642·171	5·3944	3·0758
29·2	91·735	669·66	852·64	24897·088	5·4037	3·0794
29·3	92·049	674·26	858·49	25153·757	5·4129	3·0829
29·4	92·363	678·87	864·36	25412·184	5·4221	3·0864
29·5	92·677	683·49	870·25	25672·375	5·4313	3·0899
29·6	92·991	688·13	876·16	25934·336	5·4405	3·0934
29·7	93·305	692·79	882·09	26198·073	5·4497	3·0968
29·8	93·619	697·47	888·04	26463·592	5·4589	3·1003
29·9	93·934	702·15	894·01	26730·899	5·4680	3·1038
30·0	94·248	706·86	900·00	27000·000	5·4772	3·1072
30·1	94·562	711·58	906·01	27270·901	5·4863	3·1107
30·2	94·876	716·32	912·04	27543·608	5·4954	3·1141
30·3	95·190	721·07	918·09	27818·127	5·5045	3·1176
30·4	95·504	725·83	924·16	28094·464	5·5136	3·1210
30·5	95·819	730·62	930·25	28372·625	5·5226	3·1244
30·6	96·133	735·42	936·36	28652·616	5·5317	3·1278
30·7	96·447	740·23	942·49	28934·443	5·5407	3·1312
30·8	96·761	745·06	948·64	29218·112	5·5497	3·1346
30·9	97·075	749·91	954·81	29503·629	5·5587	3·1380
31·0	97·389	754·77	961·00	29791·000	5·5678	3·1414
31·1	97·704	759·65	967·21	30080·231	5·5767	3·1448
31·2	98·018	764·54	973·44	30371·328	5·5857	3·1481
31·3	98·332	769·45	979·69	30664·297	5·5946	3·1515
31·4	98·646	774·37	985·96	30959·144	5·6035	3·1548
31·5	98·960	779·31	992·25	31255·875	5·6124	3·1582
31·6	99·274	784·27	998·56	31554·496	5·6213	3·1615
31·7	99·588	789·24	1004·89	31855·013	5·6302	3·1648
31·8	99·903	794·23	1011·24	32157·432	5·6391	3·1681
31·9	100·22	799·23	1017·61	32461·759	5·6480	3·1715
32·0	100·53	804·25	1024·00	32768·000	5·6569	3·1748
32·1	100·85	809·28	1030·41	33076·161	5·6656	3·1781
32·2	101·16	814·33	1036·84	33386·248	5·6745	3·1814
32·3	101·47	819·40	1043·29	33698·267	5·6833	3·1847
32·4	101·79	824·48	1049·76	34012·224	5·6921	3·1880

— 72 —

n	πn	$\pi\frac{n^2}{4}$	n^2	n^3	$\sqrt{n}$	$\sqrt[3]{n}$
32·5	102·10	829·58	1056·25	34328·125	5·7008	3·1913
32·6	102·42	834·69	1062·76	34645·976	5·7096	3·1945
32·7	102·73	839·82	1069·29	34965·783	5·7183	3·1978
32·8	103·04	844·96	1075·84	35287·552	5·7271	3·2010
32·9	103·36	850·12	1082·41	35611·289	5·7358	3·2043
33·0	103·67	855·30	1089·00	35937·000	5·7446	3·2075
33·1	103·99	860·49	1095·61	36264·691	5·7532	3·2108
33·2	104·30	865·70	1102·24	36594·368	5·7619	3·2140
33·3	104·62	870·92	1108·89	36926·037	5·7706	3·2172
33·4	104·93	876·16	1115·56	37259·704	5·7792	3·2204
33·5	105·24	881·41	1122 25	37595·375	5·7879	3·2237
33·6	105·56	886·68	1128·96	37933·056	5·7965	3·2269
33·7	105·87	891·97	1135·69	38272·753	5·8051	3·2301
33·8	106·19	897·27	1142·44	38614·472	5·8137	3·2332
33·9	106·50	902·59	1149·21	38958·219	5·8223	3·2364
34·0	106·81	907·92	1156·00	39304·000	5·8310	3·2396
34·1	107·13	913·27	1162·81	39651·821	5·8395	3·2428
34·2	107·44	918·63	1169·64	40001·688	5·8480	3·2460
34·3	107·76	924·01	1176·49	40353·607	5·8566	3·2491
34·4	108·07	929·41	1183·36	40707·584	5·8651	3·2522
34·5	108·38	934·82	1190·25	41063·625	5·8736	3·2554
34·6	108·70	940·25	1197·16	41421·736	5·8821	3·2586
34·7	109·01	945·69	1204·09	41781·923	5·8906	3·2617
34·8	109·33	951·15	1211·04	42144·192	5·8991	3·2648
34·9	109·64	956·62	1218·01	42508·549	5·9076	3·2679
35·0	109·96	962·11	1225·00	42875·000	5·9161	3·2710
35·1	110·27	967·62	1232·01	43243·551	5·9245	3·2742
35·2	110·58	973·14	1239·04	43614·208	5·9329	3 2773
35·3	110·90	978·68	1246·09	43986·977	5 9413	3·2804
35·4	111·21	984·23	1253·16	44361·864	5·9497	3·2835
35·5	111·53	989·80	1260·25	44738·875	5·9581	3·2866
35·6	111·84	995·38	1267·36	45118·016	5·9665	3·2897
35·7	112·15	1000·98	1274·49	45499·293	5·9749	3·2927
35·8	112·47	1006·60	1281·64	45882·712	5·9833	3·2958
35·9	112·78	1012·23	1288·81	46268·279	5·9916	3·2989
36·0	113·10	1017·88	1296·00	46656·000	6·0000	3·3019
36·1	113·41	1023·54	1303·21	47045·881	6·0083	3·3050
36·2	113·73	1029·22	1310·44	47437·928	6·0166	3·3080
36·3	114·04	1034·91	1317·69	47832·147	6·0249	3·3111
36·4	114·35	1040·62	1324·96	48228·544	6·0332	3·3141

n	πn	$\pi \frac{n^2}{4}$	n^2	n^3	$\sqrt{n}$	$\sqrt[3]{n}$
36·5	114·67	1046·35	1332·25	48627·125	6·0415	3·3171
36·6	114·98	1052·09	1339·56	49027·896	6·0497	3·3202
36·7	115·30	1057·84	1346·89	49430·863	6·0580	3·3232
36·8	115·61	1063·62	1354·24	49836·032	6·0663	3·3262
36·9	115·92	1069·41	1361·61	50243·409	6·0745	3·3292
37·0	116·24	1075·21	1369·00	50653·000	6·0827	3·3322
37·1	116·55	1081·03	1376·41	51064·811	6·0909	3·3352
37·2	116·87	1086·87	1383·84	51478·848	6·0991	3·3382
37·3	117·18	1092·72	1391·29	51895·117	6·1073	3·3412
37·4	117·50	1098·58	1398·76	52313·624	6·1155	3·3442
37·5	117·81	1104·47	1406·25	52734·375	6·1237	3·3472
37·6	118·12	1110·36	1413·76	53157·376	6·1318	3·3501
37·7	118·44	1116·28	1421·29	53582·633	6·1400	3·3531
37·8	118·75	1122·21	1428·84	54010·152	6·1481	3·3561
37·9	119·07	1128·15	1436·41	54439·939	6·1563	3·3590
38·0	119·38	1134·11	1444·00	54872·000	6·1644	3·3620
38·1	119·69	1140·09	1451·61	55306·341	6·1725	3·3649
38·2	120·01	1146·08	1459·24	55742·968	6·1806	3·3679
38·3	120·32	1152·09	1466·89	56181·887	6·1887	3·3708
38·4	120·64	1158·12	1474·56	56623·104	6·1967	3·3737
38·5	120·95	1164·16	1482·25	57066·625	6·2048	3·3767
38·6	121·27	1170·21	1489·96	57512·456	6·2129	3·3796
38·7	121·58	1176·28	1497·69	57960·603	6·2209	3·3825
38·8	121·89	1182·37	1505·44	58411·072	6·2289	3·3854
38·9	122·21	1188·47	1513·21	58863·869	6·2370	3·3883
39·0	122·52	1194·59	1521·00	59319·000	6·2450	3·3912
39·1	122·84	1200·72	1528·81	59776·471	6·2530	3·3941
39·2	123·15	1206·87	1536·64	60236·288	6·2610	3·3970
39·3	123·46	1213·04	1544·49	60698·457	6·2689	3·3999
39·4	123·78	1219·22	1552·36	61162·984	6·2769	3·4028
39·5	124·09	1225·42	1560·25	61629·875	6·2849	3·4056
39·6	124·41	1231·63	1568·16	62099·136	6·2928	3·4085
39·7	124·72	1237·86	1576·09	62570·773	6·3008	3·4114
39·8	125·04	1244·10	1584·04	63044·792	6·3087	3·4142
39·9	125·35	1250·36	1592·01	63521·199	6·3166	3·4171
40·0	125·66	1256·64	1600·00	64000·000	6·3245	3·4200
40·1	125·98	1262·93	1608·01	64481·201	6·3325	3·4228
40·2	126·29	1269·23	1616·04	64964·808	6·3404	3·4256
40·3	126·61	1275·56	1624·09	65450·827	6·3482	3·4285
40·4	126·92	1281·90	1632·16	65939·264	6·3561	3·4313

— 74 —

n	πn	π$\frac{n^2}{4}$	n²	n³	$\sqrt{n}$	$\sqrt[3]{n}$
40·5	127·23	1288·25	1640·25	66430·125	6·3639	3·4341
40·6	127·55	1294·62	1648·36	66923·416	6·3718	3·4370
40·7	127·86	1301·00	1656·49	67419·143	6·3796	3·4398
40·8	128 18	1307·41	1664·64	67917·312	6·3875	3·4426
40·9	128·49	1313·82	1672·81	68417·929	6·3953	3·4454
41·0	128·81	1320·25	1681·00	68921·000	6·4031	3·4482
41 1	129·12	1326·70	1689·21	69426·531	6·4109	3·4510
41·2	129·43	1333·17	1697·44	69934·528	6·4187	3·4538
41·3	129·75	1339·65	1705·69	70444·997	6·4265	3·4566
41·4	130·06	1346·14	1713·96	70957·944	6·4343	3·4594
41·5	130·38	1352·65	1722·25	71473·375	6·4421	3·4622
41·6	130·69	1359·18	1730·56	71991·296	6·4498	3·4650
41·7	131·00	1365·72	1738·89	72511·713	6·4575	3·4677
41·8	131·32	1372·28	1747·24	73034·632	6·4653	3·4705
41·9	131·63	1378·85	1755·61	73560·059	6·4730	3·4733
42·0	131·95	1385·44	1764·00	74088·000	6·4807	3·4760
42·1	132·26	1392·05	1772·41	74618·461	6·4884	3·4788
42·2	132·58	1398·67	1780·84	75151·448	6·4961	3·4815
42·3	132·89	1405·31	1789·29	75686·967	6·5038	3·4843
42·4	133·20	1411·96	1797·76	76225·024	6·5115	3·4870
42·5	133·52	1418·63	1806·25	76765·625	6·5192	3·4898
42·6	133·83	1425·31	1814·76	77308·776	6·5268	3·4925
42·7	134·15	1432·01	1823·29	77854·483	6·5345	3·4952
42·8	134·46	1438·72	1831·84	78402·752	6·5422	3·4980
42·9	134·77	1445·45	1840·41	78953·589	6·5498	3·5007
43 0	135·09	1452·20	1849·00	79507·000	6·5574	3·5034
43·1	135·40	1458·96	1857·61	80062·991	6·5651	3·5061
43·2	135·72	1465·74	1866·24	80621·568	6·5727	3·5088
43·3	136·03	1472·54	1874·89	81182·737	6·5803	3·5115
43·4	136·35	1479·34	1883·56	81746·504	6·5879	3·5142
43·5	136·66	1486·17	1892·25	82312·875	6·5954	3·5169
43·6	136·97	1493·01	1900·96	82881·856	6·6030	3·5196
43·7	137·29	1499·87	1909·69	83453·453	6 6106	3·5223
43·8	137·60	1506·74	1918·44	84027·672	6·6182	3·5250
43·9	137·92	1513·63	1927·21	84604·519	6·6257	3·5277
44·0	138·23	1520·53	1936·00	85184·000	6·6333	3·5303
44·1	138·54	1527·45	1944·81	85766·121	6·6408	3·5330
44·2	138·86	1534·39	1953·64	86350 888	6·6483	3·5357
44·3	139·17	1541·34	1962·49	86938·307	6·6558	3·5384
44·4	139·49	1548·30	1971 36	87528·384	6·6633	3·5410

n	πn	$\pi \frac{n^2}{4}$	n^2	n^3	$\sqrt{n}$	$\sqrt[3]{n}$
44·5	139·80	1555·28	1980·25	88121·125	6·6708	3·5437
44·6	140·12	1562·28	1989·16	88716·536	6·6783	3·5463
44·7	140·43	1569·30	1998·09	89314·623	6·6858	3·5490
44·8	140·74	1576·33	2007·04	89915·392	6·6933	3·5516
44·9	141·06	1583·37	2016·01	90518·849	6·7007	3·5543
45·0	141·37	1590·43	2025·00	91125·000	6·7082	3·5569
45·1	141·69	1597·51	2034·01	91733·851	6·7156	3·5595
45·2	142·00	1604·60	2043·04	92345·408	6·7231	3·5621
45·3	142·31	1611·71	2052·09	92959·677	6·7305	3·5648
45·4	142·63	1618·83	2061·16	93576 664	6·7379	3·5674
45·5	142·94	1625·97	2070·25	94196·375	6·7454	3·5700
45·6	143·26	1633·13	2079·36	94818·816	6·7528	3·5726
45·7	143·57	1640·30	2088·49	95443·993	6·7602	3·5752
45·8	143·88	1647·48	2097 64	96071·912	6·7676	3·5778
45·9	144·20	1654·68	2106·81	96702·579	6·7749	3·5805
46·0	144·51	1661·90	2116·00	97336·000	6·7823	3·5830
46·1	144·83	1669·14	2125·21	97972 181	6·7897	3·5856
46·2	145·14	1676·39	2134·44	98611·128	6·7971	3·5882
46·3	145 46	1683·65	2143·69	99252·847	6 8044	3·5908
46·4	145·77	1690·93	2152·96	99897·344	6·8117	3·5934
46·5	146·08	1698·23	2162·25	100544·625	6·8191	3·5960
46·6	146·40	1705·54	2171·56	101194·696	6·8264	3·5986
46·7	146·71	1712 87	2180·89	101847·563	6·8337	3·6011
46·8	147·03	1720·21	2190·24	102503·232	6·8410	3·6037
46·9	147·34	1727·57	2199·61	103161·709	6·8484	3·6063
47·0	147·65	1734·94	2209·00	103823·000	6·8556	3·6088
47·1	147·97	1742·34	2218·41	104487·111	6·8629	3·6114
47 2	148·28	1749·74	2227·84	105154·048	6·8702	3·6139
47·3	148·60	1757·16	2237·29	105823·817	6·8775	3·6165
47·4	148·91	1764·60	2246·76	106496·424	6·8847	3·6190
47·5	149·23	1772·05	2256·25	107171·875	6·8920	3·6216
47·6	149·54	1779·52	2265·76	107850·176	6·8993	3·6241
47·7	149·85	1787·01	2275·29	108531·333	6·9065	3·6267
47·8	150·17	1794·51	2284·84	109215·352	6·9137	3·6292
47 9	150·48	1802·03	2294·41	109902·339	6·9209	3·6317
48 0	150·80	1809·56	2304·00	110592·000	6·9282	3·6342
48·1	151·11	1817·11	2313 61	111284·641	6·9354	3 6368
48·2	151·42	1824·67	2323·24	111980·168	6·9426	3·6393
48·3	151·74	1832·25	2332·89	112678·587	6·9498	3·6418
48·4	152·05	1839·84	2342·56	113379·904	6·9570	3·6443

n	πn	π$\frac{n^2}{4}$	n²	n³	$\sqrt{n}$	$\sqrt[3]{n}$
48.5	152·37	1847·45	2352·25	114084·125	6·9642	3·6468
48·6	152·68	1855·08	2361·96	114791·256	6·9714	3·6493
48·7	153·00	1862·72	2371·69	115501·303	6·9785	3·6518
48·8	153·31	1870·38	2381·44	116214·272	6·9857	3·6543
48·9	153·62	1878·05	2391·21	116930·169	6·9928	3·6568
49·0	153·94	1885·74	2401·00	117649·000	7·0000	3·6593
49·1	154·25	1893·45	2410·81	118370·771	7·0071	3·6618
49·2	154·57	1901·17	2420·64	119095·488	7·0143	3·6643
49·3	154·88	1908·90	2430·49	119823·157	7·0214	3·6668
49·4	155·19	1916·65	2440·36	120553·784	7·0285	3·6692
49·5	155·51	1924·42	2450·25	121287·375	7·0356	3·6717
49·6	155·82	1932·21	2460·16	122023·936	7·0427	3·6742
49·7	156·14	1940·00	2470·09	122763·473	7·0498	3·6767
49·8	156·45	1947·82	2480·04	123505·992	7·0569	3·6791
49·9	156·77	1955·65	2490·01	124251·499	7·0640	3·6816
50·0	157·08	1963·50	2500·00	125000·000	7·0711	3·6840
51·0	160·22	2042·82	2601·00	132651·000	7·1414	3·7084
52·0	163·36	2123·72	2704·00	140608·000	7·2111	3·7325
53·0	166·50	2206·19	2809·00	148877·000	7·2801	3·7563
54·0	169·64	2290·22	2916·00	157464·000	7·3485	3·7798
55·0	172·78	2375·83	3025·00	166375·000	7·4162	3·8030
56·0	175·93	2463·01	3136·00	175616·000	7·4833	3·8259
57·0	179·07	2551·76	3249·00	185193·000	7·5498	3·8485
58·0	182·21	2642·08	3364·00	195112·000	7·6158	3·8709
59·0	185·35	2733·97	3481·00	205379·000	7·6811	3·8930
60·0	188·49	2827·44	3600·00	216000·000	7·7460	3·9149
61·0	191·63	2922·47	3721·00	226981·000	7·8102	3·9365
62·0	194·77	3019·07	3844·00	238328·000	7·8740	3·9579
63·0	197·92	3117·25	3969·00	250047·000	7·9373	3·9791
64·0	201·06	3216·99	4096·00	262144·000	8·0000	4·0000
65·0	204·20	3318·31	4225·00	274625·000	8·0623	4·0207
66·0	207·34	3421·20	4356·00	287496·000	8·1240	4·0412
67·0	210·48	3525·66	4489·00	300763·000	8·1854	4·0615
68·0	213·63	3631·69	4624·00	314432·000	8·2462	4·0817
69·0	216·77	3739·29	4761·00	328509·000	8·3066	4·1016
70·0	219·91	3848·46	4900·00	343000·000	8·3666	4·1213
71·0	223·05	3959·20	5041·00	357911·000	8·4261	4·1408
72·0	226·19	4071·51	5184·00	373248·000	8·4853	4·1602
73·0	229·33	4185·39	5329·00	389017·000	8·5440	4·1793
74·0	232·47	4300·85	5476·00	405224·000	8·6023	4·1983

n	πn	$\pi \dfrac{n^2}{4}$	n^2	n^3	$\sqrt{n}$	$\sqrt[3]{n}$
75·0	235·62	4417·87	5625·00	421875·000	8·6603	4·2172
76·0	238·76	4536·47	5776·00	438976·000	8·7178	4·2358
77·0	241·90	4656·63	5929·00	456533·000	8·7750	4·2543
78·0	245·04	5778·37	6084·00	474552·000	8·8318	4·2727
79·0	248·18	4901·68	6241·00	493039·000	8·8882	4·2908
80·0	251·32	5026·56	6400·00	512000·000	8·9443	4·3089
81·0	254·47	5153·01	6561·00	531441·000	9·0000	4·3267
82·0	257·61	5281 03	6724·00	551368·000	9·0554	4 3445
83·0	260·75	5410·62	6889·00	571787·000	9·1104	4·3621
84 0	263·89	5541·78	7056·00	592704·000	9·1652	4·3795
85·0	267·03	5674·50	7225·00	614125·000	9·2195	4·3968
86·0	270·17	5808·81	7396·00	636056·000	9·2736	4·4140
87·0	273·32	5944·69	7569·00	658503·000	9·3274	4·4310
88·0	276·46	6082·13	7744·00	681472·000	9·3808	4·4480
89·0	279·60	6221·13	7921·00	704969·000	9·4340	4·4647
90·0	282·74	6361·74	8100·00	729000·000	9·4868	4·4814
91·0	285·88	6503·89	8281·00	753571·000	9·5394	4·4979
92·0	289·02	6647·62	8464·00	778688·000	9·5917	4·5144
93·0	292·17	6792·92	8649·00	804357·000	9·6437	4·5307
94 0	295·31	6939·78	8836·00	830584·000	9·6954	4·5468
95·0	298·45	7088·23	9025·00	857375·000	9·7468	4·5629
96·0	301·59	7238·24	9216·00	884736·000	9·7980	4·5789
97·0	304·73	7389·83	9409·00	912673·000	9·8489	4·5947
98·0	307·87	7542·98	9604·00	941192·000	9·8995	4·6104
99·0	311·02	7697·68	9801·00	970299·000	9·9499	4·6261
100·0	314·16	7854·00	10000·00	1000000·000	10·0000	4·6416

Annähernd ist $\sqrt{a^2 \pm b} = a \pm \dfrac{b}{2a}$ und $\sqrt[3]{a^3 \pm b} = a \pm \dfrac{b}{3a^2}$.

39. Ausmessung einiger Flächen und Körper.

1. Dreieck.

Inhalt $= \dfrac{1}{2}$ Grundfläche $\times$ Höhe.

Wenn die Seiten a, b, c bekannt sind und s deren halbe Summe bedeutet, so ist der Inhalt $=$

$$\sqrt{s(s-a)(s-b)(s-c)}$$

2. Kreis.

Wenn d der Durchmesser oder r der Radius ist:
Umfang $= \pi d = 3\cdot 14159\, d = 2\,r\,\pi = 3\cdot 14159 \times 2\,r$.
Inhalt $F = 0.7854\, d^2 = 3\cdot 14159\, r^2$.
$$d = 1\cdot 12838 \sqrt{F}.$$

Inhalt des Kreisausschnitts (Sectors) mit dem Centriwinkel $\alpha^0 : \dfrac{\alpha}{360} 3\cdot 14159\, r^2$.

Inhalt des Kreisabschnitts (Segmentes) mit dem Centriwinkel α: $\left(\dfrac{\alpha}{180} 3\cdot 14159 - \sin \alpha\right) \dfrac{r^2}{2}$; annähernd $= \dfrac{h}{\ell s}(3\,h^2 + 4\,s^2)$, wenn s die Sehne und h die Höhe des Kreisabschnitts.

Oder aber man dividire die Höhe h durch den Durchmesser d des Segmentes, suche den Werth $\dfrac{h}{d}$ in der folgenden Tafel, entnehme daraus den danebenstehenden Werth x und multiplicire mit letzterem das Quadrat des Durchmessers d; dieser Werth xd^2 giebt den Inhalt des Segmentes an.

$\dfrac{h}{d}$	x	$\dfrac{h}{d}$	x	$\dfrac{h}{d}$	x	$\dfrac{h}{d}$	x	$\dfrac{h}{d}$	x
0·01	0·00133	0·11	0·04701	0·21	0·11900	0·31	0·20737	0·41	0·30319
0·02	0·00375	0·12	0·05338	0·22	0·12811	0·32	0·21667	0·42	0·31304
0·03	0·00687	0·13	0·06000	0·23	0·13646	0·33	0·22603	0·43	0·32293
0·04	0·01054	0·14	0·06683	0·24	0·14495	0·34	0·23547	0·44	0·33284
0·05	0·01468	0·15	0·07387	0·25	0·15355	0·35	0·24498	0·45	0·34278
0·06	0·01924	0·16	0·08111	0·26	0·16226	0·36	0·25455	0·46	0·35274
0·07	0·02417	0·17	0·08854	0·27	0·17109	0·37	0·26418	0·47	0·36272
0·08	0·02944	0·18	0·09613	0·28	0·18002	0.38	0·27386	0·48	0·37270
0·09	0·03501	0·19	0·10390	0·29	0·18905	0·39	0·28359	0·49	0·38270
0·10	0·04087	0·20	0·11182	0·30	0·19817	0·40	0·29337	0·50	0·39270

3. Kegel und Pyramide.

Inhalt $= \dfrac{1}{3}$ Grundfläche $\times$ Höhe.

Mantel des graden Kegels $= \pi\, r s$, wenn $s = \sqrt{r^2 + h^2}$ die Seite ist.

4. Cylinder.

Mantel $F = 2\,\pi\, r h$.
Inhalt $I =$ Grundfläche $\times$ Höhe.

5. Kugel.

Kugeloberfläche $F = 4\pi r^2 = 12{\cdot}56636\, r^2$.

Oberfläche der Calotte oder Zone $F = 2\pi r h$.

Kugelinhalt $J = \dfrac{4}{3}\pi r^3 = 4{\cdot}1888\, r^3$

$\qquad\quad = \dfrac{1}{6}\pi d^3 = 0{\cdot}5236\, d^3$

Radius $r = 0{\cdot}62035 \sqrt[3]{J}$.

Inhalt des Kugelabschnitts $J = \dfrac{1}{6}\pi h(3 a^3 + h^2)$

$\qquad\qquad\qquad\qquad = \dfrac{1}{3}\pi h^2(3r - h)$, wenn r

der Radius der Kugel, a der der Schnittfläche und h die Höhe des Abschnitts.

Inhalt der Kugelzone $J = \dfrac{1}{6}\pi h(3 a^3 + 3 b^2 + h^2)$, wenn a und b die Radien der Endflächen.

Inhalt des Kugelausschnitts: $J = \dfrac{2}{3}\pi r^2 h$, wenn h die Höhe der entsprechenden Calotte ist.

---

40. Amtliche Bezeichnung
der Münzen, Maasse und Gewichte in Deutschland.

Münze:		1 Kilometer (1000 m)	1 km
1 Mark	1 M	1 Quadratmeter . .	1 qm
1 Pfennig	1 Pf	1 Quadratcentimeter	1 qcm
Gewicht:		1 Quadratmillimeter .	1 qmm
		1 Quadratkilometer .	1 qkm
1 Gramm (1·0 g) . .	1 g	1 Kubikmeter . . .	1 cbm
1 Decigramm (0·1 g) .	1 dg	1 Kubikcentimeter .	1 ccm
1 Centigramm (0·01 g)	1 cg	1 Kubikmillimeter .	1 cmm
1 Milligramm (0·001 g)	1 mg	1 Liter (1000 ccm) .	1 l
1 Hektogramm (100 g)	1 hg	1 Deciliter (0·1 l) .	1 dl
1 Kilogramm (1000 g)	1 kg	1 Hektoliter (100 l) .	1 hl
1 Tonne (1000 kg) .	1 t	1 Ar (100 qm) . .	1 a
Maass:		1 Hektar (100 a) .	1 ha
1 Meter (1·0 m) . .	1 m	1 Meterkilogramm .	1 mkg
1 Decimeter (0·1 m) .	1 dm	1 Pferdestärke(75mkg)	
1 Centimeter (0·01 m)	1 cm	oder 1 P. S. .	1 e
1 Millimeter (0·001 m)	1 mm	1 Atmosphärendruck	1 at
1 Hektometer (100 m)	1 hm	1 Calorie	1 c

41. Maasse und Gewichte verschiedener Länder.

1. **Metrisches System** (giltig im Deutschen Reiche, Oesterreich, Frankreich, den Niederlanden, Belgien, Luxemburg, der Schweiz, Italien, Griechenland, Türkei, Rumänien, Spanien, Portugal, den meisten südamerikanischen Republiken; fakultativ in Grossbritannien, Russland und Nordamerika).

- 1 Meter (m) = 443·296 Pariser Linien = 3·18620 rheinl. Fuss = 3·280899 engl. Fuss = 1·000 003 01 mètre des archives.
- 1 Kilometer (km) = 10 Hektometer (hm) = 0·1328 preuss. Meilen = 0·6214 engl. Meilen = 0·9375 russ. Werst = 0·5390 Seemeilen = 0·1347 geogr. Meilen (15 = 1 Längengrad).
- 1 deutsche Meile = 7½ km = 0·996 preuss. Meile = 4·66 engl. Meilen = 7·031 russ. Werst.
- 1 französ. Meile (lieue) = 1 Myriameter = 10 km.
- 1 Hektar (ha) = 100 Ar (a) = 10 000 qm = 0·01 qkm = 3·9166 preuss. Morgen = 2·471 engl. Acres.
- 1 Liter (l) = 0·001 cbm = 1000 ccm = 2 Schoppen = 0·87334 preuss. Quart = 0·2201 engl. Galone = 0·6667 bad. Maass = 0·9354 bayr. Maass = 1·0688 sächs. Kanne.
- 1 Hektoliter (hl) = 0·1 cbm = 100 l = 1·81946 preuss. Scheffel = 87·334 pr. Quart = 22·01 engl. Gallonen.
- 1 Kilogramm (kg) = 1000 g = 2 Pfund = Gewicht eines 1 Wasser bei +4° = 0·999 999 842 Kilogramme prototype = 2·2046 engl. Handelspfund = 1·7857 österr. Pfund = 2·3511 schwed. Pfund = 2·4419 russ. Pfund.
- 1 Dekagramm = 1 Neuloth = 10 g.
- 1 Gramm (g) = 15.432 engl. Grains.
- 1 Centner = 50 kg = 100 Pfund = 0·9842 engl. Centner = 0·8928 Wiener Centner.
- 1 Metercentner (Doppelcentner, Quintal) = 100 kg.
- 1 Tonne (t) = 1000 kg = 0·9842 engl. Ton = 1·1023 amerikanische short Ton (à 2000 lbs).
- 1 quintal = 2 Centner = 100 kg.
- 1 Ster = 10 hl = 1 cbm.

Dänemark u. Norwegen haben den rheinl. Fuss als Maasseinheit, das metrische System für Gewicht.

Frankreich (altes System). 1 Pariser Fuss = 144 Linien = 0·324839 m.
- 1 Toise = 6 Fuss. 1 Arpent = 34·188 a.
- 1 livre = 489·506 g.

Grossbritannien. 1 Fuss (foot) = 12 Zoll (inches) = 0·3047943 m.
- 1 Zoll = 25·3995 mm.
- 1 Yard = 3 Fuss = 0·9143835 m. 1 Faden (fathom) = 2 yards.
- 1 Rod (pole, perch) = 5½ yards = 5·029109 m.
- 1 Meile (statute mile) = 8 furlongs = 320 poles = 1760 yards = 5280 feet = 1·6093 km.

1 Seemeile (nautical mile) = $^1/_{10}$ Aeq. Grad = 6082·66 Fuss = 1854·96 m.

1 Acre = 4 roods = 160 poles = 43560 Quadratfuss = 0·40467 ha.

1 Quadratmeile = 640 acres = 258·989 ha.

1 Gallon = 4 quarts = 8 pints = 277·274 cubic inches = 4·536 l.

1 Kubikfuss = 28·31531 l; 1 Kubikzoll = 16·3862 ccm.

1 Quarter = 8 bushels = 32 pecks = 64 gallons = 2·903 hl.

1 Bushel = 8 gallons = 0·3628 hl.

1 Fluid ounce = $^1/_{20}$ pint = 28·35 ccm.

1 Handelspfund (pound avoirdupois) = 16 ounces (oz) = 7000 grains = 0·4535926 kg.

1 Ounce avoirdupois (d. i. gewöhnliches Handelsgewicht; abgekürzt: oz.) = 437$^1/_2$ grains = 28·35 g.

1 Gallon = 10 Pfund Wasser = 70000 grains = 4·536 kg Wasser.

1 Centner (hundredweight; abgek. cwt) = 4 quarters (qrs) = 8 stones = 112 pounds (lbs) = 50·8024 kg.

1 Ton = 20 cwt = 2240 lbs = 1016·648 kg.

Apothekergewicht. 1 pound troy = 12 ounces troy = 96 drams = 288 scruples = 5760 grains = 373·24195 g.

1 ounce troy = 8 drams = 24 scruples = 480 grains = 31·103496 g.

Gold- und Edelsteingewicht. 1 pound troy = 12 ounces troy.

1 ounce troy = 20 pennyweights (abg : dwt) = 480 grains = 31·103496 g.

1 Grain (gemeinsam für troy und avoirdupois) = 0·06479895 g.

Oesterreich (alte Maasse und Gewichte).

1 Fuss = 0·316102 m à 12 Zoll à 12 Linien.

3 Ruthen = 5 Klafter = 30 Fuss = 360 Zoll.

1 Meile = 4000 Klafter = 7586·455 m.

1 Maass = 1·415 l. 1 Eimer = 40 Maass = 160 Seidel = 320 Pfiff.

1 Metze = 61·4995 l.

1 Wiener Pfund = 560·012 g.

1 Centner = 5 Stein = 100 Pfund = 3200 Loth.

Preussen (altes System). 1 Fuss = 12 Zoll = 144 Linien = 0·313853 m.

1 Elle = 25$^1/_2$ Zoll = 0·66694 m. 1 Lachter = 80 Zoll = 2·09236 m.

1 Ruthe = 12 Fuss = 3·76624 m. 1 Meile = 24000 Fuss = 7532·5 m.

1 Morgen = 180 Quadratruthen = 0·2553 ha.

1 Quart = 64 Kub.-Zoll = $^1/_{27}$ Kub.-Fuss = 1·14503 l.

1 Scheffel = 16 Metzen = 48 Quart = 0·54961 hl.

1 Tonne = 4 Scheffel = 2·19846 hl.

1 Klafter = 108 Kub.-Fuss = 3·3389 cbm. 1 Schachtruthe = 144 Kub.-Fuss = 4·4519 cbm.

1 Pfund = 30 Loth à 10 Quentchen = 500 g. 1 Centner 100 Pfund = 50 kg. (1 altes Pfund = 32 Loth = 467·711 g; 1 alter Centner = 110 Pfund.)

Russland. 1 Fuss = 1 engl. Fuss. 1 Saschehn = 7 Fuss = 3 Arschin = 12 Tschetwert = 48 Werschoc = 2·13357 m.

1 Werst = 500 Saschehn = 1066·78 m.

1 Dessätine = 2400 Quadrat-Saschehn = 10925 qm.

1 Wedro = 10 Kruschky (Stoof) = 12·299 l.

1 Tschetwert = 2 Osmini = 4 Pajock = 8 Tschetwerik = 209·9 l.

1 Tschetwerik = 4 Tschetwerka = 8 Garnez = 26·2376 l.

1 Pfund = 32 Loth = 96 Solotnik = 9216 Doli = 409·531 g = 0·9028 engl. Pfund.

1 Berkowitz (Schiffspfund) = 10 Pud = 400 Pfund = 163·81 kg.

1 Pud = 40 Pfund = 16·3805 kg = 36·112 engl. Pfund.

Schweden. 1 Fuss à 10 Zoll à 10 Linien = 0·296901 m.

1 Faden (famn) = 3 Ellen (alnar) = 6 Fuss = 1·7814 m.

1 Meile = 6000 Faden = 10·6884 km.

1 Kanne = 100 Kub.-Zoll = 2·617 l.

1 Skålpund = 100 Korn (à 100 Art) = 425·3395 g. 1 Center = 100 Skålpund. 1 Schiffspfund = 20 Liespund = 400 Skålpund.

Schweiz. Seit 1878 metrisches System; doch noch zuweilen angewendet 1 Fuss = 0,3000 m. 1 Juchart = 36 a.

1 Maass = 1,51 l. 1 Saum = 100 Maass = 151 l.

Vereinigte Staaten. Maass und Gewicht wie in Grossbritannien, doch kommt neben der „long ton" von 2240 lbs noch häufiger als diese die „short ton" oder „net ton" von 2000 lbs = 0·89285 long ton = 907·1852 kg vor.

Die U. S. gallon ist verschieden von der englischen und entspricht nur 3·78544 l.

Für Holz ist das Maass der Cord = 4 × 4 × 8 Fuss = 128 Kubikfuss = etwa 2½ Festmeter.

Quadratfusse, Quadratmeter.

1 qm = 10·008 Quadratfuss österr. = 10·152 Quadratfuss preuss. u. dänisch = 10·764 Quadratfuss engl. u. russ. = 11·344 Quadratfuss schwedisch.

1 Quadratfuss österr. = 0·09921 qm.
1 „ preuss. u. dän. = 0·098504 qm.
1 „ engl. u. russ. = 0·09290 qm.
1 „ schwedisch 0·08815 qm.

Kubikfusse, Kubikmeter.

1 cbm	= 31·66	Kubikf. österr.	1 Kubikf.	= 0·031585	cbm.
1 „	= 32·346	„ preuss.(dän.)	1 „	= 0·030916	„
1 „	= 35·316	„ engl. (russ.)	1 „	= 0·028315	„
1 „	= 38·209	„ schwed.	1 „	= 0·026172	„

1 Kilogramm pro laufenden Meter

= 0·7443 russ. Pfund pro lauf. Fuss.
= 0·6980 schwed. Pfund pro lauf. Fuss.
= 0·6719 engl. „ „ „ „
= 0·6277 preuss. „ „ „ „
= 0·6322 Zollpfund „ österr. Fuss.
1 engl. Pfund pro 1 engl. Fuss = 1·488192 kg pro lauf. Meter.

1 Kilogramm pro Quadrat-Centimeter

= 13·681 preuss. Pfund pro Quadratzoll,
= 13·878 Zollpfund „ österr. Quadratzoll,
= 14·223 engl. Pfund „ Quadratzoll,
= 15·753 russ. „ „ „
= 20·725 schwed. „ „ „

1 Kilogramm pro Quadratmeter = 0·2048 engl. Pfund pro Quadratfuss.
1 Engl. Pfund pro Quadratfuss = 4·883 kg pro qm.
1 „ „ „ Quadratzoll = 0·07031 kg pro qcm.
1 „ ton pro Quadratzoll = 158 kg pro qcm.
1 „ Pfund pro Kubikfuss = 16·02 g pro Liter.
1 Grain (engl.) pro Gallon = 0·014286 g pro Liter.
1 g pro Liter = 70 Grains pro Gallon.
1 Grain (engl.) pro engl. Kubikfuss = 2·287 g pro cbm.
1 Gramm pro Kubikmeter = 0·4372 engl. Grain pro Kubikfuss.
1 Meterkilogramm = 7·235 engl. Fusspfund.
1 engl. Fusspfund = 0·1382 mkg.
1 engl. Fusspfund pro Kubikfuss = 4·8807 mkg pro cbm.

Pferdestärken.

kg-m	Oesterreich Fss.-Z.-Pfd.	Preussen Fuss-Pfund	England Fuss-Pfund	Schweden Fuss-Pfund	Russland Fuss-Pfund
75	474·53	477·93	542·47	593·90	600·85
76·041	481·11	484·56	**550**	602·14	609·19

42. Reductionstabellen zwischen preussischen und Meter-Maassen und -Gewichten.

Reduction des Metermaasses auf preuss. Maass.

Meter Qu.-M. Cub.-M.	Fuss	Zoll	Quadr.-Fuss	Quadr.-Zoll	Cubik-Fuss	Cubik-Zoll
1	3·1862	38·234	10·152	1461·8	32·346	55894
2	6·3724	76·469	20·304	2923·7	64·692	111787
3	9·5586	114·703	30·456	4385·6	97·037	167681
4	12·7448	152·937	40·607	5847·5	129·383	223575

— 84 —

Meter Qu.-M. Cub.-M.	Fuss	Zoll	Quadr.-Fuss	Quadr.-Zoll	Cubik-Fuss	Cubik-Zoll
5	15·9310	191·172	50·759	7309·3	161·729	279468
6	19·1171	229·406	60·911	8771·2	194·075	335362
7	22·3033	267·640	71·063	10233·1	226·421	391256
8	25·4896	305·875	81·215	11695·0	258·767	447150
9	28·6758	344·109	91·367	13156·8	291·112	503043

Preussische Fusse = Meter.

Fuss	0	1	2	3	4	5	6	7	8	9
0	0·000	0·314	0·628	0·942	1·255	1·569	1·883	2·197	2·511	2·825
10	3·139	3·452	3·766	4·080	4·395	4·708	5·022	5·336	5·649	5·963
20	6·277	6·591	6·905	7·219	7·532	7·846	8·160	8·474	8·788	9·102
30	9·416	9·729	10·04	10·36	10·67	10·98	11·30	11·61	11·93	12·24
40	12·55	12·87	13·18	13·50	13·81	14·12	14·44	14·75	15·06	15·38
50	15·69	16·01	16·32	16·63	16·95	17·26	17·58	17·89	18·20	18·52
60	18·83	19·15	19·46	19·77	20·09	20·40	20·71	21·03	21·34	21·66
70	21·97	22·28	22·60	22·91	23·23	23·54	23·85	24·17	24·48	24·79
80	25·11	25·42	25·74	26·05	26·36	26·68	26·99	27·31	27·62	27·93
90	28·25	28·56	28·87	29·19	29·50	29·82	30·13	30·44	30·76	31·07
100	31·39	31·70	32·01	32·33	32·64	32·95	33·27	33·58	33·90	34·21
110	34·52	34·84	35·15	35·47	35·78	36·09	36·41	36·72	37·03	37·35
120	37·66	37·98	38·29	38·60	38·92	39·22	39·55	39·86	40·17	40·49
130	40·80	41·11	41·43	41·74	42·06	42·37	42·68	43·00	43·31	43·63
140	43·94	44·25	44·57	44·88	45·19	45·51	45·82	46·14	46·45	46·76
150	47·08	47·39	47·70	48·02	48·33	48·65	48·96	49·27	49·59	49·90

Preussische Zolle = Meter.

Zoll	0	1	2	3	4	5	6	7	8	9
40	1·0462	1·0723	1·0985	1·1246	1·1508	1·1770	1·2031	1·2293	1·2554	1·2816
50	1·3077	1·3339	1·3600	1·3862	1·4123	1·4385	1·4646	1·4908	1·5170	1·5431
60	1·5693	1·5954	1·6216	1·6477	1·6739	1·7000	1·7262	1·7523	1·7785	1·8047
70	1·8308	1·8570	1·8831	1·9093	1·9354	1·9616	1·9877	2·0139	2·0400	2·0662
80	2·0924	2·1185	2·1447	2·1708	2·1970	2·2231	2·2493	2·2754	2·3016	2·3277
90	2·3539	2·3801	2·4062	2·4324	9·4585	2·4847	2·5108	2·5370	2·5631	2·5893
100	2·6154	2·6416	2·6678	2·6939	2·7201	2·7462	2·7724	2·7985	2·8247	2·8508
110	2·8770	2·9031	2·9293	2·9555	2·9816	3·0078	3·0339	3·0601	3·0862	3·1124
120	3·1385	3·1647	3·1908	3·2170	3·2432	3·2698	3·2955	3·3216	3·3478	3·3739
130	3·4001	3·4262	3·4524	3·4785	3·5047	3·5309	3·5570	3·5832	3·6093	3·6355
140	3·6616	3·6878	3·7139	3·7401	3·7662	3·7924	3·8186	3·8447	3·8709	3·8970

— 85 —

Preussische Quadr.-Fusse = Quadr.-Meter.

Qu.-Fuss	0	1	2	3	4	5	6	7	8	9
0	0·0000	0·0985	0·1970	0·2955	0·3940	0·4925	0·5910	0·6895	0·7880	0·8865
10	0·9850	1·0835	1·1820	1·2806	1·3791	1·4776	1·5761	1·6746	1·7731	1·8716
20	1·9701	2·0686	2·1671	2·2656	2·3641	2·4626	2·5611	2·6596	2·7581	2·8566
30	2·9551	3·0536	3·1521	3·2506	3·3491	3·4476	3·5461	3·6446	3·7432	3·8417
40	3·9402	4·0387	4·1372	4·2357	4·3342	4·4327	4·5312	4·6297	4·7282	4·8267
50	4·9252	5·0237	5·1222	5·2207	5·3192	5·4177	5·5162	5·6147	5·7132	5·8117
60	5·9102	6·0087	6·1072	6·2058	6·3043	6·4028	6·5013	6·5998	6·6983	6·7968
70	6·8953	6·9938	7·0932	7·1908	7·2893	7·3878	7·4863	7·5848	7·6833	7·7818
80	7·8803	7·9788	8·0773	8·1758	8·2743	8·3728	8·4713	8·5698	8·6684	8·7669
90	8·8654	8·9639	9·0624	9·1609	9·2594	9·3579	9·4564	9·5549	9·6534	9·7519
100	9·8504	9·9489	10·047	10·146	10·244	10·343	10·441	10·540	10·638	10·737

Preussische Quadr.-Zolle = Quadr.-Centimeter.

Qu.-Zoll	0	1	2	3	4	5	6	7	8	9
0	0·0000	6·8406	13·681	20·522	27·362	34·203	41·043	47·884	54·724	61·565
10	68·406	75·246	82·087	88·927	95·768	102·61	109·45	116·29	123·13	129·97
20	136·81	143·65	150·49	157·33	164·17	171·01	177·85	184·70	191·54	198·38
30	205·22	212·06	218·90	225·74	232·58	239·42	246·26	253·10	259·94	266·78
40	273·62	280·46	287·30	294·14	300·98	307·83	314·67	321·51	328·35	335·19
50	342·03	348·87	355·71	362·55	369·39	376·23	383·07	389·91	396·75	403·59
60	410·43	417·27	424·11	430·96	437·80	444·64	451·48	458·33	465·16	472·00
70	478·81	485·68	492·52	499·36	506·20	513·04	519·88	526·72	533·56	540·40
80	547·24	554·09	560·93	567·77	574·61	581·45	588·29	595·13	601·97	608·81
90	615·65	622·49	629·33	636·17	643·01	649·85	656·69	663·53	670·37	677·22
100	684·06	690·90	697·74	704·58	711·42	718·26	725·10	731·94	738·78	745·62

Preussische Cubik-Fusse = Cubik-Meter.

Cub.-Fuss	0	1	2	3	4	5	6	7	8	9
0	0·0000	0·0309	0·0618	0·0927	0·1237	0·1546	0·1855	0·2164	0·2473	0·2782
10	0·3092	0·3401	0·3710	0·4019	0·4328	0·4637	0·4947	0·5256	0·5565	0·5874
20	0·6183	0·6492	0·6801	0·7111	0·7420	0·7729	0·8038	0·8347	0·8656	0·8966
30	0·9275	0·9584	0·9893	1·0202	1·0511	1·0821	1·1130	1·1439	1·1748	1·2057
40	1·2366	1·2675	1·2985	1·3294	1·3603	1·3912	1·4221	1·4530	1·4810	1·5149
50	1·5458	1·5767	1·6076	1·6385	1·6695	1·7004	1·7313	1·7622	1·7931	1·8240
60	1·8549	1·8859	1·9168	1·9477	1·9786	2·0095	2·0404	2·0714	2·1023	2·1332
70	2·1641	2·1950	2·2259	2·2569	2·2878	2·3187	2·3496	2·3805	2·4114	2·4424
80	2·4733	2·5042	2·5351	2·5660	2·5969	2·6278	2·6588	2·6897	2·7206	2·7515
90	2·7824	2·8133	2·8443	2·8752	2·9061	2·9370	2·9679	2·9988	3·0298	3·0507

Preussische Cubik-Zolle = Cubik-Centimeter.

Cub.-Zoll	0	1	2	3	4	5	6	7	8	9
0	0·0000	17·891	35·782	53·673	71·564	89·456	107·35	125·24	143·18	161·02
10	178·91	196·80	214·69	232·58	250·48	268·37	286·26	304·15	322·04	339·93
20	357·82	375·71	393·60	411·50	429·39	447·28	465·17	483·06	500·95	518·84
30	536·73	554·62	572·52	590·41	608·30	626·19	644·08	661·97	679·86	697·75
40	715·64	733·54	751·43	769·32	787·21	805·10	822·99	840·88	858·77	876·66
50	894·56	912·45	930·34	948·23	966·12	984·01	1001·9	1019·8	1037·7	1055·6
60	1073·5	1091·4	1109·2	1127·1	1145·0	1162·9	1180·8	1198·7	1216·6	1234·5
70	1252·4	1270·3	1288·2	1306·1	1323·9	1341·8	1359·7	1377·6	1395·5	1413·4
80	1431·3	1449·2	1467·1	1485·0	1502·9	1520·7	1538·6	1556·5	1574·4	1592·3
90	1610·2	1628·1	1646·0	1663·9	1681·8	1699·7	1717·5	1735·4	1753·3	1771·2

Preussische Schachtruthen = Cubik-Meter.

Schacht-Ruthen	0	1	2	3	4	5	6	7	8	9
0	0·0000	4·4519	8·9038	13·356	17·808	22·259	26·711	31·163	35·615	40·067
10	44·519	48·971	53·423	57·874	62·326	66·778	71·230	75·682	80·134	84·586
20	89·038	93·489	97·941	102·39	106·85	111·30	115·75	120·20	124·65	129·10
30	133·56	138·01	142·46	146·91	151·36	155·82	160·27	164·72	169·17	173·62
40	178·08	182·53	186·98	191·43	195·88	200·33	204·79	209·24	213·69	218·14
50	222·59	227·05	231·50	235·95	240·40	244·85	249·31	253·76	258·21	262·66
60	267·11	271·56	276·02	280·47	284·92	289·37	293·82	298·28	302·73	307·18
70	311·63	316·08	320·54	324·99	329·44	333·89	338·34	342·79	347·25	351·70
80	356·15	360·60	365·05	369·51	373·96	378·41	382·86	387·31	391·77	396·22
90	400·67	405·12	409·57	414·02	418·48	422·93	427·38	431·83	436·28	440·74

43. Englische Längenmaasse = preussischen und umgekehrt.

Englisches Maass	Preussisches Maass		Preuss. Maass	Englisches Maass	
	Zoll	Fuss		Zoll	Fuss
1 Zoll	0·971	0·081	1 Zoll	1·030	0·086
2 „	1·942	0·162	2 „	2·059	0·172
3 „	2·913	0·243	3 „	3·089	0·257
4 „	3·885	0·324	4 „	4·119	0·343
5 „	4·856	0·405	5 „	5·149	0·429
6 „	5·827	0·486	6 „	6·178	0·515
7 „	6·798	0·566	7 „	7·208	0·601
8 „	7·769	0·647	8 „	8·238	0·686
9 „	8·740	0·728	9 „	9·267	0·772
10 „	9·711	0·809	10 „	10·297	0·858
11 „	10·682	0·890	11 „	11·327	0·944
1 Fuss	11·654	0·971	1 Fuss	12·357	1·030
2 „	23·307	1·942	2 „	24·713	2·059
3 „	34·961	2·913	3 „	37·070	3·089
4 „	46·614	3·885	4 „	49·427	4·119
5 „	58·268	4·856	5 „	61·783	5·149
6 „	69·922	5·827	6 „	74·140	6·178
7 „	81·575	6·798	7 „	86·497	7·208
8 „	93·229	7·769	8 „	98·853	8·238
9 „	104·883	8·740	9 „	111·210	9·267

44. Reductionstabellen zwischen englischen und Meter-Maassen und -Gewichten.

Reduction des Metermaasses auf engl. Maass.

Meter Quadr.-M. Cubik-M.	Fuss	Zoll	Quadrat-Fuss	Quadrat-Zoll	Cubik-Fuss	Cubik-Zoll
1	3·2809	39·3706	10·7642	1550·05	35·3161	61026·2
2	6·5618	78·7412	21·5284	3100·09	70·6322	122052·4
3	9·8427	118·1118	32·2926	4650·13	105·9483	183078·6
4	13·1235	157·4824	43·0568	6200·18	141·2644	244104·9
5	16·4044	196·8530	53·8210	7750·23	176·5805	305131·1
6	19·6853	236·2237	64·5852	9300·27	211·8966	366157·3
7	22·9662	275·5943	75·3494	10850·31	247·2126	427183·5
8	26·2471	314·9649	86·1136	12400·36	282·5287	488209·7
9	29·5280	354·3355	96·8778	13950·40	317·8448	549235·9

Englische Fusse = Meter.

Fuss	0	1	2	3	4	5	6	7	8	9
0	0·0000	0·3048	0·6096	0·9144	1·2192	1·5240	1·8288	2·1336	2·4384	2·7432
10	3·0479	3·3527	3·6575	3·9623	4·2671	4·5719	4·8767	5·1815	5·4863	5·7911
20	6·0959	6·4007	6·7055	7·0103	7·3151	7·6199	7·9247	8·2295	8·5342	8·8390
30	9·1488	9·4486	9·7534	10·058	10·363	10·668	10·973	11·277	11·582	11·887
40	12·192	12·497	12·801	13·106	13·411	13·716	14·021	14·325	14·630	14·935
50	15·240	15·545	15·849	16·154	16·459	16·764	17·068	17·373	17·678	17·983
60	18·288	18·592	18·897	19·202	19·507	19·812	20·116	20·421	20·726	21·031
70	21·336	21·640	21·945	22·250	22·555	22·860	23·164	23·469	23·774	24·079
80	24·384	24·688	24·993	25·298	25·603	25·908	26·212	26·517	26·822	27·127
90	27·432	27·736	28·041	28·346	28·651	28·955	29·260	29·565	29·870	30·175
100	30·479	30·784	31·089	31·394	31·699	32·003	32·308	32·613	32·918	33·223
110	33·527	33·832	34·137	34·442	34·747	35·051	35·356	35·661	35·966	36·271
120	36·575	36·880	37·185	37·490	37·795	38·099	38·404	38·709	39·014	39·818
130	39·623	39·928	40·233	40·538	40·842	41·147	41·452	41·757	42·062	42·366
140	42·671	42·976	43·281	43·586	43·890	44·195	44·500	44·805	45·110	45·414
150	45·719	46·024	46·329	46·684	46·988	47·243	47·548	47·853	48·158	48·462
160	48·767	49·072	49·377	49·642	49·986	50·291	50·596	50·901	51·205	51·510
170	51·815	52·120	52·425	52·729	53·084	53·339	53·664	53·943	54·253	54·558
180	54·863	55·168	55·478	55·777	56·082	56·387	56·692	56·997	57·301	57·606
190	57·911	58·216	58·521	58·825	59·130	59·435	59·740	60·045	60·349	60·654

Englische Zolle = Meter.

Zoll	0	1	2	3	4	5	6	7	8	9
0	0·0000	0·0254	0·0508	0·0762	0·1016	0·1270	0·1524	0·1778	0·2032	0·2286
10	0·2540	0·2794	0·3048	0·3302	0·3556	0·3810	0·4064	0·4318	0·4572	0·4826
20	0·5080	0·5334	0·5588	0·5842	0·6096	0·6350	0·6604	0·6858	0·7112	0·7366
30	0·7620	0·7874	0·8128	0·8382	0·8636	0·8890	0·9144	0·9398	0·9652	0·9906
40	1·0160	1·0414	1·0668	1·0922	1·1176	1·1430	1·1684	1·1938	1·2192	1·2446
50	1·2700	1·2954	1·3208	1·3462	1·3716	1·3970	1·4224	1·4478	1·4782	1·4986
60	1·5240	1·5494	1·5748	1·6002	1·6256	1·6510	1·6764	1·7018	1·7272	1·7526
70	1·7780	1·8034	1·8288	1·8542	1·8796	1·9050	1·9304	1·9558	1·9812	2·0066
80	2·0320	2·0574	2·0828	2·1082	2·1336	2·1590	2·1844	2·2098	2·2352	2·2606
90	2·2860	2·3114	2·3368	2·3622	2·3876	2·4130	2·4384	2·4638	2·4892	2·5146
100	2·5400	2·5654	2·5908	2·6162	2·6416	2·6670	2·6924	2·7178	2·7432	2·7685
110	2·7939	2·8193	2·8447	2·8701	2·8955	2·9209	2·9463	2·9717	2·9971	3·0225
120	3·0479	3·0733	3·0987	3·1241	3·1495	3·1749	3·2003	3·2257	3·2511	3·2765
130	3·3019	3·3278	3·3527	3·3781	3·4085	3·4289	3·4543	3·4797	3·5051	3·5305
140	3·5559	3·5813	3·6067	3·6321	3·6575	3·6829	3·7083	3·7337	3·7591	3·7845

Zoll	0	1	2	3	4	5	6	7	8	9
150	3·8099	3·8353	3·8607	3·8861	3·9115	3·9369	3·9623	3·9877	4·0131	4·0385
160	4·0639	4·0893	4·1147	4·1401	4·1655	4·1909	4·2163	4·2417	4·2671	4·2925
170	4·3179	4·3433	4·3687	4·3941	4·4195	4·4449	4·4703	4·4957	4·5211	4·5465
180	4·5719	4·5973	4·6227	4·6481	4·6735	4·6989	4·7243	4·7497	4·7751	4·8005
190	4·8259	4·8513	4·8767	4·9021	4·9275	4·9529	4·9783	5·0037	5·0291	5·0545

$1/64$ Zoll = 0·39 mm; $1/32$ Zoll = 0·79 mm; $1/16$ Zoll = 1·59 mm;
$1/8$ Zoll = 3·17 mm; $1/4$ Zoll = 6·35 mm; $1/2$ Zoll = 12·70 mm.

Englische Quadrat-Fusse = Quadrat-Meter.

Qu.-Fuss	0	1	2	3	4	5	6	7	8	9
0	0·0000	0·0929	0·1858	0·2787	0·3716	0·4645	0·5574	0·6503	0·7432	0·8361
10	0·9290	1·0219	1·1148	1·2077	1·3006	1·3935	1·4864	1·5793	1·6722	1·7651
20	1·8580	1·9509	2·0438	2·1367	2·2296	2·3225	2·4154	2·5083	2·6012	2·6941
30	2·7870	2·8799	2·9728	3·0657	3·1586	3·2515	3·3444	3·4373	3·5302	3·6231
40	3·7160	3·8089	3·9018	3·9947	4·0876	4·1805	4·2734	4·3663	4·4592	4·5521
50	4·6450	4·7379	4·8308	4·9237	5·0166	5·1095	5·2024	5·2953	5·3882	5·4811
60	5·5740	5·6669	5·7598	5·8527	5·9456	6·0385	6·1314	6·2243	6·3172	6·4101
70	6·5030	6·5959	6·6888	6·7817	6·8746	6·9675	7·0604	7·1533	7·2462	7·3391
80	7·4320	7·5249	7·6178	7·7107	7·8036	7·8965	7·9894	8·0823	8·1752	8·2681
90	8·3610	8·4539	8·5468	8·6397	8·7326	8·8255	8·9184	9·0113	9·1042	9·1971

Englische Quadrat-Zolle = Quadrat-Centimeter.

Qu.-Zoll	0	1	2	3	4	5	6	7	8	9
0	0·0000	6·4514	12·903	19·354	25·805	32·257	38·708	45·160	51·611	58·062
10	64·514	70·965	77·416	83·868	90·319	96·711	103·22	109·67	116·12	122·58
20	129·03	135·48	141·93	148·38	154·83	161·28	167·74	174·19	180·64	187·09
30	193·54	199·99	206·44	212·90	219·35	225·80	232·25	238·70	245·15	251·60
40	258·05	264·51	270·96	277·41	283·86	290·31	296·76	303·21	309·67	316·12
50	322·57	329·02	335·47	341·92	348·37	354·83	361·28	367·73	374·18	380·63
60	387·08	393·53	399·98	406·44	412·89	419·34	425·79	432·24	438·69	445·14
70	451·60	458·05	464·50	470·95	477·40	483·85	490·30	496·76	503·21	509·66
80	516·11	522·56	529·01	535·46	541·91	548·37	554·82	561·27	567·72	574·17
90	580·62	587·07	593·53	599·98	606·43	612·88	619·33	625·78	632·23	638·69

Englische Cubik-Fusse = Cubik-Meter.

Cub.-Fuss	0	1	2	3	4	5	6	7	8	9
0	0·0000	0·0283	0·0566	0·0849	0·1133	0·1416	0·1699	0·1982	0·2265	0·2548
10	0·2832	0·3115	0·3398	0·3681	0·3964	0·4247	0·4530	0·4814	0·5097	0·5380
20	0·5663	0·5946	0·6229	0·6513	0·6796	0·7079	0·7362	0·7645	0·7928	0·8211
30	0·8494	0·8778	0·9061	0·9344	0·9627	0·9910	1·0194	1·0477	1·0760	1·1043
40	1·1326	1·1609	1·1892	1·2176	1·2459	1·2742	1·3025	1·3308	1·3591	1·3875
50	1·4158	1·4441	1·4724	1·5007	1·5290	1·5573	1·5857	1·6140	1·6423	1·6706
60	1·6989	1·7272	1·7555	1·7839	1·8122	1·8405	1·8688	1·8971	1·9254	1·9538
70	1·9821	2·0104	2·0387	2·0670	2·0953	2·1236	2·1520	2·1803	2·2086	2·2369
80	2·2652	2·2935	2·3219	2·3502	2·3785	2·4068	2·4351	2·4634	2·4917	2·5201
90	2·5484	2·5767	2·6050	2·6333	2·6616	2·6900	2·7183	2·7466	2·7749	2·8032

Englische Cubik-Zolle = Cubik-Centimeter.

Cub.-Zoll	0	1	2	3	4	5	6	7	8	9
0	0·0000	16·386	32·772	49·159	65·545	81·931	98·317	114·70	131·09	147·48
10	163·86	180·25	196·63	213·02	229·41	245·79	262·18	278·56	294·95	311·34
20	327·72	344·11	360·50	376·88	393·27	409·65	426·04	442·43	458·81	475·20
30	491·59	507·97	524·36	540·74	557·13	573·52	589·90	606·29	622·67	639·06
40	655·45	671·83	688·22	704·61	720·99	737·38	753·76	770·15	786·54	802·92
50	819·31	835·69	852·08	868·47	884·85	901·24	917·63	934·01	950·40	966·78
60	983·17	999·56	1015·9	1032·3	1048·7	1065·1	1081·5	1097·9	1114·3	1130·6
70	1147·0	1163·4	1179·8	1196·2	1212·6	1229·0	1245·3	1261·7	1278·1	1294·5
80	1310·9	1327·3	1343·7	1360·1	1376·4	1392·8	1409·2	1425·6	1442·0	1458·4
90	1474·8	1491·1	1507·5	1523·9	1540·3	1556·7	1573·1	1589·5	1605·8	1622·2

Englische Pfunde = Kilogramm.

Pfd.	0	1	2	3	4	5	6	7	8	9
0	0·0000	0·4536	0·9072	1·3608	1·8144	2·2680	2·7216	3·1751	3·6287	4·0823
10	4·5359	4·9895	5·4431	5·8967	6·3503	6·8039	7·2575	7·7111	8·1647	8·6183
20	9·0719	9·5254	9·9790	10·433	10·886	11·340	11·793	12·247	12·701	13·154
30	13·608	14·061	14·515	14·969	15·422	15·876	16·329	16·783	17·237	17·690
40	18·144	18·597	19·051	19·504	19·958	20·412	20·865	21·319	21·772	22·226
50	22·680	23·133	23·587	24·040	24·494	24·948	25·401	25·855	26·308	26·762
60	27·216	27·669	28·123	28·576	29·030	29·484	29·937	30·391	30·844	31·296
70	31·751	32·205	32·659	33·112	33·566	34·019	34·473	34·927	35·380	35·834
80	36·287	36·741	37·195	37·648	38·102	38·555	39·009	39·463	39·916	40·370
90	40·823	41·277	41·731	42·184	42·638	43·091	43·545	43·998	44·452	44·906

Englische Tons = Kilogramm.

Tons	0	1	2	3	4	5	6	7	8	9
0	0·0000	1016	2032	3048	4064	5080	6096	7112	8129	9145
10	10161	11177	12193	13209	14225	15241	16257	17273	18289	19305
20	20321	21337	22353	23369	24386	25402	26418	27434	28450	29466
30	30482	31498	32514	33530	34546	35562	36578	37594	38610	39627
40	40643	41659	42675	43691	44707	45723	46739	47755	48771	49787
50	50803	51819	52835	53851	54868	55884	56900	57916	58932	59948
60	60964	61980	62996	64012	65028	66044	67060	68076	69092	70108
70	71125	72141	73157	74173	75189	76205	77221	78237	79253	80269
80	81285	82302	83317	84333	85349	86366	87382	88398	89414	90430
90	91446	92462	93478	94494	95510	96526	97542	98558	99574	100590

Englische Grains = Gramm.

Grains	0	1	2	3	4	5	6	7	8	9
	g	g	g	g	g	g	g	g	g	g
0	0·000	0·065	0·1296	0·194	0·259	0·324	0·389	0·454	0·518	0·583
10	0·648	0·713	0·778	0·842	0·907	0·972	1·037	1·102	1·166	1·231
20	1·296	1·361	1·426	1·490	1·555	1·620	1·685	1·749	1·814	1·879
30	1·944	2·009	2·074	2·138	2·203	2·268	2·333	2·397	2·462	2·527
40	2·592	2·657	2·721	2·786	2·851	2·916	2·981	3·045	3·110	3·175
50	3·240	3·305	3·369	3·434	3·499	3·564	3·629	3·693	3·758	3·823
60	3·888	3·953	4·018	4·082	4·147	4·212	4 277	4·341	4·406	4·471
70	4·536	4·601	4·666	4·730	4·795	4·860	4·925	4·989	5·054	5·119
80	5·184	5·249	5·314	5·378	5·443	5·508	5·573	5·637	5·702	5·767
90	5·832	5·897	5·962	6·026	6·091	6·156	6·221	6·286	6·350	6·415

Gramm = Englische Grains.

Grm.	0	0·1	0·2	0·3	0·4	0·5	0·6	0·7	0·8	0·9
	grain	grain	grain	grain	grain	grain	grain	grain	grain	grain
0	0·000	1·543	3·086	4·629	6·172	7·716	9·259	10 802	12·345	13·808
1	15·432	16·975	18·518	20·061	21·604	23·148	24·691	26·234	27·777	29·320
2	30·864	32·407	33·950	35·493	37·036	38·580	40·123	41·666	43·209	44·752
3	46·296	47·839	49·382	50·925	52·468	54·012	55·555	57·098	58·641	60·184
4	61·728	63·271	64·814	66·375	67·900	69·444	70·987	72·530	74·073	75·616
5	77·160	78·703	80·246	81·789	83·332	84·876	86·419	87·962	89·505	91·048

45. Werthe der Nummern von Drahtgewebe und Siebgaze[*]).

Als Grundlage für die Nummernbezeichnung bei **Messing- und Eisendrahtgeweben**, sowie bei der stärkeren **Gries-Gaze** dient die Anzahl der Fäden pro **Zoll** des Landesmaasses, welcher in mm beträgt:

    1 Zoll engl. = 25·4 mm,
    1 Pariser Zoll = 27·1 „
    1 Wiener Zoll = 26·3 „
    1 rhein. Zoll = 26·15 „

Bei den **französischen** und **schweizerischen** Fabrikanten bezeichnen die Nummern in jenen Fällen immer die Zahl der Fäden pro **Pariser Zoll**, d i. 2·71 cm, und erhält man die Zahl der Fäden pro cm durch Division der Siebnummer durch 2·7. Die **Griesgaze** jedoch wird in der Schweiz nach dem **Wiener Zoll** = 26·3 mm nummerirt. Die **deutschen** und **englischen** Nummern richten sich nach dem rheinischen bezw. englischen Zoll; zuweilen wird auch noch der Zoll von 30 mm zu Grunde gelegt.

Von **Ratazzi & May**, Roswag's Nachfolger, Metallgewebefabrik, Frankfurt a. M.— Bockenheim ist folgende **Vergleichs-Tabelle** der Gewebe-Nummern der verschiedenen Maasse zu einander und der Maschenanzahl auf den Quadrat-Centimeter zusammengestellt worden.

Per Pariser Zoll 27 mm	Per Rhein Zoll	Per Engl. Zoll	Per 30 mm Zoll	Per 10 mm	Maschen pro □cm
No. 4	No. 3½	No. 3½	No. 4,4	No. 1,4	No. 2
„ 5	„ 4½	„ 4½	„ 5,5	„ 1,8	„ 3
„ 6	„ 5½	„ 5½	„ 6,6	„ 2,2	„ 4
„ 7	„ 6½	„ 6½	„ 7,7	„ 2,5	„ 6
„ 8	„ 7½	„ 7½	„ 8,8	„ 2,9	„ 8
„ 9	„ 8½	„ 8	„ 10	„ 3,3	„ 11
„ 10	„ 9½	„ 9½	„ 11,1	„ 3,7	„ 14
„ 12	„ 11	„ 11	„ 13,3	„ 4,4	„ 19
„ 14	„ 13½	„ 13	„ 15,5	„ 5,2	„ 27
„ 15	„ 14	„ 14	„ 16,6	„ 5,5	„ 30
„ 16	„ 15	„ 15	„ 17,7	„ 5,9	„ 35
„ 18	„ 17	„ 17	„ 20	„ 6,6	„ 42

---

[*]) Auf Grund von Ermittelungen des Verfassers zusammengestellt.

Per Pariser Zoll 27 mm	Per Rhein Zoll	Per Engl. Zoll	Per 30 mm Zoll	Per 10 mm	Maschen pro ☐ cm
No. 20	No. 19	No. 19	No. 22,2	No. 7,4	No. 53
„ 21	„ 20	„ 20	„ 23,4	„ 7,8	„ 60
„ 22	„ 21	„ 20½	„ 24,4	„ 8,1	„ 66
„ 24	„ 23	„ 22	„ 26,6	„ 8,8	„ 77
„ 25	„ 24	„ 23½	„ 27,7	„ 9,2	„ 85
„ 26	„ 25	„ 24	„ 28,8	„ 9,6	„ 93
„ 27	„ 26	„ 25	„ 30	„ 10	„ 100
„ 28	„ 27	„ 26	„ 31,1	„ 10,4	„ 106
„ 30	„ 29	„ 28	„ 33,3	„ 11,1	„ 123
„ 32	„ 31	„ 30	„ 35,5	„ 11,8	„ 140
„ 35	„ 33	„ 33	„ 38,8	„ 22,9	„ 166
„ 36	„ 35	„ 34	„ 40,2	„ 13,4	„ 180
„ 40	„ 38	„ 37½	„ 44,4	„ 14,8	„ 219
„ 42	„ 40	„ 39	„ 46,5	„ 15,5	„ 240
„ 43	„ 41½	„ 40½	„ 48	„ 16	„ 256
„ 45	„ 43	„ 42	„ 50	„ 16,7	„ 280
„ 48	„ 47	„ 46	„ 54	„ 18	„ 324
„ 50	„ 48	„ 47	„ 55,5	„ 18,5	„ 342
„ 54	„ 52	„ 51	„ 60	„ 20	„ 400
„ 55	„ 53	„ 51½	„ 61,1	„ 20,3	„ 412
„ 58	„ 56	„ 54½	„ 64,4	„ 21,4	„ 458
„ 60	„ 58	„ 56½	„ 66,6	„ 22,2	„ 493
„ 63	„ 61	„ 59	„ 70	„ 23,3	„ 543
„ 65	„ 62	„ 61	„ 72,2	„ 24	„ 576
„ 66	„ 64	„ 62	„ 73,5	„ 24,5	„ 600
„ 67	„ 64½	„ 63	„ 74,4	„ 24,8	„ 615
„ 70	„ 67	„ 66	„ 77,7	„ 25,9	„ 670
„ 72	„ 69	„ 67½	„ 80	„ 26,6	„ 707
„ 75	„ 72	„ 70½	„ 83,3	„ 27,8	„ 773
„ 80	„ 77	„ 75	„ 88,8	„ 29,6	„ 876
„ 81	„ 78	„ 76	„ 90	„ 30	„ 900
„ 85	„ 82	„ 80	„ 94,4	„ 31,5	„ 990
„ 86	„ 82½	„ 80½	„ 95,1	„ 31,7	„ 1000
„ 90	„ 86½	„ 84½	„ 100	„ 33,3	„ 1109
„ 95	„ 91	„ 89	„ 105,5	„ 35,1	„ 1232
„ 100	„ 96	„ 94	„ 111,1	„ 37	„ 1370
„ 105	„ 100	„ 99	„ 116,1	„ 38,7	„ 1500
„ 108	„ 104	„ 101½	„ 120	„ 40	„ 1600
„ 110	„ 106	„ 103½	„ 122,2	„ 40,7	„ 1656
„ 120	„ 115	„ 113	„ 133,3	„ 44,4	„ 1970
„ 130	„ 125	„ 122	„ 144,4	„ 48,1	„ 2310

Per Pariser Zoll 27 mm	Per Rhein. Zoll	Per Engl. Zoll	Per 30 mm Zoll	Per 10 mm	Maschen pro ◻cm
No. 135	No. 130	No. 127	No. 150	No. 50	No. 2500
„ 140	„ 135	„ 131$^{1}/_{2}$	„ 155,5	„ 51,8	„ 2685
„ 150	„ 144	„ 141	„ 166,6	„ 55,5	„ 3080
„ 160	„ 154	„ 150	„ 177,6	„ 59,2	„ 3505
„ 180	„ 173	„ 169	„ 200	„ 66,6	„ 4435
„ 191	„ 184	„ 179$^{1}/_{2}$	„ 212,1	„ 70,7	„ 5000
„ 200	„ 192	„ 188	„ 222,2	„ 74	„ 5480
„ 240	„ 231	„ 225$^{1}/_{2}$	„ 266,6	„ 88,8	„ 7890
„ 250	„ 240	„ 235	„ 277,7	„ 92,6	„ 8575
„ 270	„ 260	„ 254	„ 300	„ 100	„ 10000

Die Nummer, welche jede Sorte Gewebe bezeichnet, bedeutet die Anzahl der Maschen, welche der Raum von 1 Zoll enthält, sowohl in Länge als in der Breite.

Die Nummerirung der gewöhnlichen **schweizerischen Rohseide-Cylindergaze** (für langsam gehende Siebapparate und feinere Mahlprodukte) ist eine willkürliche und steht in folgendem Verhältnisse zu den anderen Nummern, deren Bedeutung oben erklärt ist und wobei auch die verschiedene Dicke der Fäden in Betracht fällt.

No. von gew. schweiz. Gaze	0000	000	00	0	1	2	3	4	5	6	7
No von Griesgaze	16	20	26	34	44	50	56	60	66		
No. v. französ. Gaze (Draht)	15	25	35	40	50	60	70	80	90		
Fäden pro lauf. cm	7	9$^{1}/_{2}$	12	15$^{1}/_{2}$	19$^{1}/_{2}$	22	23	24$^{1}/_{2}$	26	29$^{1}/_{2}$	32$^{1}/_{2}$

No. von gew. schweiz. Gaze	8	9	10	11	12	13	14	15	16	17	18
Fäden pro lauf. cm	34	38$^{1}/_{2}$	43	46	50	52	55	59	62	64	66

46. Gewicht von 1 Quadratmeter Blech in Kilogrammen.

Dicke in mm	Schmiedeeisen	Gusseisen	Gussstahl	Kupfer	Messing	Zink	Blei
1	7·78	7·25	7·87	8·90	8·55	6 90	11·4
2	15·56	14·50	15·74	17·80	17·10	13·80	22·8
3	23·34	21·75	23·61	26·70	25·65	20·70	34·2
4	31·12	29·00	31·48	35·60	34·20	27·60	45·6
5	38·90	36·25	39·35	44·50	42·75	34·50	57·0
6	46·68	43·50	47·22	53·40	51·30	41·40	68·4
7	54·46	50·75	55·09	62·30	59·85	48·30	79·8
8	62·24	58·00	62·96	71·20	68·40	55·20	91·2
9	70·02	65·25	70·83	80·10	76·95	62·10	102·6
10	77·80	72·50	78·70	89·00	85·50	69·00	114·0
11	85·58	79·75	86·57	97·90	94·05	75·90	125·4
12	93·36	87·00	94·44	106·80	102·60	82·80	136·8
13	101·14	94·25	102·31	115·70	111·15	89·70	148·2
14	108·92	101·50	110·18	124·60	119·70	96·60	159·6
15	116·70	108·75	118·05	133·50	128·25	103·50	171·0
16	124·48	116·00	125·92	142·40	136·80	110·40	182·4
17	132·26	123·25	133·79	151·30	145·35	117·30	193·8
18	140·04	130·50	141·66	160·20	153·90	124·20	205·2
19	147·82	137·75	149·53	169·10	162·45	131·10	216·6
20	155·60	145·00	157·40	178·00	171·00	138·00	228·0

Anm. Wiegt 1 Vol. Gusseisen = 1, so wiegt dasselbe Vol. Walzeisen = 1·07; Stahl = 1·09; Messing = 1·18; Kupfer = 1·23; Blei = 1·57.

47. Quadrat- und Rundeisen. (1 lf. m wiegt kg.)

Dicke resp. Durchm. Millim.	☐ Eisen	⬤ Eisen	Dicke resp. Durchm. Millim.	☐ Eisen	⬤ Eisen	Dicke resp. Millim.	☐ Eisen	⬤ Eisen	Dicke resp. Durchm. Millim.	☐ Eisen	⬤ Eisen
5	0·195	0·153	29	6·543	5·139	56	24·40	19·16	140	152·5	119·8
6	0·280	0·220	30	7·002	5·499	58	26·17	20·56	145	163·6	128·5
7	0·381	0·299	31	7·477	5·872	60	28·01	22·00	150	175·1	137·5
8	0·498	0·391	32	7·967	6·257	62	29·91	23·49	155	186·9	146·8
9	0·630	0·495	33	8·382	6·654	64	31·87	25·03	160	199·2	156·4
10	0·778	0·611	34	8·994	7·064	66	33·53	26·62	165	209·6	166·6
11	0·941	0·739	35	9·531	7·485	68	35·98	28·26	170	224·8	176·1
12	1·120	0·880	36	10·08	7·919	70	38·12	29·94	175	238·3	187·4
13	1·315	1·033	37	10·65	8·365	72	40·32	31·68	180	252·1	198·0
14	1·525	1·198	38	11·23	8·823	74	42·60	33·46	185	266·3	209·1
15	1·751	1·375	39	11·83	9·294	76	44·92	35·29	190	280·9	220·6
16	1·992	1·564	40	12·45	9·776	78	47·32	37·18	195	295·9	232·3
17	2·248	1·766	41	13·08	10·27	80	49·79	39·11	200	311·2	244·3
18	2·521	1·980	42	13·69	10·78	85	56·21	44·15	205	327·0	256·7
19	2·809	2·206	43	14·39	11·30	90	63·02	49·49	210	343·1	269·3
20	3·112	2·444	44	14·90	11·83	95	70·21	55·15	215	359·6	282·3
21	3·422	2·695	45	15·75	12·37	100	77·80	61·16	220	376·6	295·6
22	3·726	2·957	46	16·46	12·93	105	85·55	67·37	225	393·9	309·2
23	4·116	3·232	47	17·19	13·50	110	94·14	73·94	230	411·6	323·1
24	4·481	3·520	48	17·93	14·08	115	102·9	80·81	235	429·7	337·1
25	4·863	3·819	49	18·68	14·67	120	112·0	88·00	240	448·1	351·8
26	5·259	4·131	50	19·45	15·28	125	121·6	95·48	245	467·0	366·6
27	5·672	4·455	52	21·04	16·52	130	131·5	103·3	250	486·3	381·7
28	6·100	4·791	54	22·69	17·82	135	141·8	111·4	255	505·9	397·1

48. Deutsche Normal-Tabelle für guss-

Gemeinschaftlich aufgestellt von dem Vereine Deutscher Ingenieure u.

Lichter Durchmesser D	Normal-Wanddicke δ	Aeusserer Rohrdurchmesser $D_1 = D + 2\delta$	Uebl. Baulänge L	1. Muffenröhren Muffen									
				Muffentiefe	Bleifugendicke f	lichte Weite $D_2 = D_1 + 2f$	Wanddicke $y = 1.4\delta$	Aeuss. Durchm. $= D_2 + 2y$	Wulst		Centrirungsring		
									Dicke u. Breite $x = 7 + 2\delta$	Durchmesser $= D_2 + 2x$	gr. Durchm. $= D_1 + {}^4/_3 f$	kl. Durchm. $= D_1 + {}^2/_3 f$	Tiefe $= 1.5\delta$
mm	mm	mm	m	mm	mm	mm	mm	mm	mm	mm	mm	mm	mm
40	8	56	2	74	7	70	11	92	23	116	65	61	12
50	8	66	2	77	7·5	81	11	103	23	127	76	71	12
60	8·5	77	2	80	7·5	92	12	116	24	140	87	82	13
70	8·5	87	3	82	7·5	102	12	126	24	150	97	92	13
80	9	98	3	84	7·5	113	12·5	138	25	163	108	103	14
90	9	108	3	86	7·5	123	12·5	148	25	173	118	113	14
100	9	118	3	88	7·5	133	13	159	25	183	128	123	14
125	9·5	144	3	91	7·5	159	13·5	186	26	211	154	149	14
150	10	170	3	94	7·5	185	14	213	27	239	180	175	15
175	10·5	196	3	97	7·5	211	14·5	240	28	267	206	211	16
200	11	222	3	100	8	238	15	268	29	296	233	228	16
225	11·5	248	3	100	8	264	16	296	30	324	259	254	17
250	12	274	4	103	8 5	291	17	325	31	353	285	280	18
275	12·5	300	4	103	8·5	317	17·5	352	32	381	311	306	19
300	13	326	4	105	8 5	343	18	379	33	409	337	332	20
325	13·5	352	4	105	8·5	369	19	407	34	437	363	358	20
350	14	378	4	107	8·5	395	19·5	434	35	465	389	384	21
375	14	403	4	107	9	421	20	461	35	491	415	409	21
400	14·5	429	4	110	9·5	448	20·5	489	36	520	442	436	22
425	14·5	454	4	110	9·5	473	20·5	514	36	545	467	461	22
450	15	480	4	112	9·5	499	21	541	37	573	493	487	23
475	15·5	506	4	112	9·5	525	21·5	568	38	601	519	513	23
500	16	532	4	115	10	552	22·5	597	39	630	545	539	24
550	16·5	583	4	117	10	603	23	649	40	683	596	590	25
600	17	634	4	120	10·5	655	24	703	41	737	648	641	26
650	18	686	4	122	10·5	707	25	757	43	793	700	693	27
700	19	738	4	125	11	760	26·5	813	45	850	753	746	28
750	20	790	4	127	11	812	28	868	47	906	805	798	30
800	21	842	4	130	12	866	29·5	925	49	964	858	850	31
900	22·5	945	4	135	12·5	970	31·5	1033	52	1074	962	954	33
1000	24	1048	4	140	13	1074	33·5	1141	55	1184	1065	1057	36
1100	26	1052	4	145	13	1178	36·5	1251	59	1296	1169	1161	39
1200	28	1256	4	150	13	1282	39	1360	63	1408	1273	1265	42

Die normalen Wanddicken gelten für Röhren, welche einem Betriebsdrucke von 10 Atmosph. und einem Probedrucke von im Max. 20 Atmosph. ausgesetzt sind und vor allem Wasserleitungs-Zwecken dienen. Für gewöhnliche Druckverhältnisse von Wasserleitungen (4 bis 7 Atmosph.) ist eine Verminderung der Wanddicken zulässig, desgleichen für Leitungen, in welchen nur ein geringer Druck herrscht (Gas-, Wind-, Canalisationsleitungen etc.). Für Dampfleitungen, welche grösseren Temperaturdifferenzen und dadurch entstehenden Spannungen, sowie für Leitungen, welche unter besonderen Verhältnissen schädigen-

eiserne Muffen- und Flanschenröhren.

dem Deutschen Vereine von Gas- u. Wasserfachmännern, revidirt 1882.

Muffenröhren Gewicht				Lichter Durchmesser D	2. Flanschenröhren								Gewicht	
	p. lf. m Baulänge				Ueblicher Baulänge	Flanschen								
									Schraub.-Dicke		Dichtungs-leiste			
der Muffe	excl. Muffe	incl. Muffe abgerundet	des Bleiringes			-Durchmesser	-Dicke	Lochkreisdurchm.	-Anzahl	engl. Zoll	Breite	Höhe	einer Flansche	pr. lf. m Bau-länge
kg	kg	kg	kg	mm	m	mm	mm			mm	mm	mm	kg	kg
2·2	8·75	10	0·51	40	2	140	18	110	4	$1/2$	13	25	3	1·89	10·64
2·8	10·57	12	0·69	50	2	160	18	125	4	$5/8$	16	25	3	2·41	12·98
3·4	13·26	15	0·73	60	2	175	19	135	4	$5/8$	16	25	3	2·96	16·22
4·0	15·20	16·5	0·94	70	3	185	19	145	4	$5/8$	16	25	3	3·21	17·34
4·6	18·24	20	1·05	80	3	200	20	160	4	$5/8$	16	25	3	3·84	20·80
5·3	20·29	22	1·15	90	3	215	20	170	4	$5/8$	16	25	3	4·37	23·20
6·0	22·34	24	1·35	100	3	230	20	180	4	$3/4$	19	28	3	4·96	25·65
8·8	29·10	32	1·70	125	3	260	21	210	4	$3/4$	19	28	3	6·26	33·07
9·7	36·44	40	2·14	150	3	290	22	240	6	$3/4$	19	28	3	7·69	41·57
11·7	44·36	48	2·46	175	3	320	22	270	6	$3/4$	19	30	3	8·96	50·33
13·8	52·86	57	2·97	200	3	350	23	300	6	$3/4$	19	30	3	10·71	60·00
16	61·95	67	3·67	225	3	370	23	320	6	$3/4$	19	30	3	11·02	69·30
19	71·61	76	4·30	250	3	400	24	350	8	$3/4$	19	30	3	12·98	80·26
22	81·85	87	4·69	275	3	425	25	375	8	$3/4$	19	30	3	14·41	91·46
25	92·68	99	5·09	300	3	450	25	400	8	$3/4$	19	30	3	15·32	102·89
28	104·08	111	5·16	325	3	490	26	435	10	$7/8$	22	35	4	19·48	117·07
31	116·07	124	5·53	350	3	520	26	465	10	$7/8$	22	35	4	21·29	130·26
34	124·04	133	6·64	375	3	550	27	495	10	$7/8$	22	35	4	24·29	140·23
37	136·89	146	7·46	400	3	575	27	520	10	$7/8$	22	35	4	25·44	153·85
41	145·15	155	7·89	425	3	600	28	545	12	$7/8$	22	35	4	27·64	163·58
45	158·87	170	8·33	450	3	630	28	570	12	$7/8$	22	35	4	29·89	178·80
49	173·17	185	8·77	475	3	655	29	600	12	$7/8$	22	40	4	32·41	194·78
54	188·04	202	10·1	500	3	680	30	625	12	$7/8$	22	40	4	34·69	211·17
62	212·90	228	11·7	550	3	740	33	675	14	1	26	40	5	44·28	242·42
72	238·90	257	13·3	600	3	790	33	725	16	1	26	40	5	47·41	270·51
84	273·86	295	14·4	650	3	840	33	775	18	1	26	40	5	50·13	307·28
97	311·15	335	15·5	700	3	900	33	830	18	1	26	40	5	56·50	348·82
112	350·76	379	17·4	750	3	950	33	880	20	1	26	40	5	59·81	390·63
128	392·69	425	20·2	800											
162	472·76	513	24·7	900											
197	559·76	609	29·2	1000											
240	666·81	727	34	1100											
295	783·15	857	39	1200											

Die Schenkellänge der Flanschen-Krümmer und -T-Stücke mit dem Abzweige D beträgt: L = D+100 mm.
Hat der Abzweig den Durchmesser d, so wird die Schenkellänge des Abzweiges von Mitte Hauptrohr aus gemessen: $C = \frac{D}{2} + \frac{d}{2} + 100$ mm.

den äusseren Einflüssen ausgesetzt sind, ist es empfehlenswerth, die Wanddicken entsprechend zu erhöhen.

Der äussere Durchmesser des Rohres ist feststehend und sind Aenderungen der Wanddicke nur auf den lichten Durchmesser von Einfluss. Als unabänderlich normal gilt ferner die innere Muffenform und die Art des Anschlusses an das Rohr, sowie die Bleifugendicke. Aus Gründen der Fabrikation sind bei geraden Normalröhren Abweichungen von den durch Rechnung ermittelten Gewichten im Max. von ± 3% zu gestatten.

Taschenbuch für Sodafabrikation. 3. Aufl.

49. Bleiröhren.

Durchmesser inwendig mm	auswendig mm	Gewicht pro m kg	Durchmesser inwendig mm	auswendig mm	Gewicht pro m kg
10	17	1·60	20	30	4·50
10	18	1·70	20	31	5·00
13	20	2·00	20	32	5·35
13	20·5	2·25	25	34	5·50
13	21	2·50	25	35	5·25
13	22	2·75	25	36	6·00
20	28	3·25	25	37	6·50
20	28·5	3·75	25	38	7·00
20	29	3·95	33	46	8·50
20	29·5	4·12			

50. Münztabelle.

	Werth in Rm.	Pf.
Aegypten. 1 Beutel Gold = 30000 Piaster	5580	—
1 Piaster = 40 Para	—	21
1 Aegypt. Pfund (LE)	20	75
Belgien = Frankreich.		
Brasilien. 1 Milreïs = 1000 Reales	2	34
Bulgarien = Frankreich.		
Chile. 1 Peso = 100 centavos	4	05
Dänemark 1 Rigsbankdaler = 6 Mark = 96 Schillinge	2	27
1 Krone = 100 Oere	1	12
Deutsches Reich. 1 Mark = 100 Pfennig.		
Das 20-Mark-Stück wiegt 7·96495 g und enthält 7·1685 g Feingold.		
Das 5-Mark-Stück enthält 25 g Feinsilber.		
„ 1.- „ „ „ 5 g „		
Finnland. 1 Mark = 100 Penni	—	81
Frankreich. 1 Franc = 100 centimes	—	81
Das 20-Francs-Stück enthält 5·8065 g Feingold =	16	20·14
„ 5.- „ „ „ 22·5 g Feinsilber =	4	05
Griechenland. 1 Drachme = 100 Lepta = 1 frc.	—	81
Grossbritannien. 1 Pfund Sterling à 20 Shilling à 12 Pence (d) enthält 7·3224 g Feingold	20	42·94
1 Shilling = 5·231 g Feinsilber	1	02
Italien. 1 Lira = 1 Franc (= Frankreich)	—	81
Japan. 1 Silber-Itzebue = 100 Cents	1	60
1 Gold-Yen	4	18·5
1 Silber-Yen = 100 Sen	4	41

	Werth in	
	Rm	Pf.
Mexiko. 1 Piaster (Peso, mexikan. Dollar) = 8 reales = 100 cents	4	39
1 Doblon (Unze) à 16 Piaster	66	07
Niederlande. 1 Gulden = 100 cents	1	68·7
1 Wilhelmsdor	16	87
1 Dukaten	9	58
Norwegen. 1 Krone = 100 Oere	1	12
1 Speciesthaler = 120 Schillinge	4	55
Oesterreich. 1 Vereinsthaler	3	—
1 Gulden = 100 Neukreuzer . . . nominell	2	—
1 Maria Theresiathaler	4	21
1 Dukaten	9	60
4 Gulden Gold = 10 Francs; 8 Gulden Gold = 20 Francs.		
1 Krone (neue Goldwährung) = 0·30487 g Feingold	—	85
Ostindien (Britisch). 1 Rupie = 16 Annas	2	05
Persien. 1 Toman = 10 Keran	9	22
1 Rupie Silber	1	55
Peru. 1 Sol (Peso) = 10 dineros = 100 centavos	4	05
Portugal. 1 Milreïs (Rechnungsmünze)	4	66
1 Milreïs (Silber)	4	12·5
1 Tostão = 100 Reïs	—	41
Rumänien. 1 Lei = 100 Baoni	—	81
Russland. 1 Silberrubel = 100 Kopeken	3	24
1 Halb-Imperial = 5 Rubel Gold = 5·9987 g Feingold	16	73
1 Papierrubel	2	20
Schweden. 1 Krone = 100 Oere	1	12
Schweiz = Frankreich.		
Serbien. 1 Dinar = 1 Franc (= Frankreich).		
Spanien. 1 Peseta = 1 Franc (= Frankreich).		
1 Duro (span. Thaler) = 2 escudos = 5 pesetas = 20 reales	4	05
Südamerikanische Staaten. 1 Peso (Sol) = 100 centavos	4	05
Türkei. 1 Piaster = 40 Para = 120 Asper	—	18·64
1 Türkisches Pfund (Jüslik)	18	64
1 Medschidieh (Silber) =	3	60
Vereinigte Staaten. 1 Dollar = 10 dimes = 100 cents	4	20
1 Eagle = 10 dollars = 15·0463 g Feingold	41	98

51. Patentgesetz von 1891.

Artikel I.

I. Abschnitt.

Patentrecht.

§ 1.

Patente werden ertheilt für neue Erfindungen, welche eine gewerbliche Verwerthung gestatten.

Ausgenommen sind:
1. Erfindungen, deren Verwerthung den Gesetzen oder guten Sitten zuwiderlaufen würde;
2. Erfindungen von Nahrungs-, Genuss- und Arzneimitteln, sowie von Stoffen, welche auf chemischem Wege hergestellt werden, soweit die Erfindungen nicht ein bestimmtes Verfahren zur Herstellung der Gegenstände betreffen.

§ 2.

Eine Erfindung gilt nicht als neu, wenn sie zur Zeit der auf Grund dieses Gesetzes erfolgten Anmeldung in öffentlichen Druckschriften aus den letzten hundert Jahren bereits derart beschrieben, oder im Inlande bereits so offenkundig benutzt ist, dass danach die Benutzung durch andere Sachverständige möglich erscheint.

Die im Ausland amtlich herausgegebenen Patentbeschreibungen stehen den öffentlichen Druckschriften erst nach Ablauf von drei Monaten seit dem Tage der Herausgabe gleich, sofern das Patent von Demjenigen, welcher die Erfindung im Auslande angemeldet hat, oder von seinem Rechtsnachfolger nachgesucht wird. Diese Begünstigung erstreckt sich jedoch nur auf die amtlichen Patentbeschreibungen derjenigen Staaten, in welchen nach einer im Reichsgesetzblatt enthaltenen Bekanntmachung die Gegenseitigkeit verbürgt ist.

§ 3.

Auf die Ertheilung des Patents hat Derjenige Anspruch, welcher die Erfindung zuerst nach Maassgabe dieses Gesetzes angemeldet hat. Eine spätere Anmeldung kann den Anspruch auf ein Patent nicht begründen, wenn die Erfindung Gegenstand des Patents des früheren Anmelders ist. Trifft diese Voraussetzung theilweise zu, so hat der spätere Anmelder nur Anspruch auf Ertheilung eines Patents in entsprechender Beschränkung.

Ein Anspruch des Patentsuchers auf Ertheilung des Patents findet nicht statt, wenn der wesentliche Inhalt seiner Anmeldung den Beschreibungen, Zeichnungen, Modellen, Geräthschaften oder Einrichtungen eines Anderen oder einem von diesem angewendeten Verfahren ohne Einwilligung desselben entnommen, und von dem Letzteren aus diesem Grunde Einspruch erhoben ist. Hat der Einspruch die Zurücknahme oder Zurückweisung der Anmeldung zur Folge, so kann der Einsprechende, falls er innerhalb eines Monats seit Mittheilung des hierauf bezüglichen Bescheides des Patentamtes die Erfindung seinerseits anmeldet, verlangen, dass als Tag seiner Anmeldung der Tag vor Bekanntmachung der früheren Anmeldung festgesetzt werde.

§ 4.

Das Patent hat die Wirkung, dass der Patentinhaber ausschliesslich befugt ist, gewerbsmässig den Gegenstand der Erfindung herzustellen, in Verkehr zu bringen, feilzuhalten oder zu gebrauchen. Ist das Patent für ein Verfahren ertheilt, so erstreckt sich die Wirkung auch auf die durch das Verfahren unmittelbar hergestellten Erzeugnisse.

§ 5.

Die Wirkung des Patents tritt gegen Denjenigen nicht ein, welcher zur Zeit der Anmeldung bereits im Inlande die Erfindung in Benutzung genommen, oder die zur Benutzung erforderlichen Veranstaltungen getroffen hatte. Derselbe ist befugt, die Erfindung für die Bedürfnisse seines eigenen Betriebes in eigenen oder fremden Werkstätten auszunutzen. Diese Befugniss kann nur zusammen mit dem Betriebe vererbt oder veräussert werden.

Die Wirkung des Patents tritt ferner insoweit nicht ein, als die Erfindung nach Bestimmung des Reichskanzlers für das Heer oder für die Flotte oder sonst im Interesse der öffentlichen Wohlfahrt benutzt werden soll. Doch hat der Patentinhaber in diesem Falle gegenüber dem Reiche oder dem Staate, welcher in seinem besonderen Interesse die Beschränkung des Patents beantragt hat, Anspruch auf angemessene Vergütung, welche in Ermanglung einer Verständigung im Rechtswege festgesetzt wird.

Auf Einrichtungen an Fahrzeugen, welche nur vorübergehend in das Inland gelangen, erstreckt sich die Wirkung des Patents nicht.

§ 6.

Der Anspruch auf Ertheilung des Patents und das Recht aus dem Patente gehen auf die Erben über. Der Anspruch und das Recht können beschränkt oder unbeschränkt durch Vertrag oder durch Verfügung von Todeswegen auf Andere übertragen werden.

§ 7.

Die Dauer des Patents ist fünfzehn Jahre; der Lauf dieser Zeit beginnt mit dem auf die Anmeldung der Erfindung folgenden Tage. Bezweckt eine Erfindung die Verbesserung oder sonstige weitere Ausbildung einer anderen, zu Gunsten des Patentsuchers durch ein Patent geschützten Erfindung, so kann dieser die

Ertheilung eines Zusatzpatents nachsuchen, welches mit dem Patente für die ältere Erfindung sein Ende erreicht.

Wird durch die Erklärung der Nichtigkeit des Hauptpatents ein Zusatzpatent zu einem selbständigen Patent, so bestimmt sich dessen Dauer und der Fälligkeitstag der Gebühren nach dem Anfangstag des Hauptpatents. Für den Jahresbetrag der Gebühren ist der Anfangstag des Zusatzpatents maassgebend. Dabei gilt als erstes Patentjahr der Zeitabschnitt zwischen dem Tage der Anmeldung des Zusatzpatents und dem nächstfolgenden Jahrestag des Anfangs des Hauptpatents.

§ 8.

Für jedes Patent ist vor der Ertheilung eine Gebühr von M. 30.— zu entrichten. (§ 24 Absatz 1.)

Mit Ausnahme der Zusatzpatente (§ 7) ist ausserdem für das Patent mit Beginn des zweiten und jedes folgenden Jahres der Dauer eine Gebühr zu entrichten, welche das erstemal M. 50.— beträgt und weiterhin jedes Jahr um M. 50.— steigt.

Diese Gebühr (Absatz 2) ist innerhalb sechs Wochen nach der Fälligkeit zu entrichten. Nach Ablauf der Frist kann die Zahlung nur unter Zuschlag einer Gebühr von M. 10.— innerhalb weiterer sechs Wochen erfolgen.

Einem Patentinhaber, welcher seine Bedürftigkeit nachweist, können die Gebühren für das erste und zweite Jahr der Dauer des Patents bis zum dritten Jahre gestundet und, wenn das Patent im dritten Jahre erlischt, erlassen werden.

Die Zahlung der Gebühren kann vor Eintritt der Fälligkeit erfolgen. Wird auf das Patent verzichtet, oder dasselbe für nichtig erklärt oder zurückgenommen, so erfolgt die Rückzahlung der nicht fällig gewordenen Gebühren.

Durch Beschluss des Bundesrathes kann eine Herabsetzung der Gebühren angeordnet werden.

§ 9.

Das Patent erlischt, wenn der Patentinhaber auf dasselbe verzichtet, oder wenn die Gebühren nicht rechtzeitig bei der Kasse des Patentamtes oder zur Ueberweisung an dieselbe bei einer Postanstalt im Gebiete des deutschen Reiches eingezahlt sind.

§ 10.

Das Patent wird für nichtig erklärt, wenn sich ergiebt:
1. dass der Gegenstand nach §§ 1 und 2 nicht patentfähig war;
2. dass die Erfindung Gegenstand des Patents eines früheren Anmelders ist;
3. dass der wesentliche Inhalt der Anmeldung den Beschreibungen, Zeichnungen, Modellen, Geräthschaften oder Ein-

richtungen eines Anderen oder einem von diesem angewendeten Verfahren ohne Einwilligung desselben entnommen war.

Trifft eine dieser Voraussetzungen (1—3) nur theilweise zu, so erfolgt die Erklärung der Nichtigkeit durch entsprechende Beschränkung des Patents.

§ 11.

Das Patent kann nach Ablauf von drei Jahren, von dem Tage der über die Ertheilung des Patents erfolgten Bekanntmachung (§ 27 Abs. 1) gerechnet, zurückgenommen werden:
1. wenn der Patentinhaber es unterlässt, im Inlande die Erfindung in angemessenem Umfange zur Ausführung zu bringen, oder doch Alles zu thun, was erforderlich ist, um diese Ausführung zu sichern;
2. wenn im öffentlichen Interesse die Ertheilung der Erlaubniss zur Benutzung der Erfindung an Andere geboten erscheint, der Patentinhaber aber gleichwohl sich weigert, diese Erlaubniss gegen angemessene Vergütung und genügende Sicherstellung zu ertheilen.

§ 12.

Wer nicht im Inlande wohnt, kann den Anspruch auf die Ertheilung eines Patents und die Rechte aus dem Patent nur geltend machen, wenn er im Inlande einen Vertreter bestellt hat. Der letztere ist zur Vertretung in dem nach Maassgabe dieses Gesetzes stattfindenden Verfahren, sowie in den das Patent betreffenden bürgerlichen Rechtsstreitigkeiten und zur Stellung von Strafanträgen befugt. Der Ort, wo der Vertreter seinen Wohnsitz hat, und in Ermangelung eines solchen der Ort, wo das Patentamt seinen Sitz hat, gilt im Sinne des § 24 der Civilprocessordnung als der Ort, wo sich der Vermögensgegenstand befindet.

Unter Zustimmung des Bundesraths kann durch Anordnung des Reichskanzlers bestimmt werden, dass gegen die Angehörigen eines ausländischen Staates ein Vergeltungsrecht zur Anwendung gebracht werde.

II. Abschnitt.

Patentamt.

§ 13.

Die Ertheilung, die Erklärung der Nichtigkeit und die Zurücknahme der Patente erfolgt durch das Patentamt.

Das Patentamt hat seinen Sitz in Berlin. Es besteht aus einem Präsidenten, aus Mitgliedern, welche die Befähigung zum Richteramt oder zum höheren Verwaltungsdienst besitzen (rechtskundige Mitglieder) und aus Mitgliedern, welche in einem Zweige der Technik sachverständig sind (technische Mitglieder). Die

Mitglieder werden, und zwar der Präsident auf Vorschlag des Bundesrathes, vom Kaiser ernannt. Die Berufung der rechtskundigen Mitglieder erfolgt, wenn sie im Reichs- oder Staatsdienst ein Amt bekleiden, auf die Dauer dieses Amtes, anderenfalls auf Lebenszeit. Die Berufung der technischen Mitglieder erfolgt entweder auf Lebenszeit, oder auf fünf Jahre. In letzterem Falle finden auf sie die Bestimmungen § 16 des Gesetzes, betreffend die Rechtsverhältnisse der Reichsbeamten, vom 31. März 1873 keine Anwendung.

§ 14.

In dem Patentamte werden:
1. Abtheilungen für die Patentanmeldungen (Anmeldeabtheilungen),
2. eine Abtheilung für die Anträge auf Erklärung der Nichtigkeit oder auf Zurücknahme von Patenten (Nichtigkeitsabtheilung),
3. Abtheilungen für die Beschwerden (Beschwerdeabtheilungen) gebildet.

In den Anmeldeabtheilungen dürfen nur solche technische Mitglieder mitwirken, welche auf Lebenszeit berufen sind. Die technischen Mitglieder der Anmeldeabtheilungen dürfen nicht in den übrigen Abtheilungen, die technischen Mitglieder der letzteren nicht in den Anmeldeabtheilungen mitwirken.

Die Beschlussfähigkeit der Anmeldeabtheilungen ist durch die Anwesenheit von mindestens drei Mitgliedern bedingt, unter welchen sich zwei technische Mitglieder befinden müssen.

Die Entscheidungen der Nichtigkeitsabtheilung und der Beschwerdeabtheilungen erfolgen in der Besetzung von zwei rechtskundigen und drei technischen Mitgliedern. Zu anderen Beschlussfassungen genügt die Anwesenheit von drei Mitgliedern.

Die Bestimmungen der Civilprozessordnung über Ausschliessung und Ablehnung der Gerichtspersonen finden entsprechende Anwendung.

Zu den Berathungen können Sachverständige, welche nicht Mitglieder sind, zugezogen werden; dieselben dürfen an den Abstimmungen nicht theilnehmen.

§ 15.

Die Beschlüsse nnd die Entscheidungen der Abtheilungen erfolgen im Namen des Patentamts; sie sind mit Gründen zu versehen, schriftlich auszufertigen und allen Betheiligten von Amtswegen zuzustellen.

§ 16.

Gegen die Beschlüsse der Anmeldeabtheilungen und der Nichtigkeitsabtheilung findet die Beschwerde statt. An der Beschlussfassung über die Beschwerde darf kein Mitglied Theil nehmen, welches bei dem angefochtenen Beschlusse mitgewirkt hat.

§ 17.

Die Bildung der Abtheilungen, die Bestimmung ihres Geschäftskreises, die Formen des Verfahrens, einschliesslich des Zustellungswesens, und der Geschäftsgang des Patentamts werden, insoweit dieses Gesetz nicht Bestimmungen darüber trifft, durch Kaiserliche Verordnung unter Zustimmung des Bundesraths geregelt.

§ 18.

Das Patentamt ist verpflichtet, auf Ersuchen der Gerichte über Fragen, welche Patente betreffen, Gutachten abzugeben, sofern in dem gerichtlichen Verfahren von einander abweichende Gutachten mehrerer Sachverständiger vorliegen.

Im Uebrigen ist das Patentamt nicht befugt, ohne Genehmigung des Reichskanzlers ausserhalb seines gesetzlichen Geschäftskreises Beschlüsse zu fassen oder Gutachten abzugeben.

§ 19.

Bei dem Patentamte wird eine Rolle geführt, welche den Gegenstand und die Dauer der ertheilten Patente, sowie den Namen und Wohnort der Patentinhaber und ihrer bei Anmeldung der Erfindung etwa bestellten Vertreter angiebt. Der Anfang, der Ablauf, das Erlöschen, die Erklärung der Nichtigkeit und die Zurücknahme der Patente sind, unter gleichzeitiger Bekanntmachung durch den Reichsanzeiger, in der Rolle zu vermerken.

Tritt in der Person des Patentinhabers oder seines Vertreters eine Aenderung ein, so wird dieselbe, wenn sie in beweisender Form zur Kenntniss des Patentamtes gebracht ist, ebenfalls in der Rolle vermerkt, und durch den Reichsanzeiger veröffentlicht. Solange dieses nicht geschehen ist, bleiben der frühere Patentinhaber und sein früherer Vertreter nach Maassgabe dieses Gesetzes berechtigt und verpflichtet.

Die Einsicht der Rolle, der Beschreibungen, Zeichnungen, Modelle und Probestücke, auf Grund deren die Ertheilung der Patente erfolgt ist, steht, soweit es sich nicht um ein im Namen der Reichsverwaltung für die Zwecke des Heeres oder der Flotte genommenes Patent handelt, jedermann frei.

Das Patentamt veröffentlicht die Beschreibungen und Zeichnungen, soweit deren Einsicht jedermann freisteht, in ihren wesentlichen Theilen durch ein amtliches Blatt. In dasselbe sind auch die Bekanntmachungen aufzunehmen, welche durch den Reichsanzeiger nach Maassgabe dieses Gesetzes erfolgen müssen.

III. Abschnitt.

Verfahren in Patentsachen.

§ 20.

Die Anmeldung einer Erfindung behufs Ertheilung eines Patents geschieht schriftlich bei dem Patentamte. Für jede Erfindung ist eine besondere Anmeldung erforderlich. Die Anmeldung muss den Antrag auf Ertheilung des Patents enthalten und in dem Antrage den Gegenstand, welcher durch das Patent geschützt werden soll, genau bezeichnen. In einer Anlage ist die Erfindung dergestalt zu beschreiben, dass danach die Benutzung derselben durch andere Sachverständige möglich erscheint. Am Schlusse der Beschreibung ist dasjenige anzugeben, was als patentfähig unter Schutz gestellt werden soll (Patent-Anspruch). Auch sind die erforderlichen Zeichnungen, bildlichen Darstellungen, Modelle und Probestücke beizufügen.

Das Patentamt erlässt Bestimmungen über die sonstigen Erfordernisse der Anmeldung.

Bis zu dem Beschlusse über die Bekanntmachung der Anmeldung sind Abänderungen der darin enthaltenen Angabe zulässig. Gleichzeitig mit der Anmeldung sind für die Kosten des Verfahrens M. 20.— zu zahlen.

§ 21.

Die Anmeldung unterliegt einer Vorprüfung durch ein Mitglied der Anmeldeabtheilung.

Erscheint hierbei die Anmeldung als den vorgeschriebenen Anforderungen (§ 20) nicht genügend, so wird durch Vorbescheid der Patentsucher aufgefordert, die Mängel innerhalb einer bestimmten Frist zu beseitigen.

Insoweit die Vorprüfung ergiebt, dass eine nach §§ 1, 2 und 3 Absatz 1 patentfähige Erfindung nicht vorliegt, wird der Patentsucher hiervon unter Angabe der Gründe mit der Aufforderung benachrichtigt, sich binnen einer bestimmten Frist zu äussern.

Erklärt sich der Patentsucher auf den Vorbescheid (Absatz 2 und 3) nicht rechtzeitig, so gilt die Anmeldung als zurückgenommen; erklärt er sich innerhalb der Frist, so fasst die Anmeldeabtheilung Beschluss.

§ 22.

Ist durch die Anmeldung den vorgeschriebenen Anforderungen (§ 20) nicht genügt oder ergiebt sich, dass eine nach §§ 1, 2, 3 Absatz 1 patentfähige Erfindung nicht vorliegt, so wird die Anmeldung von der Abtheilung zurückgewiesen. An der Beschlussfassung darf das Mitglied, welches den Vorbescheid erlassen hat, nicht theilnehmen.

Soll die Zurückweisung auf Grund von Umständen erfolgen,

welche nicht bereits durch den Vorbescheid dem Patentsucher mitgetheilt waren, so ist demselben vorher Gelegenheit zu geben, sich über diese Umstände binnen einer bestimmten Frist zu äussern.

§ 23.

Erachtet das Patentamt die Anmeldung für gehörig erfolgt und die Ertheilung eines Patents nicht für ausgeschlossen, so beschliesst es die Bekanntmachung der Anmeldung. Mit der Bekanntmachung treten für den Gegenstand der Anmeldung zu Gunsten des Patentsuchers einstweilen die gesetzlichen Wirkungen des Patents ein (§§ 4 und 5).

Die Bekanntmachung geschieht in der Weise, dass der Name des Patentsuchers und der wesentliche Inhalt des in seiner Anmeldung enthaltenen Antrages durch den Reichsanzeiger einmal veröffentlicht werden. Mit der Veröffentlichung ist die Anzeige zu verbinden, dass der Gegenstand der Anmeldung einstweilen gegen unbefugte Benutzung geschützt sei.

Gleichzeitig ist die Anmeldung mit sämmtlichen Beilagen bei dem Patentamt zur Einsicht für Jedermann auszulegen. Auf dem durch § 17 des Gesetzes bestimmten Wege kann angeordnet werden, dass die Auslegung auch ausserhalb Berlins zu erfolgen habe.

Die Bekanntmachung kann auf Antrag des Patentsuchers auf die Dauer von höchstens sechs Monaten, vom Tage des Beschlusses über die Bekanntmachung an gerechnet, ausgesetzt werden. Bis zur Dauer von drei Monaten darf die Aussetzung nicht versagt werden.

Handelt es sich um ein im Namen der Reichsverwaltung für die Zwecke des Heeres oder der Flotte nachgesuchtes Patent, so erfolgt auf Antrag die Patentertheilung ohne jede Bekanntmachung. In diesem Falle unterbleibt auch die Eintragung in die Patentrolle.

§ 24.

Innerhalb der Frist von zwei Monaten nach der Veröffentlichung (§ 23) ist die erste Jahresgebühr (§ 8 Absatz 1) einzuzahlen. Erfolgt die Einzahlung nicht binnen dieser Frist, so gilt die Anmeldung als zurückgenommen.

Innerhalb der gleichen Frist kann gegen die Ertheilung des Patents Einspruch erhoben werden. Der Einspruch muss schriftlich erfolgen und mit Gründen versehen sein. Er kann nur auf die Behauptung gestützt werden, dass der Gegenstand nach §§ 1 und 2 nicht patentfähig sei, oder dass dem Patentsucher ein Anspruch auf das Patent nach § 3 nicht zustehe. Im Falle des § 3 Absatz 2 ist nur der Verletzte zum Einspruch berechtigt.

Nach Ablauf der Frist hat das Patentamt über die Ertheilung des Patents Beschluss zu fassen. An der Beschlussfassung darf das Mitglied, welches den Vorbescheid (§ 21) erlassen hat, nicht theilnehmen.

§ 25.

Bei der Vorprüfung und in dem Verfahren vor der Anmeldeabtheilung kann jederzeit die Ladung und Anhörung der Betheiligten, die Vernehmung von Zeugen und Sachverständigen, sowie die Vornahme sonstiger zur Aufklärung der Sache erforderlicher Ermittelungen angeordnet werden.

§ 26.

Gegen den Beschluss, durch welchen die Anmeldung zurückgewiesen wird, kann der Patentsucher, und gegen den Beschluss, durch welchen über die Ertheilung des Patents entschieden wird, der Patentsucher oder der Einsprechende innerhalb eines Monats nach der Zustellung Beschwerde einlegen. Mit der Einlegung der Beschwerde sind für die Kosten des Beschwerdeverfahrens M. 20.— zu zahlen; erfolgt die Zahlung nicht, so gilt die Beschwerde als nicht erhoben.

Ist die Beschwerde an sich nicht statthaft oder ist dieselbe verspätet eingelegt, so wird sie als unzulässig verworfen.

Wird die Beschwerde für zulässig befunden, so richtet sich das weitere Verfahren nach § 25. Die Ladung und Anhörung der Betheiligten muss auf Antrag eines derselben erfolgen. Dieser Antrag kann nur abgelehnt werden, wenn die Ladung des Antragstellers in dem Verfahren vor der Anmeldeabtheilung bereits erfolgt war.

Soll die Entscheidung über die Beschwerde auf Grund anderer, als der in dem angegriffenen Beschluss berücksichtigten Umstände erfolgen, so ist den Betheiligten zuvor Gelegenheit zu geben, sich hierüber zu äussern.

Das Patentamt kann nach freiem Ermessen bestimmen, inwieweit einem Betheiligten im Falle des Unterliegens die Kosten des Beschwerdeverfahrens zur Last fallen, sowie anordnen, dass dem Betheiligten, dessen Beschwerde für gerechtfertigt befunden ist, die Gebühr (Absatz 1) zurückgezahlt wird.

§ 27.

Ist die Ertheilung des Patents endgültig beschlossen, so erlässt das Patentamt darüber durch den Reichsanzeiger eine Bekanntmachung und fertigt demnächst für den Patentinhaber eine Urkunde aus.

Wird die Anmeldung nach der Veröffentlichung (§ 23) zurückgenommen oder wird das Patent versagt, so ist dies ebenfalls bekannt zu machen. Die eingezahlte Jahresgebühr wird in diesen Fällen erstattet. Mit der Versagung des Patents gelten die Wirkungen des einstweiligen Schutzes als nicht eingetreten.

§ 28.

Die Einleitung des Verfahrens wegen Erklärung der Nichtigkeit oder wegen Zurücknahme des Patents erfolgt nur auf Antrag.

Im Falle des § 10 Nr. 3 ist nur der Verletzte zu dem Antrage berechtigt.

Im Falle des § 10 Nr. 1 ist nach Ablauf von fünf Jahren von dem Tage der über die Ertheilung des Patents erfolgten Bekanntmachung (§ 27 Absatz 1) gerechnet, der Antrag unstatthaft.

Der Antrag ist schriftlich an das Patentamt zu richten und hat die Thatsachen anzugeben, auf welche er gestützt wird. Mit dem Antrage ist eine Gebühr von M. 50.— zu zahlen. Erfolgt die Zahlung nicht, so gilt der Antrag als nicht gestellt. Die Gebühr wird erstattet, wenn das Verfahren ohne Anhörung der Betheiligten beendet wird.

Wohnt der Antragsteller im Ausland, so hat er dem Gegner auf dessen Verlangen Sicherheit wegen der Kosten des Verfahrens zu leisten. Die Höhe der Sicherheit wird von dem Patentamt nach freiem Ermessen festgesetzt. Dem Antragsteller wird bei Anordnung der Sicherheitsleistung eine Frist bestimmt, binnen welcher die Sicherheit zu leisten ist. Erfolgt die Sicherheitsleistung nicht vor Ablauf der Frist, so gilt der Antrag als zurückgenommen.

§ 29.

Nachdem die Einleitung des Verfahrens verfügt ist, fordert das Patentamt den Patentinhaber unter Mittheilung des Antrages auf, sich über denselben innerhalb eines Monats zu erklären.

Erklärt der Patentinhaber binnen der Frist sich nicht, so kann ohne Ladung und Anhörung der Betheiligten sofort nach dem Antrage entschieden, und bei dieser Entscheidung jede von dem Antragsteller behauptete Thatsache für erwiesen angenommen werden.

§ 30.

Widerspricht der Patentinhaber rechtzeitig, oder wird im Falle des § 29 Absatz 2 nicht sofort nach dem Antrage entschieden, so trifft das Patentamt, und zwar im ersteren Falle unter Mittheilung des Widerspruchs an den Antragsteller, die zur Aufklärung der Sache erforderlichen Verfügungen. Es kann die Vernehmung von Zeugen und Sachverständigen anordnen. Auf dieselben finden die Vorschriften der Civilprocess-Ordnung entsprechende Anordnung. Die Beweisverhandlungen sind unter Zuziehung eines beeidigten Protokollführers aufzunehmen.

Die Entscheidung erfolgt nach Ladung und Anhörung der Betheiligten.

Wird die Zurücknahme des Patents auf Grund des § 11 Nr. 2 beantragt, so muss der diesem Antrag entsprechenden Entscheidung eine Androhung der Zurücknahme unter Angabe von Gründen und unter Festsetzung einer angemessenen Frist vorausgehen.

§ 31.

In der Entscheidung (§§ 29, 30) hat das Patentamt nach freiem Ermessen zu bestimmen, zu welchem Antheile die Kosten des Verfahrens den Betheiligten zur Last fallen.

§ 32.

Die Gerichte sind verpflichtet, dem Patentamte Rechtshülfe zu leisten Die Festsetzung einer Strafe gegen Zeugen und Sachverständige, welche nicht erscheinen oder ihre Aussage oder deren Beeidigung verweigern, sowie die Vorführung eines nicht erschienenen Zeugen, erfolgt auf Ersuchen durch die Gerichte.

§ 33.

Gegen die Entscheidung des Patentamts (§§ 29, 30) ist die Berufung zulässig. Die Berufung geht an das Reichsgericht. Sie ist binnen sechs Wochen nach der Zustellung bei dem Patentamte schriftlich anzumelden und zu begründen

Durch das Urtheil des Gerichtshofes ist nach Maassgabe des § 31 auch über die Kosten des Verfahrens zu bestimmen.

Im Uebrigen wird das Verfahren vor dem Gerichtshofe durch ein Regulativ bestimmt, welches von dem Gerichtshofe zu entwerfen ist und durch Kaiserliche Verordnung unter Zustimmung des Bundesraths festgestellt wird.

§ 34.

In Betreff der Geschäftssprache vor dem Patentamte finden die Bestimmungen des Gerichtsverfassungsgesetzes über die Gerichtssprache entsprechende Anwendung. Eingaben, welche nicht in deutscher Sprache abgefasst sind, werden nicht berücksichtigt.

IV. Abschnitt.

Strafen und Entschädigung.

§ 35.

Wer wissentlich oder aus grober Fahrlässigkeit den Bestimmungen der §§ 4 und 5 zuwider eine Erfindung in Benutzung nimmt, ist dem Verletzten zur Entschädigung verpflichtet.

Handelt es sich um eine Erfindung, welche ein Verfahren zur Herstellung eines neuen Stoffes zum Gegenstand hat, so gilt bis zum Beweise des Gegentheils jeder Stoff von gleicher Beschaffenheit als nach dem patentirten Verfahren hergestellt.

§ 36.

Wer wissentlich den Bestimmungen der §§ 4 und 5 zuwider eine Erfindung in Benützung nimmt, wird mit Geldstrafe bis zu fünftausend Mark oder mit Gefängniss bis zu einem Jahre bestraft.

Die Strafverfolgung tritt nur auf Antrag ein. Die Zurücknahme des Antrages ist zulässig.

Wird auf Strafe erkannt, so ist zugleich dem Verletzten die Befugniss zúzusprechen, die Verurtheilung auf Kosten des Verurtheilten öffentlich bekannt zu machen. Die Art der Bekanntmachung, sowie die Frist zu derselben ist im Urtheil zu bestimmen.

§ 37.

Statt jeder aus diesem Gesetze entspringenden Entschädigung kann auf Verlangen des Beschädigten neben der Strafe auf eine an ihn zu erlegende Busse bis zum Betrage von zehntausend Mark erkannt werden. Für diese Busse haften die zuderselben Verurtheilten als Gesammtschuldner.

Eine erkannte Busse schliesst die Geltendmachung eines weiteren Entschädigungsanspruchs aus.

§ 38.

In bürgerlichen Rechtsstreitigkeiten, in welchen durch Klage oder Widerklage ein Anspruch auf Grund der Bestimmungen dieses Gesetzes geltend gemacht ist, wird die Verhandlung und Entscheidung letzter Instanz im Sinne des § 8 des Einführungsgesetzes zum Gerichtsverfassungsgesetz dem Reichsgericht zugewiesen.

§ 39.

Die Klagen wegen Verletzung des Patentrechts verjähren rücksichtlich jeder einzelnen dieselbe begründenden Handlung in drei Jahren.

§ 40.

Mit Geldstrafe bis zu 1000 Mark wird bestraft:
1. wer Gegenstände oder deren Verpackung mit einer Bezeichnung versieht, welche geeignet ist, den Irrthum zu erregen, dass die Gegenstände durch ein Patent nach Maassgabe dieses Gesetzes geschützt seien;
2. wer in öffentlichen Anzeigen, auf Aushängeschildern, auf Empfehlungskarten oder in ähnlichen Kundgebungen eine Bezeichnung anwendet, welche geeignet ist, den Irrthum zu erregen, dass die darin erwähnten Gegenstände durch ein Patent nach Maassgabe dieses Gesetzes geschützt seien.

Artikel II.

Die Bestimmung im § 28 Absatz 3 des Artikels I findet auf die zur Zeit bestehenden Patente mit der Maassgabe Anwendung, dass der Antrag mindestens bis zum Ablauf von drei Jahren nach dem Tage des Inkrafttretens dieses Gesetzes statthaft ist.

Artikel III.

Dieses Gesetz tritt mit dem 1. October 1891 in Kraft.

Wichtige Be-
der Patent-Gesetze
zusammengestellt und bis
Patent-Bureau F. C. Glaser in

Land.	Was ist patentfähig?	Wer muss das Patent nachsuchen?	Patent-Ertheilungs-Verfahren *).
† Vereinigte Staaten von Nord-Amerika.	Verbesserungen in allen Zweigen der Industrie incl. Medicamente und Nahrungsmittel. Ausgenommen: der Moral zuwiderlaufende Gegenstände.	Der wirkliche Erfinder.	Vorprüfungs-Verfahren
† Belgien.	Neue gewerblich verwerthbare Erfindungen. Ausgenommen: der guten Sitte zuwiderlaufende Erfindungen und Arzneimittel.	Die Person oder Firma, auf deren Namen das Patent lauten soll. Der erste Anmelder erhält das Patent.	Anmelde-Verfahren ohne Vorprüfung.
Canada.	Erfindungen einer neuen und nützlichen Kunst, Maschine, Fabrikation oder Zusammensetzung eines Gegenstandes oder Verbesserungen an denselben. Ausgenommen: gesetzwidrige Gegenstände; wissenschaftliche Principien oder abstrakte Theorien.	Erfinder oder dessen Rechts-Nachfolger.	Vorprüfungs-Verfahren.

— 113 —

stimmungen des In- und Auslandes
1900 ergänzt von dem
Berlin, SW., Linden-Strasse Nr. 80.

Zugänglichkeit der Patent-Unterlagen.	Patentschriften.	Von wann ab und wie lange gilt das Patent?	Ausübung der Patente und Zulässigkeit des Imports.
Unterlagen werden bis zum Erscheinen der gedruckten Patentschriften geheim gehalten.	Amtliche, gedruckte Patentschriften werden herausgegeben.	Vom Tage der Veröffentlichung der Patentschrift ab 17 Jahre; erlischt mit jedem älteren Auslandspatente von kürzerer Dauer.	Keine Ausübung vorgeschrieben. Import gestattet.
Unterlagen 3 Monate nach erfolgter Ertheilung dem Publikum zugänglich.	3 Auszüge werden in dem amtlichen Recueil de brevets 1½ bis 2 Jahre nach Anmeldung veröffentlicht, sonst keine amtliche, gedruckte Patentschrift, doch können Copien von der Behörde bezogen werden.	Vom Tage der Einreichung ab 20 Jahre; erlischt mit jedem älteren Auslandspatente von längerer Dauer. (Einführungspatente.)	Ausübung vorgeschrieben, innerhalb eines Jahres nach erfolgter Ausübung im Auslande. Import gestattet.
Unterlagen zugänglich mit Ausnahme von Caveats.	Gedruckte Patentschriften werden nicht ausgegeben.	Vom Tage der Anmeldung ab 18 Jahre; erlischt mit dem früheren Auslandspatente kürzester Dauer.	Ausübung muss innerhalb 2 Jahre vom Datum des Patentes ab begonnen sein. Import während des ersten Jahres gestattet.

Taschenbuch für Sodafabrikation. 3. Aufl.

Land.	Was ist patentfähig?	Wer muss das Patent nachsuchen?	Patent-Ertheilungs-Verfahren *).
† Dänemark.	Neue gewerblich verwerthbare Erfindungen. Ausgenommen: den Gesetzen und guten Sitten zuwiderlaufende Erfindungen und solche von Arznei-, Nahrungs- oder Genussmittel und Verfahren zur Herstellung derselben.	Erfinder oder dessen amtlich beglaubigter Cessionar.	Vorprüfungs-Verfahren*).
**) Deutschland.	Neue gewerblich verwerthbare Erfindungen. Ausgenommen: den Gesetzen oder guten Sitten zuwiderlaufende Erfindungen und solche von Nahrungs-, Genuss- und Arzneimitteln und von chemischen Stoffen, sofern die Erfindungen nicht ein bestimmtes Herstellungsverfahre nbetreffen.	Die Person oder Firma, auf deren Namen das Patent lauten soll. Der erste Anmelder erhält das Patent.	Vorprüfungs-Verfahren*).
Finnland. (Das russische Patentgesetz ist nicht für Finnland maassgebend.)	Wie Deutschland.	Erfinder oder sein Rechtsnachfolger.	Vorprüfungs-Verfahren*).

Zugänglichkeit der Patent-Unterlagen.	Patentschriften.	Von wann ab und wie lange gilt das Patent?	Ausübung der Patente und Zulässigkeit des Imports.
Unterlagen nur während der Auslage, 8 Wochen nach Bekanntmachung zugänglich; später nicht mehr.	Gedruckte Patentschriften werden herausgegeben.	Vom Tage der Ausfertigung der Patent-Urkunde 15 Jahre. Unabhängig von Auslandspatenten.	Ausübung innerhalb 3 Jahre vom Tage der Ausfertigung des Patentes, dann jährlich. Import zulässig.
Vom Tage der Bekanntmachung im Reichsanzeiger ab 8 Wochen.	Amtliche, gedruckte Patentschriften werden herausgegeben.	Von dem auf die Einreichung folgenden Tage ab 15 Jahre. Unabhängig von Auslandspatenten.	Ausübung innerhalb 3 Jahre nach Ertheilung. Import gestattet, wenn Erfindung in Deutschland genügend ausgeführt.
Unterlagen während der 2 monatlichen öffentlichen Auslegung zugänglich.	Wesentlicher Inhalt der Beschreibung wird in den amtlichen Zeitungen bekannt gegeben.	Vom Tage der Bewilligung des Patentes ab 15 Jahre. Unabhängig von Auslandspatenten.	Binnen 3 Jahren nach Ertheilung; darf nicht 1 Jahr unterbrochen werden. Import gestattet.

8*

Land.	Was ist patentfähig?	Wer muss das Patent nachsuchen?	Patent-Ertheilungs-Verfahren *).
† Frankreich.	Erfindung neuer industrieller Erzeugnisse, neuer Mittel oder neue Anwendung bekannter Mittel um neues industrielles Produkt zu erhalten. Ausgenommen: Arzneimittel, Kredit- und Finanzpläne.	Wie Deutschland.	Wie Belgien.
† Gross-Britannien und Irland.	Neue gewerblich verwerthbare Erfindungen, auch chemische Stoffe und Arzneimittel. Ausgenommen: den Gesetzen und guten Sitten zuwiderlaufende Erfindungen.	Erfinder oder irgendeine Person oder Firma mit Erfinder. (Communication from abroad.)	Vorprüfung nur insoweit, um zu bestimmen, ob die Erfindung verständlich beschrieben ist.
† Italien.	Neue industrielle Erfindungen, Produkte und chemische Stoffe. Ausgenommen: Arzneimittel.	Erfinder oder sein Rechtsnachfolger.	Anmelde-Verfahren ohne Vorprüfung mit Ausnahme von Erfindung von Getränken und Genussmitteln.
Luxemburg.	Wie Deutschland.	Wie Deutschland.	Keine Vorprüfung.

— 117 —

Zugänglichkeit der Patent-Unterlagen.	Patentschriften.	Von wann ab und wie lange gilt das Patent?	Ausübung der Patente und Zulässigkeit des Imports.
Unterlagen nach Ertheilung des Patentes zugänglich.	Einzelne gedruckte Patentschriften werden nicht herausgegeben.	Vom Tage der Einreichung ab, je nach Antrag 5, 10 oder 15 Jahre, erlischt mit früher datirendem Auslandspatente.	Ausübung innerhalb 3er Jahre; darf während 2 folgenden Jahren nicht unterbrochen werden. Import verboten.
Provisorische Beschreibungen sind nicht zugänglich. Definitive aber sobald sie vom Patent-Amte angenommen sind.	Amtliche gedruckte Patentschriften werden herausgegeben.	Vom Tage der Anmeldung ab 14 Jahre; provisorischer Schutz 9 Monate. Unabhängig von Auslandspatenten.	Wie Amerika.
Unterlagen sind erst 3 Monate nach der Ertheilung zugänglich.	Die Veröffentlichung findet auszugsweise in monatlichen Heften statt. (Sehr verspätet.)	Schutz vom Tage der Anmeldung ab. Dauer vom letzten Tage des Quartals ab, in welchem die Anmeldung erfolgte, auf Verlangen 15 Jahre Dauer, abhängig von dem früheren Auslandspatente längster Dauer.	Ausübung nach 1 resp. 2 Jahren. Keine Unterbrechung von 2 Jahren. Import gestattet.
Unterlagen nach Ertheilung zugänglich.	Amtliche Patentschriften werden nicht herausgegeben	Wie in Deutschland, erlischt mit dem deutschen Patente.	Wie Deutschland.

Land.	Was ist patentfähig?	Wer muss das Patent nachsuchen?	Patent-Ertheilungs-Verfahren*).
† Norwegen.	Wie Deutschland.	Erfinder oder dessen beglaubigter Rechtsnachfolger.	Vorprüfungs-Verfahren*).
Oesterreich.	Erfindungen, welche gewerbliche Anwendung gestatten. Ausgenommen: Gegenstände des staatlichen Monopolrechtes; ferner Nahrungs-, Genuss-, Heil-, Desinfektionsmittel, chemische Stoffe. Dagegen sind neue Herstellungsverfahren für diese Mittel und Stoffe patentfähig.	Erfinder oder dessen Rechtsnachfolger resp. der erste Anmelder.	Vorprüfungs-Verfahren.
† Portugal.	Neue, gewerblich verwerthbare Erfindungen und Vervollkommnungen schon bekannter Produkte. Für chemische Stoffe nur Verfahren zur Herstellung. Ausgenommen: Erfindungen, die den guten Sitten, den Gesetzen und der öffentlichen Sicherheit zuwiderlaufen.	Der wahre Erfinder.	Vorprüfungs-Verfahren.
Russland.	Neue industrielle Erfindungen und Vervollkommnungen. Ausgenommen: chemische Stoffe, Nahrungs-, Genuss- und Arznei-Mittel und Verfahren und Apparate zur Herstellung derselben.	Erfinder oder dessen Rechtsnachfolger.	Vorprüfungs-Verfahren*).

Zugänglichkeit der Patent-Unterlagen.	Patentschriften.	Von wann ab und wie lange gilt das Patent?	Ausübung der Patente und Zulässigkeit des Imports.
Wie Deutschland.	Amtliche Patentschriften werden ausgegeben.	Von der Einreichung des Gesuchs ab 15 Jahre.	Ausübung innerhalb 3 Jahre. Keine Unterbrechung von 1 Jahr. Import gestattet.
Vom Tage der Bekanntmachung im Patentblatt ab 2 Monate.	Gedruckte Patentschriften werden nach Ertheilung des Patentes ausgegeben.	Vom Tage der Bekanntmachung im Patentblatt 15 Jahre. Unabhängig vom Verfall früherer Auslandspatente.	Innerhalb 3 er Jahre nach der Bekanntmachung der Ertheilung. Import unzulässig.
Unterlagen nach Ertheilung zugänglich.	Gedruckte Patentschriften werden nicht herausgegeben.	Vom Tage der Ausfertigung des Patentes längstens 15 Jahre.	Ausübung binnen 2 Jahre vom Datum der Urkunde ab. Import gestattet.
Unterlagen nach Ertheilung zugänglich.	Gedruckte Patentschriften in russischer Sprache werden herausgegeben.	Vom Tage der Urkunde ab längstens 15 Jahre; erlischt mit dem Ablauf eines früheren Auslandspatentes kürzester Dauer.	Ausübung binnen 5 Jahre vom Datum der Ausfertigung des Patentes. Import zulässig.

Land.	Was ist patentfähig?	Wer muss das Patent nachsuchen?	Patent-Ertheilungs-Verfahren[*].
† Schweden.	Wie Deutschland.	Erfinder oder dessen Rechtsnachfolger.	Vorprüfungs-Verfahren[*].
Schweiz.	Gewerblich verwerthbare und durch Modelle darstellbare Erfindungen; Verfahren daher ausgeschlossen.	Erfinder oder dessen beglaubigter Rechtsnachfolger.	Vorprüfungs-Verfahren[*].
Spanien.	Wie Frankreich.	Wie Deutschland.	Anmeldeverfahren ohne Vorprüfung.
Türkei.	Wie Frankreich.	Wie Oesterreich.	Anmeldeverfahren ohne Vorprüfung.

Die meisten der vorstehenden Länder gewähren noch Schutz für Fabrik- und Handelsmarken und ferner noch die folgenden europäischen Staaten: Bulgarien, Gibraltar, Griechenland, Inseln im Kanal La Manche, Malta, Monaco, Niederlande, Rumänien, Serbien. Die Staaten der übrigen Erdtheile (Amerika, Africa, Asien und Australien), sowie die Kolonieen der europäischen Grossmächte haben ebenfalls besondere Gesetze zum Schutz von Erfindungen, Mustern, Fabrik- und Handelsmarken.

[*] Die Vorprüfung bezieht sich nicht allein auf die Form der Anmeldung, sondern auf den Inhalt derselben hinsichtlich der Neuheit.

Zugänglichkeit der Patent-Unterlagen.	Patentschriften.	Von wann ab und wie lange gilt das Patent?	Ausübung der Patente und Zulässigkeit des Imports.
Wie Deutschland.	Amtliche gedruckte Patentschriften werden herausgegeben.	Vom Tage der Anmeldung ab 15 Jahre. Unabhäng von früheren Auslandspatenten.	Innerhalb 3 Jahre nach Ertheilung. Import gestattet.
Unterlagen bis zur Registrirung des Patentes nicht zugänglich.	Gedruckte Patentschriften werden herausgegeben.	Vom Tage der Einreichung ab: provisorisches Patent 3 Jahre, definitives Patent 15 Jahre.	Ausübung in der Schweiz nicht vorgeschrieben. Import gestattet.
Das Special-Register der ertheilten Patente ist zugänglich.	Gedruckte Patentschriften werden nicht herausgegeben.	Vom Tage der Ausstellung der Urkunde ab 20 Jahre. Unabhängig von früheren Auslandspatenten.	Ausübung innerhalb 2 Jahre nach Ertheilung und nicht länger als 1 Jahr unterbrochen. Import gestattet.
Unterlagen nach Ertheilung zugänglich.	Gedruckte Patentschriften werden nicht herausgegeben, doch Beschreibung und Zeichnung nach Zahlung der 2. Jahrestaxe veröffentlicht.	Vom Tage der Einreichung 5,10 oder 15 Jahre. Dauer von früherem Auslandspatent abhängig.	Ausübung innerhalb 2er Jahre vom Datum der Urkunde ab; nicht während 2er Jahre zu unterbrechen. Import verboten.

**) Modelle von Arbeitsgeräthschaften oder Gebrauchsgegenständen können in Deutschland nach dem Gesetz betreffend den Schutz von Gebrauchsmustern geschützt werden Amtliche Druckschriften über den Inhalt der Unterlagen zu den Gebrauchsmustern werden nicht veröffentlicht; dagegen können jeder Zeit von den Unterlagen Abschriften oder Auszüge angefertigt werden.

† Die mit einem † bezeichneten Staaten gehören zur Union, zum Schutze des gewerblichen Eigenthums; Deutschland gehört nicht zur Union, hat aber mit Oesterreich-Ungarn, Italien und der Schweiz ein Uebereinkommen betreffend Patent-, Marken- und Muster-Schutz geschlossen.

Land.	Was ist patentfähig?	Wer muss das Patent nachsuchen?	Patent-Ertheilungs-Verfahren*).
Ungarn.	Neue gewerblich verwerthbare Erfindungen. Ausgenommen: Waffen, Spreng- oder Munitionsartikel. Fortifikationen oder Kriegsschiffe, falls die Regierung Einspruch erhebt, ferner: Nahrungsmittel, Medicamente und chemische Stoffe, doch sind Verfahren zur Herstellung der Mittel und Stoffe patentirbar.	Wie Oesterreich.	Anmeldeverfahren ohne Vorprüfung.

58. Auszug aus dem Unfallversicherungsgesetz und den Statuten der Berufsgenossenschaft der chemischen Industrie*).

(Die deutschen Zahlen bezeichnen die Paragraphen des Gesetzes, die lateinischen die Paragraphen der Statuten.)

Alle in Bergwerken, Salinen, Aufbereitungsanstalten, Steinbrüchen, Gräbereien (Gruben), auf Werften und Bauhöfen, sowie in Fabriken und Hüttenwerken beschäftigten Arbeiter sind gegen die Folgen der bei dem Betriebe sich ereignenden Unfälle versichert. (§ 1). Ebenso Betriebsbeamte mit einem Jahresarbeitsverdienst bis zu sechstausend Mark; Betriebsunternehmer sind berechtigt, auch Betriebsbeamte mit einem höheren Arbeitsverdienst (§ IIIL), sowie sich selbst mit einem Arbeitsverdienst bis zu zehntausend Mark zu versichern (§ IIL).

Wenn der Jahresarbeitsverdienst nicht fixirt ist (Gehalt), so gilt als solcher das Dreihundertfache des durchschnittlichen täglichen Arbeitsverdienstes. Wo bei regelmässig beschäftigten Arbeitern im ganzen Jahre eine höhere oder geringere Zahl von Arbeitstagen sich ergibt, wird diese Zahl statt der Zahl dreihundert der Berechnung des Arbeitsverdienstes zu Grunde gelegt. Auch Tantièmen und Naturalbezüge werden als Gehalt oder Lohn gerechnet (§ 3).

---

*) Redigirt von Herrn Dr. Siermann.

Zugänglichkeit der Patent-Unterlagen.	Patentschriften.	Von wann ab und wie lange gilt das Patent?	Ausübung der Patente und Zulässigkeit des Imports.
Vom Tage der Bekanntmachung der Anmeldung ab zwei Monate lang zugänglich.	Gedruckte Patentschriften werden herausgegeben.	Vom Tage der Anmeldung ab 15 Jahre. Unabhängig von früheren Auslandspatenten.	Ausübung innerhalb 3 Jahren nach Ertheilung oder Licenzen an ungarische Unternehmer ertheilt. Import gestattet.

Der Schadenersatz für einen erlittenen Betriebsunfall besteht in den Kosten des Heilverfahrens, welche vom Beginn der vierzehnten Woche gewährt werden (in den ersten dreizehn Wochen gehört der Verletzte in Bezug auf Heilmittel und Krankengeld der betreffenden Krankenkasse an), und in einer vom Beginn der vierzehnten Woche an zu gewährenden Rente. Dieselbe beträgt bei entstandener völliger Erwerbsunfähigkeit zwei Drittel des Arbeitsverdienstes und bei theilweiser Erwerbsunfähigkeit ein entsprechendes Bruchtheil dieser zwei Drittel. Vom Beginn der fünften Woche bis zum Ablauf der dreizehnten Woche ist das Krankengeld des Verletzten auf zwei Drittel des Arbeitslohnes zu erhöhen; die Differenz zwischen dem aus der Krankenkasse gezahlten Krankengeld und diesem höheren Betrage ist von dem Unternehmer, bei dem der Unfall sich ereignete, zu tragen (§ 5).

Im Fall der Tödtung wird geleistet (§ 6):
1. Beerdigungskosten im zwanzigfachen Betrage des täglichen Arbeitsverdienstes mindestens dreissig Mark.
2. Eine Rente an die Hinterbliebenen vom Todestage ab; und zwar erhält die Wittwe bis zu ihrem Tode oder Wiederverheirathung zwanzig Procent, jedes hinterbliebene Kind bis zum zurückgelegten fünfzehnten Lebensjahre fünfzehn Procent, jedes auch mutterlose Kind zwanzig Procent, des Arbeitsverdienstes. Alle Renten zusammen dürfen sechzig Procent nicht übersteigen. Bei ihrer Wiederverheirathung erhält die **Wittwe als Abfindung das Dreifache ihrer Jahresrente.**

3. An Ascendenten bis zu ihrem Tode oder bis zum Wegfall ihrer Bedürftigkeit zwanzig Procent des Arbeitsverdienstes, wenn der Verstorbene ihr einziger oder hauptsächlicher Ernährer war.

Die Versicherung erfolgt auf Gegenseitigkeit durch die Unternehmer, die in Berufsgenossenschaften vereinigt sind (§ 9). Die Mittel dazu werden durch Beiträge aufgebracht, die von den Mitgliedern nach Maassgabe der an die Versicherten gezahlten Löhne und Gehälter und nach Maassgabe der Gefahrentarife aufgebracht werden. Zu diesem Zwecke sind die Unternehmer verpflichtet, am Schluss des Jahres der Berufsgenossenschaft eine Nachweisung der Arbeiter und Betriebsbeamten und der an dieselben gezahlten Löhne und Gehälter, einschliesslich Naturalleistungen, Tantièmen etc., einzureichen.

Bei derer Berechnung der Umlage und Unfallentschädigung kommen von den Löhnen und Gehältern die vier Mark pro Tag im Durchschnitt übersteigenden Beträge nur mit einem Drittel in Anrechnung, während solche Löhne jugendlicher oder in der Ausbildung begriffener Personen, welche hinter dem ortsüblichen Tagelohn zurückbleiben, auf den Betrag des letzteren erhöht werden (§ 10).

Die Berufsgenossenschaft der chemischen Industrie ist in acht Sektionen eingetheilt; jeder Betrieb gehört zu einer dieser Sektionen (§ III).

Die Berufsgenossenschaft der chemischen Industrie hat Unfallverhütungsvorschriften erlassen (§ XXXXIII) und Beauftragte zur Ueberwachung der Betriebe ernannt; jeder Betriebsunternehmer ist verpflichtet, diese Beauftragten jederzeit zur Besichtigung der Betriebe zuzulassen (§ 82).

Von jedem vorkommenden Unfall, durch welchen eine in dem betreffenden Betriebe beschäftigte Person getödtet wird oder eine Verletzung erleidet, die eine Arbeitsunfähigkeit von mehr als drei Tagen zur Folge hat, muss binnen zwei Tagen eine schriftliche Anzeige bei der Ortspolizeibehörde gemacht werden (§ 51), sowie eine gleichlautende Abschrift derselben an den Sektionsvorstand und an den Vertrauensmann der Berufsgenossenschaft (§ XXXXI).

Specieller Theil.

1. Brennmaterialien und Feuerungen.

A. Brennmaterialien.

Eine Untersuchung ist nöthig bei Braunkohlen, Torf, Steinkohlen, Koks. Ueber Probeziehung, Zerkleinerung und Reduction der Probe auf ein kleines Volum vgl. den Anhang.

1. **Bestimmung der Feuchtigkeit.** Bei Steinkohlen erhitzt man 100—200 g zwei Stunden lang bei ganz langsamem Luftwechsel auf 150°, nicht darüber, weil sonst flüchtige Bestandtheile entweichen, und andererseits Gewichtszunahme durch Oxydation eintreten kann. Damit nicht während der Zerkleinerung zu viel Wasser verdunstet, muss diese schnell und nur etwa bis zur Bohnengrösse erfolgen.

Braunkohlen und Torf erhitzt man 5—6 Stunden auf 100° und wägt wiederholt bis das Gewicht constant bleibt.

Koks erhitzt man 2 Stunden auf 110°.

2. **Bestimmung des Koksrückstandes**, d. i. der nicht vergasbaren Bestandtheile (nach Richters). Man erhitzt 1 g der feingepulverten Kohle in einem mindestens 30 mm hohen Platintiegel bei fest aufgelegtem Deckel über der nicht unter 18 cm hohen Flamme eines einfachen Bunsen'schen Brenners so lange, bis keine bemerkbaren Mengen brennbarer Gase zwischen Tiegelrand und Deckel mehr entweichen (was nur einige Minuten dauern soll), lässt erkalten und wägt. Der Platintiegel muss auf einem dünnen Drahtdreieck ruhen und sein Boden höchstens 3 cm von der Brennermündung der Lampe entfernt sein. (Bei kleinerer Flamme, dickerem Drahtdreieck etc. fällt die Koksausbeute zu hoch aus.) Um vergleichbare Resultate zu erhalten, muss man sie auf aschenfreie Kohle oder Koks beziehen. Gute Flammofenkohle soll 60—70% Koksausbeute ergeben.

3. **Aschenbestimmung.** Bei Braunkohle und Torf sehr einfach. Koks erfordert sehr hohe Temperatur; am schwersten ist die Veraschung bei backender Steinkohle, welche man sehr fein pulvern und ganz langsam anwärmen muss, damit die flüchtigen Bestandtheile entweichen, ohne dass das Pulver zu Koks zusammenbäckt.

Wenn nur hin und wieder eine Aschenbestimmung zu machen ist, so erhitzt man 1—3 g der feinst gepulverten Kohle in einem Platintiegel, welcher in ein Loch einer etwas schief gestellten Platte von Asbestpappe passt (Fig. 1). Hierdurch wird die zur Oxydation dienende Luft von den Flammengasen getrennt gehalten und die Verbrennung beschleunigt. In 2 Stunden ist die Veraschung beendet, welche sonst selbst nach 8—10 Stunden noch unvollständig bleibt. Anwendung eines Gebläses ist nicht anzurathen, weil sonst leicht etwas verloren geht.

Fig. 1.

Wenn öftere Proben zu machen sind, ist es vorzuziehen, die Einäscherung mittelst einer Muffel in einer Platinschale (allenfalls auch in einer Porzellanschale) vorzunehmen, wo man gleich mehrere Proben auf einmal machen kann, oder noch schneller in einem Platinschiffchen, das in einer Porzellanröhre im Sauerstoffstrome erhitzt wird. Im letzteren Falle wendet man Kohle oder Koks in Stückchen an, da bei feinem Pulver die untersten Theile desselben mit dem Sauerstoff zu wenig in Berührung kommen.

4. **Schwefel** (nach Eschka). $0·5 - 1$ g der feingepulverten Kohle werden mit der $1^{1}/_{2}$fachen Menge eines innigen Gemenges von 2 Theilen gut gebrannter Magnesia und 1 Theil wasserfreier Soda im Platintiegel mittelst eines Glasstabes gemengt und der **unbedeckte** Tiegel in schiefer Lage erhitzt, so dass nur die untere Hälfte ins Glühen kommt (am besten in der ausgeschnittenen Asbestpappe, Fig. 1). Die durch öfteres Umrühren mittelst eines starken Platindrathes zu unterstützende Verbrennung des Schwefels zu Sulfaten wird kaum länger als eine Stunde dauern, wobei die graue Farbe des Gemenges meist zu gelb, röthlich oder bräunlich übergeht. Man übergiesst die Masse mit heissem Wasser, setzt so lange Bromwasser zu, bis die Flüssigkeit schwach gelblich erscheint, kocht, decantirt durch ein Filter und wäscht mit heissem Wasser aus. Der wässrige Auszug wird mit Salzsäure angesäuert, gekocht bis alles Brom entfernt und die Flüssigkeit farblos geworden ist, und mit Chlorbaryum gefällt (vgl. bei Analyse von Schwefelkies, S. 142). Wenn die Magnesia oder Soda nicht schwefelsäurefrei sind, muss man den Schwefelsäuregehalt der Mischung bestimmen und in Rechnung ziehen. Wenn das Leuchtgas stark schwefelhaltig ist, wendet man besser eine Weingeistlampe an; meist genügt jedoch die Abhaltung der Verbrennungsprodukte durch die Asbestpappe, Fig. 1.

5. **Die Bestimmung der Heizkraft** kann nach der (modificirten) **Formel von Dulong** durch elementaranalytische

Bestimmung des Kohlenstoffs und Wasserstoffs geschehen; der Sauerstoff wird nach Abzug der nach Nr. 1 und 3 bestimmten Feuchtigkeit ($=$ aq.) und Asche durch den Gewichtsunterschied ermittelt; den Schwefel (der übrigens nach V A Nr. 3 bestimmt werden kann) darf man ohne merklichen Fehler vernachlässigen. Wenn C, H und O Procentgehalte einer Kohle an jenen drei Elementen bezeichnen, so ist der Heizwerth der Kohle ausgedrückt in Gramm-Calorien

$$W = 80\text{·}0\ C + 288\ (H - \frac{1}{8}\ O) - 6\ aq.$$

Sicherer und bei einiger Uebung auch viel schneller kann man den Heizwerth auf **calorimetrischem Wege direkt** bestimmen.

Alle früheren Calorimeter sind für genauere Untersuchungen durch die aus der Berthelot'schen Bombe entstandenen billigeren Calorimeter von Hempel, Mahler und Kröcker verdrängt worden. Dasjenige von Hempel ist in Zsch. f. angew. Ch. 1892, 389 und „Techn. Chem. Untersuchungen" I, 234 beschrieben; es ist durch jede deutsche Apparatenhandlung zu beziehen. Das Calorimeter von Mahler (beschrieben von Langbein, Zsch. f. angew. Ch. 1896, 488) ist nur von L. Golaz in Paris (282 rue St. Jacques) zu beziehen; Preis mit Zubehör, aber ohne Thermometer 750 Frs.[1]).

B. Feuerungen.

1. **Analyse der Rauchgase.** Man bestimmt darin CO_2, O, CO und N (letzteren durch Differenz) am bequemsten mit dem Orsat-Aparat (Fig. 2). Dieser (von jeder Apparatenhandlung zu beziehen) besteht aus einer Gasbürette A, welche mit der mit Wasser gefüllten Niveauflasche B verbunden ist; durch Heben von B wird A mit Wasser bis zum Nullpunkt der Theilung gefüllt, durch Senken von B Gas aus dem Eintrittsrohr C oder einem der Absorptionsgefässe D, E, F angesaugt, durch abermaliges Heben von B unter Oeffnung des betreffenden Hahnes das Gas nach D, E oder F übergeführt etc. Behufs der Ablesung wird die Niveauflasche B immer so gehalten, dass das Wasser in

---

[1]) Solche Bomben, deren Email beschädigt ist, sind nicht mehr mit Sicherheit zu gebrauchen, und lassen sich auch nicht gut frisch emailliren. Eine im hiesigen phys. chem. Institut schon zu mehreren hundert Bestimmungen verwendete Mahler'sche Bombe ist noch ganz intakt, während eine Hempel'sche nach wenigen Operationen unbrauchbar wurde, was an einem Zufall liegen mag, aber, falls allgemeiner, den höheren Preis des (übrigens auch feiner gearbeiteten) französischen Instrumentes rechtfertigen würde. Den Instrumenten werden Gebrauchsanweisungen beigegeben.

ihr und in *A* gleich hoch steht. Füllung der Absorptionsgefässe: für CO_2 mit 110 ccm Kalilauge von 1·20—1·28 spec. Gewicht (kann sehr lange vorhalten). Für O mit ganz dünnen Phosphorstängelchen, unter Wasser und durch Umhüllung des Gefässes mit schwarzem Papier vor Licht geschützt zu halten; Verunreinigung durch theerige Bestandtheile u. dgl. macht den Phosphor unwirksam (zu verhüten durch Filtration des Gases vor dem Eintritt in *C* durch Asbest, Watte u. dgl.); auch geht die Sauerstoff-

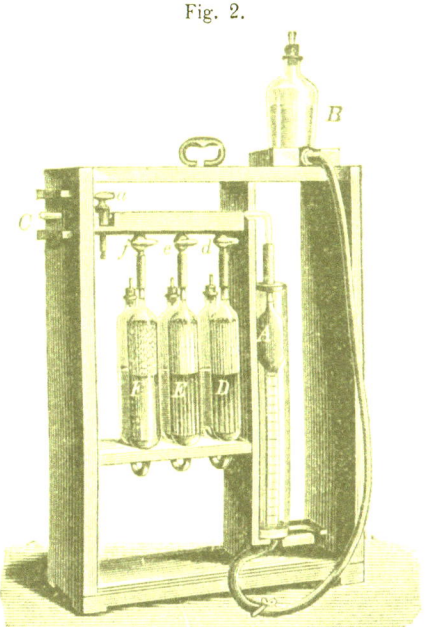

Fig. 2.

absorption erst von 16^0 oder besser 18^0 an vor sich und muss daher im Falle einer niedrigeren Temperatur das Gefäss mittelst einer Spiritusflamme vorsichtig erwärmt werden. Für CO dient Kupferchlorürlösung, dargestellt durch Schütteln von 200 g käuflichem Kupferchlorür mit einer Lösung von 250 g Salmiak in 750 ccm Wasser in einer verschlossenen Flasche, in die später eine bis zum Halse reichende Kupferspirale eingesetzt wird. Vor dem Einfüllen in das Absorptionsgefäss werden je 3 Volum dieser Lösung mit 1 Volum Ammoniakflüssigkeit von 0·905 versetzt. 1 ccm der

Taschenbuch für Sodafabrikation. 3. Aufl.

ammoniakalischen Lösung soll 16 ccm CO absorbiren; doch erfolgt eine vollständige Absorption nur nach längerer Berührung. Man muss das Reagens oft erneuern, da es sonst umgekehrt CO an ein daran armes Gas abgeben kann. Auch ist nicht zu übersehen, dass es auch Aethylen absorbirt, welches jedoch bei Rauchgasanalysen nicht vorkommt. Da das Reagens auch den Sauerstoff aufnimmt, so darf es immer nur nach Entfernung desselben angewendet werden.

Für die tägliche Kontrolle der Feuerung genügt die Bestimmung der Kohlensäure allein. Nach der vom Verf. in der Ztschr. f. angew. Ch. 1889 S. 240 gegebenen Entwickelung kann man mittelst dieser Bestimmung und gleichzeitiger Beobachtung eines im Rauchkanale befindlichen Thermometers (mit so langer Scala, dass sie aussen abgelesen werden kann) den durch die Rauchgase verursachten Wärmeverlust genügend genau berechnen und dadurch sowohl die Function einer Feuerungseinrichtung im Allgemeinen, als auch die tägliche Arbeit des Heizers im Einzelnen controliren. Wenn n die Volumprocent CO_2 im Rauchgase, t die Temperatur der äusseren Luft, t' diejenige der Rauchgase, c specifische Wärme eines cbm CO_2 (s. u.), c' spec. Wärme eines cbm O oder N (konstant $= 0.31$ anzunehmen) bedeutet, so ist das Gesammtvolum der Rauchgase für je 1 kg verbrannten Kohlenstoffs, ausgedrückt in cbm $=$

$$1.854 \left(\frac{100-n}{n}\right)$$

der Wärmeverlust durch das Rauchgas $=$ WV, ausgedrückt in Calorien:

$$WV = 1.854 \, (t'-t) \, c + 1.854 \, (t'-t) \left(\frac{100-n}{n}\right) c'$$

und ausgedrückt in Procenten der theoretisch vom Kohlenstoff abgegebenen Wärme:

$$\frac{100 \, WV}{8080}.$$

Die Grösse c' ist für alle Temperaturen genügend genau $= 0.31$ anzunehmen; c dagegen variirt nach der Temperatur und ist zu setzen:

wenn t' bis 150° ist, c $= 0.41$.
„ t' zwischen 150—200° $= 0.43$.
„ „ „ 200—250° $= 0.44$.
„ „ „ 250—300° $= 0.45$.
„ „ „ 300—350° $= 0.46$.

NB. Die Beobachtungen für n und t' müssen mehrmals hintereinander gemacht und das Mittel daraus gezogen werden. Für genauere Untersuchungen sind mehrere Versuchsreihen der Art zu verschiedenen Tageszeiten anzustellen.

Eine ständige, ungefähre Kontrolle des Kohlensäuregehaltes

der Rauchgase kann man ohne chemische Analyse vermittelst des Arndt'schen Oekonometers erzielen, dessen Princip dasselbe wie das der Lux'schen Gaswaage ist (zu beziehen von Jos. Wilckes, Köln, Holzmarkt 41).

2. Analyse der Generatorgase. Gewöhnliche, nur unbedeutende Mengen von Wasserstoff enthaltende Generatorgase kann man genügend genau mit dem S. 129 beschriebenen Orsat-Apparate durch Bestimmung von CO_2 und CO untersuchen, wo-

Fig. 3.

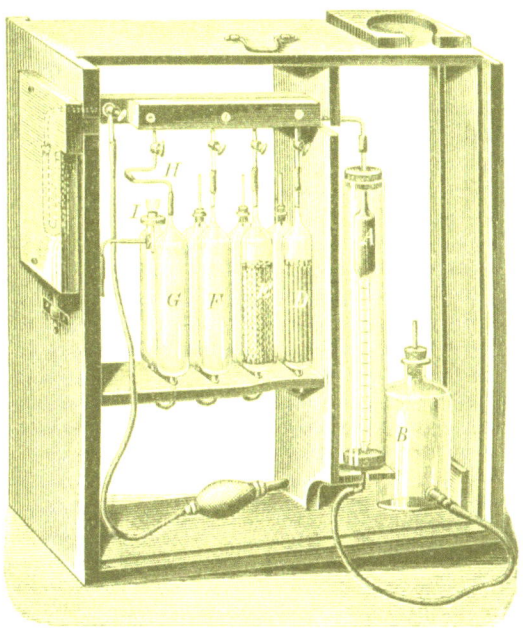

bei die vorhandenen geringen Mengen von schweren Kohlenwasserstoffen ebenfalls durch das Kupferchlorür absorbirt und als CO verrechnet werden. Für an Wasserstoff reichere Gase (Halbwassergas und Wassergas) dient der Orsat-Lunge'sche Apparat Fig. 3 (zu beziehen z. B. von Dr. Rob. Muencke, Luisenstr. 58, Berlin NW.). Die Buchstaben A bis F haben hier dieselbe Bedeutung wie in Fig. 2; G ist ein mit blossem Wasser gefülltes U-Rohr, H eine mit Platinasbest oder Palladiumasbest beschickte

„Verbrennungscapillare", I ein leicht zur Seite zu schiebendes Spirituslämpchen. Das in D, E und F von CO_2, O und CO befreite Gas wird mit so viel Luft gemengt, als die Messröhre A noch zu fassen vermag, was bis zu einem Wasserstoffgehalte ausreicht, welcher $4/10$ des angewendeten Luftvolums (entspr. 2 mal dem darin enthaltenen Sauerstoff) beträgt. Bei höherem Wasserstoffgehalt, wie er aber kaum anders als bei wirklichem „Wassergas" vorkommt, muss man entweder von vornherein weniger Gas (etwa nur 50 ccm) zur Analyse verwenden oder statt Luft reinen Sauerstoff zumengen. Man erwärmt die Verbrennungs-capillare H ganz gelinde mittelst ihrer Weingeistlampe I und führt das Gasgemenge in ziemlich raschem Strome einmal nach G hinüber und wieder nach A zurück, wobei ein Ende des Platin-asbest-Pfropfes ins Glühen kommen soll. Das rückständige Gas wird wieder gemessen und $2/3$ der bei der Verbrennung gefunde-nen Kontraktion $=$ H angesetzt.

Hierbei ist allerdings keine Rücksicht auf das in Generator-gas oder Wassergas in sehr geringer Menge vorkommende Methan genommen, welches nach allen beschriebenen Opera-tionen unverändert bleibt und mit dem Stickstoff gemessen wird. Eine einfache und schnelle technische Bestimmung des Methans ist nicht so leicht wie diejenige von CO^2, O, CO und H auszu-führen; sie geschieht durch Verbrennung mit glühendem Kupfer-oxyd (Winkler), durch Explosion mit Sauerstoff (Hempel), durch eine stark glühende Platincapillare (Drehschmidt) etc.; vgl. Chem. techn. Untersuch. I, 205; II, 569, sowie die Werke von Winkler und Hempel über Gasanalyse.

3. Zugmessung. Diese geschieht am besten (auch für den Betrieb der Bleikammern etc.) vermittelst eines Differen-tial-Anemometers, z. B. derjenigen von Pictet oder von Seger (Chem. techn. Unters. I, 159). Auch das von A. König con-struirte[*]) hat sich sehr gut bewährt. Folgendes ist die dazu gehörige Gebrauchs-Anweisuug.

Füllung des Glaskörpers. Nach Entfernung des inneren Glasrohres wird die untere Erweiterung des äusseren Glasrohres mittelst einer Pipette, deren obere Oeffnung man zuerst, um das Eintreten der weissen, obenstehenden Flüssig-keit zu verhindern, mit dem Finger verschliesst, mit der rothen Flüssigkeit gefüllt, so weit, wie die Erweiterung parallelwandig ist (bis a), wozu ca. 10 ccm Flüssigkeit erforderlich sind. Es schadet nichts, wenn die Pipette zugleich etwas von der farb-losen Flüssigkeit mit einführt; man vermeide indess möglichst, die Innenwände der Röhre mit Tropfen der rothen Flüssigkeit zu beschmutzen.

---

[*]) Zu beziehen von Dr. H. Geissler Nachfolger (Franz Müller) in Bonn.

Auf die rothe Flüssigkeit schichtet man die farblose Flüssigkeit, und füllt damit die obere grosse Erweiterung der Glasröhre fast bis zur Hälfte (bis *b*). Die farblose Flüssigkeit ist, um ein Aufrühren der rothen Flüssigkeit zu vermeiden, namentlich anfangs recht v o r s i c h t i g einzugiessen. Das i n n e r e Glasrohr wird an seinem oberen Ende mit einem Gummischlauch versehen, und dann mit dem unteren Ende in das mit den Flüssigkeiten beschickte äussere Rohr eingeführt, und zwar etwa bis zum unteren Theil der oberen grossen Erweiterung (bis *c*). Vermittelst des Gummischlauches, dessen freies Ende man in den Mund nimmt, saugt man helle Flüssigkeit auf, bis das innere Rohr in seiner Erweiterung etwa bis zu dreiviertel damit angefüllt ist (etwa bis *d*). Der Gummischlauch wird alsdann mit der Zunge oder den Zähnen verschlossen, die innere Röhre vollständig in die äussere Röhre eingeschoben, und wenn der Glasstopfen aufsitzt, der Gummischlauch freigegeben. Einstellung der Marke. Man bläst vorsichtig in den Gummischlauch, bis ein paar Tropfen der farblosen Flüssigkeit unten aus der inneren Röhre in die rothe Flüssigkeit übertreten, und beobachtet, welche Stelle die Marke im inneren Rohr nach Wiederherstellung des Gleichgewichtes einnimmt. Liegt diese Stelle, welche dem Nullpunkt der Scala entsprechen soll, noch zu tief, so drückt man abermals einige Tropfen der farblosen Flüssigkeit aus dem inneren Rohr nach aussen über, beobachtet wieder, und fährt so fort, bis die Berührungsstelle der Flüssigkeiten die gewünschte Höhe erreicht hat (etwa bis *e*). Sollte die Marke zu hoch gekommen sein, so muss die innere Röhre herausgezogen werden (wenigstens bis etwa *c*), durch Ansaugen wiederum bis zu dreiviertel gefüllt werden, und so fort, wie bei Neufüllung. Der richtig gefüllte Glaskörper wird dann wieder in das Stativ bezw. das Kästchen eingesetzt, und der Nullstrich der Scala (beim Kästchen durch Schieben des Knopfes rechts ausserhalb des Kästchens) auf die Marke eingestellt. S c h u t z g e g e n S o n n e n l i c h t. Die Flüssigkeiten sind im D u n k e l n aufzubewahren. Gefüllte Apparate sind gleichfalls vor direkter Besonnung zu schützen,

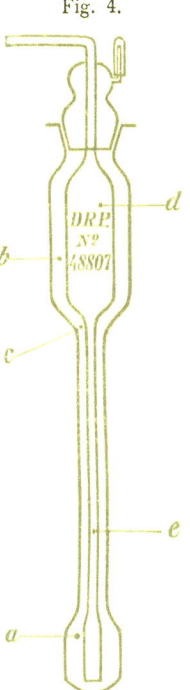

Fig. 4.

und dürfen niemals so angebracht sein, dass sie direktem Sonnenlicht ausgesetzt sind. Das Licht bewirkt mit der Zeit eine Veränderung der Flüssigkeiten, welche zur Folge hat, dass das Instrument mit der Zeit etwas zu wenig anzeigt. In diesem Fall, namentlich wenn die helle Flüssigkeit gelblich geworden ist, muss der Glaskörper geleert, gereinigt und frisch gefüllt werden, sofern es sich um genaue Messungen handelt. Reinigung gebrauchter Instrumente. Nachdem die alten Flüssigkeiten ausgegossen sind, füllt man den Glaskörper mit concentrirter (66 grädiger) Schwefelsäure an, lässt ihn einige Zeit damit stehen, und spült nach Entfernung der Schwefelsäure mehrmals mit Wasser aus, bis alle Säure entfernt ist. Vor der Neufüllung ist der Apparat sorgfältigst zu trocknen, sei es durch Wärme, durch einen Luftstrom oder durch Ausspülen mit Alkohol und Aether. Fest aufgestellte Instrumente. Die Marke steigt bezw. fällt bei steigender bezw. sinkender Temperatur, die Skala ist daher vor der Ablesung auf den Nullpunkt einzustellen. Bei fest aufgestellten Instrumenten empfiehlt es sich daher, in den Gummischlauch einen Dreiweghahn einzuschalten, der stets so gestellt ist, dass die äussere Luft mit dem Inneren des Instrumentes kommunicirt, die Marke also stets auf Null steht. Behufs Beobachtung wird durch eine Vierteldrehung des Hahns die Verbindung mit dem Raum hergestellt, dessen Zug bezw. Druck gemessen werden soll, und nach erfolgter Ablesung der Hahn wieder zurückgestellt.

4. Temperaturmessung (vgl. Chem. techn. Untersuch. I S. 164 ff.) Die früheren Pyrometer sind sämmtlich nach längerem Gebrauche, oft gleich anfangs, unzuverlässig und bedürfen öfterer ziemlich schwieriger Kontrolle. Von diesen stehen am meisten im Gebrauche das Metallpyrometer von Gauntlett (zu beziehen von Schäffer und Budenberg, Magdeburg), das Graphitpyrometer von Steinle und Hartung, das Thalpotasimeter von Klinghammer; für bestimmte Zwecke eignen sich sehr gut die Prinsep'schen Metalllagerungen und für höhere Temperaturen die Seger'schen Thonkegel und das Wiborgh'sche Thermophon.

Zur Kontrolle verwendete man früher das elektrische Widerstandspyrometer von Siemens oder calorimetrische Pyrometer, z. B. dasjenige von F. Fischer. Heutzutage wird für alle genaueren Bestimmungen und selbst für viele Fabrik-Arbeiten das thermo-elektrische Pyrometer von Le Chatelier verwendet (in Deutschland hergestellt von W. Heraeus in Hanau und Kaiser und Schmidt, Berlin, beschrieben in den Chem. techn. Untersuchungen I, 173). Dieses zeigt die betreffenden Temperaturen auf einem von der physikalischen Reichsanstalt in Berlin geaichten Galvanometer, dessen Angaben mit dem Luftpyrometer verglichen sind, direkt an. Sein aktiver Theil

(Fig. 5) ist ein thermoelektrisches Element, bestehend aus einem Drahte a aus reinem Platin und einem damit zusammengeschmolzenen Drahte b aus einer Legierung von 90 Platin mit 10 Rhadium. Die Drähte sind durch 1 m lange Porzellanröhren

Fig. 5.

Natürliche Grösse.

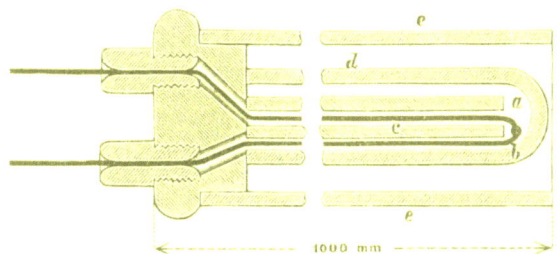

c, d isolirt, die nach aussen durch das Eisenrohr e, e geschützt sind. Die Drähte setzen sich aussen in eine zum Galvanometer führende Platin- oder Kupferleitung fort. Für den Gebrauch des Instrumentes sind folgende Regeln zu beachten (ausführlicher in den „Chem. techn. Untersuch." S. 175).

Das Galvanometer muss an einem vor Erschütterungen gesicherten Orte aufgestellt werden, z. B. auf einer Wandkonsole, erforderlichenfalls im Zimmer des Betriebsleiters. Stets, wenn es von seinem Platze entfernt werden soll, muss es vorher arretirt werden. Nach fester Aufstellung, z. B. auf einer Wandkonsole, wird die Arretirungsschraube vorsichtig gelöst, bis der Zeiger zu schwingen anfängt. Dieser wird sich nur bei vollständig wagerechter Aufstellung des Galvanometers auf 0 einstellen, wofür Stellschrauben u. s. w. vorhanden sind. Der Widerstand des Leitungsdrahtes darf 1 Ohm nicht wesentlich überschreiten, was bei Entfernungen bis zu 100 m durch isolirten Kupferdraht von 2 mm Stärke erreicht wird. Die Verbindungsstellen des Elementes mit den Kupferdrähten sollen die Zimmertemperatur nicht wesentlich überschreiten. Das Element muss in der in der Fig. 5 gezeigten Weise gegen die Einwirkung der Feuergase auf das Platin geschützt sein. Beim Reissen eines der Drähte genügt zur Wiederherstellung des Kontaktes inniges Zusammenwickeln der Enden auf 1 cm Länge. Für Temperaturen bis 1000° kann man das durch Eisenrohr geschützte Element bleibend im Ofen lassen; bei höheren

Temperaturen muss man es mindestens durch Lagern auf einer Chamotteplatte u. dgl. vor Verbiegen schützen, besser aber nur vorübergehend in den Ofen bringen, wobei man annehmen kann, dass die durch Porzellan und Eisen geschützte Löthstelle nach 10 Minuten die Ofentemperatur angenommen hat.

II. Schwefelsäurefabrikation.

A. Schwefel (Rehschwefel).

1. **Feuchtigkeit.** Um Verdunstung von Wasser während des Zerreibens zu verhüten, trocknet man eine unzerriebene, allenfalls grob zerkleinerte Durchschnittsprobe von 100 g einige Stunden bei 100^0 im Trockenschrank oder auf dem Wasserbade.

2. **Aschengehalt.** Man verbrennt 10 g in einer tarirten. Porzellanschale und wägt den Rückstand. Zuweilen kommt im Rohschwefel Kohle vor. In diesem (leicht äusserlich erkennbaren) Falle muss man sofort nach dem Verjagen des Schwefels den Brenner entfernen, damit nicht auch die Kohle verbrannt und als Schwefel berechnet werde.

3. **Arsen.** Man behandelt 10 g Schwefel mit verdünntem Ammoniak bei $70-80^0$, wodurch As_2S_3 in Lösung geht, filtrirt, neutralisirt genau mit verdünnter Salpetersäure und titrirt mit $1/10$ N-Silbernitrat, bis ein Tropfen der Lösung mit neutralem Kaliumchromat eine braune Fällung giebt. Jedes ccm des Silbernitrats zeigt 0·041 Proc. As_2S_3 an. Wenn das Arsen als arsenigsaures Eisen oder Kalk vorhanden ist (was bei aus Sodarückständen wiedergewonnenem Schwefel, aber nicht bei gediegenem Schwefel vorkommt), so muss man mit Schwefelkohlenstoff extrahiren, den Rückstand mit Königswasser oxydiren und wie bei der Pyritanalyse (s. u.) verfahren.

4. **Direkte Bestimmung des Schwefels**[*]**.** Man löst 50 g des feingepulverten Rohschwefels durch Digestion mit 200 g Schwefelkohlenstoff in einer verschlossenen Flasche bei gewöhnlicher Temperatur und bestimmt die Temperatur t und das spec. Gew. der Lösung = s, welches vermittelst folgender Formel (giltig bis auf 25^0 C) auf das spec. Gew. bei $15^0 = S$ reducirt wird:
$$S = s + 0·0014 (t - 15^0).$$

Aus der Zahl S ermittelt man mittelst der folgenden Tabelle den Procentgehalt der Lösung an Schwefel, welcher, mit 4 multiplicirt, die Procentigkeit des Rohschwefels an Reinschwefel angiebt.

---

[*] Nach Macagno, Chem. News **43**, 192 und Pfeiffer, Zsch. für anorgan. Ch. **15**, 194.

— 137 —

Tabelle.

Specifische Gewichte der Lösungen von Schwefel in Schwefelkohlenstoff mit den entsprechenden Gewichtsmengen Schwefel, welche von je 100 Gewichtstheilen reinem Schwefelkohlenstoff bei 15^0 C. (bezogen auf Wasser von 4^0 C.) gelöst werden.

Spec. Gewicht	100 CS_2 hat gelöst S	Spec. Gewicht	100 CS_2 hat gelöst S	Spec. Gewioht	100 CS_2 hat gelöst S	Spec. Gewicht	100 CS_2 hat gelöst S
1·2708	0·0	1·2999	6·4	1·3263	12·8	1·3507	19·2
1·2717	0·2	1·3007	6·6	1·3271	13·0	1·3514	19·4
1·2726	0·4	1·3016	6·8	1·3279	13·2	1·3521	19·6
1·2736	0·6	1·3024	7·0	1·3287	13·4	1·3529	19·8
1·2745	0·8	1·3032	7·2	1·3295	13·6	1·3536	20·0
1·2754	1·0	1·3041	7·4	1·3303	13·8	1·3543	20·2
1·2763	1·2	1·3050	7·6	1·3311	14·0	1·3550	20·4
1·2772	1·4	1·3058	7·8	1·3319	14·2	1·3557	20·6
1·2782	1·6	1·3066	8·0	1·3326	14·4	1·3564	20·8
1·2791	1·8	1·3074	8·2	1·3334	14·6	1·3571	21·0
1·2800	2·0	1·3083	8·4	1·3342	14·8	1 3577	21·2
1·2809	2·2	1·3061	8·6	1·3350	15·0	1·3584	21·4
1·2819	2·4	1·3100	8·8	1·3357	15·2	1·3591	21·6
1·2828	2·6	1·3108	9·0	1·3365	15·4	1·3598	21·8
1·2838	2·8	1·3116	9·2	1·3373	15·6	1·3605	22 0
1·2847	3·0	1·3125	9·4	1·3380	15·8	1·3612	22·2
1·2856	3·2	1·3133	9·6	1·3388	16·0	1·3619	22·4
1·2866	3·4	1·3142	9·8	1·3396	16·2	1·3626	22·6
1·2875	3·6	1·3150	10·0	1·3403	16·4	1·3633	22·8
1·2885	3·8	1·3158	10·2	1·3411	16·6	1·3640	23·0
1·2894	4·0	1·3166	10·4	1·3418	16·8	1·3646	23·2
1·2903	4·2	1·3174	10·6	1·3426	17·0	1·3653	23·4
1·2912	4·4	1·3182	10·8	1·3433	17·2	1·3660	23·6
1·2920	4·6	1 3190	11·0	1·3441	17·4	1·3667	23·8
1·2929	4·8	1·3199	11·2	1·3448	17·6	1·3674	24·0
1·2938	5·0	1·3207	11·4	1·3456	17·8	1·3681	24·2
1·2947	5·2	1·3215	11·6	1·3463	18 0	1·3688	24·4
1·2956	5·4	1·3223	11·8	1·3470	18·2	1·3695	24·6
1·2964	5·6	1·3231	12·0	1·3478	18·4	1·3702	24·8
1·2973	5·8	1·3239	12·2	1·3485	18·6	1·3709	25·0
1·2982	6·0	1·3247	12·4	1·3492	18·8		
1·2990	6·2	1·3255	12·6	1·3500	19·0		

5. Selen wird nachgewiesen durch Verpuffen mit Salpeter, Lösen der Schmelze in Salzsäure und Behandlung mit schwefliger Säure, wobei das Selen als Pulver ausfällt.

6. Der **Feinheitsgrad des gemahlenen Schwefels** wird in Frankreich mit dem **Sulfurimeter von Chancel***) bestimmt. Dies ist ein unten geschlossenes, oben mit Glasstopfen verschlossenes Glasrohr von ca. 23 cm Länge und 15 mm Weite, welches, vom Boden anfangend, eine Theilung an 100 Grad zeigt. Jeder Grad ist $= \frac{1}{4}$ ccm; die 100 Grad nehmen eine Länge von 160 mm ein. Wird gepulverter Schwefel mit Aether geschüttelt, so bildet er in der Ruhe eine Schicht, deren Höhe im Verhältniss zur Feinheit zur Mahlung steht. Um nun den gemahlenen Schwefel darauf zu untersuchen, wird er durch ein Sieb von 1 mm Maschenweite getrieben, um die beim Lagern entstandenen Klümpchen zu zertheilen und 5 g davon in das Rohr gebracht, das man zur Hälfte mit wasserfreiem Aether und möglichst nahe an $17\frac{1}{2}^0$ C. füllt. Durch kräftiges Schütteln werden die noch durch's Sieb gegangenen Klümpchen zertheilt, dann Aether nachgefüllt, bis er 1 cm über dem Theilstrich 100 steht, wieder kräftig durchgeschüttelt und das Rohr senkrecht gestellt. Wenn die Schwefelschicht nicht mehr sinkt, liest man die Zahl ab, bis zu der sie reicht; sie giebt die Feinheit in Graden nach Chancel an.

B. Gasschwefel.

Dieser ist durch Sägespäne, theerige Stoffe etc. verunreinigt und enthält auch wechsende Mengen von Kalk etc., welche bei der Verbrennung einen Theil des Schwefels zurückhalten; daher wendet man eine Methode an, welche nur auf den gewinnbaren Theil des Schwefels Rücksicht nimmt (Zulkowsky, Dingl. Journ. **241**, 52). Mann verbrennt den Gasschwefel mit Hilfe von platinirtem Asbest, leitet die Gase in eine Lösung von Aetzkali und unterbromigsaurem Kali und bestimmt die dort kondensirte, resp. gebildete Schwefelsäure durch Fällung mit Chlorbarium. Die Verbrennung geschieht in einem 60 cm langen Verbrennungsrohr, Fig. 6, welches bei a verengt und dessen Ende zu einem 10 cm langen, nicht zu dünnen, abwärts gerichteten Röhrchen ausgezogen ist. Zwischen a und b kommt eine 20—25 cm lange Schicht platinirter Asbest, 7—10 cm dahinter ein Porzellanschiffchen mit ca. 0·4 g Gasschwefel. Das Rohrende bei k wird mit einem Sauerstoff-Gasometer in Verbindung gesetzt. Zur Absorption dienen die beiden Kugel-U-Röhren c und d von 14 cm Höhe und das mit Glaswolle gefüllte Rohr e, oder aber an Stelle des Ganzen das Zehnkugelrohr, Fig. 7. Die Absorptionsflüssigkeit wird bereitet, indem man 180 g mit Alkohol von Sulfaten vollständig gereinigtes Aetzkali in Wasser löst, 100 g Brom unter Abkühlung eintropfen lässt und auf 1 l verdünnt. 30 ccm hier-

---

*) Zu beziehen z. B. von Dr. Bender und Dr. Hobein, München.

von genügen zur Bestimmung von 0.5 Schwefel. Auch das Rohr e soll damit befeuchtet werden.

Man erhitzt zuerst den Theil des Rohres zwischen a und b zur Rohtgluth, indem man gleichzeitig feuchten Sauerstoff einleitet; darauf das Schiffchen von der Rechten zur Linken hin, schliesslich bis zur Stelle f. Der Gasstrom muss viel stärker als bei einer Elementaranalyse sein, damit kein Schwefel unverbrannt entweicht, aber nicht so stark, dass SO_3 unabsorbirt entweichen

Fig 6.

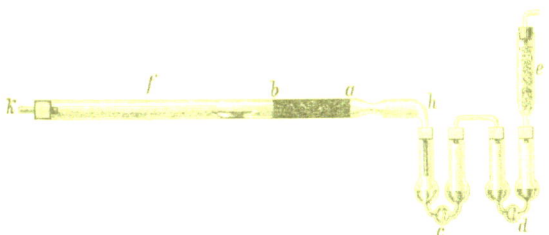

könnte. So lange sich bei h ein Beschlag zeigt, muss man ihn mit einem Bunsen-Brenner in die Vorlage treiben; wenn dies aufhört, ist der Versuch beendet, was ca. 1 Stunde dauert. Man nimmt die Vorlagen ab, entleert und spült sie aus und gewinnt auch die in h zurückgebliebene Schwefelsäure, indem man durch k mehrmals Wasser aufsaugt. Sämmtliche Flüssigkeiten werden vereinigt, mit Salzsäure übersättigt, um das Aetzkali und unterbromigsaure Kali zu zersetzen, erhitzt, nöthigenfalls koncentrirt und die Schwefelsäure nach S. 141 mit Chlorbaryum gefällt.

Dieses Verfahren lässt sich auch zur Prüfung von Schwefelkiesen auf ihren Gehalt an nutzbarem Schwefel anwenden; hier muss man jedoch den platinirten Asbest weglassen und nimmt deshalb ein nur 40 cm langes, vorn ausgezogenes und umgebogenes Verbrennungsrohr.

Statt durch Bromkalilösung kann man die Absorption sehr zweckmässig durch Wasserstoffsuperoxyd vornehmen, und in diesem Falle die gewichtsanalytische Bestimmung der Schwefelsäure durch Titriren mit Natron oder Natriumkarbonat ersetzen, wobei man die schon vorher vorhandene Acidität des Wasserstoffsuperoxyds in Abrechnung bringt. Dies geht viel schneller als Zulkowsky's Methode, und überhebt der Aufgabe, absolut schwefelsäurefreies Aetzkali zu verwenden.

Einfacher bestimmt den gewinnbaren Schwefel dadurch, dass man den Gesammtschwefel nach Oxydation mit Königswasser, einmal in einer getrockneten Probe, das zweitemal in einer vorher in der Muffel abgerösteten Probe bestimmt; die Differenz beider zeigt den gewinnbaren Schwefel.

C. Schwefelkies (Kiese überhaupt).

1. Feuchtigkeit. Man trocknet den grobgepulverten Kies bei 105°, bis das Gewicht konstant bleibt. Für die folgenden Proben wird nicht getrockneter Kies, sondern das fein gepulverte und in gut verschlossener Flasche aufbewahrte Durchschnittsmuster direkt verwendet. Ueber das Ziehen eines Durchschnittsmusters und dessen Zerkleinerung vgl. den Anhang.

Die Analysen-Resultate werden auf den trockenen Kies berechnet, zu welchem Zwecke eine besondere Wasserbestimmung für das Durchschnittsmuster vorgenommen wird.

2. Schwefel. Man schliesst etwa 0·5 g des im Achatmörser feinst gepulverten und gebeutelten Kieses mit ca. 10 ccm einer Mischung von 3 Volum Salpetersäure von 1·4 spec. Gew. und 1 Volum rauchender Salzsäure (beide auf völlige Abwesenheit von Schwefelsäure zu prüfen) auf, unter Vermeidung alles Spritzens und mit gelegentlicher Erwärmung. In seltenen Ausnahmefällen wird etwas freier Schwefel ausgeschieden, den man durch vorsichtigen Zusatz einer Messerspitze von chlorsaurem Kali zur Oxydation bringen kann. Man verdampft im Wasserbad zur Trockniss, wiederholt dies nach Zusatz von 5 ccm Salzsäure (wobei keine salpetrigen Dämpfe mehr entweichen sollen), setzt ca. 1 ccm koncentrirte Salzsäure und 100 ccm heisses Wasser zu, filtrirt durch ein kleines Filter und wäscht heiss aus. Den unlöslichen Rückstand kann man trocknen, glühen und wägen; er kann neben Kieselsäure und Silicaten auch die Sulfate von Baryum, Blei, möglicherweise auch Calcium enthalten, deren Schwefelsäure, weil völlig unnütz, absichtlich vernachlässigt wird. Bei geringeren Mengen von Rückstand braucht man ihn gar nicht abzufiltriren und schreitet sofort zur Füllung mit Ammoniak.

Das Filtrat mit den Waschwässern wird mit Ammoniak in mässigem, nicht zu geringem Ueberschuss versetzt und die Flüssigkeit 10—15 Minuten auf 60—70° erwärmt, aber nicht zum Kochen erhitzt; sie muss noch immer ganz deutlich nach NH_3 riechen (anderenfalls enthält der Niederschlag etwas basisches Ferrisulfat). Das Eisenhydroxyd wird nun abfiltrirt und ausgewaschen. Man kann dies in kurzer Zeit ($^1/_2$ —1 Stunde) beendigen, wenn man folgende Vorsichtsmaassregeln anwendet: 1) Heisses Filtriren und Auswaschen auf dem Filter mit heissem Wasser, unter Vermeidung von Kanälen im Niederschlage, in der Weise, dass der ganze Niederschlag jedesmal mittelst der Spritzflasche gründlich aufgerührt wird (bei Decantiren würden zu viel Waschwässer entstehen); 2) Anwendung eines hinreichend dichten, aber schnell filtrirenden Papieres; 3) Anwendung von genau richtig konstruirten Trichtern im Winkel von 60°, deren Rohr von der Flüssigkeit vollkommen erfüllt wird. Auch kann man eine Filterpumpe anwenden.

Man wäscht aus, bis ca. 1 ccm des Waschwassers bei Zusatz von Chlorbaryum auch nach einigen Minuten nicht getrübt wird. (In irgend zweifelhaften Fällen ist es räthlich, sich später von der völligen Abwesenheit basischer Sulfate zu überzeugen, indem man den Eisenoxydniederschlag trocknet, mit etwas reiner Soda schmilzt und die wässrige Lösung der Schmelze auf Schwefelsäure prüft.) Filtrat und Waschwässer zusammen sollten das Volum von 200 ccm nicht wesentlich übersteigen und sind anderenfalls durch Abdampfen zu koncentriren. Man säuert mit reiner Salzsäure eben an, mit Vermeidung jedes grösseren Ueberschusses, erhitzt zum vollen Kochen, entfernt die Lampe und giesst langsam eine vorher ebenfalls zum Kochen erhitzte Lösung von Chlorbaryum zu. Bei einer 10 proc. $BaCl_2$-Lösung wird man auf $^1/_2$ g Pyrit mit 20 ccm stets mehr als ausreichend, die man in einem mit Marke versehenen Reagircylinder abmisst und gleich darin erhitzt. Ein irgend grösserer Ueberschuss von $BaCl_2$ muss vermieden werden, weil sonst die Resultate zu hoch ausfallen. Nach dem Fällen lässt man $^1/_2$ Stunde stehen, worauf die Flüssigkeit sich völlig geklärt haben soll und gleich noch heiss weiter behandelt werden kann. (Es ist völlig unnöthig längere Zeit, etwa gar über Nacht, stehen zu lassen, was durch das Erkalten die Arbeit nur erschwert.) Das Klare wird möglichst gut durch ein Filter decantirt, und 100 ccm siedendes Wasser auf den Niederschlag gegossen und umgerührt, worauf schon nach 2—3 Minuten die Flüssigkeit sich wieder abgeklärt hat und decantirt werden kann. Man wiederholt das Uebergiessen mit siedendem Wasser und Decantiren 3—4 mal, bis die Flüssigkeit nicht mehr sauer reagirt, spritzt den Niederschlag auf das Filter, trocknet und glüht ihn. Er soll völlig weiss sein und nicht zusammenbacken. 1 Theil desselben ist = 0·13733 Th. Schwefel (vgl. Faktoren S. 14).

3. **Kupfer** (nach dem in der Duisberger Kupferhütte ausgearbeiteten, hier zum erstenmale veröffentlichten Verfahren). Von dem pulverisirten und bei 100° getrockneten Kies werden 5 g in einem schräg gestellten Erlenmeyer-Kolben mit 60 ccm Salpetersäure von 1·2 sp. Gew. allmälig in Lösung gebracht. Sobald die heftige Reaktion vorbei ist, wird der Kolben erhitzt und abgedampft, bis Schwefelsäure-Dämpfe entweichen. Der trockene Salzrückstand wird in 50 ccm Salzsäure von 1·19 sp. Gew. aufgelöst, zur Entfernung von Arsen und Reduction des Eisenchlorids unterphosphorigsaures Natron (2 g NaH_2PO_2 aufgelöst in 5 ccm Wasser) zugegeben und einige Zeit gekocht. Man setzt nun einen Ueberschuss von koncentrirter Salzsäure zu, verdünnt mit etwa 300 ccm heissen Wassers, leitet Schwefelwasserstoff ein, filtrirt und wäscht den Niederschlag gut aus. Man stösst das

Filter mit einem Glasstabe durch, spritzt den Niederschlag in das Fällungsgefäss zurück, bringt die noch am Filter haftenden Schwefelmetalle, sowie die Hauptmenge des Niederschlags durch Salpetersäure in Lösung und dampft den Inhalt des Kolbens im Dampfbade zur Trockniss ein. Man nimmt wieder mit Salpetersäure und Wasser auf, neutralisirt mit Ammoniak und setzt verdünnte Schwefelsäure in geringem Ueberschuss zu. Nach dem Erkalten der Flüssigkeit filtrirt man vom Bleisulfat und Rückstand ab, wäscht Kolben und Filter mit schwefelsäurehaltigem Wasser aus, setzt zum Filtrat 3—8 ccm Salpetersäure (1·4 sp. Gew.) und fällt das Kupfer elektrolytisch. Von dem gefundenen $^0/_0$ Cu wird 0·01 $^0/_0$ für Bi und Sb abgezogen.

4. **Blei** bleibt im Rückstande von der nach Nr. 2 mit Königswasser oder nach Nr. 3 mit Salpetersäure gemachten Aufschliessung in Form von Sulfat. Man extrahirt dieses aus dem Rückstande (am besten von Nr. 3) durch Erwärmen mit einer koncentrirten Lösung von Ammoniumacetat, dampft die Lösung unter Zusatz von etwas reiner Schwefelsäur eein, schliesslich in einem Porzellanschälchen oder - Tiegel, trocknet und glüht. 1 Th. $PbSO_4 = 0·6829$ Pb.

5. **Zink***) wird bisweilen im Schwefelkies bestimmt. weil der an Zink gebundene Schwefel kaum zu gewinnen ist. Die S. 144 bei „Zinkblende" beschriebene Schaffner'sche Methode muss hier wegen des Vorwaltens von Eisen durch Gewichtsanalyse ersetzt werden. Man löst 1 g Kies nach S. 140 in Königswasser, verjagt die Salpetersäure, nimmt den Rückstand in ca. 5 ccm koncentrirter Salzsäure auf, verdünnt mit Wasser, fällt beim Vorhandensein von aus saurer Lösung fällbaren Metallen diese durch Schwefelwasserstoff aus, filtrirt, verjagt aus dem Filtrat den H_2S durch Kochen und oxydirt mit etwas Königswasser. Nach dem Erkalten versetzt man mit Ammoniumcarbonat, bis der entstehende Niederschlag sich nur langsam wieder löst, dann mit Ammoniumacetat, kocht kurze Zeit und filtrirt. Das gefällte basische Ferriacetat, welches zinkhaltig ist, wird in Salzsäure gelöst und wieder wie oben gefällt, und dies wird so lange wiederholt, als noch im Filtrate Zink nachzuweisen ist. Die vereinigten Filtrate koncentrirt man nöthigenfalls, fällt das Zink in der Hitze mit Schwefelwasserstoff, lässt 24 Stunden stehen, giesst das Klare ab, filtrirt und wäscht das ZnS aus, löst es mit dem Filter in verdünnter Salzsäure, kocht den H_2S weg, filtrirt, fällt mit Natriumcarbonat, wäscht das $ZnCO_3$ aus, trocknet und verwandelt durch Glühen in ZnO, wovon 1 Th. = 0.8034 Zn. Für ganz genaue Bestimmungen muss ein etwaiger Gehalt des Zinkoxyds an SiO_2, Fe_2O_3 und Al_2O_3 bestimmt und abgezogen werden, was selten nöthig sein wird.

---

*) Nach Angaben von V. Hassreidter und E. Prost bearbeitet.

6. **Kohlensaure Erden** werden bisweilen bestimmt, weil sie Schwefel als Sulfate binden. Da ihre Menge stets gering ist, so bestimmt man die Kohlensäure nicht durch Gewichtsverlust u. dgl., sondern direkt nach Austreibung mittelst starker Säuren entweder dem Gewichte nach, durch Auffangen in Natronkalk, unter Zurückhaltung von Feuchtigkeit, überschüssiger Säure u.s.w., in den Apparaten von Fresenius (quant. Anal. I, 449) oder Classen (Mohr's Titrirmethoden 6. Aufl. S. 597); oder aber schneller und sicherer dem Volumen nach in dem Apparat von Lunge & Marchlewski (Zsch. f. angew. Ch. 1891 S. 229), welcher weiter unten bei der Analyse der carbonisirten Sodalauge (VE) beschrieben ist.

7. **Arsen** (nach Reich, modificirt von McCay). Man schliesst 0·5 g Schwefelkies mit koncentrirter Salpetersäure in einem Porzellantiegel auf, dampft die freie Säure ab, aber nicht bis zur Trockne, setzt 4 g Soda zu, trocknet auf dem Sandbade vollkommen ein, setzt 4 g Salpeter zu und erhitzt, bis die Masse 10 Minuten lang in ruhigem Schmelzen gewesen ist. Man laugt die Schmelze mit heissem Wasser aus, säuert die filtrirte Lösung mit wenig Salpetersäure an, erhitzt längere Zeit zur Austreibung aller CO_2, setzt Silbernitrat zu und neutralisirt sorgfältig mit verdünntem Ammoniak. Der Niederschlag welcher alles Arsen als Ag_3AsO_4 enthält, wird in verdünnter Salpetersäure aufgelöst und entweder das Silber nach Volhard durch Titriren mit Rhodanammmonium bestimmt, oder aber die Lösung in einer Platinschale abgedampft, der Rückstand getrocknet und gewogen. 1 Th. $Ag_3AsO_4 = 0·1620$ As; oder 1 Th. Ag = 1·2316.

Andere Methoden in „Techn. Chem. Untersuch." I, 251.

D. Abbrände von Kiesen.

1. **Schwefel.** Genau 2 g Natriumbicarbonat von bekanntem alkalimetrischen Titer werden in einem Nickeltiegel von 20 bis 30 ccm Inhalt mittelst eines abgeplatteten Glasstabes innigst mit 3·206 g der gepulverten Abbrände gemischt, 10 Minuten über einer kleinen Gasflamme erhitzt, deren Spitze eben bis zum Boden des Tiegels reicht, wieder umgerührt, 15 Minuten über einer stärkeren Flamme, aber nicht bis zum Schmelzen, erhitzt. Der Tiegel muss während des Erhitzens bedeckt sein und darf kein Umrühren darin stattfinden, weil sonst die entweichende CO_2 Verstäuben veranlasst. Der Inhalt des Tiegels wird in eine Porzellanschale entleert und mit Wasser nachgewaschen, 10 Minuten lang gekocht unter Zusatz von koncentrirter, völlig neutraler und von Chlormagnesium völlig freier Kochsalzlösung (ohne diesen Zusatz ist es schwer zu vermeiden, dass später etwas Eisenoxyd durch's Filter geht), dann das Unlösliche abfiltrirt und bis zum Verschwinden der alkalischen Reaktion ausgewaschen, die Lösung abgekühlt und mit Methylorange und Normalsalzsäure (von der jeder

0·05305 g Na_2CO_3 = 0·01603 S anzeigt) titrirt. Wenn 2 g Bicarbonat a ccm und die Lösung beim Rücktitriren b ccm der Salzsäure braucht, so ist der Procentgehalt an Schwefel $= \frac{a-b}{2}$.

(Die Duisburger Kupferhütte bestimmt auch hier den Schwefel nach S. 140; man löst aber die Abbrände in Salpetersäure mit Zusatz reiner Tropfen von Salpetersäure, weil bei mehr Salpetersäure H_2S entweichen kann.

2. **Kupfer** wird wie auf S. 141 bestimmt; doch bewirkt man die Auflösung von 1 g der Probe durch Salzsäure mit einigen Tropfen Salpetersäure, und macht hier von dem elektrolytisch bestimmten Cu keinen Abzug für Bi und Sb.

3. **Eisen.** Man bringt es durch anhaltendes Erwärmen von 0·5 g Abbränden mit koncentrirter Salzsäure in Lösung, reducirt die kochende Lösung durch eisenfreies Zink oder bequemer durch Zinnchlorür, dessen Ueberschuss durch etwas Lösung von Quecksilberchlorid weggenommen wird, und giesst die so erhaltene Lösung von Eisenchlorür in 0·5 l Wasser, welches man mit ca. 2 g Mangansulfat versetzt und durch 1–2 Tropfen Chamäleonlösung eben geröthet hat. Der Eisengehalt wird nun durch Austitriren mit $^1/_{10}$ normaler Chamäleonlösung bestimmt, von welcher jedes ccm 0·0056 g oder bei 0·5 g Abbränden je 1·12 Proc. Fe anzeigt.

E. Zinkblende *).

1. **Gesammtschwefel.** Man übergiesst 0·5 g des aufs Feinste gepulverten Musters mit etwa 20 ccm eines Gemisches von 3 Th. koncentrirter Salpetersäure + 1 Th. koncentrirter Salzsäure, oder aber mit Brom gesättigter Salzsäure, lässt über Nacht bedeckt stehen, dampft bis fast zur Trockne ab, setzt einige ccm Salzsäure und 50 ccm Wasser zu, filtrirt heiss und fällt mit Chlorbaryum nach S. 141.

2. **Zink** (nach der heute in den Zinkhütten angewendeten Abänderung der Schaffner'schen Methode). Man behandelt 2·5 g bei 100° getrockneter und feingepulverter Blende in einem ca. 250 ccm fassenden Erlenmeyer-Kolben mit 12 ccm rauchender Salpetersäure, erst kalt, dann unter schwachem Erwärmen bis zum Verschwinden der rothen Dämpfe, setzt 20–25 ccm koncentrirter Salzsäure zu, dampft auf dem Sandbade zur Trockniss ein, nimmt in 5 ccm Salzsäure und etwas Wasser auf, erwärmt bis sich so viel wie möglich gelöst hat, fügt noch 50–60 ccm Wasser zu, und erwärmt auf 60–70°, bis alles ausser Gangart und ausgeschiedenem Schwefel gelöst ist. Nun leitet man einen mässigen Strom Schwefelwasserstoff ein und setzt unter beständigem Um-

---

*) Dieser Abschnitt ist nach den Mittheilungen von V. Hassreidter und E. Prost bearbeitet.

schwenken nach und nach 50—100 ccm kaltes Wasser zu, bis alles Blei und Cadmium gefällt ist, was man daran erkennt, dass die aufsteigenden Gasblasen durchsichtig geworden sind. Uebermässiges Verdünnen und allzulanges Einleiten von H_2S ist zu vermeiden. Man filtrirt und wäscht mit 100 ccm Schwefelwasserstoffwasser, dem 5 ccm Salzsäure zugesetzt ist, aus, bis ein ablaufender Tropfen keine Reaktion mit Schwefelammonium auf Zink giebt. Filtrat sammt Waschwässern (zusammen etwa 300 ccm) wird zur Austreibung von H_2S gekocht (Kontrolle mit Bleipapier) und das Eisenoxydul durch Zusatz von 5 ccm koncentrirter Salpetersäure und 10 ccm Salzsäure höher oxydirt. Nach theilweisem Erkalten füllt man die Lösung in einen $^1/_2$ l Kolben, fügt 100 ccm Ammoniakflüssigkeit von $0·9 — 0·91$ und 10 ccm einer kaltgesättigten Lösung von käuflichem kohlensauren Ammoniak zu, schwenkt tüchtig um und lässt erkalten.

Mittlerweile bereitet man eine ammoniakalische Zinklösung von bekanntem Gehalt, den „Titer", indem man eine dem Zinkgehalt des Erzes annähernd entsprechende Menge chemisch reinen Zinks in einem $^1/_2$ l Kolben in 5 ccm Salpetersäure $+20$ ccm Salzsäure löst, mit ca. 250 ccm Wasser verdünnt, 100 ccm Ammoniak und 10 ccm Lösung von kohlensaurem Ammoniak zusetzt, umschwenkt und bis zum Erkalten stehen lässt. (Bei Gegenwart von Mangan setzt man vor dem Ammoniak 10 ccm Wasserstoffsuperoxyd zu.) Nach vollständigem Erkalten füllt man beide Kolben mit Wasser bis zur Marke auf, und filtrirt die das Erz enthaltende Lösung durch ein trockenes Faltenfilter. Zur Titrirung pipettirt man von der Erzlösung und dem „Titer" je 100 ccm heraus, lässt in dickwandige Cylinder, sogenannte Batteriegläser, laufen und verdünnt mit je 200 ccm Wasser. Als Titrirflüssigkeit dient eine koncentrirte Lösung von käuflichem krystallisirten Schwefelnatrium, welche mit dem 10—20fachen Volum Wasser versetzt ist und pro ccm $0·005 — 0·010$ g Zink anzeigt. Man lässt sie aus zwei nebeneinanderstehenden 50 ccm-Büretten abwechselnd in beide Lösungen fliessen, und zwar zuerst 2—3 ccm weniger als nöthig, rührt um und setzt mittelst dünner Glasstäbe gleichzeitig einen Tropfen von jeder Lösung auf einen Streifen empfindlichen Bleipapieres. Nach 15—20 Sekunden langer Einwirkung bläst man die Tropfen mittelst einer kleinen Spritzflasche ab und fährt mit dem Schwefelnatriumzusatze fort, bis beide Tropfen nach gleichlanger Einwirkung eine schwache, aber deutlich wahrnehmbare Bräunung von gleicher Intensität erzeugt haben. Hat man zuviel Flüssigkeit für das Tüpfeln verbraucht, so wiederholt man den Versuch noch 1—2mal; jedenfalls muss die Endreaktion in beiden Gläsern gleichmässig auftreten, und auf $0·05$ ccm abgelesen werden.

Wenn man die als „Titer" abgewogene Menge von reinem Zink mit a, die für 100 ccm des „Titers" verbrauchten ccm

Schwefelnatriumlösung mit b, die zur Titrirung von 100 ccm der Erzlösung ($= 0.5$ g Erz) verbrauchten ccm mit c bezeichnet, so zeigt der Ausdruck: $\frac{40\,a\,c}{b}$ den Procentgehalt des Erzes an Zink an.

Für ganz genaue Bestimmungen setzt man dem „Titer" eine dem Eisengehalt des Erzes entsprechende Menge Eisenchlorid zu, um dem Einwande zu begegnen, dass das Eisenhydroxyd etwas Zink mitgerissen haben könne.

Jensch (Zsch. für angew. Chemie 1894, 155) macht darauf aufmerksam, dass bisweilen silicathaltige Blenden vorkommen, die den gewöhnlichen Untersuchungsmethoden hartnäckig widerstehen.

3. Blei. Die in No. 2 gefällten Schwefelmetalle werden, wenn nöthig, mit ziemlich koncentrirter Schwefelnatriumlösung digerirt; man verdünnt, filtrirt, wäscht aus, löst den Rückstand sammt Filter in verdünnter Salpetersäure, filtrirt, dampft mit überschüssiger Schwefelsäure ein und bestimmt das Blei als Sulfat. 1 Th. $PbSO_4 = 0.6829$ Pb.

4. Kalk und Magnesia werden bestimmt, weil sie beim Rösten Schwefel binden. Man digerirt 2—5 g Blende mit 50 ccm verdünnter Salzsäure (1:10) unter Erwärmen, decantirt, wiederholt dies 1—2 mal, wäscht den Rückstand aus, befreit die Filtrate durch Kochen von Schwefelwasserstoff, oxydirt mit Bromwasser, fällt mit kohlensäurefreiem Ammoniak, und fällt aus dem Filtrat in bekannter Weise erst durch Ammoniumoxalat den Kalk (zu wägen nach heftigem Glühen als CaO), und aus dem Filtrat hiervon durch Ammoniumphosphat die Magnesia (vergl. III B No. 6).

5. Arsen wie oben S. 143.

6. Kohlensäure kann wie im Schwefelkies, S. 143, bestimmt werden. Diese Bestimmung ist selbst neben derjenigen von CaO und MgO noch von Interesse, da die Blende zuweilen Spatheisenstein und Galmei enthält.

7. Verwerthbarer Schwefel. Man zieht von dem in E 1 gefundenen Gesammtschwefel ab:

Für 1 Th. in No. 3 gefundenes Pb: 0.1546 Th.
„ 1 „ „ „ „ 4 „ CaO: 0.5715 „
„ 1 „ „ „ „ 4 „ MgO: 0.800 „

Der Rest zeigt den für die Schwefelsäurefabrikation verwerthbaren Schwefel an (derjenige des Schwerspaths etc. bleibt schon im Auflösungsrückstande).

F. Geröstete Blende.

1. Schwefel. Die bei Schwefelkiesabbränden S. 143 beschriebene Methode ist schon bei stark zinkhaltigem Kies

ungenau und bei Zinkblende ganz unanwendbar. Man bestimmt den Schwefel gewichtsanalytisch, wie bei Rohblende S. 144, mit Einwage von 2 g, kann aber für die tägliche Kontrolle die Ausfällung des Eisens mit Ammoniak unterlassen. Als rohe Probe in der Hütte selbst erwärmt der Meister das Röstgut mit 10 ccm Salzsäure (1 : 2) in einem Kölbchen, in dessen Hals er ein mit neutraler oder schwach alkalischer Bleiacetatlösung durchfeuchtetes Papierstreifchen hält, und beurtheilt an dem Grade der Bräunung den Röstungsgrad der Post. (Meyer, Zsch. f. angew. Ch. 1894, 392.)

2. Zink wie S. 144.

G. Gasanalysen.

1. **Kiesofengase.** a) Man bestimmt die SO_2 nach Reich. Hierzu saugt man das Gas durch Jodlösung, welche sich in einer weithalsigen Flasche von 200 ccm Inhalt befindet und mit Stärkelösung gebläut ist, so lange, bis die Flüssigkeit eben entfärbt wird. Diese Flasche ist mit einer grösseren Flasche verbunden, welche als Aspirator dient, wozu sie einen Hahn am Boden oder einen Heber mit Quetschhahn besitzt. Aus diesem läuft das Wasser in einen 250 ccm Messcylinder, wo man sein Volum abliest; dasjenige des angewendeten Gases ist gleich dem Wasservolum + dem der absorbirten SO_2. In die Absorptionsflasche giebt man 10 ccm einer Zehntelnormal-Jodlösung (12·685 Jod in 1 l; Bereitung und Prüfung im Anhang), etwa 50 ccm Wasser, ein wenig Stärkelösung und ein wenig Natriumbicarbonat. Obige Menge Jod entspricht $0·032\,g\,SO_2 = 11·14$ ccm bei 0^0 und 760 mm Druck. Wenn man letztere Zahl mit 100 multiplicirt und durch das Volum des ausgelaufenen Wassers + 11 dividirt, erhält man den Procentgehalt des Gases an SO_2.

Folgende Tabelle erspart diese Rechnung:

ccm Wasser im Messcylinder	Volumproc. SO_2	ccm Wasser im Messcylinder	Volumproc. SO_2 im Gase.
82	12	128	8·0
86	11·5	138	7·5
90	11	148	7·0
95	10·5	160	6·5
100	10	175	6·0
106	9·5	192	5·5
113	9	212	5 0
120	8·5		

Hierbei ist keine Rücksicht auf Temperatur und Barometerstand genommen; will man diese beobachten, so reducirt man das abgelesene Volum nach den Tabellen auf 0^0 und 760 mm und sucht es dann in obiger Tabelle auf. (Die Addition der 11 ccm ist beim Gebrauch der Tabelle **nicht** mehr erforderlich.)

b) Da bei der Reich'schen Probe keine Rücksicht auf SO_3 genommen ist, so bestimmt man besser daneben, oder auch ausschliesslich, die Gesammtsäure ($SO_2 + SO_3$). Hierzu dient derselbe Apparat, in welchem aber die Absorptionsflasche am besten mit einem Gas-Eintrittsrohre versehen ist, welches unten geschlossen und in dem unterhalb der Flüssigkeit befindlichen Theile mit vielen kleinen Oeffnungen versehen ist, um den Gasstrom zu zertheilen. Die Gase werden durch eine mit Phenolphtaleïn gefärbte Zehntel-Normalnatronlauge unter fortwährendem Schütteln der Flasche so lange durchgeleitet, bis die Farbe eben verschwunden ist. Die Berechnung geschieht als SO_2, wozu die bei No. 1 gegebene Tabelle benutzt werden kann. (Nähere Beschreibung und Belege bei Lunge, Zsch. f. angew. Ch. 1890 S. 563; ferner in Chem.-techn. Untersuchungen I, 267, wo die sehr zweckmässige Absorptionsflasche der englischen Fabrikinspektoren abgebildet ist.)

In beiden Fällen (a und b) kann unter Umständen durch arsenige Säure, die sich im Absaugerohr ansammelt, ein Fehler begangen werden, gegen den man sich durch Filtriren des Gases durch Asbest schützen kann.

2. **Kammergase.** Wenn diese analysirt werden sollen, so verfährt man ganz wie in No. 3.

3. **Austrittsgase aus dem Kammersystem.** a) **Sauerstoff.** Vor Bestimmung desselben befreit man die Gase durch Waschen mit Kali- oder Natronlauge von sauren Bestandtheilen. Man kann Einzelproben zu beliebigen Zeiten während des Tages entnehmen; empfehlenswerth ist aber daneben noch kontinuirliches Absaugen einer grösseren Gasprobe, mindestens 10—20 Liter, in 24 Stunden vermittelst eines passenden Aspirators und Analyse des so gesammelten Gases, wodurch man eine zulässige Durchschnittsprobe für den ganzen Tag erhält.

Die Bestimmung des Sauerstoffs erfolgt am besten durch feuchten Phosphor in einem Orsat-Apparate (S. 128) mit zwei Absorptionsgefässen, von denen das erste mit Kalilauge zur Entfernung der sauren Gase, das zweite mit sehr dünnen Stängelchen von Phosphor gefüllt ist. Die Manipulation ist ganz dieselbe wie bei den Analysen der Rauchgase. Man beachte aber namentlich, dass die Temperatur mindestens 16^0, besser 18^0, betragen muss; andernfalls muss der Apparat etwas erwärmt werden.

b) **Säuren des Schwefels und Stickstoffs.** Man bestimmt die Säuren des Schwefels einerseits, sowie diejenigen des Stickstoffs andererseits alle zusammen, gleichviel auf welcher Oxydationsstufe sie stehen. Folgende Vorschriften stimmen im wesentlichen mit den 1878 von dem Verein englischer Sodafabrikanten erlassenen überein, sind jedoch in einigen analytischen

Einzelheiten verbessert und für die deutschen Verhältnisse modificirt.

Man saugt kontinuirlich ein wenig von dem aus dem Gay-Lussacthurme austretenden Gase mittelst irgend eines konstant wirkenden Aspirators ab, und zwar mindestens $^1/_2$ cbm (in England 24 Kubikfuss = 0·68 cbm). Das abgesaugte Volum V muss man hinreichend genau messen können, z. B. durch Aichung des Aspirators oder mittelst eines Gaszählers; es wird mittelst der S. 38 ff. gegebenen Tabellen auf $0°$ und 760 mm reducirt und heisst nun V^1. Um praktische Vergleichungen zu ermöglichen, giebt man bei den Berichten die Anzahl von Kubikmetern Kammerraum für jedes in den 24 Stunden verbrannte und in die Kammern gelangende Kilogramm Schwefel an (berechnet nach wöchentlichem Durchschnitt); ferner die Entfernung des Probirloches von dem Punkte, wo die Gase den Thurm verlassen. Das Gas wird durch vier Absorptionsflaschen gesaugt, von denen jede 100 ccm Flüssigkeit enthält, die eine mindestens 75 mm hohe Säule bilden soll. Die Oeffnung der Einlassröhren darf nicht über $^1/_2$ mm betragen (durch einen Normaldraht zu messen). Die drei ersten Flaschen enthalten je 100 ccm salpeterfreies Normalnatron (31 g Na_2O pro Liter), die vierte 100 ccm destillirtes Wasser. Die Gase werden untersucht 1. auf Gesammt-Acidität (gemessen als SO_3), 2. Schwefel, 3. Stickstoff in Form von Säuren, letztere beide gemessen in Gramm pro Kubikmeter des Gases (reducirt auf $0"$ und 760 mm). Man verfährt wie folgt:

Man vereinigt den Inhalt der vier Flaschen, spült mit wenig Wasser nach und theilt das Ganze in drei Theile, wovon der dritte nur zur Reserve dient. Das erste Drittel wird mit Normalschwefelsäure (49,04 g SO_4H_2 in 1 l) zurücktitrirt und dadurch der Gesammtgehalt an Säuren: SO_2, SO_4H_2, N_2O_3, NO_3H, gemessen; die verbrauchten Kubikcentimeter Schwefelsäure nennt man r. Das zweite Drittel wird allmälig in eine warme, mit viel reiner Schwefelsäure versetzte Lösung von übermangansaurem Kali gegossen, von dem noch ein kleiner Ueberschuss bleiben soll, den man durch einige Tropfen Schwefligsäurelösung soweit wegnimmt, dass nur eine schwache Rosafärbung bleibt. Jetzt sind alle Stickstoffsäuren als Salpetersäure vorhanden, ohne dass überschüssige SO_2 da wäre. Man bestimmt die Salpetersäure durch ihre Wirkung auf Eisenvitriol. Hierzu bringt man in einen Kolben 25 ccm einer Lösung, welche im Liter 100 g kryst. Eisenvitriol und 100 g reine Schwefelsäure enthält (also dieselbe, welche zum Titriren von MnO_2 dient, vergl. IV A No. 1), setzt noch 25—25 ccm koncentrirte reine Schwefelsäure zu und lässt erkalten, worauf man das mit Chamäleon etc. behandelte Gemisch zusetzt. Durch den Stopfen der Flasche gehen zwei Röhren, von denen die eine mit einem konstant wirkenden Kohlensäureapparate verbunden, die andere durch etwas Wasser abgeschlossen ist. Man verdrängt die Luft durch CO_2 und erhitzt so lange, bis die Flüssigkeit, welche sich zuerst durch NO dunkel färbt, vollkommen hellgelb geworden ist. Dies kann $^1/_4$—1 Stunde dauern, je nach der Menge der Salpetersäure und der zugesetzten Schwefelsäure. Das nicht durch die Salpetersäure oxydirte Eisenoxydul wird zurücktitrirt mittelst einer Halbnormal-Chamäleonlösung, d. i. einer solchen, welche pro Kubikcentimeter 0·004 g Sauerstoff abgiebt (Bereitung und Prüfung derselben im Anhange); die verbrauchten Kubikcentimeter desselben heissen y. Da der Titer der oben erwähnten Eisenvitriollösung sich ziemlich schnell ändert, so muss man sie jeden Tag mit der Chamäleonlösung vergleichen, indem man 25 ccm mit derselben Pipette entnimmt, welche für den beschriebenen Apparat dient, und diese mit dem Chamäleon titrirt; die bei dieser Titerstellung verbrauchten Kubikcentimeter Chamäleon heissen z. Man findet nun die gesuchten Grössen aus den ermittelten Zahlen x, y und z durch folgende Gleichungen:

1. Gesammt-Acidität, ausgedrückt in g SO_3 pro Kubikmeter $= \dfrac{0·120\ (100\text{-}x)}{V^1}$.

2. Schwefel in g pro Kubikmeter $= \dfrac{0·008(600-6x-z+y)}{V^1}$.

3. Stickstoff in g pro Kubikmeter $= \dfrac{0·007\ (z-y)}{V^1}$.

Statt der eben beschriebenen, etwas umständlichen und langwierigen Methode kann man sich für die meisten Fälle mit einer einfachen Bestimmung der Gesammt-Acidität begnügen und diese dann mit Zehntelnormal-Natron und Phenolphtaleïn entweder in der S. 148 beschriebenen Weise oder in der in der folgenden Nummer beschriebenen Zehnkugelröhre vornehmen. (In England ist die erlaubte Maximalgrenze 4 Grains pro Kubikfuss $= 9·15$ g SO_3 pro cbm des Kamingases.)

Fig. 7.

c) Stickoxyd kann immer noch in den Austrittsgasen enthalten sein, auch wenn sie durch die Absorptionsflaschen gegangen sind. Will man es bestimmen, so schaltet man zwischen der letzten Flasche des im vorigem Abschnitte beschriebenen Apparates und dem Aspirator ein Absorptionsrohr, Fig. 7, ein. Man füllt es mit 30 ccm Halbnormal-Chamäleon und setzt 1 ccm Schwefelsäure von 1·25 spec. Gewicht zu. Nachdem das Gas 24 Stunden durchgegangen ist, entleert man die Röhre und spült nach. Man setzt jetzt 50 ccm Eisenvitriollösung zu (deren Titer nach dem vorigen Abschnitte $= 2\,z$ ccm Chamäleon ist) und titrirt die dadurch entfärbte Flüssigkeit mit Chamäleonlösung, bis wieder Rosafarbe eintritt; die letztere Menge heisse u. Das Stickoxyd hat nun verbraucht $(30+u-2z)$ ccm Halbnormal-Chamäleon, entsprechend Stickstoff in Gramm pro Kubikmeter des durch den Aspirator angezeigten Gasvolums V^1:

$$N = \frac{0·007\,(30 + u - 2z)}{3\,V^1}.$$

H. Schwefelsäure.

1. Specifische Gewichte nach Lunge und Isler.

NB. Da die Tabellen für die specifischen Gewichte von Schwefelsäuren sich nur auf chemisch-reine Säure beziehen, und bei den hochprocentigen Säuren des Handels die stets vorhandenen Verunreinigungen das specifische Gewicht in ganz merklichem Grade (in erhöhendem Sinne) verändern, so sollten bei Säuren von über 90 Proc. H_2SO_4 die Tabellen nur für den inneren Gebrauch in der Fabrik angewendet werden, der Verkauf der Säure dagegen nur auf Grund einer vorgenommenen Analyse stattfinden, wie sie unter No. 7 beschrieben ist.

Specifische Gewichte von Schwefelsäurelösungen nach Lunge und Isler.

Spec. Gew. bei $\frac{15^0}{4^0}$ (luftl. R.)	Grad Baumé	Densimeter Grade	100 Gewichtstheile entsprechen bei chemisch reiner Säure Procent				1 Liter enthält Kilogramm bei chemisch reiner Säure			
			SO_3	H_2SO_4	60 gräd. Säure	50 gräd. Säure	SO_3	H_2SO_4	60 gräd. Säure	50 gräd. Säure
1·000	0	0	0·07	0·09	0·12	0·14	0·001	0·001	0·001	0·001
1·005	0·7	0·5	0·68	0·83	1·06	1·33	0·007	0·008	0·011	0·013
1·010	1·4	1	1·28	1·57	2·01	2·51	0·013	0·016	0·020	0·025
1·015	2·1	1·5	1·88	2·30	2·95	3·68	0·019	0·023	0·030	0·037
1·020	2·7	2	2·47	3·03	3·88	4·85	0·025	0·031	0·040	0·050
1·025	3·4	2·5	3·07	3·76	4·82	6·02	0·032	0·039	0·049	0·062
1·030	4·1	3	3·67	4·49	5·78	7·18	0·038	0·046	0·059	0·074
1·035	4·7	3·5	4·27	5·23	6·73	8·37	0·044	0·054	0·070	0·087
1·040	5·4	4	4·87	5·96	7·64	9·54	0·051	0·062	0·079	0·099
1·045	6,0	4·5	5·45	6·67	8·55	10·67	0·057	0·071	0·089	0·112
1·050	6·7	5	6·02	7·87	9·44	11·79	0·063	0 077	0·099	0·124
1·055	7·4	5·5	6·59	8·07	10·34	12·91	0·070	0·085	0·109	0·136
1·060	8·0	6	7·16	8·77	11·24	14·08	0·076	0·093	0·119	0·149
1·065	8·7	6·5	7 73	9·47	12·14	15·15	0·082	0·102	0·129	0·161
1·070	9·4	7	8·32	10·19	13·05	16·30	0·089	0·109	0·140	0·174
1·075	10·0	7·5	8·90	10·90	13·96	17·44	0·096	0·117	0·150	0·188
1·080	10·6	8	9·47	11·60	14·87	18·56	0·103	0·125	0·161	0·201
1·085	11·2	8·5	10·04	12·30	15·76	19·68	0·109	0·133	0·171	0·213
1·090	11·9	9	10·60	12·99	16·65	20·78	0·116	0·142	0·181	0·227
1·095	12·4	9·5	11·16	13·67	17·52	21·87	0·122	0·150	0·192	0·240
1·100	13·0	10	11·71	14·35	18·39	22·96	0·129	0·158	0·202	0·253
1·105	13·6	10·5	12·27	15·03	19·26	24·05	0 136	0·166	0·212	0·265
1·110	14·2	11	12·82	15·71	20·13	25·14	0·143	0·175	0·223	0·279
1·115	14·9	11·5	13·36	16·36	20 96	26·18	0·149	0·183	0·234	0·292
1·120	15·4	12	13·89	17·01	21·80	27·22	0·156	0·191	0·245	0·305
1·125	16·0	12·5	14·42	17·66	22·63	28·26	0·162	0·199	0·255	0·318
1·130	16·5	13	14·95	18·31	23·47	29·30	0·169	0·207	0·265	0·331
1·135	17·1	13·5	15·48	18·96	24·29	30·34	0·176	0·215	0·276	0·344
1·140	17·7	14	16·01	19·61	25·13	31·38	0·183	0·223	0·287	0·358
1·145	18·3	14·5	16·54	20·26	25·96	32·42	0·189	0·231	0·297	0·371
1·150	18·8	15	17·07	20·91	26·79	33·46	0·196	0·239	0·308	0 385
1·155	19·3	15·5	17·59	21·55	27·61	34·48	0·203	0·248	0·319	0·398
1·160	19·8	16	18·11	22·19	28·43	35·50	0·210	0·257	0·330	0·412
1·165	20·3	16·5	18·64	22·83	29·25	36·53	0·217	0·266	0·341	0·426
1·170	20·9	17	19·16	23·47	30·07	37·55	0·224	0·275	0·352	0·439
1·175	21·4	17·5	19·69	24·12	30·90	38·59	0·231	0·283	0·363	0·453
1·180	22·0	18	20·21	24·76	31·73	39·62	0·238	0·292	0·374	0·467
1·185	22·5	18·5	20·73	25·40	32·55	40·64	0·246	0·301	0·386	0·481
1·190	23·0	19	21·26	26·04	33·37	41·66	0·253	0·310	0·397	0·496
1·195	23·5	19 5	21·78	26·68	34·19	42·69	0·260	0·319	0·409	0·511
1·200	24·0	20	22·30	27·32	35·01	43·71	0·268	0·328	0·420	0·525
1·205	24·5	20·5	22·82	27·95	35·83	44·72	0·275	0·337	0·432	0·539
1·210	25·0	21	23·33	28·58	36·66	45·73	0·282	0·346	0·444	0·553
1·215	25·5	21·5	23 84	29·21	37·45	46·74	0·290	0·355	0·455	0·568
1·220	26·0	22	24·36	29·84	38·28	47·74	0·297	0·364	0·466	0·583
1·225	26·4	22·5	24·88	30·48	39·05	48·77	0·305	0·373	0·478	0·598
1·230	26·9	23	25·39	31·11	39·86	49·78	0·312	0·382	0·490	0·612

— 153 —

Spec. Gew. bei $\frac{15^0}{4^0}$ (luftl. R.)	Grad Baumé	Densimeter Grade	100 Gewichtstheile entsprechen bei chemisch reiner Säure Procent				1 Liter enthält Kilogramm bei chemisch reiner Säure			
			SO_3	H_2SO_4	60 gräd. Säure	50 gräd. Säure	SO_3	H_2SO_4	60 gräd. Säure	50 gräd. Säure
1·235	27·4	23·5	25·88	31·70	40·61	50·72	0·320	0·391	0·502	0·626
1·240	27·9	24	26·35	32·28	41·37	51·65	0·327	0·400	0·513	0·640
1·245	28·4	24·5	26·83	32·86	42·11	52·58	0·334	0·409	0·524	0·655
1·250	28·8	25	27·29	33·43	42·84	53·49	0·341	0·418	0·535	0·669
1·255	29·3	25·5	27·76	34·00	43·57	54·40	0·348	0·426	0·547	0·683
1·260	29·7	26	28·22	34·57	44·30	55·31	0·356	0·435	0·558	0·697
1·265	30·2	26·5	28·69	35·14	45·03	56·22	0·363	0·444	0·570	0·711
1·270	30·6	27	29·15	35·71	45·76	57·14	0·370	0·454	0·581	0·725
1·275	31·1	27·5	29·62	36·29	46·50	58·06	0·377	0·462	0·593	0·740
1·280	31·5	28	30·10	36·87	47·24	58·99	0·385	0·472	0 605	0·755
1·285	32·0	28·5	30·57	37·45	47·99	59·92	0·393	0·481	0 617	0·770
1·290	32·4	29	31·04	38·03	48·73	60·85	0·400	0·490	0·629	0·785
1·295	32·8	29·5	31·52	38·61	49·47	61·78	0·408	0·500	0·641	0·800
1·300	33·3	30	31·99	39·19	50·21	62·70	0·416	0·510	0·653	0·815
1·305	33·7	30·5	32·46	39·77	50·96	63·63	0·424	0·519	0·665	0·830
1·310	34·2	31	32·94	40·35	51·71	64·56	0·432	0·529	0·677	0·845
1·315	34·6	31·5	33·41	40·93	52·45	65·45	0·439	0·538	0·689	0·860
1·320	35·0	32	33·88	41·50	53·18	66·40	0·447	0·548	0·702	0·876
1·325	35·4	32·5	34·35	42·08	53·92	67·33	0·455	0·557	0·714	0·892
1·330	35·8	33	34·80	42·66	54·67	68·26	0 462	0·567	0·727	0 908
1·335	36·2	33·5	35·27	43·20	55·36	69·12	0·471	0·577	0·739	0·923
1·340	36·6	34	35·71	43·74	56·05	69·98	0·479	0·586	0·751	0 938
1·345	37·0	34·5	36·14	44·28	56 74	70·85	0·486	0·596	0·763	0·953
1·350	37·4	35	36·58	44 82	57·43	71·71	0·494	0 605	0·775	0·968
1·355	37·8	35·5	37·02	45·35	58·11	72·56	0 502	0·614	0·787	0·983
1·360	38·2	36	37·45	45·88	58.79	73·41	0·509	0·624	0 800	0·998
1·365	38·6	36·5	37·89	46·41	59·48	74·26	0·517	0·633	0·812	1·014
1·370	39·0	37	38·32	46 94	60·15	75·10	0·525	0·643	0·824	1·029
1·375	39 4	37·5	38·75	47·47	60 83	75·95	0·533	0·653	0·836	1·044
1·380	39·8	38	39·18	48·00	61·51	76·80	0·541	0·662	0·849	1·060
1·385	40·1	38·5	39·62	48·53	62·19	77·65	0·549	0·672	0·861	1·075
1·390	40·5	39	40·05	49·06	62·87	78·50	0·557	0·682	0·873	1·091
1·395	40·8	39·5	40·48	49·59	63·55	79·34	0·564	0·692	0·886	1 107
1·400	41·2	40	40·91	50·11	64·21	80·18	0 573	0·702	0·899	1·123
1·405	41·6	40·5	41·33	50·63	64·88	81·01	0 581	0·711	0·912	1·138
1·410	42·0	41	41·76	51·15	65·55	81·86	0·589	0·721	0·924	1·154
1·415	42·3	41·5	42 17	51·66	66·21	82·66	0·597	0·730	0·937	1·170
1·420	42·7	42	42·57	52·15	66·82	83·44	0·604	0·740	0·949	1·185
1·425	43·1	42·5	42·96	52·63	67·44	84·21	0·612	0·750	0·961	1 200
1·430	43·4	43	43·36	53·11	68·06	84 98	0·620	0·759	0·973	1·215
1·435	43·8	43·5	43·75	53·59	68·68	85·74	0·628	0·769	0·986	1·230
1·440	44·1	44	44·14	54·07	69·29	86·51	0 636	0·779	0 998	1·246
1·445	44·4	44·5	44·53	54·55	69·90	87·28	0 643	0·789	1·010	1·261
1·450	44·8	45	44·92	55·03	70·52	88 05	0·651	0·798	1·023	1·277
1·455	45·1	45·5	45·31	55 50	71·12	88 80	0·659	0·808	1·035	1·292
1·460	45·4	46	45 69	55·97	71·72	89·55	0·667	0·817	1·047	1·307
1·465	45·8	46·5	46·07	56·43	72·31	90·29	0·675	0·827	1·059	1 323
1·470	46·1	47	46·45	56·90	72·91	91·04	0·683	0·837	1·072	1·338
1·475	46·4	47·5	46·83	57·37	73·51	91·79	0·691	0·846	1·084	1 354
1·480	46·8	48	47·21	57·83	74·10	92·53	0·699	0·856	1·097	1·370

Spec. Gew. bei $\frac{15^0}{4^0}$ (luftl. R.)	Grad Baumé	Densimeter Grade	100 Gewichtstheile entsprechen bei chemisch reiner Säure Procent				1 Liter enthält Kilogramm bei chemisch reiner Säure			
			SO_3	H_2SO_4	60 gräd. Säure	50 gräd. Säure	SO_3	H_2SO_4	60 gräd. Säure	50 gräd. Säure
1·485	47·1	48·5	47·57	58·28	74·68	93·25	0·707	0·865	1·109	1·385
1·490	47·4	49	47·95	58·74	75·27	93·98	0·715	0·876	1·122	1·400
1·495	47·8	49·5	48·34	59·22	75·88	94·75	0·723	0·885	1·134	1·417
1·500	48·1	50	48·73	59·70	76·50	95·52	0·731	0·896	1·147	1·433
1·505	48·4	50·5	49·12	60·18	77·12	96·29	0·739	0·906	1·160	1·449
1·510	48·7	51	49·51	60·65	77·72	97·04	0·748	0·916	1·174	1·465
1·515	49·0	51·5	49·89	61·12	78·32	97·79	0·756	0·926	1·187	1·481
1·520	49·4	52	50·28	61·59	78·93	98·54	0·764	0·936	1·199	1·498
1·525	49·7	52·5	50·66	62·06	79·52	99·30	0·773	0·946	1·213	1·514
1·530	50·0	53	51·04	62·53	80·13	100·05	0·781	0·957	1·226	1·531
1·535	50·3	53·5	51·43	63·00	80·73	100·80	0·789	0·967	1·239	1·547
1·540	50·6	54	51·78	63·43	81·28	101·49	0·797	0·977	1·252	1·563
1·545	50·9	54·5	52·12	63·85	81·81	102·16	0·805	0·987	1·264	1·579
1·550	51·2	55	52·46	64·26	82·34	102·82	0·813	0·996	1·276	1·593
1·555	51·5	55·5	52·79	64·67	82·87	103·47	0·821	1·006	1·289	1·609
1·560	51·8	56	53·12	65·08	83·39	104·13	0·829	1·015	1·301	1·624
1·565	52·1	56·5	53·46	65·49	83·92	104·78	0·837	1·025	1·313	1·640
1·570	52·4	57	53·80	65·90	84·44	105·44	0·845	1·035	1·325	1·655
1·575	52·7	57·5	54·13	66·30	84·95	106·08	0·853	1·044	1·338	1·671
1·580	53·0	58	54·46	66·71	85·48	106·73	0·861	1·054	1·351	1·686
1·585	53·3	58·5	54·80	67·13	86·03	107·41	0·869	1·064	1·364	1·702
1·590	53·6	59	55·18	67·59	86·62	108·14	0·877	1·075	1·377	1·719
1·595	53·9	59·5	55·55	68·05	87·20	108·88	0·886	1·085	1·391	1·737
1·600	54·1	60	55·93	68·51	87·79	109·62	0·895	1·096	1·405	1·754
1·605	54·4	60·5	56·30	68·97	88·38	110·35	0·904	1·107	1·419	1·772
1·610	54·7	61	56·68	69·43	88·97	111·09	0·913	1·118	1·432	1·789
1·615	55·0	61·5	57·05	69·89	89·56	111·82	0·921	1·128	1·446	1·806
1·620	55·2	62	57·40	70·32	90·11	112·51	0·930	1·139	1·460	1·823
1·625	55·5	62·5	57·75	70·74	90·65	113·18	0·938	1·150	1·473	1·840
1·630	55·8	63	58·09	71·16	91·19	113·86	0·947	1·160	1·486	1·857
1·635	56·0	63·5	58·43	71·57	91·71	114·51	0·955	1·170	1·499	1·873
1·640	56·3	64	58·77	71·99	92·25	115·18	0·964	1·181	1·513	1·889
1·645	56·6	64·5	59·10	72·40	92·77	115·84	0·972	1·192	1·526	1·905
1·650	56·9	65	59·45	72·82	93·29	116·51	0·981	1·202	1·540	1·922
1·655	57·1	65·5	59·78	73·23	93·81	117·17	0·989	1·212	1·553	1·939
1·660	57·4	66	60·11	73·64	94·36	117·82	0·998	1·222	1·566	1·956
1·665	57·7	66·5	60·46	74·07	94·92	118·51	1·007	1·233	1·580	1·973
1·670	57·9	67	60·82	74·51	95·48	119·22	1·016	1·244	1·595	1·991
1·675	58·2	67·5	61·20	74·97	96·07	119·95	1·025	1·256	1·609	2·009
1·680	58·4	68	61·57	75·42	96·65	120·67	1·034	1·267	1·623	2·027
1·685	58·7	68·5	61·98	75·86	97·21	121·38	1·043	1·278	1·638	2·046
1·690	58·9	69	62·29	76·30	97·77	122·08	1·053	1·289	1·652	2·064
1·695	59·2	69·5	62·64	76·73	98·32	122·77	1·062	1·301	1·667	2·082
1·700	59·5	70	63·00	77·17	98·89	123·47	1·071	1·312	1·681	2·100
1·705	59·7	70·5	63·35	77·60	99·44	124·16	1·080	1·323	1·696	2·117
1·710	60·0	71	63·70	78·04	100·00	124·86	1·089	1·334	1·710	2·136
1·715	60·2	71·5	64·07	78·48	100·56	125·57	1·099	1·346	1·725	2·154
1·720	60·4	72	64·43	78·92	101·13	126·27	1·108	1·357	1·739	2·172
1·725	60·6	72·5	64·78	79·36	101·69	126·98	1·118	1·369	1·754	2·191
1·730	60·9	73	65·14	79·80	102·25	127·68	1·127	1·381	1·769	2·209

Spec. Gew. bei 15°/4° (luftl. R.)	Grad Baumé	Densimeter Grade	100 Gewichtstheile entsprechen bei chemisch reiner Säure Procent				1 Liter enthält Kilogramm bei chemisch reiner Säure			
			SO_3	H_2SO_4	60 gräd. Säure	50 gräd. Säure	SO_3	H_2SO_4	60 gräd. Säure	50 gräd. Säure
1·735	61·1	73·5	65·50	80·24	102·82	128·38	1·136	1·392	1·784	2·228
1·740	61·4	74	65·86	80·68	103·38	129·09	1·146	1·404	1·799	2·247
1·745	61·6	74·5	66·22	81·12	103·95	129·79	1·156	1·416	1·814	2·265
1·750	61·8	75	66·58	81·56	104·52	130·49	1·165	1·427	1·829	2·284
1·755	62·1	75·5	66·94	82·00	105·08	131·20	1·175	1·439	1·845	2·303
1·760	62·3	76	67·30	82·44	105·64	131·90	1·185	1·451	1·859	2·321
1·765	62·5	76·5	67·65	82·88	106·21	132·61	1·194	1·463	1·874	2·340
1·770	62·8	77	68·02	83·32	106·77	133·31	1·204	1·475	1·890	2·359
1·775	63·0	77·5	68·49	83·90	107·51	134·24	1·216	1·489	1·908	2·381
1·780	63·2	78	68·98	84·50	108·27	135·20	1·228	1·504	1·928	2·407
1·785	63·5	78·5	69·47	85·10	109·05	136·16	1·240	1·519	1·947	2·432
1·790	63·7	79	69·96	85·70	109·82	137·14	1·252	1·534	1·965	2·455
1·795	64·0	79·5	70·45	86·30	110·58	138·08	1·265	1·549	1·983	2·479
1·800	64·2	80	70·94	86·90	111·35	139·06	1·277	1·564	2·004	2·503
1·805	64·4	80·5	71·50	87·60	112·25	140·16	1·291	1·581	2·026	2·530
1·810	64·6	81	72·08	88·30	113·15	141·28	1·305	1·598	2·048	2·558
1·815	64·8	81·5	72·69	89·05	114·11	142·48	1·319	1·621	2·071	2·587
1·820	65·0	82	73·51	90·05	115·33	144·08	1·338	1·639	2·099	2·622
1·821	—	—	73·63	90·20	115·59	144·32	1·341	1·643	2·104	2·628
1·822	65·1	—	73·80	90·40	115·84	144·64	1·345	1·647	2·110	2·635
1·823	—	—	73·96	90·60	116·10	144·96	1·348	1·651	2·116	2·643
1·824	65·2	—	74·12	90·80	116·35	145·28	1·352	1·656	2·122	2·650
1·825	—	82·5	74·29	91·00	116·61	145·60	1·356	1·661	2·128	2·657
1·826	65·3	—	74·49	91·25	116·93	146·00	1·360	1·666	2·135	2·666
1·827	—	—	74·69	91·50	117·25	146·40	1·364	1·671	2·142	2·675
1·828	65·4	—	74·86	91·70	117·51	146·72	1·368	1·676	2·148	2·682
1·829	—	—	75·03	91·90	117·76	147·04	1·372	1·681	2·154	2·689
1·830	—	83	75·19	92·10	118·02	147·36	1·376	1·685	2·159	2·696
1·831	65·5	—	75·35	92·30	118·27	147·68	1·380	1·690	2·165	2·704
1·832	—	—	75·53	92·52	118·56	148·03	1·384	1·695	2·172	2·711
1·833	65·6	—	75·72	92·75	118·85	148·40	1·388	1·700	2·178	2·720
1·834	—	—	75·96	93·05	119·23	148·88	1·393	1·706	2·186	2·730
1·835	65·7	83·5	76·27	93·43	119·72	149·49	1·400	1·713	2·196	2·743
1·836	—	—	76·57	93·80	120·19	150·08	1·406	1·722	2·207	2·755
1·837	—	—	76·90	94·20	120·71	150·72	1·412	1·730	2·217	2·769
1·838	65·8	—	77·23	94·60	121·22	151·36	1·419	1·739	2·228	2·782
1·839	—	—	77·55	95·00	121·74	152·00	1·426	1·748	2·239	2·795
1·840	65·9	84	78·04	95·60	122·51	152·96	1·436	1·759	2·254	2·814
1·8405	—	—	78·33	95·95	122·96	153·52	1·441	1·765	2·262	2·825
1·8410	—	—	79·19	97·00	124·30	155·20	1·458	1·786	2·288	2·857
1·8415	—	—	79·76	97·70	125·20	156·32	1·469	1·799	2·305	2·879
1·8410	—	—	80·16	98·20	125·84	157·12	1·476	1·808	2·317	2·893
1·8405	—	—	80·57	98·70	126·48	157·92	1·483	1·816	2·328	2·906
1·8400	—	—	80·98	99·20	127·12	158·72	1·490	1·825	2·339	2·920
1·8395	—	—	81·18	99·45	127·44	159·12	1·494	1·830	2·344	2·927
1·8390	—	—	81·39	99·70	127·76	159·52	1·497	1·834	2·349	2·933
1·8385	—	—	81·59	99·95	128·08	159·92	1·500	1·838	2·355	2·940

2. Reduktion der specifischen Gewichte von Schwefel-

	0°	5°	10°	15°	20°	25°	30°	35°	40°	45°
Sp.Gew.	1·857	1·852	1·846	1·840	1·835	1·830	1·825	1·821	1·816	1·811
Baumé	66·6	66·4	66·2	65·9	65·7	65·5	65·3	65·1	64·9	64·7
Sp.Gew.	1·847	1·841	1·836	1·830	1·825	1·820	1·815	1·810	1·805	1·800
B.	66·2	66·0	65·7	65·5	65·3	65·1	64·8	64·6	64·4	64·2
Sp.Gew.	1·837	1·831	1·825	1·820	1·815	1·809	1·804	1·799	1·794	1·789
B.	65·8	65·5	65·3	65·1	64·8	64·6	64·3	64·1	63·9	63·7
Sp.Gew.	1·827	1·821	1·815	1·810	1·805	1·799	1·793	1·788	1·783	1·778
B.	65·4	65·1	64·8	64·6	64·4	64·1	63·9	63·7	63·4	63·2
Sp.Gew.	1·817	1·811	1·805	1·800	1·794	1·788	1·783	1·777	1·772	1·766
B.	64·9	64·7	64·4	64·2	63·9	63·7	63·4	63·2	62·9	62·6
Sp.Gew.	1·807	1·801	1·796	1·790	1·784	1·778	1·773	1·767	1·762	1·756
B.	64·5	64·2	64·0	63·7	63·5	63·2	63·0	62·7	62·4	62·2
Sp.Gew.	1·797	1·791	1·786	1·780	1·774	1·768	1·763	1·757	1·752	1·746
B.	64·1	63·8	63·6	63·3	63·0	62·7	62·5	62·2	62·0	61·7
Sp.Gew.	1·786	1·781	1·776	1·770	1·765	1·759	1·754	1·748	1·743	1·737
B.	63·6	63·3	63·1	62·8	62·6	62·3	62·1	61·8	61·5	61·3
Sp.Gew.	1·776	1·770	1·765	1·760	1·755	1·749	1·744	1·738	1·733	1·728
B.	63·1	62·8	62·6	62·3	62·1	61·8	61·6	61·3	61·1	60·8
Sp.Gew.	1·765	1·760	1·755	1·750	1·745	1·740	1·735	1·730	1·725	1·720
B.	62·6	62·4	62·1	61·9	61·6	61·4	61·2	60·9	60·7	60·4
Sp.Gew.	1·754	1·750	1·745	1·740	1·735	1·730	1·726	1·721	1·716	1·711
B.	62·1	61·9	61·6	61·4	61·2	60·9	60·7	60·5	60·3	60·0
Sp.Gew.	1·744	1·740	1·735	1·730	1·725	1·720	1·716	1·711	1·706	1·701
B.	61·6	61·4	61·2	60·9	60·7	60·4	60·3	60·0	59·8	59·5
Sp.Gew.	1·734	1·730	1·725	1·720	1·715	1·710	1·706	1·701	1·696	1·691
B.	61·1	60·9	60·7	60·4	60·2	60·0	59·8	59·5	59·3	59·0
Sp.Gew.	1·724	1·720	1·715	1·710	1·705	1·700	1 696	1 691	1·686	1·681
B.	60·6	60·4	60·2	60·0	59·7	59·5	59·3	59·0	58·8	58·5
Sp.Gew.	1·714	1·710	1·705	1·700	1·695	1·690	1·686	1·681	1·676	1·671
B.	60·2	60·0	59·7	59·5	59·2	59·0	58·8	58·5	58·3	58 0
Sp.Gew.	1·704	1·700	1·695	1·690	1·635	1·680	1·676	1·671	1·666	1·661
B.	59·7	59·5	59·2	59·0	58·7	58·5	58·3	58·0	57·8	57·4
Sp.Gew.	1·694	1·690	1·685	1·680	1·675	1·670	1·666	1 661	1·656	1·651
B.	59·2	59·0	58·7	58·5	58·2	58·0	57·8	57·5	57·2	57·0
Sp.Gew.	1·684	1·680	1·675	1·670	1·665	1·660	1·656	1·651	1 646	1·641
B.	58·7	58·5	58·2	58·0	57·7	57·4	57·2	57·0	56·7	56·4
Sp.Gew.	1·674	1·670	1·665	1·660	1·655	1·650	1·646	1 641	1·636	1·632
B.	58·2	58·0	57·7	57·4	57·2	56 9	56·7	56·4	56·1	55·9
Sp.Gew.	1·664	1·660	1·655	1·650	1·645	1·640	1·636	1·632	1·627	1·622
B.	57·7	57·4	57·2	56·9	56·6	56·4	56·1	55·9	55·7	55·4

säuren verschiedener Stärke auf andere Temperaturen.

50°	55°	60°	65°	70°	75°	80°	85°	90°	95°	100°
1·806	1·801	1·796	1·792	1·787	1·782	1·778	1·774	1·770	1·766	1·762
64·4	64·2	64·0	63·8	63·6	63·4	63·2	63·0	62·8	62·6	62·4
1·795	1·790	1·785	1·781	1·776	1·770	1·766	1·762	1·757	1·752	1·748
64·0	63·7	63·5	63·3	63·1	62·8	62·6	62·4	62·2	62·0	61·8
1·784	1·779	1·774	1·769	1·764	1·759	1·754	1·749	1·744	1·739	1·734
63·5	63·2	63·0	62·8	62·5	62·3	62·1	61·8	61·6	61·4	61·1
1·773	1·767	1·762	1·757	1·752	1·747	1·741	1·736	1·731	1·726	1·721
63·0	62·7	62·4	62·2	62·0	61·7	61·4	61·2	61·0	60·7	60·5
1·761	1·755	1·750	1·744	1·739	1·734	1·729	1·724	1·719	1·714	1·708
62·4	62·1	61·9	61·6	61·4	61·1	60·9	60·6	60·4	60·2	59·9
1·751	1·746	1·741	1·735	1·730	1·725	1·720	1·715	1·710	1·705	1·700
61·9	61·7	61·4	61·2	60·9	60·7	60·4	60·2	60·0	59·7	59·5
1·741	1·736	1·731	1·726	1·721	1·716	1·712	1·707	1·702	1·697	1·692
61·4	61·2	61·0	60·7	60·5	60·3	60·1	59·8	59·6	59·3	59·1
1·732	1·727	1·722	1·717	1·712	1·707	1·702	1·697	1·693	1·688	1·683
61·0	60·8	60·5	60·3	60·1	59·8	59·6	59·3	59·1	58·9	58·6
1·723	1·718	1·713	1·708	1·703	1·698	1·693	1·688	1·684	1·679	1·674
60·6	60·4	60·1	59·9	59·6	59·4	59·1	58·9	58·7	58·4	58·2
1·715	1·710	1·705	1·700	1·695	1·690	1·685	1·681	1·676	1·671	1·667
60·2	60·0	59·7	59·4	59·2	59·0	58·7	58·5	58·3	58·0	57·8
1·706	1·702	1·697	1·692	1·688	1·683	1·678	1·674	1·669	1·664	1·660
59·8	59·6	59·3	59·1	58·9	58·6	58·4	58·2	57·9	57·7	57·4
1·699	1·692	1·687	1·683	1·678	1·673	1·668	1·664	1·659	1·654	1·650
59·3	59·1	58·8	58·6	58·4	58·1	57·9	57·7	57·4	57·1	56·9
1·686	1·682	1·677	1·673	1·668	1·663	1·659	1·654	1·649	1·644	1·640
58·8	58·6	58·3	58·0	57·9	57·6	57·4	57·1	56·9	56·6	56·4
1·676	1·672	1·667	1·663	1·658	1·653	1·649	1·644	1·639	1·635	1·630
58·3	58·1	57·8	57·6	57·3	57·1	56·9	56·6	56·3	56·1	55·8
1·667	1·662	1·657	1·653	1·648	1·644	1·639	1·634	1·630	1·625	1·620
57·8	57·5	57·3	57·1	56·8	56·6	56·3	56·0	55·8	55·5	55·3
1·656	1·652	1·647	1·642	1·638	1·634	1·630	1·625	1·620	1·615	1·610
57·2	57·0	56·7	56·5	56·2	56·0	55·8	55·5	55·3	55·0	54·7
1·646	1·642	1·637	1·632	1·628	1·624	1·620	1·615	1·611	1·606	1·602
56·7	56·5	56·2	55·9	55·7	55·5	55·3	55·0	54·8	54·5	54·3
1·637	1·633	1·628	1·623	1·619	1·615	1·611	1·606	1·602	1·597	1·593
56·2	56·0	55·7	55·4	55·2	55·0	54·8	54·5	54·3	54·0	53·8
1·628	1·623	1·619	1·614	1·610	1·606	1·602	1·597	1·593	1·588	1·584
55·7	55·4	55·2	55·0	54·7	54·5	54·3	54·0	53·8	53·5	53·3
1·618	1·614	1·610	1·605	1·600	1·596	1·592	1·588	1·583	1·579	1·575
55·2	55·0	54·7	54·5	54·2	54·0	53·7	53·5	53·2	53·0	52·7

2. Reduktion der specifischen Gewichte von Schwefel-
(Fort-

	0°	5°	10°	15°	20°	25°	30°	35°	40°	45°
Sp.Gew.	1·654	1·650	1·645	1·640	1·635	1·631	1·626	1·622	1·617	1·612
Baumé	57·1	56·9	56·6	56·3	56·1	55·8	55·6	55·4	55·1	54·9
Sp.Gew.	1·644	1·640	1·635	1·630	1·625	1·621	1·616	1·612	1·607	1·602
B.	56·6	56·4	56·1	55·8	55·5	55·3	55·1	54·9	54·6	54·3
Sp.Gew.	1·634	1·630	1·625	1·620	1·615	1·611	1·606	1·602	1·597	1·592
B.	56·0	55·8	55·5	55·3	55·0	54·8	54·5	54·3	54·0	53·7
Sp.Gew.	1·624	1·620	1·615	1·610	1·605	1·601	1·596	1·592	1·587	1·582
B.	55·5	55·3	55·0	54·7	54·5	54·2	54·0	53·7	53·4	53·1
Sp.Gew.	1·614	1·610	1·605	1·600	1·595	1·591	1·586	1·582	1·577	1·572
B.	55·0	54·7	54·5	54·2	53·9	53·6	53·4	53·1	52·8	52·5
Sp.Gew.	1·601	1·600	1·595	1·590	1·585	1·581	1·576	1·572	1·567	1·562
B.	54·4	54·2	53·9	53·6	53·3	53·0	52·8	52·5	52·3	52·0
Sp.Gew.	1·594	1·589	1·584	1·580	1·575	1·570	1·566	1·562	1·558	1·553
B.	53·8	53·5	53·3	53·0	52·7	52·4	52·2	52·0	51·7	51·4
Sp.Gew.	1·584	1·579	1·574	1·570	1·566	1·561	1·556	1·552	1·548	1·543
B.	53·3	53·0	52·7	52·4	52·2	51·9	51·6	51·4	51·1	50·8
Sp.Gew.	1·574	1·569	1·564	1·560	1·556	1·552	1·547	1·543	1·539	1·534
B.	52·7	52·4	52·1	51·8	51·6	51·4	51·1	50·8	50·6	50·3
Sp.Gew.	1·563	1·558	1·554	1·550	1·546	1·542	1·538	1·534	1·530	1·525
B.	52·0	51·7	51·5	51·2	51·0	50·8	50·5	50·3	50·0	49·7
Sp.Gew.	1·552	1·548	1·544	1·540	1·536	1·532	1·528	1·524	1·520	1·516
B.	51·4	51·1	50·9	50·6	50·4	50·1	49·9	49·6	49·4	49·1
Sp.Gew.	1·542	1·538	1·534	1·530	1·526	1·522	1·518	1·514	1·510	1·506
B.	50·8	50·5	50·3	50·0	49·8	49·5	49·3	49·0	48·8	48·5
Sp.Gew.	1·532	1·528	1·524	1·520	1·516	1·512	1·508	1·504	1·500	1·497
B.	50·1	49·9	49·6	49·4	49·1	48·9	48·6	48·4	48·1	47·9
Sp Gew.	1·522	1·518	1·514	1·510	1·506	1·502	1·498	1·494	1·490	1·486
B.	49·5	49·3	49·0	48·8	48·5	48·3	48·0	47·7	47·5	47·2
Sp.Gew.	1·512	1·508	1·504	1·500	1·496	1·492	1·488	1·484	1·480	1·476
B.	48·9	48·6	48·4	48·1	47·9	47·6	47·3	47·1	46·8	46·5
Sp.Gew.	1·502	1·498	1·494	1·490	1·486	1·482	1·478	1·474	1·470	1·466
B.	48·3	48·0	47·7	47·5	47·2	46·9	46·7	46·4	46·1	45·9
Sp.Gew.	1·492	1·488	1·484	1·480	1·476	1·472	1·468	1·465	1·461	1·457
B.	47·6	47·3	47·1	46·8	46·5	46·3	46·0	45·8	45·5	45·3
Sp.Gew.	1·482	1·478	1·474	1·470	1·466	1·462	1·458	1·455	1·451	1·447
B.	46·9	46·7	46·4	46·1	45·9	45·6	45·3	45·1	44·9	44·6
Sp.Gew.	1·472	1·468	1·464	1·460	1·456	1·452	1·448	1·445	1·442	1·438
B.	46·3	46·0	45·7	45·5	45·2	44·9	44·7	44·5	44·3	44·0
Sp.Gew.	1·462	1·458	1·454	1·450	1·446	1·442	1·438	1·435	1·432	1·429
B.	45·6	45·3	45·1	44·8	44·5	44·3	44·0	43·8	43·6	43·4

säuren verschiedener Stärke auf andere Temperaturen setzung.)

50°	55°	60°	65°	70°	75°	80°	85°	90°	95°	100°
1·608	1·604	1·600	1·595	1·591	1·586	1·582	1·578	1·574	1·570	1·565
54·6	54·4	54·2	53·9	53·7	53·4	53·1	52·9	52·7	52·4	52·1
1·598	1·594	1·590	1·585	1·581	1·577	1·573	1·569	1·565	1·561	1·556
54·1	53·8	53·6	53·3	53·1	52·8	52·6	52·4	52·1	51·9	51·6
1·588	1·584	1·580	1·576	1·572	1·568	1·564	1·560	1·556	1·552	1·547
53·5	53·3	53·0	52·8	52·5	52·3	52·1	51·8	51·6	51·4	51·1
1·578	1·574	1·570	1·566	1·562	1·558	1·554	1·550	1·546	1·542	1·537
52·9	52·7	52·4	52·2	52·0	51·7	51·5	51·3	51·0	50·8	50·5
1·568	1·564	1·560	1·556	1·552	1·548	1·544	1·540	1·536	1·531	1·527
52·3	52·1	51·8	51·6	51·4	51·1	50·9	50·6	50·4	50·1	49·8
1·558	1·554	1·550	1·545	1·541	1·537	1·533	1·529	1·525	1·521	1·516
51·7	51·5	51·3	51·0	50·7	50·5	50·2	50·0	49·7	49·5	49·1
1·548	1·544	1·539	1·535	1·531	1·527	1·523	1·519	1·515	1·510	1·506
51·1	50·9	50·6	50·3	50·1	49·8	49·6	49·3	49·1	48·8	48·5
1·539	1·535	1·531	1·526	1·522	1·518	1·513	1·509	1·505	1·501	1·496
50·6	50·3	50·1	49·8	49·5	49·3	49·0	48·7	48·5	48·2	47·9
1·530	1·526	1·522	1·517	1·513	1·509	1·504	1·500	1·496	1·492	1·487
50·0	49·8	49·5	49·2	49·0	48·7	48·4	48·1	47·9	47·6	47·3
1·521	1·517	1·513	1·509	1·504	1·500	1·495	1·491	1·487	1·483	1·478
49·5	49·2	49·0	48·7	48·4	48·1	47·8	47·5	47·3	47·0	46·7
1·512	1·508	1·504	1·500	1·495	1·491	1·486	1·482	1·478	1·473	1·469
48·9	48·6	48·4	48·1	47·8	47·5	47·2	46·9	46·7	46·3	46·1
1·502	1·498	1·494	1·490	1·485	1·481	1·476	1·472	1·468	1·463	1·459
48·3	48·0	47·7	47·5	47·1	46·9	46·5	46·3	46·0	45·7	45·4
1·492	1·488	1·484	1·480	1·476	1·472	1·467	1·462	1·458	1·453	1·449
47·6	47·3	47·1	46·8	46·5	46·3	45·9	45·6	45·3	45·0	44·7
1·482	1·478	1·474	1·470	1·466	1·462	1·457	1·452	1·448	1·443	1·438
46·9	46·7	46·4	46·1	45·9	45·6	45·3	45·0	44·7	44·3	44·0
1·472	1·468	1·464	1·460	1·455	1·451	1·446	1·442	1·438	1·433	1·428
46·3	46·0	45·7	45·5	45·1	44·9	44·5	44·3	44·0	43·7	43·3
1·462	1·458	1·454	1·450	1·445	1·441	1·437	1·433	1·429	1·424	1·419
45·6	45·3	45·1	44·8	44·5	44·2	43·9	43·7	43·4	43·0	42·7
1·453	1·449	1·445	1·441	1·436	1·432	1·428	1·424	1·419	1·414	1·410
45·0	44·7	44·5	44·2	43·9	43·6	43·3	43·0	42·7	42·3	42·0
1·443	1·439	1·435	1·431	1·427	1·423	1·418	1·414	1·409	1·405	1·401
44·3	44·1	43·8	43·5	43·2	42·9	42·6	42·3	41·9	41·6	41·3
1·434	1·430	1·426	1·422	1·418	1·413	1·409	1·405	1·400	1·396	1·392
43·7	43·4	43·2	42·9	42·6	42·2	41·9	41·6	41·2	40·9	40·7
1·425	1·421	1·417	1·413	1·409	1·404	1·400	1·396	1·391	1·387	1·383
43·1	42·8	42·5	42·2	41·9	41·5	41·2	40·9	40·6	40·3	40·0

— 160 —

2. Reduktion der specifischen Gewichte von Schwefel-
(Fort-

	0°	5°	10°	15°	20°	25°	30°	35°	40°	45°
Sp.Gew.	1·452	1·448	1·444	1·440	1·436	1·432	1·429	1·426	1·423	1·420
Baumé	44·9	44·7	44·4	44·1	43·9	43·6	43·4	43·2	42·9	42·7
Sp.Gew.	1·442	1·438	1·434	1·430	1·426	1·422	1·419	1·416	1·413	1·409
B.	44·3	44·0	43·7	43·4	43·2	42·9	42·7	42·4	42·2	41·9
Sp.Gew.	1·432	1·428	1·424	1·421	1·416	1·413	1·410	1·406	1·402	1·398
B.	43·6	43·3	43·0	42·7	42·4	42·2	42·0	41·7	41·4	41·1
Sp.Gew.	1·422	1·418	1·414	1·410	1·406	1·403	1·399	1·396	1·392	1·388
B.	42·9	42·6	42·3	42·0	41·7	41·5	41·2	40·9	40·7	40·4
Sp.Gew.	1·412	1·408	1·404	1·400	1·396	1·393	1·389	1·386	1·382	1·378
B.	42·2	41·9	41·5	41·2	40·9	40·7	40·4	40·2	39·9	39·6
Sp.Gew.	1·402	1·398	1·394	1·390	1·386	1·383	1·379	1·376	1·372	1·368
B.	41·4	41·1	40·8	40·5	40·2	40·0	39·7	39·5	39·2	38·9
Sp.Gew.	1·392	1·388	1·384	1·380	1·376	1·373	1·370	1·366	1·362	1·359
B.	40·7	40·4	40·1	39·8	39·5	39·2	39·0	38·7	38·4	38·2
Sp.Gew.	1·382	1·378	1·374	1·370	1·366	1·363	1·360	1·356	1·352	1·349
B.	40·0	39·6	39·3	39·0	38·7	38·5	38·2	37·9	37·6	37·3
Sp.Gew.	1·372	1·368	1·364	1·360	1·356	1·353	1·350	1·347	1·344	1·340
B.	39·2	38·9	38·5	38·2	37·9	37·7	37·4	37·2	36·9	36·6
Sp.Gew.	1·362	1·358	1·354	1·350	1·346	1·343	1·340	1·337	1·334	1·330
B.	38·4	38·1	37·8	37·4	37·1	36·9	36·6	36·4	36·2	35·8
Sp.Gew.	1·352	1·348	1·344	1·340	1·336	1·333	1·330	1·327	1·324	1·320
B.	37·6	37·3	36·9	36·6	36·3	36·1	35·8	35·6	35·3	35·0
Sp.Gew.	1·341	1·337	1·333	1·330	1·327	1·324	1·321	1·318	1·314	1·310
B.	36·7	36·4	36·1	35·8	35·6	35·3	35·1	34·8	34·5	34·2
Sp.Gew.	1·330	1·326	1·323	1·320	1·317	1·314	1·311	1·308	1·304	1·301
B.	35·8	35·5	35·3	35·0	34·8	34·5	34·3	34·0	33·6	33·4
Sp.Gew.	1·320	1·316	1·313	1·310	1·307	1·304	1·301	1·298	1·294	1·291
B.	35·0	34·7	34·4	34·2	33·9	33·6	33·4	33·1	32·8	32·5
Sp.Gew.	1·310	1·306	1·303	1·300	1·297	1·294	1·291	1·288	1·284	1·281
B.	34·2	33·8	33·5	33·3	33·0	32·8	32·5	32·3	31·9	31·6
Sp.Gew.	1·300	1·296	1·293	1·290	1·287	1·284	1·280	1·277	1·274	1·270
B.	33·3	32·9	32·7	32·4	32·2	31·9	31·5	31·3	31·0	30·6
Sp.Gew.	1·290	1·286	1·283	1·280	1·277	1·274	1·270	1·267	1·264	1·260
B.	32·4	32·1	31·8	31·5	31·3	31·0	30·6	30·4	30·1	29·7
Sp.Gew.	1·280	1·276	1·273	1·270	1·267	1·264	1·260	1·257	1·254	1·250
B.	31·5	31·2	30·9	30·6	30·4	30·1	29·7	29·5	29·2	28·8
Sp Gew.	1·270	1·266	1·263	1·260	1·257	1·254	1·251	1·248	1·245	1·241
B.	30·6	30·3	30·0	29·7	29·5	29·2	28·9	28·6	28·4	28·0
Sp.Gew.	1·260	1·256	1·253	1·250	1·247	1·244	1·241	1·238	1·235	1·231
B.	29·7	29·4	29·1	28·8	28·5	28·3	28·0	27·7	27·4	27·0

säuren verschiedener Stärke auf andere Temperaturen, setzung.)

50°	55°	60°	65°	70°	75°	80°	85°	90°	95°	100°
1·416	1·412	1·407	1·403	1·399	1·395	1·391	1·386	1·382	1·378	1·374
42·4	42·2	41·8	41·5	41·2	40·9	40·6	40·2	39·9	39·6	39·3
1·405	1·401	1·397	1·393	1·389	1·385	1·380	1·376	1·372	1·368	1·364
41·6	41·3	41·0	40·7	40·4	40·2	39·8	39·5	39·2	38·9	38·5
1·394	1·390	1·386	1·382	1·378	1·374	1·370	1·366	1·362	1·358	1·353
40·8	40·5	40·2	39·9	39·6	39·3	39·0	38·7	38·4	38·1	37·7
1·384	1·380	1·376	1·372	1·368	1·364	1·360	1·356	1 352	1·348	1·343
40·1	39·8	39·5	39·2	38·9	38 5	38·2	37·9	37·6	37·3	36·9
1·374	1·370	1·366	1·362	1·358	1·354	1·350	1·346	1 342	1·338	1·333
39·3	39·0	38·7	38·4	38·1	37·8	37·4	37·1	36·8	36·5	36·1
1·364	1·360	1·356	1·352	1·348						
38·5	38·2	37·9	37·6	37·3						
1·355	1·351	1·346	1·342	1·338						
37·8	37·5	37·1	36·8	36·5						
1·346	1·342	1·337	1·334	1·329						
37·1	36·8	36·4	36·2	35·8						
1·336	1·332	1·327	1·323	1·319						
36·3	36·0	35·6	35·3	34·9						
1·326	1·322	1·317	1·314	1·310						
35·5	35·2	34·8	34·5	34·2						
1·316	1·312	1·308	1·304	1·300						
34·7	34·3	34·0	33·6	33·3						
1·306	1·302	1·298	1·294	1·290						
33·8	33·5	33·1	32·8	32·4						
1·297	1·293	1·289	1·284	1·280						
33·0	32·7	32·3	31·9	31·5						
1·287	1·283	1·279	1·274	1·270						
32·2	31·8	31·5	31·0	30·6						
1·277	1·273	1·269	1·265	1·260						
31·3	30·9	30·5	30·2	29·7						
1·267	1·263	1·259	1·255	1·250						
30·4	30·0	29·6	29·3	28·8						
1·256	1·252	1·248	1·244	1·240						
29·4	29·0	28·6	28·3	27·9						
1·246	1·242	1·238	1·234	1·230						
28·5	28·1	27·7	27·3	26·9						
1·237	1·233	1·228	1·224	1·220						
27·6	27·2	26·7	26·4	26·0						
1·227	1·223	1·218	1·214	1·210						
26·6	26·3	25·8	25·4	25·0						

2. Reduktion der specifischen Gewichte von Schwefel-
(Fort-

	0°	5°	10°	15°	20°	25°	30°	35°	40°	45°
Sp.Gew.	1·250	1·246	1·243	1·240	1·237	1·234	1·230	1·227	1·224	1·220
Baumé	28·8	28·5	28·2	27·9	27·6	27·3	26·9	26·6	26·4	26·0
Sp.Gew.	1·240	1·236	1·233	1·230	1·227	1·224	1·220	1·217	1·214	1·210
B.	27·9	27·5	27·2	26·9	26·6	26·4	26·0	25·7	25·4	25·0
Sp.Gew.	1·230	1·226	1·223	1·220	1·217	1·214	1·210	1·207	1·204	1·200
B	26·9	26·5	26·3	26·0	25·7	25·4	25·0	24·7	24·4	24·0
Sp.Gew.	1·220	1·216	1·213	1·210	1·207	1·204	1·200	1·197	1·194	1·190
B.	26·0	25·6	25·3	25·0	24·7	24·4	24·0	23·7	23·4	23·0
Sp.Gew.	1·210	1·206	1·203	1·200	1·196	1·193	1·190	1·186	1·183	1·180
B.	25·0	24·6	24·3	24·0	23·6	23·3	23·0	22·6	22·3	22·0
Sp.Gew.	1·200	1·196	1·193	1·190	1·186	1·183	1·180	1·176	1·173	1·169
B.	24·0	23·6	23·3	23·0	22·6	22·3	22·0	21·6	21·2	20·8
Sp.Gew.	1·190	1·186	1·183	1·180	1·176	1·173	1·170	1·166	1·163	1·159
B.	23·0	22·6	22·3	22·0	21·5	21·2	20·9	20·4	20·1	19·7
Sp.Gew.	1·180	1·176	1·173	1·170	1·166	1·163	1·160	1·156	1·153	1·149
B.	22·0	21·6	21·2	20·9	20·4	20·1	19·8	19·4	19·1	18·7
Sp.Gew.	1·169	1·166	1·163	1·160	1·157	1·153	1·150	1·147	1·144	1·141
B.	20·8	20·4	20·1	19·8	19·5	19·1	18·8	18·5	18·2	17·9
Sp.Gew.	1·159	1·156	1·153	1·150	1·147	1·143	1·140	1·137	1·134	1·131
B.	19·7	19·4	19·1	18·8	18·5	18·1	17·8	17·4	17·0	16·7
Sp.Gew.	1·149	1·146	1·143	1·140	1·137	1·134	1·131	1·128	1·125	1·122
B.	18·7	18·4	18·1	17·7	17·4	17·0	16·7	16·3	16·0	15·7
Sp.Gew.	1·138	1·135	1·133	1·130	1·127	1·125	1·122	1·119	1·116	1·113
B.	17·5	17·1	16·9	16·5	16·2	16·0	15·7	15·3	15·0	14·6
Sp.Gew.	1·128	1·125	1·123	1·120	1·118	1·115	1·112	1·110	1·107	1·104
B.	16·3	16·0	15·8	15·4	15·2	14·9	14·5	14·3	13·9	13·5
Sp.Gew.	1·118	1·115	1·113	1·110	1·108	1·105	1·102	1·100	1·097	1·094
B.	15·2	14·9	14·6	14·3	14·0	13·6	13·3	13·0	12·7	12·3
Sp.Gew.	1·108	1·105	1·103	1·100	1·097	1·094	1·092	1·090	1·087	1·084
B.	14·0	13·6	13·4	13·0	12·7	12·3	12·1	11·9	11·5	11·1
Sp.Gew.	1·098	1·095	1·093	1·090	1·087	1·084	1·082	1·080	1·077	1·074
B.	12·8	12·4	12·2	11·9	11·5	11·1	10·9	10·6	10·3	9·9
Sp.Gew.	1·088	1·085	1·083	1·080	1·077	1·074	1·072	1·070	1·067	1·064
B.	11·6	11·3	11·0	10·6	10·3	9·9	9·6	9·4	9·0	8·6
Sp.Gew.	1·078	1·075	1·073	1·070	1·067	1·064	1·062	1·060	1·057	1·054
B.	10·4	10·0	9·8	9·4	9·0	8·6	8·3	8·0	7·6	7·3
Sp.Gew.	1·068	1·065	1·063	1·060	1·057	1·054	1·052	1·050	1·048	1·044
B.	9·1	8·7	8·4	8·0	7·6	7·3	7·0	6·7	6·4	5·9
Sp.Gew.	1·058	1·055	1·053	1·050	1·047	1·044	1·042	1·040	1·038	1·034
B.	7·8	7·4	7·1	6·7	6·3	5·9	5·6	5·4	5·1	4·6

säuren verschiedener Stärke auf andere Temperaturen.
setzung.)

50⁰	55⁰	60⁰	65⁰	70⁰	75⁰	80⁰	85⁰	90⁰	95⁰	100⁰
1·217	1·210	1·209	1·204	1·200						
25·7	25·0	24·9	24·4	24·0						
1·207	1·204	1·200	1·195	1·190						
24·7	24·4	24·0	23·5	23·0						
1·197	1·194	1·190	1·185	1·180						
23·7	23·4	23·0	22·5	22·0						
1·187	1·183	1·179	1·175	1·170						
22·7	22·3	21·9	21·5	20·9						
1·176	1·172	1·168	1·164	1·160						
21·6	21·1	20·7	20·2	19·8						
1·165	1·162	1·158	1·154	1·150						
20·3	20·0	19·6	19·2	18·8						
1·155	1·152	1·148	1·144	1·140						
19·3	19·0	18·6	18·2	17·8						
1·146	1·143	1·139	1·135	1·131						
18·4	18·1	17·6	17·1	16·7						
1·138	1·135	1·131	1·127	1·123						
17·5	17·1	16·7	16·2	15·8						
1·128	1·125	1·122	1·118	1·114						
16·3	16·0	15·7	15·2	14·8						
1·119	1·116	1·113	1·109	1·106						
15·3	15·0	14·6	14·1	13·8						
1·110	1·107	1·104	1·100	1·097						
14·3	13·9	13·5	13·0	12·7						
1·102	1·099	1·096	1·092	1·088						
13·3	12·9	12·6	12·1	11·6						
1·092	1·089	1·086	1·082	1·078						
12·1	11·8	11·4	10·9	10·4						
1·082	1·079	1·075	1·072	1·068						
10·9	10·5	10·0	9·6	9·1						
1·072	1·069	1·065	1·062	1·058						
9·6	9·3	8·7	8·3	7·8						
1·062	3·059	1·055	1·052	1·048						
8·3	7·9	7·4	7·0	6·4						
1·052	1·049	1·045	1·042	1·038						
7·0	6·6	6·0	5·6	5·1						
1 042	1·039	1·035	1·032	1·028						
5·6	5·3	4·8	4·4	3·9						
1·032	1·029	1·025	1·022	1·018						
4·4	4·0	3·4	3·0	2·5						

2. Reduktion der specif. Gewichte von Schwefelsäuren

	0°	5°	10°	15°	20°	25°	30°	35°	40°
Sp. Gew.	1·048	1·045	1·043	1·040	1·037	1·034	1·032	1·030	1·028
Baumé	6·4	6·0	5·8	5·4	5·0	4·6	4·4	4·1	3·9
Sp. Gew.	1·038	1·035	1·033	1·030	1·027	1·024	1·022	1·020	1·018
B.	5·1	4·8	4·5	4·1	3·7	3·3	3·0	2·8	2·5
Sp. Gew.	1·028	1·025	1·023	1·020	1·017	1·014	1·012	1·010	1·008
B.	3·9	3·4	3·2	2·7	2·4	2·0	1·7	1·4	1·2
Sp. Gew.	1·018	1·015	1·013	1·010	1·007	1·004	1·002	1·000	0·998
B.	2·5	2·1	1·9	1·4	1·0	0 5	0·2	—	—

3. Reduktion der Grädigkeit von Schwefelsäure

(Ermittelt in der chemi-

Man sucht die gefundenen Zehntelgrade in der ersten Vertikalspalte
jenige Zahl, welche senkrecht unter der beobachteten Temperatur
Grädigkeit

°B	10° C.	11° C.	12° C.	13° C.	14° C.	15° C.	16° C.	17° C.	18° C.	19° C.
65·00	64·80	64·84	64·88	64·92	64·96	65·00	65·04	65·08	65·12	65·16
65·10	64·90	64·94	64·98	65·02	65·06	65·10	65·14	65·18	65·22	65·26
65·20	65·00	65·04	65·08	65·12	65·16	65·20	65·24	65·28	65·32	65·36
65·30	65·10	65·14	65·18	65·22	65·26	65·30	65·34	65·38	65·42	65·46
65·40	65·20	65·24	65·28	65·32	65·36	65·40	65·44	65·48	65·52	65·56
65·50	65·30	65 34	65·38	65·42	65·46	65·50	65·54	65·58	65·62	65·66
65·60	65·40	65·44	65·48	65·52	65·56	65·60	65·64	65·68	65·72	65·76
65·70	65·50	65·54	65·58	65·62	65·66	65·70	65·74	65·78	65·82	65·86
65·80	65·60	65·64	65·68	65·72	65·76	65·80	65·84	65·88	65·92	65·96
65·90	65·70	65·74	65·78	65·82	65·86	65·90	65·94	65·98	66·02	66·06
66·00	65·80	65·84	65·88	65·92	65·96	66·00	66·04	66·08	66·12	66·16

4. Siedpunkte von Schwefelsäuren.

Proc. SO_4H_2	Spec. Gew.	Baumé	Siedpunkt	Proc. SO_4H_2	Spec. Gew.	Baumé	Siedpunkt
5	1·031	4·2	101°	45	1·352	37·6	118·5°
10	1 069	9·2	102	50	1·399	41·1	124
15	1·107	13·9	103·5	53	1·428	43·3	128·5
20	1·147	18·5	105	56	1·459	45·4	133
25	1·184	22·4	106·5	60	1·503	48·3	141·5
30	1·224	26·4	108	62·5	1·530	50·0	147
35	1·265	30·2	110	65	1·557	51·6	153·5
40	1·307	33·9	114	67·5	1·585	53·3	161

Monohydrat (100%) siedet

verschiedener Stärke auf andere Temperaturen. (Forts.)

45⁰	50⁰	55'	60'	65⁰	70⁰	75⁰	80⁰	85⁰	90'	95⁰	100⁰
1·024	1·022	1·019	1·015	1·012	1·008						
3·3	3·0	2·6	2·1	1·7	1·2						
1·014	1·012	1·009	1·005	1·002	0·998						
2·0	1·7	1·3	0·7	0·2	—						
1·004	1·002	0·999	0·995	0·992	0·988						
0·5	0·2	—	—	—	—						
0·994	0·992	0·989	0·985	0·982	0·978						
—	—	—	—	—							

zwischen 65 und 66⁰ Baumé auf 15⁰ C.

schen Fabrik Griesheim.)

und die beobachtete Temperatur in der ersten Horizontalzeile. Die- und auf einer Linie mit der beobachteten Grädigkeit steht, zeigt die bei 15⁰ an.

20⁰ C.	21⁰ C.	22⁰ C.	23⁰ C.	24⁰ C.	25⁰ C	26⁰ C.	27⁰ C.	28⁰ C.	29⁰ C.	30⁰ C.
65·20	65·24	65·28	65·32	65·36	65·40	65·44	65·48	65·52	65·56	65·60
65·30	65·34	65·38	65·42	65·46	65·50	65·54	65·58	65·62	65·66	65·70
65·40	65·44	65·48	65·52	65·56	65·60	65·64	65·68	65·72	65·76	65·80
65·50	65·54	65·58	65·62	65·66	65·70	65·74	65·78	65·82	65·86	65·90
65·60	65·64	65·68	65·72	65·76	65·80	65·84	65·88	65·92	65·96	66·00
65·70	65·74	65·78	65·82	65·86	65·90	65·94	65·98	66·02	66·06	66·10
65·80	65·84	65·88	65·92	65·96	66·00	66·04	66·08	66·12	66·16	66·20
65·90	65·94	65·98	66·02	66·06	66·10	66·14	66·18	66·22	66·26	66·30
66·00	66·04	66·08	66·12	66·16	66·20	66·24	66·28	66·32	66·36	66·40
66·10	66·14	66·18	66·22	66·26	66·30	66·34	66·38	66·42	66·46	66·50
66·20	66·24	66·28	66·32	66·36	66·40	66·44	66·48	66·52	66·56	66·60

(Lunge, Ber. d. d. chem. Ges. 11, 370.)

Proc. SO_4H_2	Spec. Gew.	Baumé	Siedpunkt	Proc. SO_4H_2	Spec. Gew.	Baumé	Siedpunkt
70	1·615	55·0	170⁰	86	1·791	63·8	238·5⁰
72	1·639	56·3	174·5	88	1·807	64·4	251·5
74	1·661	57·4	180·5	90	1·818	65·0	262·5
76	1·688	58·8	189	91	1·824	65·3	268
78	1·710	60·0	199	92	1·830	65 45	274·5
80	1·733	61·0	207	93	1·834	65·65	281·5
82	1·758	62·2	218·5	94	1·837	65·8	288·5
84	1·773	63·0	227	95	1·840	65·9	295

nach Marignac bei 338⁰.

5. Schmelzpunkte*) der Schwefelsäure und des Oleums von 0—100 % SO_3 nach R. Knietsch**).

(Schwefelsäure)		(Schwefelsäure)		(Oleum)	
Gehalt an SO_3	Schm.-Punkt ° Cels.	Gehalt an SO_3	Schm.-Punkt ° Cels.	%iges Oleum SO_3 frei	Schm.-Punkt ° Cels.
1% SO_3	— 0·6°	69% SO_3	+ 7·0°	0% SO_3 frei	+10·0°
2 ” ”	— 1·0°	70 ” ”	+ 4·0°	5 ” ” ”	+ 3·5°
3 ” ”	— 1·7°	71 ” ”	— 1·0°	10 ” ” ”	— 4·8°
4 ” ”	— 2·0°	72 ” ”	— 2·0°	15 ” ” ”	—11·2°
5 ” ”	— 2·7°	73 ” ”	—16·2°	20 ” ” ”	—11·0°
6 ” ”	— 3·6°	74 ” ”	—25·0°	25 ” ” ”	— 0·6°
7 ” ”	— 4·4°	75 ” ”	—34·0°	30 ” ” ”	+15·2°
8 ” ”	— 5·3°	76 } sog.	—32·0°	35 ” ” ”	+26·0°
9 ” ”	— 6·0°	77 } 66°	—33·0°	40 ” ” ”	+33·8°
10 ” ”	— 6·7°	78 } Bé	—16·5°	45 ” ” ”	+34·8°
11 ” ”	— 7·2°	79 ” ”	— 5·2°	50 ” ” ”	+28·5°
12 ” ”	— 7·9°	80 ” ”	+ 3·0°	55 ” ” ”	+18·4°
13 ” ”	— 8·2°	81 ” ”	+ 7·0°	60 ” ” ”	+ 0·7°
14 ” ”	— 9·0°	82 ” ”	+ 8·2°	65 ” ” ”	+ 0·8°
15 ” ”	— 9·3°	83 ” ”	— 0·8°	70 ” ” ”	+ 9·0°
16 ” ”	— 9·8°	84 ” ”	— 9·2°	75 ” ” ”	+17·2°
17 ” ”	—11·4°	85 ” ”	—11·0°	80 ” ” ”	+22·0° ***)
18 ” ”	—13·2°	86 ” ”	— 2·2°	85 ” ” ”	+33·0° (27°)
19 ” ”	—15·2°	87 ” ”	+13·5°	90 ” ” ”	+34·0° (25°)
20 ” ”	—17·1°	88 ” ”	+26·0°	95 ” ” ”	+36·0° (26°)
21 ” ”	—22·5°	89 ” ”	+34·2°	100 ” ” ”	+40·0° (15°)
22 ” ”	—31·0°	90 ” ”	+34·2°		
23 ” ”	—40·1°	91 ” ”	+25·8°		
·· ” ”	} unter	92 ” ”	+14·2°		
·· ” ”	} —40°	93 ” ”	+ 0·8°		
61 ” ”	—40·0°	94 ” ”	+ 4·5°		
62 ” ”	—20·0°	95 ” ”	+14·8°		
63 } 60°	—11·5°	96 ” ”	+20·3°		
64 } Bé	— 4·8°	97 ” ”	+29·2°		
65 ” ”	— 4·2°	98 ” ”	+33·8°		
66 ” ”	+ 1·2°	99 ” ”	+36·0°		
67 } 62°	+ 8·0°	100 ” ”	+40·0°		
68 } Bé	+ 8·0°				

*) Unter Schmelzpunkt wird hierbei der Temperaturgrad verstanden, auf den das Hg des in die erstarrende Flüssigkeit eingesenkten Thermometers emporsteigt, um dann konstant zu bleiben. — Es soll nicht unerwähnt bleiben, dass grosse Oleummengen, z. B. solche in Transportfässern, sich häufig von obiger Tabelle verschieden verhalten, weil beim Transport oder Lagern das Oleum sich oft entmischt, indem sich Krystalle anderer Koncentration ausscheiden, die dann natürlich auch einen entsprechend anderen Schmelzpunkt zeigen.

**) Freundliche Privat-Mittheilung der Bad. Anilin- und Soda-Fabrik, Ludwigshafen a. Rh. an den Herausgeber.

***) Die eingeklammerten Zahlen bedeuten die Schmelzpunkte des noch nicht polymerisirten, frisch hergestellten Oleums.

6. Tabelle über Dichte und Gehalt der rauchenden Schwefelsäure bei verschiedenen Temperaturen, von Cl. Winkler.

Dichte bei					Geh. an SO_3 Procent	Geh. an freier SO_3 Procent
15°	20°	25°	30°	35°		
1·8417	1·8371	1·8323	1·8287	1·8240	76·67	—
1·8427	1·8378	1·8333	1·8295	1·8249	77·49	—
1·8428	1·8388	1·8351	1·8302	1·8255	78·34	—
1·8437	1·8390	1·8346	1·8300	1·8257	79·04	—
1·8427	1·8386	1·8351	1·8297	1·8250	79·99	—
1·8420	1·8372	1·8326	1·8281	1·8234	80·46	—
1·8398	1·8350	1·8305	1·8263	1·8218	80·94	—
1·8446	1·8400	1·8353	1·8307	1·8262	81·37	—
1·8509	1·8466	1·8418	1·8371	1·8324	81·91	1·52
1·8571	1·8522	1·8476	1·8432	1·8385	82·17	2·94
1·8697	1·8647	1·8595	1·8545	1·8498	82·94	7·12
1·8790	1·8742	1·8687	1·8640	1·8592	83·25	9·84
1·8875	1·8823	1·8767	1·8713	1·8661	83·84	12·03
1·8942	1·8888	1·8833	1·8775	1·8722	84·12	13·54
1·8990	1·8940	1·8890	1·8830	1·8772	84·33	14·69
1·9034	1·8984	1·8930	1·8874	1·8820	84·67	16·55
1·9072	1·9021	1·8950	1·8900	1·8845	84·82	17·36
1·9095	1·9042	1·8986	1·8932	1·8866	84·99	18·29
1·9121	1·9053	1·8993	1·8948	1·8892	85·14	19·09
1·9250	1·9193	1·9135	1·9082	1·9023	85·54	21·27
1·9290	1·9236	1·9183	1·9129	1·9073	85·68	22·04
1·9368	1·9310	1·9250	1·9187	1·9122	85·88	23·13
1·9447	1·9392	1·9334	1·9279	1·9222	86·51	26·56
1·9520	1·9465	1·9402	1·9338	1·9278	86·72	27·69
1·9584	1·9528	1·9466	1·9406	1·9340	87·03	29·89
1·9632	1·9573	1·9518	1·9457	1·9398	87·46	31·73
kryst.	kryst.	1·9740	1·9666	1·9740	88·00	34·67

Vorstehende Tabelle ist nur zur Benutzung bei der Betriebsführung, nicht für Handelszwecke bestimmt, weil die Angabe des specifischen Gewichts durchaus nicht immer Gewährleistung für den Gehalt der rauchenden Schwefelsäure giebt und z. B. bei den grade unterhalb des Monohydrates liegenden Koncentrationsgraden vollkommen im Stiche lässt. Die Tabelle bezieht sich nicht auf chemisch reine, sondern auf Handels-Säuren. Sie ist hier durch Hinzufügung der letzten Spalte (für freie SO_3) ergänzt worden.

7. Tabelle über Gehalt der rauchenden Schwefelsäure an Trioxyd.

(Gnehm.)

Durch Titriren gefunden SO_3	Das Oleum enthält % SO_4H_2	SO_3	Durch Titriren gefunden SO_3	Das Oleum enthält % SO_4H_2	SO_3	Durch Titriren gefunden SO_3	Das Oleum enthält % SO_4H_2	SO_3
81·6326	100	0	87·8775	66	34	93·9387	33	67
81·8163	99	1	88·0612	65	35	94·1224	32	68
82·0000	98	2	88·2448	64	36	94·3061	31	69
82·1836	97	3	88·4285	63	37	94·4897	30	70
82·3674	96	4	88·6122	62	38	94·6734	29	71
82·5510	95	5	88·7959	61	39	94·8571	28	72
82·7346	94	6	88·9795	60	40	95·0408	27	73
82·9183	93	7	89·1632	59	41	95·2244	26	74
83·1020	92	8	89·3469	58	42	95·4081	25	75
83·2857	91	9	89·5306	57	43	95·5918	24	76
83·4693	90	10	89·7142	56	44	95·7755	23	77
83·6530	89	11	89·8979	55	45	95·9591	22	78
83·8367	88	12	90·0816	54	46	96·1428	21	79
84·0204	87	13	90·2653	53	47	96·3265	20	80
84·2040	86	14	90·4489	52	48	96·5102	19	81
84·3877	85	15	90·6326	51	49	96·6938	18	82
84·5714	84	16	90·8163	50	50	96·8775	17	83
84·7551	83	17	91·0000	49	51	97·0612	16	84
84·9387	82	18	91·1836	48	52	97·2448	15	85
85·1224	81	19	91·3673	47	53	97·4285	14	86
85·3061	80	20	91·5510	46	54	97·6122	13	87
85·4897	79	21	91·7346	45	55	97·7959	12	88
85·6734	78	22	91·9183	44	56	97·9795	11	89
85·8571	77	23	92·1020	43	57	98·1632	10	90
86·0408	76	24	92·2857	42	58	98·3469	9	91
86·2244	75	25	92·4093	41	59	98·5306	8	92
86·4081	74	26	92·6530	40	60	98·7142	7	93
86·5918	73	27	92·8367	39	61	98·8979	6	94
86·7755	72	28	93·0204	38	62	99·0816	5	95
86·9591	71	29	93·2040	37	63	99·2653	4	96
87·1428	70	30	93·3877	36	64	99·4489	3	97
87·3265	69	31	93·5714	35	65	99·6326	2	98
87·5102	68	32	93·7551	34	66	99·8163	1	99
87·6938	67	33						

8. Specifische Gewichte von rauchenden Schwefelsäuren des Handels

(nach Messel, Journ. Soc. Chem. Ind. 1885, 573).

Beschaffenheit	Proc. SO_3	Specif. Gewichte	
		bei 26·6°	bei 15·5°
Flüssig	8·3	1·842	1·852
"	30·0	1·930	1·940
Krystallin-salpeterähnl. Masse	40·0	1·956	1·970
"	44·5	1·961	1·975
"	46·2	1·963	1·977
—	59·4	1·980	1·994
Flüssig	60·8	1·992	2·006
"	65·0	1·992	2·006
"	69·4	2·002	2·016
Krystallinisch	72·8	1·984	1·988
"	80·0	1·959	1·973
"	82·0	1·953	1·967

9. Die quantitative Bestimmung von freier Schwefelsäure

geschieht durch Titriren einer abgewogenen Menge mit Normalnatronlauge. Die Resultate werden stets in Gewichtsprocenten von Schwefelsäuremonohydrat, H_2SO_4, ausgedrückt.

Man wägt etwa 2—3 g der Säure in einer Hahnpipette, Fig. 11 ab; nach dem Wägen der gefüllten und aussen gereinigten Pipette lässt man ihren Inhalt in ziemlich viel Wasser einlaufen und wägt die Pipette ohne Auswaschen zurück. Für den nächsten Versuch braucht man nicht zu waschen und zu trocknen, wenn man die Säure mehrmals einsaugt und wieder ausbläst. Dieses Verfahren eignet sich ganz gut nicht nur für gewöhnliche Schwefelsäure, sondern auch für schwach rauchende Mischsäure aus Schwefelsäure und Salpetersäure; über rauchende Schwefelsäure (Oleum) vgl. No. 11.

Das Normalnatron ist auf Normalsalzsäure (0·03645 g HCl pro ccm) gestellt, die ihrerseits auf reines Natriumcarbonat gestellt ist; Bereitung und Prüfung der Normalflüssigkeiten im Anhange.

Als Indikator dient Methylorange, welches nur in der Kälte verwendet werden darf, und zwar in so geringer Menge, dass nur eben eine deutliche Färbung stattfindet. Salpetrige Säure zerstört diesen Farbstoff; doch enthält gewöhnliche Fabriks- oder Handels-Schwefelsäure nie so viel davon, dass es störend einwirken könnte, und selbst Nitrose oder rauchende Salpetersäure kann man mit Methylorange titriren, wenn man den Indikator erst kurz vor der Neutralisation zusetzt, bezw. erneuert, oder aber wenn man mit Normalnatron übersättigt, dann erst Methylorange zusetzt und zurücktitrirt. Die salpetrige Säure verhält sich gegen Methylorange wie die starken Mineralsäuren in Bezug auf die Sättigung von Normalnatron.

10. Untersuchung der Schwefelsäure auf Nebenbestandtheile.

a) auf salpetrige Säure. Man titrirt mit Halbnormal-Chamäleonlösung (Bereitung im Anhange). Dabei erleidet man leicht Verluste durch Entweichen von Stickoxyd, wenn man nicht nach folgender Vorschrift arbeitet (Ber. d. deutsch. chem. Ges. X, 1075)[*]. Man bringt die nitrose Schwefelsäure in eine Glashahn-Bürette und lässt sie unter Umschütteln in eine abgemessene, mit der fünffachen Menge warmen (30—40°) Wassers verdünnte Menge Chamäleon einfliessen, bis die Farbe eben verschwunden ist. Je nachdem man eine starke Nitrose oder eine nur wenig N_2O_3 enthaltende Schwefelsäure zu untersuchen hat, nimmt man mehr oder weniger Chamäleon, indem man immer berücksichtigt, dass jedes Kubikcentimeter desselben 0·00951 g N_2O_3 anzeigt. Bei Kammersäuren u. dgl. nimmt man daher höchstens 5 ccm, bei guten Nitrosen bis 50 ccm Chamäleon. Die Menge des Chamäleons heisse x, die der darauf verbrauchten Nitrose y. Man erfährt die Menge von N_2O_3 in g pro Liter der Säure durch die Formel $\dfrac{9\cdot51\,x}{y}$. Statt 9·51 setzt man für NO_3H: 15·76; für Salpetersäure von 36° B. (bei 15° C.). 29·77; für Salpetersäure von 40° B.: 25·52; für $NaNO_3$: 21·26.

Folgende Tabelle erspart die Rechnung für alle Fälle, in denen man 50 ccm Halbnormal-Chamäleon anwendet. Es finden sich darin in der Spalte y die verbrauchten Kubikcentimeter der Nitrose, in der Spalte a der Gehalt in g pro Liter, in b der Gehalt in Gewichtsprocenten bei Annahme von 60 grädiger Nitrose. (Bei anderem spec. Gewicht erfährt man die Gewichtsprocente, indem man die Zahlen der Spalte a durch $10 \times$ dem spec. Gew. der Säure dividirt.)

---

[*] Auch für die Untersuchung von Natriumnitrit gilt ganz dieselbe Vorschrift, nur muss dann das Chamäleon so stark angesäuert werden, dass das Natriumnitrit beim Einfliessen seiner Lösung in das Chamäleon sofort zersetzt wird.

— 171 —

Tabelle für Bestimmung der salpetrigen Säure in Nitrosen
bei Anwendung von 50 ccm Halbnormal-Chamäleonlösung, ausgedrückt in NO_3H, NO_3Na, Salpetersäure von 36° und von 40° Baumé bei 15° C. Die Gewichts-Procente beziehen sich auf 60grädige Schwefelsäure als Einheit.

Verbr. Säure y ccm	NO_3H		NO_3Na		Salpetersäure 36° Baumé		Salpetersäure 40° Baumé	
	a g pro Liter	b Gew.-Proc.	a g pro Liter	b Gew.-Proc.	a g pro Liter	b Gew.-Proc.	a g pro Liter	b Gew.-Proc.
10	78·8	4·62	106·2	6·22	148·9	8·71	127·7	7·48
11	71·6	4·20	96·5	5·65	135·3	7·92	116·0	6·80
12	65·7	3·85	88·5	5·18	124·2	7·27	106·4	6·23
13	60·6	3·55	81·7	4·78	114·5	6·70	98·2	5·75
14	56·2	3·28	75·9	4·44	106·0	6·20	90·9	5·31
15	52·5	3·07	70·8	4·14	97·3	5·80	85·0	4·97
16	49·3	2·89	66·4	3·91	93·2	5·45	79·9	4·68
17	46·3	2·71	62·5	3·65	87·5	5·12	75·0	4·39
18	43·7	2·56	59·0	3·45	82·6	4·84	70·8	4·15
19	41·5	2·43	55 9	3·27	78·4	4·58	67·2	3 95
20	39·3	2 30	53·1	3·11	74·3	4·34	63·7	3·73
21	37·5	2·19	50·6	2·96	70·9	4·14	60·7	3·55
22	35·7	2·09	48·3	2·82	67·5	3·95	57·8	3·39
23	34·2	2·00	46·3	2·71	64·6	3·77	55·3	3·24
24	32·8	1·92	44·4	2·60	62·0	3·62	53·0	3·11
25	31·5	1·84	42·5	2·49	59·4	3·47	51·0	3·98
26	30·3	1·77	40·8	2·39	57·1	3·33	49·0	2·87
27	29·1	1·71	39·4	2·30	55·0	3·23	47·3	2·76
28	28·1	1·64	38·0	2·22	53·0	3·10	45·5	2·66
29	27·1	1·58	36·7	2·15	51·1	2·98	44·0	2·57
30	26·3	1·54	35·5	2·08	49·6	2·91	42·5	2·49
31	25·5	1·49	34·3	2·01	48·2	2·82	41·3	2·42
32	24·6	1·44	33·3	1·95	46·5	2·72	40·0	2·34
33	23·9	1·40	32·3	1·89	45·0	2·64	38·6	2·27
34	23·2	1·36	31·3	1·84	43·7	2·56	37·5	2·20
35	22·5	1·32	30·4	1·78	42·5	2·49	36·5	2·13
36	21·9	1·28	29·5	1·73	41·3	2·42	35·5	2·07
37	21·3	1·25	28·7	1·68	40·3	2·36	34·5	2·02
38	20·7	1·21	28·0	1·64	39·3	2·28	33·5	1·96
39	20·2	1·18	27·3	1·60	38·2	2·23	32·7	1·91
40	19·7	1·15	26·6	1·56	37·2	2·17	31·8	1·86
41	19·2	1·12	25·9	1·52	36·3	2·12	31·1	1·81
42	18·8	1·10	25·3	1·48	35·5	2·08	30·4	1·78
43	18·3	1·07	24·7	1·45	34·5	2·02	29·7	1·74

Verbr. Säure y ccm	NO₃H		NO₃Na		Salpetersäure 36° Baumé		Salpetersäure 40° Baumé	
	a g pro Liter	b Gew.-Proc.	a g pro Liter	b Gew.-Proc.	a g pro Liter	b Gew.-Proc.	a g pro Liter	b Gew.-Proc.
44	17·9	1·05	24·2	1·42	33·8	1·98	29·0	1·70
45	17·5	1·02	23·6	1·38	33·1	1·93	28·3	1·66
46	17·1	1·00	23·1	1·35	32·3	1·89	27·6	1·62
47	16·8	0·98	22·6	1·32	31·7	1·85	27·1	1·59
48	16·4	0·96	22·2	1·30	31·0	1·81	26·6	1·56
49	16·1	0·94	21·7	1·27	30·3	1·78	26·0	1·53
50	15·8	0·925	21·3	1·25	29·8	1·74	25·6	1·50
55	14·4	0·835	19·3	1·13	27·2	1·58	23·3	1·35
60	13·1	0·765	17·7	1·04	24·6	1·44	21·2	1·24
65	12·1	0·705	16·4	0·96	22·8	1·33	19·6	1·14
70	11·2	0·655	15·2	0·89	21·0	1·23	18·0	1·06
75	10·5	0·615	14·15	0·827	19·8	1·16	17·05	1·00
80	9·85	0·575	13·3	0·778	18·6	1·09	15·9	0·93
85	9·2	0·538	12·5	0·730	17·4	1·02	15·1	0·87
90	8·7	0·510	11·8	0·692	16·4	0·965	14·1	0·825
95	8·3	0·485	11·2	0·655	15·6	0·915	13·5	0·785
100	7·9	0·462	10·6	0·620	14·9	0·875	12·8	0·750

b) Stickstoffverbindungen insgesammt. Man kann annehmen, dass die Schwefelsäure, abgesehen von höchst geringen Mengen von Stickoxyd (welches neben Salpetersäure darin überhaupt nicht vorkommen kann) nur N_2O_3 (als Nitrosylschwefelsäure $SO_2 \cdot OH \cdot ONO$) und NO_3H enthält. Untersalpetersäure wird bei Berührung mit Schwefelsäure sofort in jene beiden Verbindungen gespalten. Die in a) gegebene Bestimmung durch Chamäleon zeigt nur N_2O_3 an. Alle Stickstoffsäuren zusammen werden aber angezeigt, wenn man die Nitrose mit Quecksilber schüttelt, wobei jene sämmtlich in Stickoxyd übergehen, dessen Menge gasvolumetrisch bestimmt wird. Hierzu dient das Nitrometer. Man füllt dessen eingetheilten Schenkel a mit Quecksilber durch Heben des anderen offenen Schenkels (Niveaurohres) b, stellt den Dreiweghahn so, dass keine seiner Bohrungen in Thätigkeit tritt, lässt aus einer in Hundertstel getheilten 1 ccm-Pipette die Nitrose in den Glasbecher einfliessen (bei sehr starken Nitrosen nimmt man nur 0·5 ccm, bei schwächeren 2—5 ccm), senkt das Niveaurohr b hinreichend, öffnet den Hahn vorsichtig, so dass die Nitrose eingesaugt wird, aber keine Luft mitkommt, giesst 2—3 ccm reine, von Stickstoffsäuren absolut freie Schwefelsäure in den Becher, saugt diese in das Nitrometer und wiederholt dasselbe mit 1—2 ccm Schwefelsäure. Dann

bringt man die Gasentwickelung in Gang, indem man das Rohr
a aus der Klammer nimmt, mehrmals fast horizontal hält und
plötzlich aufrichtet, so dass sich Quecksilber und Säure gut
mischen; dann schüttelt man 1—2 Minuten, bis sich kein Gas
mehr entwickelt. Man stellt nun beide Schenkel so, dass das
Quecksilber im Niveaurohr b um so viel höher als im Messrohr
a steht, als nöthig ist, um die Säureschicht in a zu kompensiren.
Man kann etwa 1 mm Hg auf $6^1/_2$ mm Säure in a rechnen. Die
genaue Einstellung kann man erst vornehmen, wenn das Gas die
Temperatur der Umgebung angenommen und der Schaum sich
gesetzt hat. Man liest dann das Gasvolum ab, ebenso die Temperatur eines dicht daneben hängenden Thermometers und den
Barometerstand. Um sich zu überzeugen, dass man keinen merkbaren Fehler in der Einstellung gemacht habe, öffnet man den
Hahn, wobei das Niveau in a sich nicht verändern soll. Steigt
es, so war zu viel Druck gewesen und man müsste die frühere
Ablesung etwas vergrössern; fällt es, so müsste man etwas abziehen, also stets im umgekehrten Sinne der Niveau-Aenderung.
Am besten giebt man vor Oeffnung des Hahnes in den Becher
ein wenig Säure, welche bei zu geringem Drucke in das
Rohr a eingesaugt, bei zu grossem Drucke gehoben werden
würde; bei geschickter Manipulation (rechtzeitigem Schliessen
des Hahnes) kann man den Versuch dann noch leicht korrigiren,
ohne dass Luft ein- oder Gas austritt. Nach Beendigung desselben senkt man erst das Messrohr a, damit beim Oeffnen
des Hahnes keine Luft eindringt, stellt dann den Hahn so, dass
er nach aussen kommunicirt und drückt durch Heben des Niveaurohres b das Gas und sämmtliche Säure hinaus, so dass letztere
in ein untergehaltenes Gläschen abfliesst; den letzten Rest saugt
man durch etwas Fliesspapier ab. Das Nitrometer ist dann für
den nächsten Versuch bereit.

Man muss stets untersuchen, ob der Hahn gasdicht schliesst,
was ohne Einfetten (am besten mit Vaselin) häufig nicht der
Fall sein wird. Es darf kein Fett in die Bohrung hinein und
mit der Säure in Berührung kommen; sonst bildet sich ein Schaum,
der sich sehr langsam setzt. (Aehnliches tritt auch bei Verdünnung
mit Wasser durch Ausscheidung von Quecksilbersulfat ein, wird
aber kaum je bei Nitrose, und selbst bei der Analyse von Salpeter nur dann vorkommen, wenn die dafür in VII A 2 gegebenen
Vorschriften vernachlässigt werden.)

Wenn die Säure neben N_2O_3 noch merkliche Mengen von
SO_2 enthält (der Geruch ist hierfür ein hinreichend feines Reagens), so setzt man derselben im Becher des Nitrometers ein
wenig gepulvertes Kaliumpermanganat zu; ein grösserer Ueberschuss davon stört den Process sehr.

Das gefundene Volum NO reducirt man nach den Tabellen
S. 38 ff. auf 0^0 und 760 mm und berechnet es auf die Stickstoff-

verbindungen nach folgender Tabelle, worin die Spalte a Milligramme, die Spalte b Gewichtsprocent bei Anwendung von 1 ccm Säure von 60° Baumé bedeutet.

Abgelesene ccm NO	a Absolutes Gewicht mg	b Gewichtsproc. bei Anwendung von 1 ccm 60grädiger Säure im Nitrometer
Stickstoff N	0·627	0·0366
Stickoxyd NO	1·3416	0·0784
Salpetrige Säure N_2O_3	1·6988	0·0994
Salpetersäure HNO_3	2·8158	0·1646
do. 36° B.	5·331	0·3116
do. 40° B.	4·570	0·2671
Natriumnitrat $NaNO_3$	3·7993	0 2222

(Multipla der obigen Zahlen giebt Tab. 4, S. 16.)

100 Th. Salpetersäure 36° B. entspricht 71·39 Th. reinem $NaNO_3$ oder 74·36 Th. 96proc. Chilisalpeter.

Dem früheren Nitrometer weit vorzuziehen ist das Gasvolumeter (Lunge, Berl. Ber. 1890, 440; Ztschr. f. angew. Ch. 1890, 139), welches zugleich für eine Menge von anderen analytischen Operationen dient und die Beobachtung der Temperatur und des Barometerstandes bei Gasmessungen, sowie die damit verbundenen Rechnungen vollkommen entbehrlich macht[*]. Das vollständige Gasvolumeter, Fig. 8, besteht aus 5 Röhren, A bis E, von denen A, B und C an einer und E und D an einer anderen Stange desselben schweren Stativs mit Klammern gehalten werden, und zwar A und B von einer Doppelklammer, in welcher sie beide für sich oder aber gemeinschaftlich bewegt werden können. A, B und C sind durch sehr dickes Kautschukrohr mittelst des Dreiwegröhrchens a miteinander verbunden. A ist ein in $^1/_{10}$ ccm eingetheiltes, 50 ccm fassendes Gasmessrohr (für andere Zwecke besitzt dieses Rohr oben eine kugelförmige Erweiterung und ist darunter von 100—150 ccm getheilt; für alle Zwecke gleichzeitig eignet sich ein Rohr, das in der Mitte eine Kugel besitzt und darüber in 0—40, darunter in 100—140 ccm getheilt ist), mit Doppelbohrungshahn g, welcher zu dem geraden Röhrchen h und dem rechtwinklig gekrümmten Röhrchen e führt. B ist das Reductionsrohr; es ist unter dem er-

---

[*] Nitrometer, Gasvolumeter und alle damit zusammenhängenden Apparate sind u. A. zu beziehen von C. Desaga, Heidelberg. Man verlange Garantie für guten Schluss der Hähne und für Richtigkeit der Theilung.

weiterten Theile, welcher fast 100 ccm fasst, von 100—125 ccm in $^1/_{10}$ ccm eingetheilt und enthält genau so viel Luft, dass sie bei 0^0 und 760 mm im trockenen Zustande 100 ccm einnehmen würde. Um dies zu erreichen, beobachtet man ein für allemal die Temperatur t und den Barometerstand b (wobei man für t bis 12^0 1 mm, zwischen 13 und 19^0 2 mm, zwischen 20 und 25^0 3 mm für die Ausdehnung des Quecksilbers abzieht); dann zeigt der Ausdruck $V = \dfrac{100\,(273 + t)\,760}{273\,b}$, welchen Raum 100 ccm trockene Luft von 0^0 und 760 mm Druck unter den eben beobachteten Tagesverhältnissen einnehmen würden. Man führt nun einen Tropfen koncentrirter Schwefelsäure in B ein, giesst Quecksilber in das Niveaurohr C, bis es in B auf dem das Volum V anzeigenden Theilstrich steht, schiebt über die natürlich noch offene Kapillare b ein Pappschild, um das Gefäss B vor Erwärmung

Fig. 8.

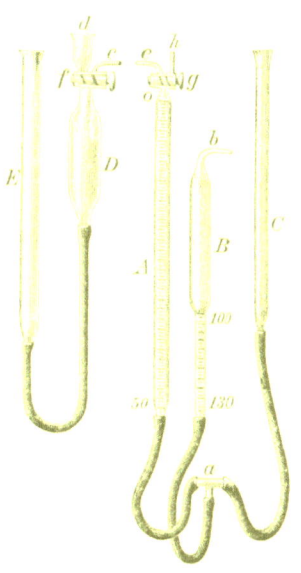

zu behüten und schmilzt b zu, worauf man es am besten durch einen Kautschuküberzug vor Abbrechen schützt. Das Instrument ist nun ein für allemal eingestellt und zum Gebrauche fertig.

Weit bequemer als die durch Zuschmelzen zu schliessende Kapillare und ebenso sicher auch bei mehrjährigem Gebrauche ist der Berl. Ber. 1892, 3157 u. Tech. Chem. Untersuchungen I, 131 beschriebene Becherhahn, Fig. 9. Der Verschluss wird hier durch einen Glasstopfen mit halber Längsrinne gebildet, der eine Rinne in der anderen Hälfte des Halses entspricht, so dass man durch Drehung des Stopfens den Luftkanal öffnen oder schliessen kann. Darüber giesst man Quecksilber und verschliesst den Becher mit einem Kork, der auf den Glasstopfen drückt, und den man, um sich vor Störungen zu sichern, anbinden und festsiegeln kann. Ein Glasröhrchen im Kork gestattet dem Quecksilber sich auszudehnen. Um auch nach längerer Zeit den Verschluss leicht öffnen zu können, fettet man den Glasstopfen gut mit Vaselin an, so dass er sich ohne alle Anstrengung drehen lässt.

Man könnte nun in A die gewöhnlichen nitrometrischen Operationen vornehmen (zu welchem Zwecke h mit einem Becher wie d versehen sein müsste); es ist aber weitaus vorzuziehen, nur die Gasmessung selbst in A vorzunehmen, die Reaktionen aber ausserhalb, in diesem Falle in dem (nicht graduirten) Schüttelgefäss D vorzunehmen, welches sein eigenes Niveaurohr E besitzt. D, welches etwa 150 ccm fasst, um auch für Salpeteranalyse dienen zu können, ist mit dem Dreiweghahn f, dem Becher d und dem Seitenröhrchen c des alten Nitrometers versehen. Man giesst Quecksilber ein, hebt E, bis D ganz mit Quecksilber gefüllt ist und dieses eben aus c herauslaufen will, schliesst f, verschliesst das Ende von c durch eine Kautschukkappe, führt die Nitrose (resp. Salpeterlösung) in d ein, saugt sie unter Vermeidung des Eintrittes von Luft nach D ein, spült mit reiner Säure nach und schüttelt, bis alle Stickstoffsäuren in NO übergeführt sind. Nun bringt man D und A einander gegenüber, nachdem auch A durch Heben von C vollständig, bis zum Ende des Röhrchens e, mit Quecksilber gefüllt worden ist; c und e werden durch ein Stückchen Kautschukrohr verbunden, aber so, dass Glas auf Glas stösst und keine Luft dazwischen bleibt (dies geht leicht, wenn das Kautschukröhrchen gleich auf e aufgesteckt war und das Quecksilber bis an sein Ende steht). Nun hebt man E, senkt C und öffnet vorsichtig die Hähne f und g; in dem Augenblicke, wo der Druck in E alles Gas nach A übergetrieben hat und die Säure aus D durch c und e bis an den Hahn g gelangt ist, schliesst man diesen, sowie auch f und nimmt D und A wieder auseinander. Nun hebt man C, bis das Quecksilber in B genau auf 100 steht und bewegt nun A und B mittelst ihrer Doppelklammer gemeinschaftlich auf oder nieder, bis das Quecksilber in A und B genau auf demselben Niveau steht, während es in B immer auf 100 bleiben muss. Da nun das Gas in B soweit komprimirt ist, dass es dasselbe Volum einnimmt, als ob es auf 0^0 und 760 mm gebracht wäre, das Gas in A aber genau ebenso komprimirt ist, so zeigt die Ablesung in A das Gas gleich auf Normalbedingungen reducirt an. Dies setzt voraus, dass die Temperatur in A und B genau gleich ist, was durch das Quecksilber sehr schnell vermittelt wird; bei

Fig. 9.

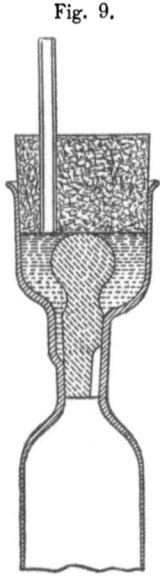

grösseren Mengen von NO wartet man 10 Minuten, ehe man die letzte Einstellung macht, was in allen Fällen genügt.

Man kann für diesen Zweck auch ein Gasvolumeter benutzen, dessen Reduktionsrohr für feuchte Gase eingestellt ist (vgl. S. 193 bei Braunstein), muss aber dann vor der Ueberführung des Gases nach A ein Tröpfchen Wasser durch h nach A hineinsaugen und darauf sehen, dass keine Schwefelsäure in A eintritt (was auch sonst zu vermeiden ist). Diese Möglichkeit fällt natürlich fort, wenn die Reaktion im Messrohr A selbst, statt in einem besonderen Schüttelgefässe D, vorgenommen wird. Man kann aber allgemein auch mit einem feuchten Reduktionsrohre trockene Gase messen, wenn man die Temperatur beobachtet, die derselben entsprechende Wasserdampftension in Millimetern $= f$ aus Tabelle 26 Seite 55 entnimmt, und nun das Quecksilber im Reduktionsrohre nicht auf die Zahl 100, sondern um f Millimeter tiefer einstellt. Dies ist besonders einfach, wenn (wie gewöhnlich) die Reduktionsröhren so angefertigt werden, dass ein ccm des verengten Theiles fast genau $= 1$ cm Länge des Rohres ist, so dass $0\cdot 1$ ccm $= 1$ mm Höhe. Dann stellt man das Quecksilber mittelst des Niveaurohres C im Reduktionsrohre B auf $100 + f$, und im Gasmessrohre A auf dasselbe Niveau, und liest die Zahl in A ab. Will man umgekehrt ein trockenes (d. h. einen Tropfen koncentrirte Schwefelsäure enthaltendes) Reduktionsrohr auch für feuchte Gase, z. B. bei Braunstein, Chlorkalk, Chamäleon-Titrirung, anwenden, so muss man das Quecksilber darin auf $100 - f$ einstellen: zu diesem Zwecke sollte die Theilung des Reduktionsrohres schon bei 80 ccm beginnen.

Die Einstellung des Quecksilbers in A und B auf dasselbe Niveau wird durch das vom Verfasser in dem Ber. d. deutsch. chem. Ges. 1891, 3948 beschriebene Einstellungslineal mit Libelle (zu beziehen u. A. von C. Desaga in Heidelberg) sehr erleichtert; bei einiger Uebung geht sie auch sehr gut ohne ein solches von statten.

c) Verhältniss der drei Stickstoffsäuren zu einein an der. Um aus den Ergebnissen der Chamäleontitrirung und der Bestimmung des Gesammtstickstoffs als NO im Nitrometer das gegenseitige Verhältniss von N_2O_3, N_2O_4 und NO_3H in einem durch Schwefelsäure absorbirten Gemisch aller drei Stickstoffsäuren zu bestimmen, kann man folgende Formeln anwenden:

a $=$ ccm NO, im Nitrometer gefunden.
b $=$ ccm O, berechnet aus der Chamäleontitrirung (1 ccm O $= 1\cdot4290$ mg, also 1 ccm halbnormales Chamäleon $= 0\cdot004$ g $= 2\cdot799$ ccm Sauerstoff).
x $=$ vol. NO entspr. dem vorhandenen N_2O_3.
y $=$ vol. NO ,,   ,,   ,, N_2O_4.
z $=$ vol. NO ,,   ,,   ,, NO_3H.

Wenn $4b > a$, so setzt man:
$x = 4b-a$; $y = 2(a-2b)$ oder $= a-x$.
Wenn $4b < a$, so setzt man:
$y = 4b$; $z = a-4b$.

d) **Die qualitative Prüfung auf Spuren von Stickstoffsäuren** geschieht am besten mit Diphenylamin. Man löst es in etwa der 100 fachen Menge reiner Schwefelsäure, die man mangels einer ganz reinen durch Kochen mit ganz wenig Ammonsulfat von Stickstoffsäuren befreien kann und mit etwa $^1/_{10}$ Volum Wasser versetzt; die Lösung kann man sofort anwenden oder beliebig aufbewahren. Um koncentrirte Schwefelsäure auf Stickstoffsäuren zu prüfen, giesst man etwa 2 ccm davon in ein Spitzgläschen und lässt ca. 1 ccm Diphenylaminlösung so zufliessen, dass sich die Schichten nur allmälig mischen; bei verdünnteren Säuren oder anderen leichteren Flüssigkeiten verfährt man umgekehrt, da hier die Diphenylaminlösung schwerer ist. Die kleinsten Spuren von Stickstoffsäuren geben sich durch Auftreten einer prachtvoll blauen Färbung in der Berührungsschicht beider Flüssigkeiten kund.

Quantitativ kann man solche Spuren von salpetriger Säure nach dem kolorimetrischen Verfahren von Lunge und Lwoff bestimmen, Zsch. f. angew. Ch. 1894, 348 oder Chem.-techn. Untersuchungen, I, 321.

Bei Gegenwart von Selen, welche dieselbe Reaktion mit Diphenylamin giebt, erkennt man etwas grössere Mengen von Stickstoffsäuren durch Entfärben von Indigolösung, die geringsten Spuren durch Rothfärbung einer Lösung von Brucinsulfat.

e) Das **Selen** selbst erkennt man in der Schwefelsäure durch Zusatz von koncentrirter Ferrosulfatlösung, welche damit einen braunrothen Niederschlag giebt, der nicht mit der durch NO verursachten blossen Färbung verwechselt werden kann. Noch besser nach Dragendorff durch die grüne Färbung mit einer Lösung von Codein (vgl. Schlagdenhauffen, Ch. Centr. 1900, I, 944.)

f) **Untersuchung der Schwefelsäure auf Blei.** Man verdünnt die Säure, wenn koncentrirt, mit dem gleichen Volum Wasser und dem doppelten Volum Alkohol, lässt einige Zeit stehen, filtrirt einen etwa entstandenen Niederschlag von $PbSO_4$ ab, wobei das Filter möglichst vom Niederschlag befreit und nicht im Platintiegel verbrannt werden muss. 1 g $PbSO_4 =$ 0·68317 g Pb.

g) **Untersuchung auf Eisen.** Man kocht die Säure, wenn sie stickstofffrei ist, mit einem Tropfen Salpetersäure, um das Eisen in Oxyd zu verwandeln, verdünnt ein wenig, lässt erkalten und setzt Rhodankaliumlösung zu. Rothe Färbung zeigt Eisen an; wenn diese nicht gar zu gering ist, kann man das Eisen quantitativ bestimmen, indem man eine andere Probe mit ein wenig reinem (eisenfreiem) Zink erwärmt, davon abgiesst, das Zink abwäscht, abkühlen lässt und mit Chamäleonlösung auf rosa titrirt. Man wird hierzu am besten eine durch zhne-faches Verdünnen der Halbnormallösung (s. im Anhange) dargestellte nehmen, welche pro Kubikcentimeter 0·0028 g Fe anzeigt. Auch wendet man am besten ziemlich viel Schwefelsäure, z. B. 50 ccm an, da diese meist nur sehr wenig Eisen enthält und setzt dazu einen grösseren Ueberschuss von Rhodanlösung. Spuren von Eisen, welche sich durch Chamäleon nicht bestimmen lassen, kann man auf kolorimetrischem Wege bestimmen (Lunge, Zsch. f. angew. Ch. 1896, 3; Tech.-chem. Unters. I, 325).

h) Arsen. Man verdünnt etwa 20 g der Säure mit Wasser und behandelt mit einem Strome Schwefeldioxyd, bis die Flüssigkeit stark danach riecht, um die Arsensäure zu arseniger Säure zu reduciren, wozu längere Zeit und ein erheblicher Ueberschuss von SO_2 erforderlich ist, vertreibt das überschüssige SO_2 durch Erhitzen unter Einleitung von CO_2, neutralisirt genau mit Natriumcarbonat und ein wenig Natriumbicarbonat und titrirt mit $^1/_{10}$ N-Jodlösung und Stärke bis zur blauen Färbung. 1 ccm der Jodlösung zeigt 0·00495 g As_2O_3 an. (Bei irgend erheblichem Gehalt an Eisen ist dieses zuerst zu entfernen.) Vgl. auch Chem.-tech. Unters. I, 327.

i) Chloride Man kocht 10 ccm der Säure in einem Kölbchen, leitet die Dämpfe an die Oberfläche von etwas in einem Kölbchen befindlichen Wasser, welches die HCl absorbirt und bestimmt letzteres acidimetrisch oder nach Neutralisation durch Soda mit Kaliumchromat und $^1/_{10}$ N-Silbernitrat nach III A No. 3.

11. Analyse von rauchender Schwefelsäure oder Anhydrid (Oleum)*).

Das Oleum wird häufig abgewogen in gewogenen, dünnwandigen Kugelröhren von ca. 2 cm Durchmesser, die nach beiden Seiten in kapillare Röhrchen auslaufen. Man saugt 3 - 5 g des eben geschmolzenen, vollkommen homogenen Oleums in eine solche Kugelröhre, welche davon nicht ganz zur Hälfte gefüllt sein soll. Das Ansaugen geschieht am bequemsten mit Hilfe einer gewöhnlichen enghalsigen Flasche, welche mit einem Kautschukstopfen verschlossen ist, durch den ein dichtschliessender Glashahn geht, über dessen freies Ende ein Kautschukschlauch gezogen ist. Man stellt in der Flasche durch Aussaugen mit dem Munde ein partielles Vakuum her, schliesst den Hahn, schiebt den Kautschukschlauch über eines der kapillaren Enden der Wiegekugel und lässt nun durch Oeffnen des Hahnes beliebig viel Oleum in letztere treten. Nach dem Reinigen schmilzt man eines der kapillaren Enden zu (Verdampfen

---

*) Der erste Theil zusammengestellt nach Mittheilungen der Herren Dr. Winckler (Höchst) und Clar (Oberhausen).

von SO₃ oder Anziehung von Feuchtigkeit durch das andere Kapillarröhrchen findet während des Abwägens nicht in merklichem Maasse statt) und wägt am besten auf einem Platintiegelchen, das zwei Einschnitte hat, in welchen die Enden der Kugelröhre lagern; bei zufälligem Zerbrechen der Kugel ergiesst sich dann die Säure in den Tiegel, statt auf die Waage. Hierauf wird das Kugelrohr mit dem offenen Ende nach unten in einen kleinen Erlenmeyer'schen Kolben gesteckt, dessen Hals durch die Kugel grade verschlossen wird und in dem genügend Wasser vorhanden ist, damit die Spitze des Rohres ziemlich tief eintaucht (Fig. 10). Ein Verlust durch Verdampfen von SO₃ beim Zusammentreten des Oleums mit Wasser ist hierdurch ausgeschlossen. Man bricht nun die obere Spitze ab, spült nach völligem Auslaufen des Oleums die Röhre durch Auftropfen von Wasser in das obere Kapillarrohr nach und spült schliesslich die ganze Kugelröhre durch Ansaugen von Wasser gut aus. Die Flüssigkeit wird auf 500 ccm gebracht und je 50 ccm zur Titrirung verwendet. Diese erfolgt mit ¹/₅-Normal-Natronlauge (1 ccm = 0·008006 g SO₃) und Lackmus oder besser Methylorange als Indikator. Von der gefundenen Acidität wird die von SO₂ herrührende und durch Titriren einer anderen Probe mit Jodlösung ermittelte abgezogen.

Fig. 10.

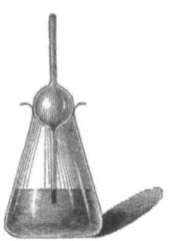

Fig. 11.

Weit bequemer nicht nur für diesen Zweck, sondern überhaupt in allen Fällen, wo Flüssigkeiten abgewogen werden sollen, welche mit der Luft nicht in Berührung kommen dürfen (rauchende Säuren aller Art, Ammoniak etc.) die Kugelhahnpipette von Lunge und Rey, Fig. 11. Die Hähne a und c müssen auch ohne Einfetten dicht schliessen. Man schliesst c, öffnet a, saugt bei d und schliesst während des Saugens a, so dass in b eine Luftverdünnung entsteht. Nun taucht man e in die Säure ein und öffnet c, aber nicht a, worauf die Säure in der Pipette aufsteigt; sie darf jedoch nicht bis c steigen. Die Dämpfe werden in b zurückgehalten. Man schliesst c, reinigt e auswendig, steckt die Pipette in das Schutzrohr f und wägt. (Bei stark rauchender

Salpetersäure u. dgl. kann während des Wägens ein Tröpfchen aus *e* austreten. In solchen Fällen ist es besser, bei dem Leerwägen der Pipette vor dem Versuche gleich etwas Wasser in *f* mitzuwägen, um das später Austretende aufzunehmen. Bei diesem vorhergehenden Wägen darf aber die Pipette noch nicht in *f* eingeführt sein, um nicht ihre Spitze zu benetzen.) Dann nimmt man sie aus *f* heraus, steckt *e* in Wasser, lässt durch Oeffnen von *c* den Inhalt langsam auslaufen, spritzt durch *d* und *a* etwas Wasser in *b* ein, lässt etwas stehen und spült vollständig nach. Wenn man nur 0·5—1 g Säure abgewogen hat, titrirt man lieber direkt; die Resultate fallen so genauer aus als beim Verdünnen auf grösseres Volum und Herauspipettiren aus. Bei grösseren Mengen verdünnt man auf ein bestimmtes Volum und pipettirt einen Theil zur Analyse heraus.

Bei stärkstem (über 70 procentigem) Oleum kann man nicht direkt in Wasser einlaufen lassen, ohne Verlust zu erleiden. Man wägt dieses in Glaskügelchen wie oben ab, schmilzt beide Enden zu, bringt das Kügelchen in eine ziemlich viel Wasser enthaltende Flasche, verschliesst diese mit einem dicht schliessenden Glasstopfen, zertrümmert das Kügelchen durch Schütteln der Flasche, lässt etwas stehen und titrirt. (Das früher vorgeschriebene Auslaufenlassen in gepulvertes Glaubersalz giebt nicht ganz genaue Resultate, weil der Umschlag der Farbe des Indikators dabei nicht scharf ist.)

Festes Oleum (Pyroschwefelsäure) muss vor dem Ansaugen der Probe durch mässiges Erwärmen verflüssigt werden und bleibt dann lange genug flüssig, um es auch nach dem Wägen noch auslaufen lassen zu können. Eigentliches Anhydrid oder dem nahe kommende Produkte können jedoch nicht in dieser Art behandelt werden, weil sie dabei zu massenhafte Dämpfe ausstossen würden. Hier verfährt man nach Stroof wie folgt. Einige Stücke des Anhydrids werden in einer Flasche mit Glasstopfen abgewogen und hier mit so viel genau analysirtem Monohydrat gemischt, dass ein bei gewöhnlicher Temperatur flüssig bleibendes Oleum von etwa 70 Proc. SO_3 entsteht. Die Lösung wird durch Erwärmen auf 30—40° bei lose aufgesetztem Stopfen befördert. Die Analyse des Gemisches wird wie oben bewerkstelligt.

Die acidimetrische Bestimmung giebt natürlich nur den Gesammtsäuregehalt an, von dem zunächst der auf Schwefeldioxyd fallende abgezogen werden muss. Dieses wird durch Jodlösung in bekannter Weise bestimmt und für jedes verbrauchte ccm Jodlösung 0·05 ccm Normalnatron (oder 0·1 ccm $^1/_2$ N-Natron etc.) in Abzug gebracht, falls man die Acidität mit Methylorange bestimmt hatte, da dieses bei SO_2 schon nach Entstehung der Verbindung $NaHSO_3$ umschlägt. Wenn also die verbrauchten ccm Normalnatron = **n**, die von derselben Menge Oleum verbrauchten ccm $^1/_{10}$ N-Jodlösung = **m**, so ist die Schwefelsäure-Acidität = (n − 0·05 m) 0·04003 SO_3.

Zu der so gefundenen Procentzahl von SO_3 addirt man die nach der Formel 0·003203 **m** berechneten Procente von SO_2 und nimmt den Rest = H_2O an*). Durch Multiplikation des Wassers mit 4·443 erfahren wir die demselben entsprechende Menge SO_3, und erfahren die Menge des freien SO_3 durch Abzug der ersteren von der wie oben ermittelten Schwefelsäure-Acidität.

III. Sulfat- und Salzsäure-Fabrikation.

A. Steinsalz und Kochsalz.

1. **Feuchtigkeit.** 5 g des Salzes werden im bedeckten Ptatintiegel (um Verlust beim Verknistern zu verhindern) erst ganz allmälig erhitzt, dann einige Minuten in schwachem Glühen erhalten. Bei wasserreicheren Salzen, und wenn man eine grössere Anzahl Proben auf einmal zu machen hat, ist es besser, die 5 g Proben in flachbodigen $^1/_4$ l Erlenmeyer-Kolben mit aufgesetztem Trichter abzuwägen, eine Anzahl derselben auf einem Sandbade 3—4 Stunden bei 140—150° zu erhitzen (ohne Trichter) und nach Wiederaufsetzen der Trichter (welche einen Exsiccator ersparen) erkalten zu lassen, um sie dann zurückzuwägen. Man kann dann noch den kleinen Rest des chemisch-gebundenen Wassers durch direktes Erhitzen auf einem Drahtnetze entfernen, doch ist dies meist unnöthig (Boeckmann).

2. **Unlösliches.** 5 g werden aufgelöst, das Unlösliche abfiltrirt, ausgewaschen, getrocknet und geglüht.

3. **Chlor.** Man wägt 5·85 g des feuchten Salzes ab, löst zu 500 ccm auf, entnimmt 25 ccm der Lösung mit einer Pipette und titrirt mit Zehntelnormal-Silberlösung (s. Anhang) unter Zusatz von so viel Lösung von einfach chromsaurem Kali, dass die Flüssigkeit deutlich gelb gefärbt ist. Die Silberlösung wird aus einer 50 ccm-Bürette zugesetzt, bis der Niederschlag auch nach Umschütteln deutlich, aber schwach, rosa gefärbt erscheint. Wenn man von der verbrauchten Anzahl Kubikcentimeter 0·2 für die zur Färbung verwendete Menge Silberlösung abzieht und den Rest mit 2 multiplicirt, erhält man direkt den Procentgehalt des Salzes an NaCl.

---

*) Dies ist allerdings, wie alle Differenzbestimmungen, ungenau; wenigstens sollte auch der feste Rückstand noch bestimmt und ebenfalls abgezogen werden, da sonst die freie SO_3 um seinen 4·443 fachen Betrag zu hoch gefunden wird.

4. **Kalk.** Man löst 5 g des Salzes, nöthigenfalls mit Hilfe von etwas Salzsäure, auf. Bei unreinem Steinsalz muss man längere Zeit mit verdünnter Salzsäure erwärmen, um sicher allen Gyps zu lösen und dann von etwa vorhandenem Thon abfiltriren; bei nicht thonigem Salze soll sich alles bis etwa auf Sandkörnchen u dgl. lösen. Aus der klaren Lösung fällt man den Kalk mit Ammoniak und oxalsaurem Ammoniak, lässt 12 Stunden stehen, filtrirt den Niederschlag ab, wäscht und trocknet ihn und verwandelt ihn in Aetzkalk durch 20—30 Minuten langes Glühen über dem Gebläse oder weit bequemer in einem Hempelschen Gasöfchen oder dem Patentbrenner von Dr Rob. Muencke (Berlin, Luisenstrasse 58) oder ähnlichen Intensivbrennern. 1 Th. CaO entspricht 2·4296 $CaSO_4$ und wird als solches in Rechnung gestellt.

5. **Schwefelsäure.** Man löst 10 g unter Zusatz von Salzsäure in lauwarmem Wasser, verdünnt auf 1 l, filtrirt durch ein trockenes Faltenfilter und fällt 250 ccm ($=$ 2·5 g Salz) mit Chlorbaryum; vgl. S. 141.

6. **Magnesiumchlorid** kann man nach T. u. S. Wiernik (Zsch. f. angew. Ch. 1893, 43) direkt bestimmen durch Trocknen, Ausziehen mit absolutem Alkohol, Entfernung des Alkohols aus dem Filtrat, welches nur $MgCl_2$ enthält und Titration mit Silbernitrat.

B. Sulfat.

Für die Betriebskontrolle genügen die Bestimmungen 1 und 2; die übrigen dienen für Verkaufs-Sulfat.

1. **Freie Säure.** Man löst 20 g Sulfat zu 250 ccm, pipettirt 50 ccm heraus, setzt Lackmustinktur oder Methylorange zu und titrirt mit Normalnatron bis zur Neutralisation. Jedes Kubikcentimeter der Lauge entspricht 1 Proc. SO_3. Man berechnet die ganze Acidität auf SO_3, also auch HCl, sowie $NaHSO_4$ und sauer reagirende Eisen- und Thonerdesalze. Wenn man bei grösseren Mengen von Eisen- und Thonerdesalzen deren Einfluss auf diese Bestimmung vermeiden will, so braucht man gar keinen besonderen Indikator, sondern setzt Normalnatron zu, bis die ersten Flocken eines bleibenden Niederschlages erscheinen, welches nunmehr die Sättigung der freien Säure und des Bisulfats anzeigen.

2. **Chlornatrium.** Von der für No. 1 angefertigten Lösung pipettirt man nochmals 50 ccm heraus, setzt die in 1 verbrauchte Menge Normalnatronlauge zu, um genau zu neutralisiren, sodann ein wenig Kaliumchromatlösung und titrirt mit Zehntelnormal-Silberlösung wie in A 3 (S. 182). Jedes Kubikcentimeter dieser Lösung (nach Abzug von 0·2 ccm im Ganzen) entspricht 0·146 Proc. NaCl. Oder man bedient sich hierbei einer Lösung, welche im Liter 2·906 g $AgNO_3$ enthält und pro

Kubikcentimeter 0·001 g NaCl anzeigt; von dieser entspricht im vorliegenden Falle jedes Kubikcentimeter 0·025 Proc. NaCl.

3. **Eisen.** Man löst 10 g Sulfat in Wasser, reducirt die Eisensalze durch etwas Schwefelsäure und Zink zu Oxydul und titrirt mit Chamäleon. Näheres S. 144 u. 178.

4. **In Wasser Unlösliches**, wenn vorhanden, wird wie gewöhnlich bestimmt.

5. **Kalk.** Man löst 10 g in Wasser, wenn nöthig mit Zusatz von etwas Salzsäure, setzt Salmiak und Ammoniak zu, fällt mit oxalsaurem Ammon, glüht und wägt als CaO (Näheres S. 183), eventuell mit Abzug von Fe_2O_3.

6. **Magnesia** wird im Filtrat von 5 durch Zusatz von phosphorsaurem Ammon gefällt; man lässt 24 Stunden stehen, filtrirt, wäscht mit schwacher Ammoniakflüssigkeit, trocknet, glüht und bestimmt als pyrophosphorsaure Magnesia. 1 Th. derselben ist = 0·3624 MgO.

7. **Thonerde.** Man fällt die Lösung mit vollständig kohlensäurefreiem Ammoniak, filtrirt, glüht den Niederschlag, wägt ihn und zieht das Gewicht des nach 3 gefundenen Eisenoxyds ab; der Rest = Al_2O_3.

8. **Schwefelsaures Natron.** Man löst 1 g Sulfat auf, fällt Kalk (zusammen mit Eisen) wie in 5, filtrirt ab, dampft das Filtrat zur Trockniss ein, mit Zusatz weniger Tropfen reiner Schwefelsäure, glüht, dann noch einmal nach Zusatz eines Stückchens von kohlensaurem Ammoniak und wägt. Von dem gefundenen Gewichte zieht man ab 1. das nach No. 2 gefundene Chlornatrium, berechnet auf schwefelsaures Natron (1·000 NaCl = 1·2150 Na_2SO_4, oder jedes in No. 2 verbrauchte Kubikcentimeter $^1/_{10}$-Normal-Silberlösung = 0·001774 g Na_2SO_4); 2. die nach No. 6 gefundene Magnesia, berechnet auf $MgSO_4$ (1·000 MgO = 3·016 $MgSO_4$). Der Rest entspricht dem in 1 g Sulfat wirklich vorhandenen Na_2SO_4.

C. Austrittsgase aus der Salzsäure-Kondensation oder im Kamin.

In England ist es gesetzlich vorgeschrieben, dass 95 Proc. aller HCl kondensirt werden müssen, und dass die in die äussere Luft entweichenden Gase nicht über $^1/_5$ Grain HCl pro Kubikfuss (= 0·457 g pro cbm) enthalten dürfen; die Gesammt-Acidität aller Gase darf das Aequivalent von 4 Grains SO_3 pro Kubikfuss (= 9·15 g pro cbm) nicht überschreiten. Das Gas soll auf 60° F. (= 15·5° C.) und 30 Zoll (= fast genau 760 mm) Quecksilberdruck reducirt sein.

Zur Prüfung des Kamingases auf HCl verwendet man einen Fletcher'schen Kautschuk-Blasbalg-Aspirator, welcher $^1/_{10}$ Kubikfuss fassen soll, jedoch jedenfalls geaicht werden muss, indem man das aus ihm ausgepresste Gas in ein mit Wasser gefülltes und unter Wasser umgestürztes Glasgefäss treten lässt und dann misst, wie viel das Volum beträgt. Man entnimmt dann eine grössere Anzahl von Balgfüllungen, indem man das Gas aus einem ziemlich weit in den Kamin hinreichenden, 12 mm weiten Glas- resp. Porzellan- oder Platinrohre ansaugt, welches, sowie auch der Blasbalg, vorher mit destillirtem Wasser ausgespült wird. Man bringt 100—200 ccm destillirtes Wasser in den Blasbalg, saugt die entsprechende Zahl von Füllungen hindurch, lässt zuletzt etwas Wasser zum Ausspülen des Glasrohres in dieses treten, bringt den Inhalt des Blasbalges in eine Porzellanschale, filtrirt nöthigenfalls vom Russ ab, oxydirt etwa vorhandene SO_2 durch Kaliumpermanganat, entfernt den Ueberschuss des letzteren durch eine Spur Ferrosulfat, neutralisirt mit reinem Natriumcarbonat, setzt ein wenig Kaliumchromat zu und titrirt mit $1/10$ oder $1/100$ Normal-Silbernitrat (S. 182, III A 3). Jeder ccm $1/10$ N-Silbernitrat = 0·003646 g HCl.

Man kann natürlich auch andere Arten von Aspiratoren anwenden, zwischen welche und das in den Kamin führende Rohr man am besten die S. 144 erwähnte Absorptionsflasche der englischen Fabrikinspektoren schaltet, die mit einer bestimmten Menge reinen Wassers gefüllt ist und nach jedem Versuche sehr gut ausgespült wird.

D. Prüfung der Gase beim Hargreaves-Verfahren.

a) **Gesammt-Acidität** nach Lunge, S. 148.
b) **Schwefeldioxyd** nach Reich, S. 147.
c) **Chlorwasserstoff** wird in der für a) genommenen Probe wie S. 183 bestimmt.

Wenn man b) und c) von a abzieht, erfährt man den Betrag von SO_3.

E. Salzsäure.

1. Specifische Gewichte von reiner Salzsäure bei 15° C., reducirt auf luftleeren Raum
(Lunge und Marchlewski.)

NB. Diese Tabelle bezieht sich nur auf chemisch reine Säure, nicht auf Säure des Handels; vgl. S. 150.

Volum-Gew. bei $\frac{15^0}{4^0}$ (luftl. R.)	Grad Baumé	Densimeter Grade	100 Gewichtstheile entsprechen bei chemisch reiner Säure Procent						1 Liter enthält Kilogramm Säure von					
			reines HCl	18gräd. Säure	19gräd. Säure	20gräd. Säure	21gräd. Säure	22gräd. Säure	reines HCl	18° B.	19° B.	20° B.	21° B.	22° B.
1·000	0·0	0	0·16	0·57	0·53	0·49	0·47	0·45	0·0016	0·0057	0·0053	0·0049	0·0047	0·0045
1·005	0·7	0·5	1·15	4·08	3·84	3·58	3·42	3·25	0·012	0·041	0·039	0·036	0·034	0·033
1·010	1·4	1	2·14	7·60	7·14	6·66	6·36	6·04	0·022	0·077	0·072	0·067	0·064	0·061
1·015	2·1	1·5	3·12	11·08	10·41	9·71	9·27	8·81	0·032	0·113	0·106	0·099	0·094	0·089
1·020	2·7	2	4·13	14·67	13·79	12·86	12·27	11·67	0·042	0·150	0·141	0·131	0·125	0·119
1·025	3·4	2·5	5·15	18·30	17·19	16·04	15·30	14·55	0·053	0·188	0·176	0·164	0·157	0·149
1·030	4·1	3	6·15	21·85	20·53	19·16	18·27	17·38	0·064	0·225	0·212	0·197	0·188	0·179
1·035	4·7	3·5	7·15	25·40	23·87	22·27	21·25	20·20	0·074	0·263	0·247	0·231	0·220	0·209
1·040	5·4	4	8·16	28·99	27·24	25·42	24·25	23·06	0·085	0·302	0·283	0·264	0·252	0·240
1·045	6·0	4·5	9·16	32·55	30·58	28·53	27·22	25·88	0·096	0·340	0·320	0·298	0·284	0·270
1·050	6·7	5	10·17	36·14	33·95	31·68	30·22	28·74	0·107	0·380	0·357	0·333	0·317	0·302
1·055	7·4	5·5	11·18	39·73	37·33	34·82	33·22	31·59	0·118	0·419	0·394	0·367	0·351	0·333
1·060	8·0	6	12·19	43·32	40·70	37·97	36·23	34·44	0·129	0·459	0·431	0·403	0·384	0·365
1·065	8·7	6·5	13·19	46·87	44·04	41·09	39·20	37·27	0·141	0·499	0·469	0·438	0·418	0·397
1·070	9·4	7	14·17	50·35	47·31	44·14	42·11	40·04	0·152	0·539	0·506	0·472	0·451	0·428
1·075	10·0	7·5	15·16	53·87	50·62	47·22	45·05	42·84	0·163	0·579	0·544	0·508	0·484	0·460
1·080	10·6	8	16·15	57·39	53·92	50·31	47·99	45·63	0·174	0·620	0·582	0·543	0·518	0·493
1·085	11·2	8·5	17·13	60·87	57·19	53·36	50·90	48·40	0·186	0·660	0·621	0·579	0·552	0·523

— 187 —

1·090	11·9	9	18·11	64·35	60·47	56·41	53·82	51·17	0·197	0·701	0·659	0·615	0·587	0·558
1·095	12·4	9·5	19·06	67·73	63·64	59·37	56·64	53·86	0·209	0·742	0·697	0·650	0·620	0·590
1·100	13·0	10	20·01	71·11	66·81	62·33	59·46	56·54	0·220	0·782	0·735	0·686	0·654	0·622
1·105	13·6	10·5	20·97	74·52	70·01	65·32	62·32	59·26	0·232	0·823	0·774	0·722	0·689	0·655
1·110	14·2	11	21·92	77·89	73·19	68·28	65·14	61·94	0·243	0·865	0·812	0·758	0·723	0·687
1·115	14·9	11·5	22·86	81·23	76·32	71·21	67·93	64·60	0·255	0·906	0·851	0·794	0·757	0·719
1·120	15·4	12	23·82	84·64	79·53	74·20	70·79	67·31	0·267	0·948	0·891	0·831	0·793	0·754
1·125	16·0	12·5	24·78	88·06	82·74	77·19	73·64	70·02	0·278	0·991	0·931	0·868	0·828	0·788
1·130	16·5	13	25·75	91·50	85·97	80·21	76·52	72·76	0·291	1·034	0·972	0·906	0·865	0·822
1·135	17·1	13·5	26·70	94·88	89·15	83·18	79·34	75·45	0·303	1·077	1·011	0·944	0·901	0·856
1·140	17·7	14	27·66	98·29	92·35	86·17	82·20	78·16	0·315	1·121	1·053	0·982	0·937	0·891
1·1425	18·0		28·14	100·00	93·95	87·66	83·62	79·51	0·322	1·143	1·073	1·002	0·955	0·908
1·145	18·3	14·5	28·61	101·67	95·52	89·13	85·02	80·84	0·328	1·164	1·094	1·021	0·973	0·926
1·150	18·8	15	29·57	105·08	98·73	92·11	87·87	83·35	0·340	1·208	1·135	1·059	1·011	0·961
1·152	19·0		29·95	106·43	100·00	93·30	89·01	84·63	0·345	1·226	1·152	1·075	1·025	0·975
1·155	19·3	15·5	30·55	108·58	102·00	95·17	90·79	86·32	0·353	1·254	1·178	1·099	1·049	0·997
1·160	19·8	16	31·52	112·01	105·24	98·19	93·67	89·07	0·366	1·299	1·221	1·139	1·087	1·033
1·163	20·0		32·10	114·07	107·17	100·00	95·39	90·70	0·373	1·326	1·246	1·163	1·109	1·054
1·165	20·3	16·5	32·49	115·46	108·48	101·21	96·55	91·81	0·379	1·345	1·264	1·179	1·125	1·070
1·170	20·9	17	33·46	118·91	111·71	104·24	99·43	94·55	0·392	1·391	1·307	1·220	1·163	1·106
1·171	21·0		33·65	119·58	112·35	104·82	100·00	95·09	0·394	1·400	1·316	1·227	1·171	1·113
1·175	21·4	17·5	34·42	122·32	114·92	107·22	102·28	97·26	0·404	1·437	1·350	1·260	1·202	1·143
1·180	22·0	18	35·39	125·76	118·16	110·24	105·17	100·00	0·418	1·484	1·394	1·301	1·241	1·180
1·185	22·5	18·5	36·31	129·03	121·23	113·11	107·90	102·60	0·430	1·529	1·437	1·340	1·279	1·216
1·190	23·0	19	37·23	132·30	124·30	115·98	110·63	105·20	0·443	1·574	1·479	1·380	1·317	1·252
1·195	23·5	19·5	38·16	135·61	127·41	118·87	113·40	107·83	0·456	1·621	1·523	1·421	1·355	1·289
1·200	24·0	20	39·11	138·98	130·58	121·84	116·22	110·51	0·469	1·667	1·567	1·462	1·395	1·326

2. Einfluss der Temperatur auf das

	0°	5°	10°	15°	20°	25°	30°	35°	40°	45°
Sp.Gew.	1·168	1·165	1·163	1·160	1·157	1·154	1·152	1·149	1·147	1·144
Baumé	20·7	20·3	20·1	19·8	19·5	19·2	19·0	18·7	18·5	18·2
Sp.Gew.	1·158	1·155	1·153	1·150	1·147	1·145	1·142	1·139	1·137	1·134
B.	19·6	19·3	19·1	18·8	18·5	18·3	18·0	17·6	17·4	17·0
Sp.Gew.	1·148	1·145	1·143	1·140	1·137	1·134	1·132	1·129	1·127	1·125
B.	18·6	18·3	18·1	17·7	17·4	17·0	16·8	16·4	16·2	16·0
Sp.Gew.	1·138	1·135	1·133	1·130	1·127	1·125	1·122	1·119	1·117	1·114
B.	17·5	17·1	16·9	16·5	16·2	16·0	15·7	15·3	15·1	14·8
Sp.Gew.	1·128	1·125	1·123	1·120	1·117	1·115	1·112	1·110	1·108	1·106
B.	16·3	16·0	15·8	15·4	15·1	14·9	14·5	14·3	14·0	13·8
Sp.Gew.	1·118	1·115	1·113	1·110	1·107	1·105	1·103	1·101	1·099	1·097
B.	15·2	14·9	14·6	14·3	13·9	13·6	13·4	13·1	12·9	12·7
Sp.Gew.	1·108	1·105	1·103	1·100	1·097	1·095	1·092	1·090	1·088	1·086
B.	14·0	13·6	13·4	13·0	12·7	12·4	12·1	11·9	11·6	11·4
Sp.Gew.	1·098	1·095	1·093	1·090	1·087	1·085	1·082	1·080	1·077	1·075
B.	12·8	12·4	12·2	11·9	11·5	11·3	10·9	10·6	10·3	10·0
Sp.Gew.	1·088	1·085	1·083	1·080	1·077	1·075	1·073	1·070	1·068	1·066
B.	11·6	11·3	11·0	10·6	10·3	10·0	9·8	9·4	9·1	8·9
Sp.Gew.	1·078	1·075	1·073	1·070	1·068	1·066	1·063	1·061	1·059	1·057
B.	10·4	10·0	9·8	9·4	9·1	8·9	8·4	8·2	7·9	7·6
Sp.Gew.	1·068	1·065	1·063	1·060	1·058	1·055	1·053	1·050	1·048	1·046
B.	9·1	8·7	8·4	8·0	7·8	7·4	7·1	6·7	6·4	6·2
Sp.Gew.	1·058	1·055	1·053	1·050	1·048	1·045	1·043	1·040	1·038	1·035
B.	7·8	7·4	7·1	6·7	6·4	6·0	5·8	5·4	5·1	4·8
Sp.Gew.	1·048	1·045	1·043	1·040	1·037	1·035	1·032	1·030	1·027	1·025
B.	6·4	6·0	5·8	5·4	5·0	4·8	4·4	4·1	3·7	3·4
Sp.Gew.	1·038	1·035	1·033	1·030	1·027	1·024	1·022	1·019	1·017	1·014
B.	5·1	4·8	4·5	4·1	3·7	3·3	3·0	2·6	2·4	2·0
Sp.Gew.	1·028	1·025	1·023	1·020	1·017	1·014	1·012	1·009	1·007	1·004
B.	3·9	3·4	3·2	2·7	2·4	·2·0	1·7	1·3	1·0	0·6
Sp.Gew.	1·018	1·015	1·013	1·010	1·007	1·004	1·002	0·999	0·997	0·994
B.	2·5	2·1	1·9	1·4	1·0	0·6	0·3	—	—	—

3. Analyse der Salzsäure.

a) **Bestimmung des Chlorwasserstoffs.** 10 ccm der Säure, deren specifisches Gewicht bekannt sein muss, werden mit einer genauen Pipette abgemessen, mit destillirtem Wasser auf 220 ccm verdünnt und davon wieder 10 ccm abgemessen; oder aber statt dessen etwa 1 g in der Kugelhahnpipette, Fig. 11, S. 180, abgewogen, in Wasser einlaufen gelassen und vollständig zum Titriren verwendet. Man versetzt die Probe mit chlorfreier Soda, bis die Reaktion neutral oder schwach alkalisch geworden ist.

— 189 —

specifische Gewicht der Salzsäure.

50°	55°	60°	65°	70°	75°	80°	85°	90°	95°	100°
1·142	1·140	1·138	1·136	1·133	1·131	1·129	1·127	1·125	1·123	1·121
18·0	17·8	17·5	17·3	16·9	16·7	16·4	16·2	16·0	15·8	15·6
1·132	1·130	1·128	1·126	1·123	1·121	1·119	1·116	1·114	1·112	1·110
16·8	16·5	16·3	16·1	15·8	15·6	15·3	15·0	14·8	14·5	14·3
1·123	1·120	1·118	1·116	1·113	1·111	1·108	1·106	1·104	1·102	1·099
15·8	15·4	15·2	15·0	14·6	14·4	14·0	13·8	13·5	13·3	12·9
1·112	1·109	1·107	1·104	1·102	1·100	1·097	1·095	1·093	1·090	1·088
14·5	14·1	13·9	13·5	13·2	13·0	12·7	12·4	12·2	11·9	11·6
1·103	1·101	1·099	1·096	1·094	1·091	1·089	1·086	1·084	1·081	1·079
13·4	13·1	12·9	12·6	12·3	12·0	11·8	11·4	11·1	10·8	10·5
1·094	1·093	1·090	1·088	1·085	1·083	1·080	1·078	1·075	1·073	1·070
12·3	12·2	11·9	11·6	11·3	11·0	10·6	10·4	10·0	9·8	9·4
1·084	1·082	1·080	1·078	1·076	1·073	1·071	1·069	1·066	1·064	1·061
11·1	10·9	10·6	10·4	10·1	9·8	9·5	9·3	8·9	8·6	8·2
1·073	1·071	1·069	1·067	1·065	1·063	1·061	1·059	1·057	1·055	1 053
9·8	9·5	9·2	9·0	8·7	8·4	8·2	7·9	7·6	7·4	7·1
1·064	1·062	1·060	1·058	1·056	1·054	1·053	1·051	1·049	1·047	1·045
8·6	8·3	8·0	7·8	7·5	7·3	7·1	6·9	6·5	6·3	6·0
1·055	1·053	1·051	1·049	1·048	1·046	1·044	1·043	1·041	1·039	1·037
7·4	7·1	6·9	6·6	6·4	6·2	5·9	5·8	5·5	5·3	5·0
1·044	1·042	1·040	1·038	1·036	1·034	1·033	1·031	1·029	1·027	1·025
5·9	5·6	5·4	5·1	4·9	4·6	4·5	4·3	4·0	3·7	3·4
1·033	1·031	1·029	1·027	1·025	1·023	1·021	1·019	1·017	1·015	1·013
4·5	4·3	4·0	3·7	3·4	3·2	2·9	2·6	2·4	2·1	1·9
1·022	1·020	1·018	1·016	1·014	1·011	1·009	1·007	1·005	1·003	1·001
3·0	2·8	2·5	2·3	2·0	1·6	1·3	1·0	0·7	0·4	0·2
1·012	1·010	1·008	1·005	1·003	1·001	0·999	0·997	0·995	0·993	0·991
1·7	1·4	1·2	0·7	0·4	0·1	—	—	—	—	—
1·002	1·000	0·998	0·995	0·993	0·991	0·989	0·987	0·985	0·983	0·981
0·3	—	—	—	—	—	—	—	—	—	—
0·992	0·990	0·988	0·985	0·983	0·981	0·979	0·977	0·975	0·973	0·971
—	—	—	—	—	—	—	—	—	—	—

Man wird diesen Punkt schnell und ohne wesentlichen Verlust durch Tüpfeln treffen können, wenn man nach dem specifischen Gewicht der Säure deren Gehalt aus der Tabelle S. 186 ermittelt und die entsprechende Menge Natriumcarbonatlösung aus einer Bürette zusetzt. Dann versetzt man mit ein wenig Lösung von neutralem chromsaurem Kali und titrirt mit Zehntelnormal-Silberlösung bis zur schwachen Röthung (S. 182). Von der verbrauchten Lösung zieht man 0·2 ccm ab; der Rest, multiplicirt mit 73 und dividirt durch das specifische Gewicht der Salzsäure, giebt deren

Procentgehalt an HCl. Bei Anwesenheit von Metallchloriden, welche jedoch nur ausnahmsweise in merklicher Menge vorkommen, würde Obiges unrichtige Resultate geben. Man bestimmt dann die Gesammtsäure wie S. 169 für Schwefelsäure beschrieben, bestimmt die Schwefelsäure nach b) und zieht sie von der Gesammtsäure ab. Man kann dieses Verfahren natürlich von vornherein auch bei Abwesenheit metallischer Chloride einschlagen.

b) Bestimmung der Schwefelsäure. Man neutralisirt die Salzsäure beinahe, aber nicht ganz, mit schwefelsäurefreier Soda und fällt die Schwefelsäure mit Chlorbaryum nach S. 141. (Wenn man gar nicht oder mit NH_3 abstumpft, bekommt man zu niedrige Resultate.) Jeder Gewichtstheil $BaSO_4$ entspricht 0·34293 SO_3.

c) Freies Chlor. Man schüttelt die Säure in einer verschlossenen Flasche, nach Verdrängung der Luft aus dem darüber stehenden Raum durch Kohlensäure, mit einem Span völlig blanken Kupfers. Bei Gegenwart von Chlor wird Kupfer aufgenommen und kann durch Ferrocyankalium etc. nachgewiesen werden. Für gewöhnlich genügt schon Erwärmen der Salzsäure und Einhalten eines Streifens von Jodkalium-Stärkepapier in die Dämpfe; eine sofortige Bläuung zeigt freies Chlor an.

d) Bestimmung des Eisens. Man reducirt dieses zu Chlorür durch kurze Digestion mit einem Stäbchen eisenfreiem Zink, spült dieses ab, verdünnt stark mit Wasser, setzt etwas eisenfreie Manganchlorür- oder Mangansulfatlösung zu und titrirt mit Zwanzigstel-Normal-Chamäleonlösung (s. Anhang), von welcher jedes Kubikcentimeter 0·0028 g Fe anzeigt. Bei Gegenwart von schwefliger Säure muss diese zuerst zu Schwefelsäure oxydirt werden, ehe man das Eisen wie oben reducirt und titrirt. Spuren von Eisen kolorimetrisch nach S. 178.

e) Schweflige Säure. Man oxydirt sie durch Chamäleon, Jod oder Wasserstoffsuperoxyd zu Schwefelsäure, bestimmt diese zusammen mit der schon früher vorhandenen durch Fällung mit Chlorbaryum und zieht die schon ursprünglich vorhandene, nach b) gefundene Menge ab.

f) Arsen. Man reducirt etwa vorhandenes Arsenpentachlorid zu Trichlorid durch anhaltendes Einleiten von schwefliger Säure und fällt durch einen Strom Schwefelwasserstoffgas As_2S_3 aus. Der Niederschlag wird gut ausgewaschen, auf dem Filter in Ammoniak gelöst, die Lösung in einem tarirten Glas- oder Porzellanschälchen verdunstet, und das As_2S_3 bei 100⁰ getrocknet und gewogen. 1 Th. As_2S_3 entspricht 0·60931 As oder 0·80429 As_2O_3. Genaueres in Chem. Techn. Untersuchungen I, 359.

IV. Chlorkalkfabrikation etc.

A. Natürlicher Braunstein.

1. a) Bestimmung des Mangandioxyds. Man wägt 1·0875 g des feinst gepulverten und längere Zeit bei 100⁰ getrockneten Braunsteins ab, bringt ihn in den mit Kautschukventil versehenen Auflösungskolben, Fig. 12, setzt hierzu 75 ccm (in drei Pipettenfüllungen à 25 ccm) von einer Lösung von 100 g reinem Eisenvitriol und 100 ccm koncentrirter reiner Schwefelsäure in 1 l Wasser, deren Titer mit derselben 25-ccm Pipette gegenüber der Halbnormal-Chamäleonlösung (Bereitung im Anhange) an demselben Tage genau ermittelt worden ist, verschliesst den Kolben mit seinem Ventilstopfen und erhitzt so lange, bis der Braunstein sich bis auf einen nicht mehr dunkel gefärbten Rückstand zersetzt hat. Während des Erkaltens muss das Ventil gut schliessen, was man am Zusammenklappen des Kautschukröhrchens sieht. Nach völligem Erkalten verdünnt man mit ca. 200 ccm luftfreiem Wasser und titrirt mit Chamäleon bis schwach rosa. Die jetzt gebrauchte Menge wird von der den 75 ccm Eisenlösung entsprechenden abgezogen; von dem Reste entspricht jedes Kubikcentimeter 0·02175 g oder 2 Proc. MnO_2.

Fig. 12.

b) Eine ausgezeichnete Kontrolle für obiges Verfahren bietet die gasvolumetrische Analyse durch Wasserstoffsuperoxyd (Lunge, Zsch. f. angew. Ch. 1890, 8). Man kann hierzu ein „Azotometer" oder ein Nitrometer oder Gasvolumeter (oben S. 174) anwenden, in welchem Falle die letzteren beiden Instrumente mit dem Anhängefläschchen a (Fig. 13) versehen werden. Zu diesem Zwecke füllt man das Gasmessrohr A durch Heben des Niveaurohres, bis das Quecksilber an den Hahn e, also an den Nullpunkt der Skala tritt. Die abgewogene Menge des

Fig. 13.

Braunsteins wird in den äusseren Raum des Fläschchens a geschüttet, wobei nichts in das auf dem Boden von a angeschmolzene innere Gefäss b gelangen darf, und mit verdünnter Schwefelsäure geschüttelt, um Carbonate zu zersetzen. b selbst wird mit Wasserstoffsuperoxyd, dessen Gehalt man nicht zu kennen braucht, wenn nur ein Ueberschuss davon vorhanden ist, beinahe bis zum Rande gefüllt. Man setzt den noch an c hängenden Stopfen f dicht auf und gleicht den entstandenen Druck durch augenblickliches Lüften des Stopfens e aus; sollte dabei das Quecksilber in A etwas sinken, so bringt man es durch Heben des Niveaurohres, während A durch e mit der Aussenluft kommunicirt, wieder auf den Nullpunkt. Beim Aufsetzen des Stopfens f, sowie beim späteren Schütteln etc. fasst man das Fläschchen a nur am Halse mit Daumen und Zeigefinger, um seine Erwärmung zu verhüten; wenn man ganz sicher gehen will, lässt man es vor und nach der Operation in einer mit Wasser von der Zimmertemperatur gefüllten Schale einige Minuten stehen, bis etwaige Temperaturunterschiede ausgeglichen sind. Dann stellt man den Hahn e so, dass a durch c mit A kommunicirt, wobei das Quecksilber immer noch auf Null bleiben muss, neigt das Fläschchen, so dass das Wasserstoffsuperoxyd aus b nach a läuft und schüttelt gut um, indem man, um unnöthigen Druck zu vermeiden, das Niveaurohr senkt Nach 2 Minuten sollte die Gasentwickelung beendigt sein, was man schon daran sieht, dass das Quecksilber in A nicht mehr sinkt; die Farbe des Rückstandes in a muss hell sein, und es dürfen keine schwarzen Körnchen mehr übrig bleiben. Wenn dies dennoch eintritt, so muss man die Bestimmung mit einer **feiner zerriebenen** Probe wiederholen. (Bei manchen sehr harten Braunsteinen gelingt trotz feinsten Pulverns die Zersetzung nicht in der Kälte, sondern erst durch längeres Erwärmen; diese werden besser nach 1 a) behandelt.) Die Reaktion, für welche in a noch überschüssige Schwefelsäure vorhanden sein muss, ist: $MnO_2 + H_2O_2 + SO_4H_2 = MnSO_4 + 2 H_2O + O_2$.

Man muss zu langes Schütteln vermeiden, weil sonst aus dem überschüssigen H_2O_2 spontan Sauerstoff entweicht (bei sauren Flüssigkeiten übrigens weit weniger als bei alkalischen). Man soll also höchstens 1 Minute schütteln und spätestens 5 Minuten nach erfolgter Mischung wie folgt fortfahren. Es wird **sofort** nach Ausgleich der Temperatur, wenn solche irgend erhöht war, zur Ablesung geschritten. Zu diesem Zwecke stellt man das Niveaurohr so, dass die Quecksilberkuppen in demselben und in dem Gasmessrohr A genau in eine Ebene fallen, schliesst Hahn e und liest im Falle eines gewöhnlichen Nitrometers das Gasvolum in A, sowie Temperatur und Barometerstand um, um mittelst der Tabellen S. 38 und 44 das Gas auf 0^0 und 760 mm zu reduciren Bei Anwendung des Gasvolumeters, Fig. 9, is dies unnöthig, hier muss man nur, nach erfolgter Gleichstellung der Niveaus in A und C, den Hahn e abschliessen, dann C soweit heben, dass das Quecksilber im Reduktionsrohre B auf 100 kommt und dann B und C gemeinschaftlich verstellen, so dass A und B wieder auf ein Niveau, also auf gleichen Druck kommen und mithin das Gas in A mechanisch auf 0^0 und 760 mm reducirt ist. Dies geht jedoch nur an, wenn dazu ein specielles Reduktionsrohr angewendet wird, in welchem statt eines Tropfens koncentrirter Schwefelsäure ein Tropfen Wasser eingebracht war, da ja das Gas im vorliegenden Falle feucht ist. Will man also das für trockenes Gas bestimmte Reduktionsrohr benutzen, wie es bei Untersuchung von Nitrose und Salpeter angewendet werden muss, so muss man die Röhren B und C so einstellen, dass das Quecksilber in B nicht auf demselben Niveau wie in A, sondern um so viel Millimeter höher steht, als der Spannung des Wasserdampfes f bei der Temperatur t (wie sie auf S. 55 Tab. 26 angegeben ist) entspricht; vgl. S. 177 über Benutzung eines trockenen Reduktionsrohrs für feuchte Gase. Bequemer ist es natürlich, ein besonderes Instrument für feuchte Gase zu benutzen, bei dessen Einstellung in der auf S. 175 für trockene Luft gegebenen Formel im Nenner statt: 273 b die Grösse: 273 (b−f) gesetzt wird. f ist die Tension des Wasserdampfes bei der Temperatur t (Tabelle S. 55). Auf S. 177 ist angegeben, wie man das für feuchtes Gas eingestellte Reduktionsrohr auch für trockene Gase verwenden kann, indem man vor der Ueberführung des Gases in das Messrohr ein Tröpfchen Wasser in letzteres einsaugt.

Jedes ccm des entwickelten, auf 0^0 und 760 mm reducirten Sauerstoffs entspricht 0·0038853 g MnO_2 (vgl. Tab. No. 4). Wenn man sofort Procente ablesen will, so verwende man bei einem 50 ccm fassenden Instrumente 0·1943 g Braunstein (jedes ccm $0 = 2^0/_0$ MnO_2); bei 100 ccm fassenden Instrumenten 0·3885 g (1 ccm $0 = 1^0/_0$ MnO_2).

2. **Kohlensäure** bestimmt man entweder dem Gewichte nach durch Austreiben mit verdünnter Schwefelsäure oder Salpetersäure und Auffangen in Natronkalk nach Fresenius oder Classen (S. 143), oder besser und schneller nach Lunge und Marchlewski auf gasvolumetrischem Wege (S. 208 f.).

3. **Bestimmung der zur Zersetzung nöthigen Salzsäure.** Man löst in einem Kolben mit Rückflusskühler 1 g Braunstein in 10 ccm starker Fabrik-Salzsäure, deren Gehalt durch Titriren ermittelt worden ist, anfangs in der Kälte, dann unter Anwendung von Wärme. Die erkaltete Lösung wird mit Normalnatronlauge versetzt, bis rothbraune Flecken von Eisenhydroxyd entstehen, welche sich beim Umschütteln und schwachem Erwärmen nicht mehr auflösen. Die hierzu verbrauchte Natronlauge wird auf die Stärke der zum Lösen des Braunsteins angewendeten Salzsäure berechnet und die so ermittelte Menge der

überschüssigen Säure von den zuerst angewendeten 10 ccm abgezogen.

B. Regenerirter Braunstein und Laugen des Weldon-Verfahrens.

1. **Bestimmung des MnO_2 im Weldon-Schlamm.** Man bestimmt den Werth einer sauren Eisenlösung (100 g krystallisirter Eisenvitriol + 100 ccm koncentrirte reine Schwefelsäure in 1 l) gegenüber einer Halbnormal-Chamäleonlösung (Bereitung im Anhange), indem man 25 ccm der ersteren mit 100—200 ccm kaltem Wasser verdünnt und das Chamäleon aus einer Glashahnbürette zusetzt, bis beim Umschwenken die Rosafarbe nicht mehr augenblicklich verschwindet, sondern mindestens $^1/_2$ Minute stehen bleibt (spätere Entfärbung wird nicht beachtet). Diese Probe muss einmal an jedem Beobachtungstage vorgenommen werden; die dafür verbrauchten Kubikcentimeter Chamäleon heissen x.

Man pipettirt nun wiederum 25 ccm der Eisenlösung in ein Becherglas, entnimmt mittelst einer Pipette 10 ccm des Manganschlamms, welcher unmittelbar vorher in der Flasche gut umgeschüttelt worden ist (Umrühren genügt nicht), spritzt die Pipette aussen ab, lässt jetzt erst ihren Inhalt in das Becherglas zu der Eisenlösung laufen und wäscht den inwendig hängen gebliebenen Schlamm mit der Spritzflasche nach. Nachdem sich beim Umschwenken alles gelöst hat, wird mit ca. 100 ccm Wasser verdünnt und mit Chamäleon austitrirt; die verbrauchten Kubikcentimeter des letzteren heissen y. Man findet nun die Menge des MnO_2 in Grammen pro Liter des Schlammes durch die Formel: $2·175 (x—y)$.

2. **Gesammt-Mangangehalt des Schlammes**, ausgedrückt als (theoretisch mögliches) MnO_2 in Grammen pro Liter des Schlammes. Man entnimmt 10 ccm des letzteren mit derselben Vorsicht wie in No. 1, kocht mit starker Salzsäure bis zur Verjagung des Chlors, stumpft den Ueberschuss der Säure mit gepulvertem Marmor oder gefälltem Calciumcarbonat ab, setzt koncentrirte filtrirte Chlorkalklösung zu, kocht einige Minuten, bis die Farbe des Ganzen stark roth wird und dabei noch überschüssiger Chlorkalk zu riechen ist, und zerstört die rothe Farbe wieder durch tropfenweisen Zusatz von Alkohol. Sämmtliches Mangan ist jetzt im Zustande von MnO_2, welches man abfiltrirt und auswäscht; man versäume nicht zu prüfen, ob das Filtrat sich mit Chlorkalklösung noch bräunt, also noch Mangan enthält, was natürlich nicht der Fall sein soll. Das Auswaschen wird fortgesetzt, bis das Waschwasser mit Jodkalium-Stärkepapier keine Reaktion mehr giebt. Das Filter mit dem Niederschlage wird in 25 ccm der sauren Eisenlösung (vgl. No. 1) geworfen; wenn sich nicht alles MnO_2 löst, setzt man

weitere 25 ccm der Eisenlösung zu, verdünnt mit 100 ccm Wasser und titrirt mit Chamäleon zurück; Berechnung wie in No. 1.

3. Bestimmung der „Basis", d. i. der Monoxyde etc. des Schlammes, welche HCl beanspruchen, aber kein Chlor abgeben. Man verdünnt 25 ccm (bei sehr hoher Basis 50 ccm) Normal-Oxalsäurelösung (63 g krystallisirte Oxalsäure in 1 l) auf ca. 100 ccm, erwärmt auf 60—80°, setzt 10 ccm Manganschlamm aus einer Pipette unter Beobachtung der unter No. 1 gegebenen Vorschriften zu und schüttelt, bis der Niederschlag rein weiss, nicht mehr gelblich erscheint, was bei obiger Temperatur sehr bald eintritt. Man verdünnt nun auf 202 ccm (die 2 ccm entsprechen dem Volum des Niederschlages und werden in einem 200 ccm-Kolben durch einen Feilstrich bezeichnet), giesst durch ein trockenes Filter und titrirt 100 ccm des Filtrats mit Natronlauge zurück. (Als Indikator ist Lackmustinktur oder Phenolphtalein zu verwenden; Methyl-Orange ist für Oxalsäure nicht anwendbar.) Die verbrauchten Kubikcentimeter Normalnatronlauge heissen z. Die Oxalsäure dient 1. zur Zersetzung mit MnO_2 in MnO und CO_2, 2. zur Sättigung des neu entstehenden MnO, 3. zur Sättigung der ursprünglich vorhandenen Monoxyde etc., incl. MnO, d. i. der „Basis". 4. Der unverbrauchte Rest ist eben $= 2z$. Der Posten 1 ist gleich dem Posten 2, und beide zusammen gleich der Grösse $x-y$ von der MnO_2-Bestimmung in No. 1 (a. v. S.), weil die Oxalsäure normal, das Chamäleon aber nur halbnormal ist. Der Posten 3 entspricht der ursprünglich angewendeten Menge Oxalsäure, also 25 resp. 50 ccm, abzüglich $x-y$ und $2z$, also ist diese Grösse $w = 25$ [resp. 50] $- (x + 2z) + y$. Unter „Basis" versteht man nun das Verhältniss des Postens 3, ausgedrückt durch w, zu dem Posten 1, ausgedrückt durch $\frac{x-y}{2}$ (weil das Natron normal, das Chamäleon halbnormal ist); sie ist also $= \frac{2w}{x-y}$, oder bei Anwendung von 25 ccm Oxalsäure $= \frac{50-2x-4z+2y}{x-y} = \left(\frac{50-4z}{x-y}\right) - 2$ oder bei Anwendung von 50 ccm Oxalsäure $= \left(\frac{100-4z}{x-y}\right) - 2$.

C. Kalkstein.

1. Unlösliches. 1 g wird mit Salzsäure behandelt, der Rückstand ausgewaschen, getrocknet und geglüht. Bei Vorhandensein erheblicher Mengen von organischer Substanz wägt man das bei 100° getrocknete Filter und glüht erst dann; die Differenz $=$ der organischen Substanz.

2. Kalk. Man löst 1 g in 25 ccm Normalsalzsäure und titrirt mit Normalnatronlauge zurück; die von dieser verbrauchten

Kubikcentimeter werden von 25 abgezogen. Der Rest, multiplicirt mit 2·8, giebt den Procentgehalt von CaO, oder multiplicirt mit 5 den Procentgehalt von $CaCO_3$. [NB. Hierbei ist MgO mit als CaO gerechnet; bei den meisten in der Soda- und Chlorkalkfabrikation vorkommenden Kalksteinen ist dies wegen deren geringen Magnesiagehaltes zulässig; anderenfalls muss man die nach No. 3 gefundene Menge MgO resp. $MgCO_3$ in Abzug bringen.]

3. **Magnesia** wird meist nur bei dem für Braunstein-Regenerirung dienenden Kalkstein bestimmt. Man löst 2 g des Kalksteins in Salzsäure, fällt den Kalk mit NH_3 und oxalsaurem Ammon und bestimmt die Magnesia im Filtrat durch Fällen mit phosphorsaurem Natron, vgl. S. 184.

4. **Eisen** wird meist nur bei dem für Chlorkalkfabrikation dienenden Kalkstein bestimmt. Man löst 2 g in Salzsäure auf, reducirt die Lösung mit Zink, verdünnt, setzt etwas eisenfreie Manganlösung zu und titrirt mit Chamäleon, vgl. S. 178.

D. a) Kalk, gebrannter.

1. **Bestimmung des freien CaO.** Man wägt 100 g eines möglichst gut gezogenen Durchschnittsmusters des Aetzkalks ab, löscht sorgfältig, bringt den Brei in einen Halbliterkolben, füllt zur Marke auf, pipettirt unter Umschütteln 100 ccm heraus, lässt dies in einen Halbliterkolben fliessen, füllt auf und nimmt von dem gut gemischten Inhalte 25 ccm (= 1 g Aetzkalk) zur Untersuchung. Man setzt hierzu ein wenig einer alkoholischen Lösung von Phenolphtalein und titrirt mit Normalsalzsäure **ganz langsam** und unter gutem Umschütteln, bis die Rosafarbe verschwunden ist, was eintritt, wenn aller freier Kalk gesättigt, aber $CaCO_3$ noch nicht angegriffen ist. Jedes ccm der Normaloxalsäure = 0·028 g CaO.

2. **Bestimmung der Kohlensäure.** Man titrirt CaO und $CaCO_3$ zusammen durch Auflösen in Normalsalzsäure und Zurücktitriren mit Normalnatron wie oben bei C 1; durch Abziehen der nach No. 1 bestimmten Menge von CaO erhält man die Menge des $CaCO_3$. Für ganz genaue Bestimmungen treibt man die CO_2 durch Salzsäure aus, absorbirt sie durch Natronkalk und bestimmt ihr Gewicht nach S. 143 oder ihr Volum nach S. 209.

b) Gelöschter Kalk.

1. **Wasser.** Man wägt aus einem verschlossenen Wiegeröhrchen ca. 1 g ab und erhitzt im Platintiegel allmälig, zuletzt bis zur starken Rothgluth (vgl. S. 183), lässt im Exsiccator erkalten und wägt zurück; der Gewichtsverlust ist = Wasser + Kohlensäure.

2. **Kohlensäure** wird wie oben (a No. 1) bestimmt.

3. **Gehalt der Kalkmilch an Aetzkalk bei verschiedenem specifischen Gewichte nach Blattner** (Dingl. Journ. 250, 464). Bei dünner Kalkmilch liest man schnell ab, damit der Kalk sich nicht absetzt. Bei dicker Kalkmilch, für welche man keinen zu engen Cylinder anwenden darf, steckt man das Aërometer leicht hinein und dreht den Cylinder langsam auf dem Tische herum, so dass er schwache Erschütterungen erleidet, bis die Spindel nicht mehr weiter einsinkt. Die Tabelle gilt für 15⁰.

Grad Baumé	Gewicht von 1 Liter g	CaO im Liter g	Grad Baumé	Gewicht von 1 Liter g	CaO im Liter g
1	1007	7·5	16	1125	159
2	1014	16·5	17	1134	170
3	1022	26	18	1142	181
4	1029	36	19	1152	193
5	1037	46	20	1162	206
6	1045	56	21	1171	218
7	1052	65	22	1180	229
8	1060	75	23	1190	242
9	1067	84	24	1200	255
10	1075	94	25	1210	268
11	1083	104	26	1220	281
12	1091	115	27	1231	295
13	1100	126	28	1241	309
14	1108	137	29	1252	324
15	1116	148	30	1263	339

E. Chlorkalk.

1. **Bleichendes Chlor.** a) **Penot's Methode.** Man wägt 7·090 g des gut gemischten Chlorkalkmusters ab, zerreibt dies in einem Porzellanmörser, dessen Schnauze unten etwas eingefettet ist, mit wenig Wasser zu einem völlig gleichmässigen, zarten Brei, verdünnt mit mehr Wasser, spült das Ganze in einen Literkolben, verdünnt bis zur Marke und pipettirt für jede Probe nach gutem Umschütteln des Kolbens 50 ccm = 0·3545 g Chlorkalk in ein Becherglas. Hierzu lässt man unter fortwährendem Umschwenken alkalische Zehntelnormal-Arsenlösung (enthaltend 4·95 g As_2O_3 im Liter, Bereitung im Anhange) laufen, bis man nicht mehr sehr weit von der zu erwartenden Grädigkeit entfernt ist. Dann bringt man ein Tröpfchen des Gemisches auf ein Stück Filtrirpapier, das mit einer etwas Jodkalium haltigen Stärkelösung angefeuchtet ist. Je nach der

Tiefe der entstehenden blauen Farbe (bei ganz grossem Ueberschusse an Chlor wird der Fleck braun) setzt man wieder mehr oder weniger Arsenlösung zu und wiederholt das Tüpfeln, bis das Reagenspapier nur noch kaum merklich oder gar nicht gebläut wird. Jedes Kubikcentimeter der Arsenlösung zeigt 1 Proc. bleichendes Chlor an.

Probeziehen von Chlorkalk im Anhange.

b) Wasserstoffsuperoxyd-Methode. Zur Kontrolle von 1 a) sehr gut geeignet (Ztsch. f. angew. Ch. 1890, 8). Zur Ausführung dient das Nitrometer oder Gasvolumeter mit Anhängefläschen, Fig. 13, S. 191. Die Chlorkalklösung wird in das Fläschchen a, das Wasserstoffsuperoxyd in das innere Rohr b pipettirt, und die Operation ganz wie bei Braunstein ausgeführt, wobei namentlich auch schnelles Arbeiten (2 Minuten Umschwenken genügt) und sofortiges Ablesen nöthig ist. Da die Reaktion ist: $CaOCl_2 + H_2O_2 = CaCl_2 + H_2O + O_2$, so entspricht das entwickelte Volum Sauerstoff einem gleichen Volum bleichenden Chlors im Chlorkalk, also jedes ccm des Gases = 0·0031664 g Chlor. Löst man also z. B. 20 g Chlorkalk zu 500 ccm auf und entnimmt davon 5 ccm = 0·2 g Chlorkalk zur Analyse, so entspricht jedes ccm Sauerstoff (auf 0^0 und 760 mm reducirt) fünf Gay-Lussac'schen Graden oder 1·583 Gewichtsprocent Chlor. Wenn man 7·915 g Chlorkalk zu 250 ccm auflöst und 10 ccm davon zur Analyse verwendet, so zeigt jedes ccm Sauerstoff unmittelbar 1 Gewichtsprocent Chlor = 1 englischen Grad an.

Das Wasserstoffsuperoxyd sollte für diesen Zweck durch tropfenweisen Zusatz von Natronlauge eben alkalisch gemacht werden, was sich durch Ausscheiden von Flocken zu erkennen giebt. Die Resultate sind um 0·2 Gewichtsprocent oder ca. 0·6 französische Grade höher als bei Penot's Methode, geben aber eine vorzügliche Kontrolle für diese, da man nicht von der Richtigkeit einer Titerstellung abhängig ist, und ein absolutes Maass in dem entwickelten Sauerstoff erhält (gilt auch für Braunstein, Chamäleon u. dgl.).

2. Vergleichung des Procentgehaltes an bleichendem Chlor mit den französischen (Gay-Lussac'schen) Graden.

Die französischen Grade bedeuten die Anzahl der Liter Chlor von 0^0 und 760 mm Druck, welche 1 kg des Chlorkalks entwickeln kann.

Franz. Grade	Proc. Chlor	Franz. Grade	Proc. Chlor	Franz. Grade	Proc. Chlor	Franz. Grade	Proc. Chlor
63	20·02	66	20·97	69	21·93	72	22·88
64	20·34	67	21·29	70	22·24	73	23·20
65	20·65	68	21·61	71	22·56	74	23·51

Franz. Grade	Proc Chlor	Franz. Grade	Proc. Chlor	Franz. Grade	Proc. Chlor	Franz. Grade	Proc. Chlor
75	23·83	89	28·28	103	32·73	117	37·18
76	24·15	90	28·60	104	33·05	118	37·50
77	24·47	91	28·92	105	33·36	119	37·81
78	24·79	92	29·23	106	33·68	120	38·13
79	25·10	93	29·55	107	34·00	121	38·45
80	25·42	94	29·87	108	34·32	122	38·77
81	25·74	95	30·19	109	34·64	123	39·08
82	26·06	96	30·21	110	34·95	124	39·40
83	26·37	97	30·82	111	35·27	125	39·72
84	26·69	98	31·14	112	35·59	126	40·04
85	27·01	99	31·46	113	35·91	127	40·36
86	27·33	100	31·78	114	36·22	128	40 67
87	27·65	101	32·09	115	36·54		
88	27 96	102	32·41	116	36·86		

3. **Prüfung der Kammerluft auf Chlorgehalt vor Oeffnung der Kammer.** In England ist es gesetzliche Vorschrift, dass der Gehalt des Gases vor Oeffnung der Kammer die Grenze von 5 Grains pro Kubikfuss = 11 5 g pro cbm nicht überschreiten dürfe. Dies wird ermittelt mit Hilfe des in Fig. 14 gezeigten Apparates. A Kautschukspritze von ca. 100 ccm Inhalt, B in deren Mundstück gebohrtes Loch, D ein fast auf den Boden des Cylinders E führendes Glasrohr, dessen unteres Ende soweit verengert ist, dass nur eine feine Nähnadel durchgeht. In E kommt 26 ccm einer Lösung, bei der 10 Birnenfüllungen $2^{1}/_{2}$ Grains (also 5 Füllungen 5 Grains) Chlor im Kubikfuss anzeigen, bereitet aus 0·3485 g arseniger Säure, aufgelöst in Soda und mit Schwefelsäure neutralisirt, 25 g Jodkalium, 5 g gefälltes Calciumcarbonat, 6—10 Tropfen Ammoniak, alles auf ein Liter verdünnt. Zu den 26 ccm setzt man noch ein wenig Stärkelösung, führt dann das äussere Ende von D in die Chlorkalkkammer 0·6 m über deren Boden ein, drückt A zusammen und verschliesst das Loch B mit dem Finger, worauf man den Druck auf A aufhebt.

Fig. 14.

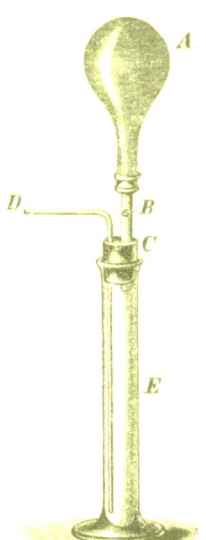

Indem sich der Kautschuk ausdehnt, wird die Kammerluft durch D in die Flüssigkeit in E gesaugt. Man bemerkt die Zahl der Birnenfüllungen, die nöthig ist, um die Flüssigkeit durch Ausscheidung von Jod zu färben, die also mindestens 5 betragen muss.

F. Deacon-Verfahren.

Man saugt 5 l des aus dem Zersetzer (Decomposer) kommenden Gases ab, wobei der Apparat so dicht wie möglich an den Zersetzer herangebracht wird und absorbirt HCl und Cl in 250 ccm Natronlauge vom specifischen Gewicht 1·075, welche auf 2—3 Flaschen vertheilt ist. Die Zeit der Absaugung sollte mit der zur Durchsetzung einer Beschickung in der Sulfatpfanne erforderlichen stimmen. Man vereinigt den Inhalt aller Flaschen und verdünnt auf 500 ccm.

1. Hiervon pipettirt man 100 ccm in den Ventilkolben, Fig. 12, S. 191, setzt eine nach S. 194 bereitete und mit Chamäleon verglichene saure Ferrosulfatlösung hinzu und bringt zum Kochen. Nach dem Abkühlen verdünnt man mit 200 ccm Wasser und titrirt mit Halbnormal-Chamäleon, wovon man y ccm braucht, x heisse die für die 25 ccm der Eisenlösung erforderliche Menge Chamäleon.

2. Zu 10 ccm der obigen alkalischen Lösung setzt man ein wenig Lösung von SO_2 und säuert mit verdünnter Schwefelsäure an, wobei der Geruch nach SO_2 deutlich hervortreten soll. Man erhitzt zum Kochen, lässt abkühlen, zerstört nöthigenfalls noch vorhandenes SO_2 durch einige Tropfen Chamäleon, neutralisirt mit reiner Soda, verdünnt mit Wasser, setzt etwas neutrales Kaliumchromat zu und titrirt mit $^1/_{10}$-Normalsilberlösung auf roth, wozu man z ccm brauche. Dann zeigt der Ausdruck $\frac{50\,x-y}{z}$ die procentische Zersetzung der Salzsäure und $\frac{42\cdot5 + x - y}{8}$

die Zahl der Volume Luft auf 1 Volum HCl. Wenn statt 5 l Gas ein anderes Volum l abgesaugt worden ist, so verändert sich die Konstante $42\cdot 5$ in: $\frac{1\cdot 55\,l}{50 \times 0\cdot 003645}$, wobei angenommen ist, dass im übrigen genau wie oben verfahren wird und dass 1 l HCl bei 50^0 C. und 760 mm 1·55 g wiegt.

3. **Kohlensäure.** Man leitet 20 l des durch Wasser von HCl befreiten Gases in ammoniakalische Chlorbaryumlösung, erhitzt zuletzt, filtrirt das $BaCO_3$ ab und bestimmt dies durch direktes Glühen oder nach Umwandlung in $BaSO_4$; wobei 1 g $BaSO_4 = 0\cdot 1888$ g CO_2. Vgl. auch Chem.-techn. Untersuchungen I, **436.**

4. **Wasserdampf.** Man leitet das Gas durch mit konc. Schwefelsäure befeuchteten Bimstein und verdrängt vor dem Zurückwägen die anderen Gase durch Durchsaugen von Luft.

G. Chlorsaures Kali.

1. **Die Laugen aus den Absorptionsgefässen** enthalten Calciumchlorat und Chlorcalcium; man berechnet aber zweckmässig gleich als Kaliumsalze.

a) **Chlorsaures Salz** wird bestimmt, um die Arbeit zu kontrolliren und den Zusatz von KCl zu berechnen. Man misst 2 ccm mit einer genauen Pipette ab, bringt dies in den Ventilkolben, Fig. 12, S. 191, setzt etwas heisses Wasser und einen Tropfen Alkohol zu, kocht (ohne Ventil), bis aller Chlorgeruch und die rosarothe Farbe verschwunden sind, lässt abkühlen, setzt 25 ccm der auf S. 194 beschriebenen sauren Ferrosulfatlösung zu (welche a ccm Halbnormal-Chamäleon erfordert), schliesst den Kolben mit dem Ventilstopfen und kocht 10 Minuten. Nach der Abkühlung titrirt man mit Halbnormal-Chamäleon, wovon man b ccm bis zur beginnenden Röthung brauche. Die Lauge enthält dann Chlorat $= 5\cdot105$ (a—b) g $KClO_3$ im Liter und braucht theoretisch $3\cdot105$ (a—b) g reines KCl pro Liter.

b) **Chlorid** (das $CaCl_2$ berechnet auf KCl). Man behandelt 1 ccm der Lauge wie oben zur Zerstörung von freiem Chlor und Verschwinden der rothen Farbe, lässt abkühlen, setzt etwas K_2CrO_4 zu und titrirt mit $^1/_{10}$ N-Silberlösung wie auf S. 182; jedes ccm der letzteren zeigt eine mit $7\cdot46$ g KCl äquivalente Menge Chlorid pro Liter an.

2. **Käufliches chlorsaures Kali** wird nur auf Chlorid (berechnet als KCl) untersucht. Da dessen Menge sehr gering ist, so nimmt man 50 g des Salzes, verdünnt mit absolut chlorfreiem Wasser und titrirt das Ganze mit $^1/_{10}$ N-Silberlösung wie in 1 b). Jedes ccm der letzteren zeigt $0\cdot00746$ g KCl $= 0\cdot015$ Proc. KCl an.

H. Bleichlaugen

s. Elektrolytische Laugen, V I, S. 215.

I. Druck und Volumgewicht des flüssigen Chlors.
Nach R. Knietsch, Ann. d. Chemie, Bd. 259, S. 100.

Temp.	Druck	Spec. Gew.	Mittlerer Ausdehnungskoëffizient
− 88°	37·5 m/m Hg	—	
− 85°	45·0 ,, ,,	—	
− 80°	62·5 ,, ,,	1·6602	
− 75°	88·0 ,, ,,	1·6490	
− 70°	118 ,, ,,	1·6382	
− 65°	159 ,, ,,	1·6273	
− 60°	210 ,, ,,	1·6167	
− 55°	275 ,, ,,	1·6055	0·001409
− 50°	350 ,, ,,	1·5945	
− 45°	445 ,, ,,	1·5830	
− 40°	560 ,, ,,	1·5720	
− 35°	705 ,, ,,	1·5589	
− 33·6°	760 ,, ,,	1·5575	
− 30°	1·20 Atm.	1·5485	
− 25°	1·20 ,,	1·5358	
− 20°	1·84 ,,	1·5230	
− 15°	2·23 ,,	1·5100	0·001793
− 10°	2·63 ,,	1·4965	
− 5°	3·14 ,,	1·4830	
± 0°	3·66 ,,	1·4690	
+ 5°	4·25 ,,	1·4548	0·001978
+ 10°	4·95 ,,	1·4405	
+ 15°	5·75 ,,	1·4273	0·002030
+ 20°	6·62 ,,	1·4118	
+ 25°	7·63 ,,	1·3984	0·002190
+ 30°	8·75 ,,	1·3815	
+ 35°	9·95 ,,	1·3683	0·002260
+ 40°	11·50 ,,	1·3510	
50°	14·70 ,,	1·3170	0·002690
60°	18·60 ,,	1·2830	
70°	23·00 ,,	1·2430	0·003460
80°	28·40 ,,	1·2000	
90°	34·50 ,,		
100°	41·70 ,,		
110°	50·80 ,,		
120°	60·40 ,,		
130°	71·60 ,,		
146°	93·50 ,,	kritischer	Punkt

V. Sodafabrikation.

A. Rohstoffe.

1. Sulfat vgl. S. 183.
2. Kalkstein zum Schmelzen.
   a) Unlösliches wie S. 195.
   b) Kalk ($+$ MgO) wie S. 195.
   c) Magnesia (nur bei den daran reichen Kalksteinen) wie S. 196.
3. Reduktionskohle.
   a) Feuchtigkeit wie S. 126.
   b) Koksrückstand wie S. 126.
   c) Asche wie S. 126.
      Bei neuen Kohlensorten ist nicht nur der Gesammtgehalt an Asche festzustellen, sondern in derselben auch Kieselsäure, Thonerde und Eisenoxyd nach den Regeln der Silicatanalyse zu bestimmen.
   d) Schwefel wie S. 126.
   e) Stickstoff wird durch Glühen mit Natronkalk und Auffangen in titrirter Schwefelsäure, oder nach Kjeldahl nach den Regeln der organischen Elementaranalyse bestimmt.

B. Rohsoda.

Man digerirt 50 g eines gut gemahlenen Durchschnittsmusters mit 480 ccm destillirtem Wasser von 45°, welches vorher durch längeres Kochen von CO_2 und O befreit und in einer verkorkten Flasche erkaltet war. Hierdurch werden 500 ccm Flüssigkeit entstehen. Man schüttelt sofort gut durch und wiederholt dies öfters während zwei Stunden. Die folgenden Bestimmungen werden theils mit dem aufgeschüttelten, trüben Gemisch, theils mit dem klaren Antheile desselben gemacht; doch müssen die ersteren unbedingt zuerst angestellt werden.

I. Bestimmungen mit dem trüben Gemisch. Jedesmal vor Entnahme einer neuen Probe schüttelt man das Gefäss gut um, entnimmt sofort die Probe mit einer Pipette, ehe sich der Rückstand absetzen kann, spült die Pipette aussen ab, entleert ihren Inhalt in ein Becherglas und spült das innen Anhaftende in dasselbe Glas nach. Man braucht dazu eine 5 ccm Pipette mit kurzer und etwas weiter Spitze, um Verstopfung derselben zu vermeiden.

1. Freier Kalk (oder sein Aequivalent an NaOH). Man setzt zu 5 ccm des Gemisches einen Ueberschuss von Chlorbaryumlösung, dann einen Tropfen Phenolphtaleinlösung und titrirt mit $^1/_5$ N-Oxalsäure bis zum Verschwinden der Rothfärbung. Jedes ccm der Säure $= 0{\cdot}0056$ g CaO.

2. **Gesammt-Kalk.** Zu 5 ccm des Gemisches setzt man in einem Kolben einige ccm koncentrirte Salzsäure und kocht bis zur Austreibung sämmtlicher Gase. Nach einigem Abkühlen versetzt man mit Methylorange und neutralisirt genau mit Soda, also bis zum Verschwinden der Rothfärbung. Nun fügt man 30 ccm einer $^1/_5$ N-Natriumcarbonatlösung zu, schlägt durch Kochen allen Kalk als $CaCO_3$ nieder (gleichzeitig auch Eisenoxyd, Thonerde und Magnesia, welche man jedoch vernachlässigen kann), spült alles in einen 200 ccm-Kolben, füllt zur Marke auf, entnimmt 100 ccm der klaren Flüssigkeit und titrirt mit $^1/_5$ N-Salzsäure zurück. Die verbrauchte Menge sei $= n$. Der Gesammtkalk ist dann $= (30-2n) \cdot 0{\cdot}0056$ CaO, oder als $CaCO_3$ berechnet $= (30-2n) \cdot 0{\cdot}0100$ $CaCO_3$.

(NB. Diese Proben geben freilich keine genauen Resultate, und können nur zur Orientirung dienen, schon darum, weil man unmöglich ein wirkliches Durchschnittsmuster von Rohsoda erhalten kann. Dies gilt aber von allen mit Rohsoda gemachten Bestimmungen.)

II. **Bestimmungen in der klaren Lösung.** Nachdem sämmtliche unter I erwähnte Bestimmungen gemacht worden sind, lässt man das Gemisch in wohlverschlossenem Gefäss absetzen und pipettirt die Proben für die folgenden Bestimmungen aus der obenstehenden, klaren Flüssigkeit heraus.

1. 10 ccm ($= 1$ g Rohsoda) werden mit Salzsäure und Methylorange kalt titrirt. Hierdurch erfährt man den **alkalimetrischen Gesammtgehalt an Na_2CO_3, NaOH und Na_2S**. Wenn man die in No. 2 und 3 gefundenen Mengen hiervon abzieht, bekommt man die Menge des **kohlensauren Natrons**, nämlich 0 05305 g für jedes Kubikcentimeter der Normalsäure. (Die durch kleine Mengen von Al_2O_3 und SiO_2 verursachte Ungenauigkeit kann vernachlässigt werden.)

2. **Aetznatron** wird bestimmt, indem man 10 ccm der Lauge mit überschüssigem Chlorbaryum versetzt (hierzu wird 5 ccm einer 10 procentigen Lösung von $BaCl_2$, 2 aq stets mehr als genügen) verdünnt und nach Zusatz von Phenolphtalein mit Normalsalzsäure langsam und unter gutem Umschütteln bis zum Verschwinden der Farbe austitrirt. Jedes Kubikcentimeter der Säure zeigt $0{\cdot}04006$ g NaOH in 1 g, d. i. der wirklich angewendeten Menge Rohsoda. Hierbei wird auch das Schwefelnatrium mit als Aetznatron bestimmt.

3. **Schwefelnatrium.** Man verdünnt 10 ccm der Lösung mit durch Auskochen von Sauerstoff befreitem Wasser auf ca. 200 ccm, säuert mit Essigsäure an und titrirt schnell mit Jodlösung unter Benutzung von Stärke als Indikator. Wenn man Zehntelnormal-Jodlösung ($12{\cdot}685$ g J im Liter) anwendet, entspricht jedes Kubikcentimeter derselben $0{\cdot}003908$ g Na_2S; man kann aber auch eine Lösung von $3{\cdot}246$ g J im Liter anwenden, von der jedes

Kubikcentimeter 0·001 g Na_2S anzeigt. Bei Anwendung der Zehntelnormallösung kann man die verbrauchten Kubikcentimeter, durch 10 dividirt, sofort auf die in No. 1 verbrauchte Säuremenge beziehen. Andere niedere Schwefelungsstufen als Na_2S braucht man in frischer Rohsoda nicht zu berücksichtigen.

4. Chlornatrium. Man neutralisirt 10 ccm der Lösung möglichst genau mit Salpetersäure, am bequemsten indem man von einer Normalsalpetersäure (63 g NO_3H im Liter) grade soviel Kubikcentimeter zusetzt, als in No. 1 verbraucht worden waren, erhitzt zum Kochen, bis aller H_2S ausgetrieben ist, filtrirt von dem etwa ausgeschiedenen Schwefel ab, setzt etwas neutrales Kaliumchromat zu und titrirt mit Silberlösung nach S. 182. Jedes Kubikcentimeter der Zehntelnormal-Silberlösung zeigt 0·00585 g NaCl; oder von einer im Liter 2·906 g $AgNO_3$ enthaltenden Lösung zeigt 1 ccm 0·001 g NaCl.

5. Schwefelsaures Natron. Man säuert 10 ccm mit nicht zu viel überschüssiger Salzsäure an, bringt zum Kochen, versetzt mit Chlorbaryum, filtrirt, wäscht und glüht den Niederschlag von $BaSO_4$. Bei der geringen Menge desselben kann man ihn gleich auf dem Filter mit heissem Wasser auswaschen, dasselbe feucht in den Platintiegel bringen und glühen. Jeder Gewichtstheil $BaSO_4$ entspricht 0·6089 g Na_2SO_4.

6. Ein Durchschnittsmuster der sämmtlichen Schmelzen wird durch Zusammengiessen einer bestimmten Menge von der Lösung jeder Probe gebildet; dieses wird durch Einleiten von Kohlensäure carbonisirt, filtrirt, die klare Lösung abgedampft und im Trockenrückstande wieder Na_2CO_3, Na_2SO_4 und NaCl bestimmt.

C. Sodarückstand.

Von diesem ist ein möglichst genaues Durchschnittsmuster zu ziehen, welches, vor Luft geschützt, aufbewahrt wird und von welchem recht schnell 50 g in feuchtem Zustande abgewogen werden. (Beim Trocknen an der Luft verändert sich die Zusammensetzung bedeutend durch Oxydation.) Man kann ohne erheblichen Fehler annehmen, dass feuchter Sodarückstand 40 Procent Wasser enthält, wovon man sich natürlich durch besondere Bestimmung näher überzeugen kann.

Obige 50 g werden mit 490 ccm Wasser von 40° digerirt, was 500 ccm Flüssigkeit giebt.

1. Nutzbares Natron (Na_2CO_3 oder Na_2S). In 100 ccm der Flüssigkeit leitet man einen Strom gut gewaschene Kohlensäure, erhitzt zum Kochen, ergänzt das Volum wieder auf 100 ccm, giesst durch ein trockenes Filter und titrirt 50 ccm des Filtrats mit $^1/_{10}$ N-Salzsäure, wovon jedes ccm 0·003105 Na_2O oder in diesem Falle 0·0621 Procent Na_2O in dem feuchten Rückstande anzeigt.

2. **Gesammt-Natron** (einschliesslich der unlöslichen Natronsalze). Man erhitzt 17·71 g Sodarückstand in einer Porzellan- oder Eisenschale mit Schwefelsäure von 50⁰ B., bis er vollständig aufgeschlossen und in einen steifen Brei verwandelt ist, dampft diesen ab, erhitzt bis zur Vertreibung aller freien Schwefelsäure, setzt heisses Wasser zu, kratzt den Schaleninhalt mit einem Holzspatel aus und bringt ihn in einen 250 ccm-Cylinder. Hier setzt man zur Neutralisirung eines etwaigen Rückstandes von Säure und zur Fällung von Magnesia etwas reine Kalkmilch zu (erhalten aus gewöhnlichem Kalkhydrat durch Abgiessen der ersten, alkalihaltigen Wässer), füllt bis zur Marke, lässt absitzen, pipettirt 50 ccm der klaren Lösung ab, setzt 10 ccm gesättigtes Barytwasser zu, giesst die Mischung durch ein trockenes Filter, nimmt 50 ccm des Filtrates, fällt allen Baryt durch Einleiten von CO_2 und Kochen, filtrirt und titrirt das Filtrat mit Normalsalzsäure. Jedes Kubikcentimeter derselben zeigt bei obiger Menge (mit Einrechnung von deren Volum) 1 Procent Na_2O im Sodarückstande.

3. **Gesammt- und oxydirbarer Schwefel.** Man kocht 2 g des Rückstandes mit Salzsäure, filtrirt, wäscht mit verdünnter Salzsäure aus, neutralisirt das Filtrat mit Soda nicht ganz vollständig, fällt mit Chlorbaryum, filtrirt, wäscht und glüht das Baryumsulfat; hieraus berechnet man den als SO_3 vorhandenen Schwefel (a).

Eine andere Probe von 2 g des Rückstandes wird mit überschüssiger starker Chlorkalklösung und Salzsäure versetzt, um allen S zu Schwefelsäure zu oxydiren; man muss überschüssiges Chlor stark riechen. Dann filtrirt man und bestimmt die SO_3 im Filtrat durch Chlorbaryum; dies giebt den Gesammtschwefel (b). Die Differenz b—a bedeutet den oxydirbaren, also das theoretische Maximum des wiedergewinnbaren Schwefels im Sodarückstand.

D. Rohsodalauge

wird noch in warmem Zustande untersucht, resp. an einem ca. 40⁰ warmen Orte aufbewahrt, um Krystallisation zu verhindern. Man nimmt nur kleine Proben (2—5 ccm) mit genauen Pipetten heraus, was die Operation sehr beschleunigt.

1. **Kohlensaures Natron.** Man titrirt 2 ccm mit Normalsalzsäure; bei Anwendung von Methylorange setzt man zur Abkühlung vorher etwas kaltes Wasser zu. Von der gefundenen Zahl zieht man die sub No. 2 und $^1/_{10}$ der sub No. 3 gefundenen Zahl ab.

2. **Aetznatron** bestimmt wie S. 204.

3. **Schwefelnatrium** wird bestimmt mit Zehntel-Jodlösung wie S. 204. Der durch andere niedere Schwefelungsstufen verursachte Fehler ist unbedeutend und für die Praxis

kaum in Anschlag zu bringen; jedenfalls muss man diese Bestimmung machen, um die Zahl No. 1 richtig stellen zu können.

4. Schwefelsaures Natron wie S. 205.

5. Gesammt-Schwefel. Man oxydirt die Lauge mit Chlorkalklösung und Salzsäure, wie oben sub C 3, und fällt mit Chlorbaryum.

6. Chlornatrium wie S. 205.

7. Ferrocyannatrium. Man entnimmt 20 ccm der Lauge, oder bei geringem Cyangehalt auch mehr, macht mit Salzsäure sauer und fügt aus einer Bürette starke Chlorkalklösung unter gutem Umschwenken zu. Von Zeit zu Zeit bringt man einen Tropfen der Mischung auf einem weissen Teller zu einem Tropfen verdünnter, von Chlorür freier, Eisenchloridlösung. Wenn dabei kein Berlinerblau entsteht, sondern das Gemisch beider Tropfen braun wird, so ist alles oxydirt und dabei auch alles Ferrocyan in Ferridcyan umgesetzt. Ein Tropfen Chlorkalklösung im Ueberschuss schadet nichts; wenn man aber zu viel Ueberschuss davon hat oder durch das Tüpfeln zu viel Flüssigkeit verloren zu haben glaubt, so nimmt man eine neue Probe, wobei man den Chlorkalkzusatz aus der Bürette leicht von vornherein fast genau treffen und durch wenige Tüpfelproben beendigen kann. Dieses Verfahren giebt weit bessere Resultate und ist auch schneller, als Zusatz von Chlorkalklösung im Ueberschuss und Austreiben des Chlors durch Erwärmen, wobei leicht Zersetzung des Ferridcyannatriums eintritt.

Zu der oxydirten Flüssigkeit setzt man aus einer Bürette Zehntelnormal-Kupferlösung (enthaltend 3·18 g Cu oder 12·488 g krystallisirten Kupfervitriol im Liter), wodurch gelbes $Cu_3Fe_2Cy_{12}$ gefällt wird. Von Zeit zu Zeit probirt man, indem man einen Tropfen der trüben Flüssigkeit auf einem Porzellanteller mit einem Tropfen verdünnter Eisenvitriollösung zusammenbringt. So lange noch eine blaue Färbung eintritt, durch Einwirkung des $FeSO_4$ auf noch vorhandenes $Na_6Fe_2Cy_{12}$, setzt man mehr Kupferlösung zu, bis die Probe auf dem Teller nicht mehr blau oder grau, sondern deutlich röthlich wird. Alsdann ist kein $Na_6Fe_2Cy_{12}$ mehr vorhanden und das $FeSO_4$ auf dem Teller reducirt daher jetzt das gelbe Ferridcyankupfer zu rothem Ferrocyankupfer. Die erste merkliche Röthung muss als Endreaktion betrachtet werden, obwohl sie nach kurzem wieder verschwindet. Jedes Kubikcentimeter der Kupferlösung sollte 0·01013 g Na_4FeCy_6 anzeigen; dies ist jedoch nach neueren Versuchen (Chem. Ind. 1882 S. 79) nicht der Fall, sondern man verbraucht zu wenig Kupferlösung, muss also jedes Kubikcentimeter derselben $= 0·0123$ g Na_4FeCy_6 setzen, oder noch besser den Wirkungswerth der Kupferlösung gegenüber reinem Ferrocyankalium durch Versuche festsetzen.

8. Kieselsäure, Thonerde und Eisenoxyd (nach Parnell, Chem. Ind. 1880 S. 242). Man übersättigt 100 ccm

Lauge mit Salzsäure, kocht, setzt eine beträchtliche Menge Salmiaklösung hinzu, übersättigt mit Ammoniak und kocht, bis der Ammoniakgeruch vollständig verschwunden ist. Der Niederschlag setzt sich leicht ab und kann gut filtrirt und ausgewaschen werden. Beim Auswaschen mit heissem Wasser wird er intensiv blau (durch Bildung von Berlinerblau?); beim Glühen hinterbleiben SiO_2, Al_2O_3 und Fe_2O_3.

9. Eine grössere Probe der Lauge wird durch Einleiten von CO_2 carbonisirt, filtrirt, zur Trockniss verdampft und der Rückstand auf Alkalinität, Na_2SO_4 und NaCl untersucht.

E. Carbonisirte Laugen

werden wie D untersucht; ausserdem bestimmt man darin schon gebildetes Bicarbonat. Hierzu versetzt man (Chem. Ind. 1881 S. 369) in einem 100 ccm-Kolben 20 ccm der Lauge, oder nach Umständen mehr, mit 10 ccm (auf völlige Abwesenheit von Kohlensäure zu prüfendem!) Halbnormal-Ammoniak (= 8·5 g NH_3 im Liter) und einem Ueberschusse von Chlorbaryum, füllt mit kaltem Wasser zur Marke auf, lässt in dem gut verschlossenen Kolben absetzen, giesst durch ein trockenes Filter, pipettirt 50 ccm des Filtrates heraus und titrirt mit Normalsalzsäure, wovon man x ccm verbraucht. Die Formel: 11 (10—x) giebt dann die Menge der als Bicarbonat in der angewendeten Menge Lauge vorhandenen CO_2 in Milligrammen an. Wenn das Ammoniak nicht genau halbnormal ist, was ohnehin nicht auf die Länge zu erreichen ist, so muss man in obiger Formel statt der Zahl 11 eine entsprechende andere, die mg CO_2 pro Kubikcentimeter des Ammoniaks bezeichnende und statt 10 die einer Menge von 5 ccm Normalsäure entsprechende Zahl von Kubikcentimeter des Ammoniaks einsetzen. Um die Bicarbonat-Kohlensäure mit der Gesammtkohlensäure zu vergleichen, kann man eine neue Probe der Lauge mit Normalsalzsäure in der Kälte mit Methylorange titriren; die dabei verbrauchten Kubikcentimeter, multiplicirt mit 22, geben die Milligramme von als Monocarbonat vorhandener Kohlensäure an. Der letztere Posten, addirt zu dem vorigen, giebt die Gesammt-Kohlensäure.

Folgende Formel gestattet, die Menge von Na_2CO_3 und $NaHCO_3$ in einer beide enthaltenden Lösung oder Gemisch zu finden, wenn wir die Gesammtalkalinität, berechnet als Na_2O, bezeichnet mit a, und die Gesammtkohlensäure = b kennen. Dann ist vorhanden:

Na_2O im Zustande von Na_2CO_3: 2a —1·409 b,
Na_2O „ „ „ $NaHCO_3$: a weniger dem Obigen.

Am genauesten und zugleich am schnellsten wird CO_2 sowohl in den grössten wie in den kleinsten Mengen durch die Methode von Lunge und Marchlewski (Zeitsch.f.angew.Chem.

1891, 229) bestimmt. Wo CO_2-Bestimmungen sehr häufig vorgenommen werden, wird man am besten den dort angegebenen speciellen, 150 ccm fassenden Apparat anwenden; wo aber nur hin und wieder eine CO_2-Bestimmung vorkommt, kann man auch ein gewöhnliches Nitrometer oder weit besser ein Gasvolumeter (Fig. 8, S. 175, dafür einrichten; doch muss dasselbe in diesem Falle mindestens 100 ccm, besser 140—150 ccm, fassen. Man versieht es dann mit den für die CO_2-Bestimmung dienenden, in Fig. 15

Fig. 15.

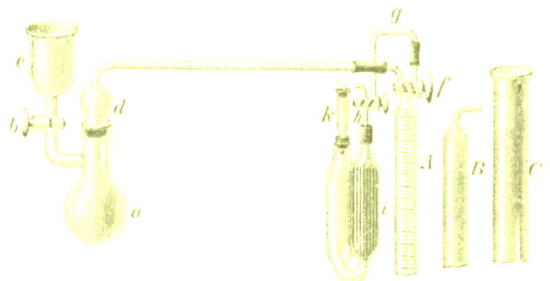

gezeigten Theilen, nämlich dem Entwicklungskölbchen a mit Hahn b und Trichter c, dem in einem Halse eingeschliffenen Helm d^*) mit langem Kapilarrohr, der rechtwinklig von dem Hahne f des Gasmessrohrs A abgehenden Kapillare g, dem sich an diesen anschliessenden Doppelbohrungshahn h mit oberer und unterer Kapillarverbindung und der Orsat'schen Vorlage i, welche durch ein kleines Natronkalkrohr k nach aussen abgeschlossen ist. Die Vorlage i ist mit einer Lösung von 1 Th. Aetznatron in 3 Th. Wasser beschickt. Die hier nur angedeuteten Röhren ABC haben dieselbe Bedeutung und Funktion wie in Fig. 8, S. 175. Princip ist: Austreibung der CO_2 durch gleichzeitige Wirkung von Luftverdünnung und Erwärmen, und Vervollständigung der Wirkung durch Entwicklung von Wasserstoff in der Flüssigkeit; Messen des Gesammtgasvolums, Absorption der CO_2 und Zurückmessen des Gases. Man bringt in a die kohlensäurehaltige Substanz, abgewogen oder bei Flüssigkeit abgemessen, sowie ein Stück feinsten Eisen- oder Aluminiumdraht, genügend um 70—100 ccm H zu entwickeln. Bei den 150 ccm fassenden Apparaten nimmt man z. B. 0·08 g,

---

*) Statt dieses eingeschliffenen Helmes hat es sich als besser gezeigt, einen guten weichen Kautschukstopfen zu nehmen; vgl. Chem.-techn. Untersuchungsmethoden I, 143.

bei den 100 ccm fassenden 0·06 g Aluminiumdraht, wovon man einmal ein Stück auswägt und dann gleich eine grössere Anzahl gleichlanger Stücke im voraus abschneidet, da das Gewicht nicht genau zu sein braucht. Nach Beschickung von a setzt man d fest auf und evacuirt die Luft, indem man das Niveaurohr C so tief wie möglich senkt, während A durch f mit d kommunicirt, dann f so stellt, dass es mit g kommuncirt, den Schlüssel von h herauszieht, C hebt, bis das Quecksilber wieder bis f gestiegen, also alle Luft aus A ausgetrieben ist, f wieder auf d einstellt und die Evacuirung noch 2—3 mal wiederholt. Nun lässt man durch b einige ccm verdünnter Salzsäure (1 Th. koncentrirte Säure + 3 Wasser) nach a einfliessen, erwärmt 2 Minuten gelinde, lässt noch zweimal in ähnlicher Weise Säure nachtreten und setzt das Erwärmen fort, bis alle Substanz zersetzt und alles Eisen resp. Aluminium aufgelöst ist. Während dessen wird durch Senken von C stets Luftverdünnung unterhalten. Zuletzt lässt man durch b so viel Säure eindringen, dass sie durch d bis fast nach f kommt, schliesst f, wartet 10 Minuten zur völligen Temperaturausgleichung und stellt B und C in der S. 176 beschriebenen Weise so ein, dass das Volum des in A enthaltenen Gases auf 0^0 und 760 mm reducirt abgelesen werden kann. Inzwischen bereitet man i vor, indem man durch k die Lauge in die Höhe bläst, bis sie in das seitliche Ansatzrohr von h eintritt und dann k nach g hin einstellt. Jetzt führt man durch Oeffnen von f und Heben von C alles Gas nach i hinüber und nach geschehener Absorption der CO_2 durch Senken von C, bis die Lauge wieder nach h gestiegen ist, zurück nach A. Man stellt B und C wieder auf das neue Niveau ein und liest das verminderte Gasvolum ab. Bei grösseren CO_2-Mengen wartet man vorher 10 Minuten. Wenn n = dem Unterschiede beider Ablesungen, g = dem Gewichte der Substanz, so enthält diese: $\dfrac{0·1965\ n}{g}$ Proc. CO_2 *).

Einfacher, aber nicht sehr genau und nur für schnelle Betriebskontrolle u. dgl. geeignet ist die Methode von Sundström (Zsch. f. angew. Ch. 1897, 169). Man bestimmt in einer Probe alkalimetrisch das Gesammt-Natron; zu einer zweiten, gleich grossen, setzt man eine mit Chlorbaryum von Carbonat befreite und mit Barythydrat versetzte Aetznatronlösung von $^1/_4$ N-Stärke, bis alles $NaHCO_3$ durch NaOH in Na_2CO_3 übergegangen ist; dieser Punkt wird durch Tüpfeln auf Tropfen von ca. 20 proc. Silbernitratlösung ermittelt, welche beim geringsten Ueberschuss von NaOH augenblicklich (nicht erst nach einiger Zeit) braun werden. Die Natronlauge muss sehr langsam und unter gutem Umrühren zugefügt werden, sonst

---

*) Der Apparat ist von C. Desaga in Heidelberg zu beziehen.

erfolgt die Bräunung zu früh. Der Gehalt an $NaHCO_3$ entspricht den verbrauchten ccm Natronlauge; derjenige an $NaHCO_3$ der Differenz gegenüber der Gesammt-Alkalinität.

F. Sodamutterlaugen.

Untersuchung wie bei den uncarbonisirten Laugen, V D, S. 206. Doch kommt hier auch die Aufgabe vor, Sulfid, Sulfat, Sulfit und Thiosulfat neben einander zu bestimmen. Hierfür giebt es ziemlich viele Methoden; vgl. Chem. techn. Untersuchungsmethoden I, 377. Am bequemsten ist folgende (dort nicht beschriebene) von Lunge & Smith ausgearbeitete (Chem. Ind. 1883, 301).

a) Sulfat wird bestimmt durch Verdrängung der Luft im Fällungskolben mit CO_2 (zur Verhütung von Oxydationen), Erhitzen, Ansäuern mit HCl und Fällung mit Chlorbaryum.

b) In einer zweiten Probe bestimmt man den Verbrauch von $^1/_{10}$ N-Jodlösung nach Verdünnung mit luftfreiem Wasser und Ansäuerung mit Essigsäure.

c) Eine dritte, viermal so grosse Probe wird mit Zinkacetat oder Cadmiumcarbonat versetzt, um das Sulfid zu entfernen, auf ein bestimmtes Maass gebracht, absetzen lassen und je ein Viertel der klaren Flüssigkeit zu folgenden Bestimmungen gebraucht:
1. Es wird wieder der Verbrauch von $^1/_{10}$ N-Jodlösung bestimmt $= M$.
2. Ein anderes Viertel der Lösung wird (ohne Ansäuern!) mit Chamäleonlösung vom Wirkungswerthe W[1]) in grossem Ueberschuss versetzt, am besten so, dass die Lösung in das Chamäleon hineinläuft, dann saure Ferrosulfatlösung von bekanntem Chamäleonwerthe zugesetzt und mit Chamäleon zurücktitrirt. Die verbrauchte Menge des Chamäleons, abzüglich der dem Eisensulfat entsprechenden, heisse N.

Nennen wir dann den Thiosulfat-Schwefel S, den Sulfitschwefel s, so ist:

$$S = 8WN - 0{\cdot}064\,M$$
$$s = 2WN - 2S.$$

Durch Abziehen von M vom Resultate der ursprünglichen Jodtitrirung b) erhält man den Betrag des Sulfids.

Ein anderes Verfahren (von Richardson & Aykroyd) s. Journ. Soc. Chem. Ind. 1896, 172.

---

*) W bedeutet die aus der Gleichung: $3\,Na_2S_2O_3 + 8\,KMnO_4 + H_2O = 3\,Na_2SO_4 + 3\,K_2SO_4 + 8\,MnO_2 + 2\,KOH$ sich ergebende Menge von Chamäleon, die man berechnen oder durch Titrirung von reinem Thiosulfat wie oben experimentell ermitteln kann.

G. Ammoniaksodafabrikation.

I. Rohmaterialien.
1. Steinsalz s. S. 182.
2. Salzsoole.
   a) Spec. Gewicht mit dem Aräometer.
   b) Chlor (ausgedrückt als NaCl). Man verdünnt 10 ccm auf 1 l und titrirt 10 ccm davon nach S. 182.
   c) Schwefelsäure. Man verdünnt 50 ccm auf 150 bis 200 ccm, setzt ein wenig Salzsäure zu und fällt mit Chlorbaryum nach S. 141.
   d) Eisenoxyd und Thonerde. Man versetzt 500 ccm mit ein wenig Salpetersäure, erwärmt auf 80°, fällt mit Ueberschuss von Ammoniak, digerirt $^1/_2$ Stunde bei 80°, filtrirt und wäscht gut aus. Zur Sicherheit kann man den Niederschlag in Salzsäure auflösen und nochmals ausfällen.
   Im Filtrate kann man Kalk und Magnesia in bekannter Weise bestimmen (S. 184).
   e) Bicarbonate von Eisenoxydul, Kalk und Magnesia. Man zerstört das Bicarbonat durch längeres Kochen von 500 ccm unter Ersetzung des verdampfenden Wassers, filtrirt den entstehenden Niederschlag ab, wäscht aus, löst in Salzsäure, und bestimmt in der Lösung Eisenoxyd (durch Fällen mit NH_3), Kalk und Magnesia in bekannter Weise.
3. Concentrirtes Gaswasser oder schwefelsaures Ammoniak, vgl. Kap. IX A und B.
4. Kalkstein, vgl. S. 195.
5. Gebrannter Kalk, vgl. S. 196.
6. Kohlen bezw. Koks, vgl. S. 126.

II. Fabrikationsanalysen.
1. Ammoniakalische Soole (Vorlagen).
   a) Chlornatrium. Man säuert mit Salpetersäure an und bestimmt das NaCl gewichtsanalytisch mit $AgNO_3$, oder in der neutralen oder schwach alkalischen Lösung maassanalytisch nach S. 182.
   b) Freies und gebundenes Ammoniak. 10 ccm werden mit Wasser auf ca. 100 ccm verdünnt und im Destillirkolben so lange gekocht, bis alles freie und kohlensaure Ammoniak ausgetrieben ist; man fängt in Normalschwefelsäure auf und titrirt. Nach Austreibung dieses Ammoniaks wird Natronlauge zugesetzt, und das gebundene Ammoniak abdestillirt und ebenfalls in Normalschwefelsäure aufgefangen (vgl. IX A No. 1 und 2).
2. Bicarbonatgefässe (Carbonisatoren).
   Freies und gebundenes Ammoniak wie vorige Nummer.

3. **Mutterlauge.**
   a) Freies und gebundenes Ammoniak wie oben.
   b) Unzersetztes Kochsalz. Man verdampft 10 ccm in einem Platinschälchen, glüht bis zur Austreibung alles Salmiaks und wägt.
4. **Bicarbonat** (rohes).
   a) Alkalimetrischer Titer nach S. 204.
   b) Kohlensäure nach S. 209.
   c) Feuchtigkeit bestimmt durch Glühen, nach Abzug der nach b) bestimmten Bicarbonat-Kohlensäure.
5. **Ammoniakdestillation.**
   a) Freies und gebundenes Ammoniak in der Mutterlauge wie oben No. 1 b).
   b) Kalkmilch, vgl. S. 197.
   c) Kalküberschuss in den Destillirgefässen. Man kocht 100 ccm so lange, bis alles NH_3 entwichen ist, setzt etwas schwefelsaures Ammoniak zu und kocht nochmals. Das nunmehr frei werdende Ammoniak, welches dem Kalküberschuss entspricht, wird in Normalschwefelsäure aufgefangen und titrirt.
6. **Kalkofengase.**
   Bestimmung der Kohlensäure, vgl. S. 128.
III. **Endprodukte.**
1. **Calcinirte Soda** wie V L S. 226.
2. **Bicarbonat** (käufliches) wie bei II No. 4, oder sehr genau nach Chem. Techn. Untersuchungsmethoden I, 418.

H. Kaustische Soda.

1. Kaustische Lauge.

a) Untersuchung auf kohlensaures Natron und Gesammt-Titer wie S. 206.

Zur **genauen** Bestimmung der Kohlensäure, die aber selten nöthig ist, verfährt man nach S. 209.

b) Spec. Gewichtstabellen S. 224; doch werden diese bei Rohlaugen nur ein ungefähres Urtheil gestatten.

2. Kalkrückstand.

a) **Untersuchung auf kaustisches und kohlensaures Natron.** Man dampft (zur Zersetzung der unlöslichen Natronverbindungen) mit Zusatz von kohlensaurem Ammon zur Trockniss ein, wiederholt dies noch einmal, digerirt mit heissem Wasser, filtrirt, wäscht und bestimmt den alkalimetrischen Titer des Filtrats. Das Natron kann ursprünglich theils als NaOH, theils als Na_2CO_3 vorhanden gewesen sein und wird am besten als Na_2O (0·03101 g per Kubikcentimeter Normalsäure) ausgedrückt.

b) **Untersuchung auf Aetzkalk.** Man titrirt mit Normalsalzsäure und Phenolphtalein nach S. 196. Von dem Resultate muss man noch den in a) gefundenen Betrag abziehen, soweit derselbe NaOH bedeutet; man wird keinen merklichen Fehler begehen, wenn man dafür die Hälfte des Betrages a) ansetzt.

c) **Untersuchung auf kohlensauren Kalk.** Man titrirt mit Normalsalzsäure und Methylorange (S. 195); von der gefundenen Zahl Kubikcentimeter zieht man die den Bestimmungen a) und b) entsprechende Menge ab; der Rest verbleibt für $CaCO_3$.

3. Ausgesoggte Salze.

Man löst 50 g in 1 l Wasser und entnimmt einzelne Proben mit der Pipette.

a) **Alkalimetrischer Titer** wird mit Normalsalzsäure bestimmt.

b) **Chlornatrium.** Man übersättigt mit Salpetersäure, kocht bis zur Oxydation der Schwefelverbindungen, neutralisirt mit Soda, und verfährt auch im übrigen wie S. 205 beschrieben, oder nach V B 4.

c) **Schwefelsaures Natron.** Man übersättigt ein wenig mit Salzsäure, fällt mit Chlorbaryum und wägt das $BaSO_4$ (S. 141).

d) **Schwefligsaures, unterschwefligsaures Natron** etc. Man versetzt mit überschüssiger Chlorkalklösung, dann mit Salzsäure, bis saure Reaktion und Chlorgeruch eintritt (S. 206), fällt mit $BaCl_2$ und zieht von dem gefundenen $BaSO_4$ den Posten c) ab. Den Rest berechnet man am besten als „Na_2SO_4 aus oxydirbaren Schwefelverbindungen". Vgl. auch S. 211.

4. Bodensatz.

10 g davon werden in Wasser aufgelöst und filtrirt. Der ausgewaschene Rückstand giebt nach dem Trocknen und Glühen

a) **das Unlösliche.** In diesem kann man das Eisen besonders bestimmen durch Auflösen in koncentrirter Salzsäure, Reduciren mit Zink, Zusatz von Mangansalz und Titriren mit Chamäleon nach S. 144.

b) **Der alkalimetrische Titer** wird durch Normalsalzsäure bestimmt, unter Anwendung von Lackmus oder Lackmoid als Indikator, da Methylorange hier wegen der Thonerde nicht verwendbar ist.

c) **Kohlensaures Natron** wird wie bei kaustischer Soda des Handels bestimmt.

5. Kaustische Soda des Handels.

Die einzelnen Stücke des Musters (vgl. über das Ziehen desselben den Anhang) müssen vor dem Abwägen durch Abschaben von der äusseren, schon veränderten Kruste befreit werden. 50 g der so gereinigten Substanz werden zu einem Liter aufgelöst und davon einzelne Proben herauspipettirt.

a) Alkalimetrischer Titer wird mit 50 ccm = $2^{1}/_{2}$ g durch Normalsäure bestimmt (S. 204).

b) Kohlensaures Natron wird in diesem Falle durch Austreiben der CO_2 nach S. 209 bestimmt, weil bei deren geringer Menge jede Differenzbestimmung zu merkliche Fehler verursacht. Gerade hier leistet die Bestimmung in Lunge und Marchlewski's Apparat (Fig. 15, S. 209) sehr gute Dienste. Nicht ganz so zuverlässig, aber wegen der grossen Schnelligkeit der Ausführung für den täglichen Gebrauch sehr empfehlenswerth ist folgendes Verfahren. Man titrirt 50 ccm obiger Lösung zuerst mit Salzsäure und Phenolphtalein, bis die rothe Färbung eben verschwunden ist, was eintritt, wenn das vorhandene Na_2CO_3 in $NaHCO_3$ übergegangen ist; hierzu brauche man n ccm. Dann setzt man Methylorange zu und titrirt weiter bis zum Auftreten der Rothfärbung, wobei man im Ganzen m ccm Säure verbraucht. 2 m entspricht dann dem vorhandenen Na_2CO_3; n—m dem NaOH.

c) Die Tabelle zur Vergleichung der deutschen, englischen und französischen Grade findet sich S. 228 sub V L.

I. Elektrolytische Alkalilaugen.

Werden ganz wie Bleichlaugen analysirt (S. 201).

1. Hypochlorit. Man titrirt nach der Penot'schen Methode, IV E 1, S. 197.

2. Freie unterchlorige Säure. Man bestimmt das bleichende Chlor nach 1., ferner Chlorid, Chlorat und andere Säuren einerseits, die vorhandenen Basen andererseits und berechnet die überschüssige Acidität als HOCl. Vgl. auch Chem.techn. Untersuchungen I, 450.

3. Chlorsaures Salz. Man kann dies nach VG S. 201 bestimmen; da jedoch bei Bleichlaugen wenig Chlorat neben viel Hypochlorit vorkommt, so ist es vorzuziehen, das Chlorat nach Fresenius wie folgt direkt zu bestimmen (Zschr. f. angew. Ch. 1895, 501). Man versetzt die Lösung mit überschüssiger Lösung von neutralem Bleiacetat, wodurch ein allmälig braun werdender Niederschlag entsteht, der eine dem Hypochlorit entsprechende Menge von PbO_2 enthält. Man lässt 8—10 Stunden unter Umschütteln stehen, bis aller Chlorgeruch verschwunden ist, filtrirt, wäscht aus, dampft das Filtrat auf kleines Volum ein

fällt Blei und Kalk durch wenig Soda aus und bestimmt im Filtrat die Chlorsäure nach S. 201.

Ferner sei folgendes Verfahren erwähnt. Zur Bestimmung von Gemischen von Chlorat und Hypochlorit, besonders in solchen, bei denen grössere Mengen des letzteren vorkommen (was allerdings nicht bei Chloratlaugen, aber bei Bleichlaugen der Fall ist) ziehen es Ditz und Knöpfelmacher (Zsch. f. angew. Ch. 1899, 1195 u. 1217) vor, das Chlorat durch Zersetzung mittelst koncentrirter Salzsäure und Bromkalium bei gewöhnlicher Temperatur jodometrisch zu bestimmen. Die Substanz wird mit einem genügenden Ueberschuss von Bromkalium in eine Literflasche gebracht, die mit einem hohlen Glasstöpsel mit Tropftrichter und seitlichem Absorptionsgefäss zur Zurückhaltung von Bromdämpfen verschlossen ist, welch' letzteres 10 ccm 5%iger KJ-Lösung enthält. Durch den Tropftrichter wird 50 ccm koncentrirte Salzsäure eingegossen, nach einer Stunde Einwirkung 300 ccm Wasser nachgegossen, darauf 20 ccm KJ-Lösung, stark geschüttelt, der Inhalt des Absorptionsgefässes in die Flasche gebracht, nachgewaschen und schliesslich.

K. Tabellen.

1. Specifische Gewichte von Lösungen von kohlensaurem Natron bei 15°.

Spec. Gewicht	Baumé	Densi-meter-Grade	Gewichts-Procent		1 cbm enthält kg	
			Na_2CO_3	Na_2CO_3, 10 aq.	Na_2CO_3	Na_2CO_3, 10 aq.
1·007	1	0·7	0·67	1·807	6·8	18·2
1·014	2	1·4	1·33	3·587	13·5	36·4
1·022	3	2·2	2·09	5·637	21·4	57·6
1·029	4	2·9	2·76	7·444	28·4	76·6
1·036	5	3·6	3·43	9·251	35·5	95·8
1·045	6	4·5	4·29	11·570	44·8	120·9
1·052	7	5·2	4·94	13·323	52·0	140·2
1·060	8	6·0	5·71	15·400	60·5	163·2
1·067	9	6·7	6·37	17·180	68·0	183·3
1·075	10	7·5	7·12	19·203	76·5	206·4
1·083	11	8·3	7·88	21·252	85·3	230·2
1·091	12	9·1	8·62	23·248	94·0	253·6
1·100	13	10·0	9·43	25·432	103·7	279·8
1·108	14	10·8	10·19	27·482	112·9	304·5
1·116	15	11·6	10·95	29·532	122·2	329·6
1·125	16	12·5	11·81	31·851	132·9	358·3
1·134	17	13·4	12·43	33·600	148·0	381·0
1·142	18	14·2	13·16	35·493	150·3	405·3
1·152	19	15·2	14·24	38·405	164·1	442·4

das ausgeschiedene Jod mit Thiosulfat titrirt. — Auf diesem Wege erfährt man die Menge von Chlorat + Hypochlorit. Bei grösseren Mengen des letzteren soll man es vorher fortschaffen (wird aber dann besser die Methode IV G S. 201 wählen).

4. Chlorid. Man benutzt dazu die Flüssigkeit von 1., in der alles Hypochlorit in Chlorid übergegangen ist, unter Bildung von Natriumarseniat, das für die Silbertitrirung ein noch besserer Indikator als das Kaliumchromat ist, und titrirt mit Silbernitrat nach S. 182, wobei kein Abzug für einen zur Färbung verbrauchten Ueberschuss von Silberlösung zu machen ist. Von der gefundenen Menge Chlorid wird die dem Hypochlorit entsprechende abgezogen.

5. Kohlensäure. Man zerstört das Hypochlorit durch Kochen mit kohlensäurefreiem Ammoniak, treibt die Kohlensäure durch eine starke Säure aus und bestimmt sie nach S. 209.

Blattner's Methode zur Bestimmung von freiem und kohlensaurem Alkali Chem.-techn. Untersuch. I, 453.

6. Basen. Man verwandelt sie durch Abdampfen mit Schwefelsäure in Sulfate und bestimmt sie in der Salzmasse nach bekannten Methoden.

2. Gehalt koncentrirter Lösungen von kohlensaurem Natron bei 30°*).

Spec. Gewicht bei 30°	Baumé-Grade	Densimeter-Grade	Gewichts-Procent		1 Liter enth. Gramm	
			Na_2CO_3	Na_2CO_3, 10 aq.	Na_2CO_3	Na_2CO_3, 10 aq.
1·308	34	30·8	27·97	75·48	365·9	987·4
1·297	33	29·7	27·06	73·02	351·0	947·1
1·285	32	28·5	26·04	70·28	334·6	902·8
1·274	31	27·4	25·11	67·76	319·9	863·2
1·263	30	26·3	24·18	65·24	305·4	824·1
1·252	29	25·2	23·25	62·73	291·1	785·4
1·241	28	24·1	22·29	60·15	276·6	746·3
1·231	27	23·1	21·42	57·80	263·7	711·5
1·220	26	22	20·47	55·29	249·7	673·8
1·210	25	21	19·61	52·91	237·3	640·3
1·200	24	20	18·76	50·62	225·1	607·4
1·190	23	19	17·90	48·31	214·0	577·5
1·180	22	18	17·04	45·97	201·1	542·6
1·171	21	17·1	16·27	43·89	190·5	514·0
1·162	20	16·2	15·49	41·79	180·0	485·7
1·152	19	15·2	14·64	39·51	168·7	455·2
1·142	18	14·2	13·79	37·21	157·5	425·0

*) Diese Temperatur ist hier gewählt, weil die koncentrirten Lösungen bei 15° nicht bestehen können.

— 218 —

Bemerkung. Nach speciellen Versuchen (Chem. Ind. 1881 S. 376) geben vorstehende Tabellen 1 und 2 nicht nur den Gehalt von Lösungen von reinem, kohlensaurem Natron,

3. Einfluss der Temperatur auf das specifische

	0° C.	5°	10°	15°	20°	25°	30°	35°	40°	45°
Sp.Gew.							1·285	1·282	1·279	1·276
Baumé							32·0	31·7	31·5	31·2
Sp.Gew.							1·274	1·271	1·267	1·265
B.							31·0	30·7	30·4	30·2
Sp.Gew.							1·263	1·260	1·257	1·254
B.							30·0	29·7	29·4	29·2
Sp.Gew.							1·252	1·250	1·247	1·244
B.							29·0	28·8	28·5	28·3
Sp.Gew.							1·241	1·239	1·236	1·233
B.							28·0	27·8	27·5	27·2
Sp.Gew.				1·240	1·238	1·236	1·234	1·232	1·230	1·227
B.				27·9	27·7	27·5	27·3	27·1	26·9	26·6
Sp.Gew.				1·230	1·228	1·225	1·223	1·221	1·219	1·216
B.				26·9	26·7	26·5	26·3	26·1	25·9	25·6
Sp.Gew.				1·220	1·218	1·215	1·213	1·210	1·208	1·205
B.				26·0	25·8	25·5	25·3	25·0	24·8	24·5
Sp.Gew.				1·210	1·208	1·206	1·204	1·201	1·199	1·196
B.				25·0	24·8	24·6	24·4	24·1	23·9	23·6
Sp.Gew.				1·200	1·198	1·196	1·194	1·192	1·189	1·186
B.				24·0	23·8	23·6	23·4	23·2	22·9	22·6
Sp.Gew.	1·198	1·195	1·193	1·190	1·188	1·186	1·184	1·182	1·179	1·176
B.	23·8	23·5	23·3	23·0	22·8	22·6	22·4	22·2	21·9	21·6
Sp.Gew.	1·188	1·185	1·183	1·180	1·178	1·176	1·174	1·172	1·169	1·166
B.	22·8	22·5	22·3	22·0	21·8	21·6	21·3	21·1	20·8	20·4
Sp.Gew.	1·177	1·174	1·172	1·170	1·168	1·166	1·164	1·162	1·160	1·157
B.	21·7	21·3	21·1	20·9	20·7	20·4	20·2	20·0	19·8	19·5
Sp.Gew.	1·166	1·164	1·162	1·160	1·158	1·156	1·154	1·152	1·150	1·148
B.	20·4	20·2	20·0	19·8	19·6	19·4	19·2	19·0	18·8	18·6
Sp.Gew.	1·156	1·154	1·152	1·150	1·148	1·146	1·144	1·142	1·139	1·136
B.	19·4	19·2	19·0	18·8	18·6	18·4	18·2	18·0	17·6	17·3

sondern mit fast ebenso grosser Genauigkeit auch den Gehalt von gewöhnlichee Sodalaugen (mit den gewöhnlichen Verunreinigungen) an Trockensubstanz an.

Gewicht der Lösungen von kohlensaurem Natron.

50°	55°	60°	65°	70°	75°	80°	85°	90°	95°	100°
1·273	1·270	1·267	1·264	1·260	1·256	1·252	1·247	1·243	1·238	1·234
30·9	30·6	30·4	30·1	29·7	29·4	29·0	28·5	28·2	27·7	27·3
1·262	1·259	1·256	1·253	1·249	1·244	1·240	1·236	1·232	1·228	1·224
29·9	29·6	29·4	29·1	28·7	28·3	27·9	27·5	27·1	26·7	26·4
1·251	1·248	1·245	1·241	1·237	1·233	1·229	1·226	1·222	1·218	1·215
28·9	28·6	28·4	28·0	27·6	27·2	26·8	26·5	26·2	25·8	25·5
1·240	1·237	1·234	1·230	1·227	1·224	1·220	1·217	1·213	1·210	1·206
27·9	27·6	27·3	26·9	26·6	26·3	26·0	25·7	25·3	25·0	24·6
1·230	1·226	1·223	1·220	1·216	1·213	1·210	1·207	1·204	1·200	1·197
26·9	26·5	26·3	26·0	25·6	25·3	25·0	24·7	24·4	24·0	23·7
1·224	1·220	1·217	1·213	1·210	1·206	1·203	1·199	1·195	1·191	1·188
26·4	26·0	25·7	25·3	25·0	24·6	24·3	23·9	23·5	23·1	22·8
1·213	1·209	1·206	1·202	1·119	1·195	1·192	1·188	1·184	1·181	1·178
25·3	24·9	24·6	24·2	23·9	23·6	23·2	22·8	22·4	22·1	21·8
1·201	1·198	1·194	1·191	1·188	1·184	1·181	1·178	1·174	1·171	1·168
24·1	23·8	23·4	23·1	22·8	22·4	22·1	21·8	21·3	21·0	20·7
1·192	1·189	1·185	1·182	1·178	1·175	1·172	1·168	1·165	1·162	1·159
23·2	22·9	22·5	22·2	21·8	21·4	21·1	20·7	20 3	20 0	19·7
1·183	1·179	1·176	1·172	1·168	1·165	1·162	1·158	1·155	1·152	1·149
22·3	21·9	21·6	21·1	20·7	20·3	20·0	19·6	19·3	19·0	18·7
1·173	1·169	1·166	1·163	1·159	1·156	1·153	1·149	1·146	1·143	1·140
21·2	20·8	20·4	20·1	19·7	19·4	19·1	18·7	18·4	18·1	17·8
1·163	1·160	1·156	1·153	1·150	1·147	1·144	1·140	1·137	1·134	1·131
20·1	19·8	19·4	19·1	18·8	18·5	18·2	17·8	17·4	17·0	16·7
1·154	1·151	1·147	1·144	1·141	1·138	1·135	1·131	1·128	1·125	1·122
19·2	18·9	18·5	18·2	17·9	17·5	17·1	16·7	16·3	16·0	15·7
1 145	1·142	1·139	1·136	1·133	1·130	1·126	1·123	1·120	1·117	1·114
18·3	18·0	17·6	17·3	16·9	16·5	16·1	15·8	15·4	15·1	14 8
1·134	1·131	1·128	1·125	1·122	1·119	1·116	1·113	1·110	1·107	1·104
17·0	16·7	16·3	16 0	15·7	15·3	15·0	14·6	14 3	13·9	13·5

3. Einfluss der Temperatur auf das specifische

(Fort-

	0° C.	5°	10°	15°	20°	25°	30°	35°	40°	45°
Sp.Gew.	1·146	1·144	1·142	1·140	1·138	1·136	1·134	1·132	1·129	1·126
Baumé	18·4	18·2	18 0	17·8	17 5	17·3	17·0	16·8	16·4	16·1
Sp.Gew.	1·136	1·134	1·132	1·130	1·128	1·126	1·124	1·122	1·120	1·117
B.	17·3	17·0	16·8	16·5	16·3	16·1	15·9	15·7	15·4	15·1
Sp.Gew.	1·126	1·124	1·122	1·120	1·118	1·116	1·114	1·112	1·110	1·107
B.	16·1	15·9	15·7	15·4	15·2	15·0	14·8	14·5	14·2	13·9
Sp.Gew.	1·116	1·114	1·112	1·110	1·108	1·106	1·104	1·102	1·100	1·098
B.	15·0	14·8	14·5	14·3	14·0	13 8	13·5	13·3	13·0	12·8
Sp.Gew.	1 106	1·104	1·102	1·100	1·098	1·096	1·094	1·092	1·090	1·088
B.	13·8	13·5	13·2	13·0	12·8	12 6	12 3	12·1	11·9	11·6
Sp.Gew.	1·096	1·094	1·092	1·090	1·088	1·086	1·084	1·082	1·080	1·078
B.	12·6	12·3	12·1	11 9	11 6	11·4	11·1	10 9	10 6	10·4
Sp Gew.	1·086	1·084	1·082	1·080	1·078	1·076	1·074	1·072	1·070	1·068
B.	11·4	11·1	10·9	10 6	10·4	10·2	9·9	9 6	9·4	9 1
Sp Gew.	1·075	1·073	1·071	1·070	1·069	1·067	1·065	1·068	1·061	1·059
B.	10·0	9·8	9·5	9·4	9·3	9·0	8·7	8·4	8 2	7·9
Sp.Gew.	1·064	1 063	1·061	1·060	1·059	1·057	1·056	1·054	1·052	1·050
B.	8·6	8·4	8 2	8·0	7 9	7·6	7·5	7·3	7 0	6·7
Sp Gew.	1·053	1·052	1·051	1·050	1·049	1 048	1·046	1·044	1 042	1·010
B.	7·1	7·0	6 9	6 7	6·6	6·4	6·2	5·9	5·6	5·4
Sp.Gew.	1·043	1·042	1·041	1·040	1·039	1·038	1·036	1 034	1 032	1·030
B.	5·8	5 6	5·5	5·4	5·3	5·1	4·9	4 6	4·4	4·1
Sp.Gew.	1·033	1·032	1·031	1·030	1 029	1·028	1·026	1·024	1·022	1·020
B.	4·5	4·4	4·3	4·1	4 0	3·9	3·6	3 3	3 0	2·8
Sp.Gew.	1·023	1·022	1·021	1·020	1·019	1·018	1·016	1·014	1·012	1·010
B.	3·2	3·0	2 9	2·8	2 6	2·5	2 3	2·0	1 7	1·4
Sp.Gew.	1·013	1·012	1·011	1 010	1·009	1·008	1·006	1·004	1·002	1·000
B.	1·9	1·7	1·6	1·4	1 3	1·2	0 9	0·6	0 3	—

Gewicht der Lösungen von kohlensaurem Natron.
setzung.)

50°	55°	60°	65°	70°	75°	80°	85°	90°	95°	100°
1·123	1·120	1·118	1·115	1·112	1·109	1·106	1·103	1·100	1·097	1·094
15·8	15·4	15·2	14·9	14·5	14·1	13·8	13·4	13·0	12·7	12·3
1·114	1·111	1·108	1·105	1·102	1·099	1·096	1·093	1·090	1·087	1·084
14·8	14·4	14·0	13·6	13·3	12·9	12·6	12·2	11·9	11·5	11·1
1·104	1·101	1·098	1·095	1·092	1 089	1·086	1·083	1·080	1 077	1·074
13 5	13·1	12·8	12 4	12·1	11·8	11·4	11·0	10·6	10 3	9·9
1·095	1·092	1·089	1·086	1·083	1 080	1 077	1 074	1·071	1·068	1·065
12 4	12 1	11·8	11·4	11·0	10·6	10·3	9·9	9·5	9·1	8·7
1·085	1·082	1·079	1·076	1·073	1·070	1·067	1·064	1·061	1·058	1·055
11·3	10·9	10·5	10 1	9 8	9·4	9 0	8 6	8·2	7 8	7·4
1·075	1·072	1·070	1 067	1·064	1·061	1 058	1·055	1 052	1·049	1·046
10·0	9·6	9·4	9·0	8 6	8 2	7·8	7·4	7·0	6·6	6 2
1·065	1 062	1·060	1·057	1·054	1 052	1 049	1 046	1 043	1·040	1·038
8·7	8·3	8 0	7·6	7·3	7 0	6 6	6·2	5·8	5·4	5·1
1 056	1 053	1·051	1·048	1·045	1·043	1·040	1·037	1·034	1·032	1 029
7·5	7·1	6 9	6·4	6·0	5 8	5 4	5·0	4·6	4 4	4 0
1·047	1·044	1·041	1·038	1·036	1 033	1·030	1 028	1·025	1·023	1·020
6 3	5·9	5·5	5·1	4 9	4·5	4·1	3·9	3·4	3·2	2·8
1·037	1·034	1·032	1·029	1 027	1 024	1 021	1 019	1·016	1·014	1·011
5 0	4·6	4·4	4·0	3·7	3 3	2·9	2·6	2 3	2 0	1 6
1·027	1·024	1·022	1·019	1·017	1·015	1·012	1·010	1 007	1·005	1 003
3·7	3 3	3·0	2·6	2·4	2·1	1·7	1·4	1·0	0 7	0·4
1·017	1·014	1·012	1 009	1·007	1·005	1·002	1·000	0·997	0·995	0 993
2·4	2·0	1·7	1·3	1·0	0·7	0·3	—	—	—	—
1 007	1·004	1 002	0 999	0 997	0·995	0·992	0 990	0·987	0·985	0·983
1·0	0 6	0·3	—	—	—	—	—	—	—	—
0 997	0·994	0·992	0 989	0·987	0·985	0 982	0·980	0·977	0·975	0·973
—	—	—	—	—	—	—	—	—	—	—

4. Specifische Gewichte von Aetznatronlaugen bei 15°.

NB. Diese Tabelle gilt nur für Lösungen von ganz reinem NaOH.

Spec. Gewicht	Baumé	Densimeter	Proc. Na₂O	Proc. NaOH	1 cbm enthält Kilogramm	
					Na₂O	NaOH
1·007	1	0·7	0·47	0·61	4	6
1·014	2	1·4	0·93	1·20	9	12
1·022	3	2·2	1·55	2·00	16	21
1·029	4	2·9	2·10	2·71	22	28
1·036	5	3·6	2·60	3·35	27	35
1·045	6	4·5	3·10	4·00	32	42
1·052	7	5·2	3·60	4·64	38	49
1·060	8	6·0	4·10	5·29	43	56
1·067	9	6·7	4·55	5·87	49	63
1·075	10	7·5	5·08	6·55	55	70
1·083	11	8·3	5·67	7·31	61	79
1·091	12	9·1	6·20	8·00	68	87
1·100	13	10·0	6·73	8·68	74	95
1·108	14	10·8	7·30	9·42	81	104
1·116	15	11·6	7·80	10·06	87	112
1·125	16	12·5	8·50	10·97	96	123
1·134	17	13·4	9·18	11·84	104	134
1·142	18	14·2	9·80	12·64	112	144
1·152	19	15·2	10·50	13·55	121	156
1·162	20	16·2	11·14	14·37	129	167
1·171	21	17·1	11·73	15·13	137	177
1·180	22	18·0	12·33	15·91	146	188
1·190	23	19·0	13·00	16·77	155	200

Spec. Ge-wicht	Baumé	Densi-meter	Proc. Na$_2$O	Proc. NaOH	1 cbm enthält Kilogramm	
					Na$_2$O	NaOH
1·200	24	20·0	13·70	17·67	164	212
1·210	25	21·0	14·40	18·58	174	225
1·220	26	22·0	15·18	19·58	185	239
1·231	27	23·1	15·96	20·59	196	253
1·241	28	24·1	16·76	21·42	208	266
1·252	29	25·2	17·55	22·64	220	283
1·263	30	26·3	18·35	23·67	232	299
1·274	31	27·4	19·23	24·81	245	316
1·285	32	28·5	20·00	25·80	257	332
1·297	33	29·7	20·80	26·83	270	348
1·308	34	30·8	21·55	27·80	282	364
1·320	35	32·0	22·35	28·83	295	381
1·332	36	33·2	23·20	29·93	309	399
1·345	37	34·5	24·20	31·22	326	420
1·357	38	35·7	25·17	32·47	342	441
1·370	39	37·0	26·12	33·69	359	462
1·383	40	38·3	27·10	34·96	375	483
1·397	41	39·7	28·10	36·25	392	506
1·410	42	41·0	29·05	37·47	410	528
1·424	43	42·4	30·08	38·80	428	553
1·438	44	43·8	31·00	39·99	446	575
1·453	45	45·3	32·10	41·41	466	602
1·468	46	46·8	33·20	42·83	487	629
1·483	47	48·3	34·40	44·38	510	658
1·498	48	49·8	35·70	46·15	535	691
1·514	49	51·4	36·90	47·60	559	721
1·530	50	53·0	38·00	49·02	581	750

5. Tabelle über den Einfluss der Temperatur

	0°	5°	10°	15°	20°	25°	30°	35°	40°	45°
Sp Gew.	1·367	1·364	1·362	1 360	1·357	1·355	1·353	1·350	1·348	1·345
Baumé	38·8	38·5	38·4	38·2	38·0	37·8	37·7	37·4	37·3	37·0
Sp.Gew.	1·357	1·354	1·352	1·250	1·347	1·345	1·343	1·340	1·337	1·335
B.	38·0	37·8	37·6	37·4	37·2	37·0	36·9	36·6	36·4	36·2
Sp.Gew.	1·347	1·344	1·342	1·340	1 333	1·336	1·333	1·330	1·327	1·325
B.	37·2	36·9	36·8	36·6	36·5	36·3	36·1	35·8	35·6	35·4
Sp.Gew.	1·338	1·335	1·332	1·330	1·828	1·325	1·323	1·320	1·317	1·315
B.	36·5	36·2	36·0	35·8	35·8	35·4	35·3	35·0	34·8	34·6
Sp.Gew.	1·328	1·325	1·322	1·320	1·818	1·315	1·313	1·310	1·307	1·305
B.	35·7	35·4	35·2	35·0	34·8	34·6	34·4	34·2	33·9	33·7
Sp.Gew.	1·318	1·315	1·313	1·310	1·308	1 305	1·303	1·300	1·297	1·294
B.	34·8	34·6	34·4	34·2	34 0	33·7	33·5	33·3	33·0	32·8
Sp.Gew.	1·308	1·305	1·303	1·300	1·297	1·294	1·292	1·289	1·287	1·284
B.	34·0	33·7	33·5	33·3	33 0	32·8	32·6	32·3	32·2	31·9
Sp.Gew.	1·298	1·295	1·293	1·290	1·287	1·284	1·282	1·279	1·277	1·274
B.	33·1	32·8	32·7	32·4	32·2	31·9	31·7	31·5	31·3	31·0
Sp.Gew.	1·288	1·285	1·283	1·280	1·277	1·274	1·272	1·269	1·267	1·264
B.	32·3	32·0	31·8	31·5	31·3	31·0	30·8	30·5	30·4	30·1
Sp.Gew.	1·278	1·275	1·273	1·270	1·267	1·265	1·262	1·260	1·258	1·255
B.	31·4	31·1	30·9	30·6	30·4	30·2	29·9	29·7	29·5	29·3
Sp.Gew.	1·268	1·265	1·263	1·260	1·257	1·255	1·252	1·250	1·248	1·245
B.	30·5	30·2	30·0	29·7	29 5	29·3	29·0	28·8	28·6	28·4
Sp.Gew.	1·257	1·255	1·252	1·250	1·247	1·245	1·242	1·240	1·238	1·235
B.	29·5	29·3	29·0	28·8	28·5	28·4	28·1	27·9	27·7	27·4
Sp.Gew.	1·247	1·245	1·242	1·240	1·237	1·235	1·232	1·230	1·228	1·225
B.	28·5	28·4	28·1	27 9	27·6	27·4	27·1	26·9	26·7	26·5
Sp.Gew.	1·237	1·235	1·232	1·230	1·227	1·224	1·222	1·220	1·218	1·215
B.	27·6	27·4	27·1	26·9	26·6	26·4	26·2	26·0	25·8	25·5
Sp.Gew.	1·227	1·225	1·222	1·220	1·217	1·214	1·212	1·210	1·208	1·205
B.	26·6	26·5	26·2	26·0	25·7	25·4	25·2	25·0	24·8	24·5
Sp.Gew.	1·217	1·215	1·212	1·210	1·207	1·204	1·208	1·200	1·198	1·195
B.	25·7	25·5	25·2	25·0	24·7	24·4	24·3	24·0	23·8	23·5
Sp.Gew.	1·207	1·205	1·202	1·200	1·197	1·195	1·193	1·190	1·188	1·186
B.	24·7	24·5	24·2	24·0	23·7	23 5	23·3	23·0	22·8	22·6
Sp.Gew.	1·197	1·195	1·192	1·190	1·187	1·185	1·183	1·180	1·178	1·176
B.	23·7	23·5	23·2	23·0	22·7	22·5	22·3	22·0	21·8	21·6
Sp.Gew.	1·187	1·185	1·182	1·180	1·177	1·175	1·173	1·170	1·168	1·166
B.	22·7	22·5	22·2	22·0	21·7	21·4	21·2	20·9	20·7	20·4
Sp.Gew.	1·176	1·174	1·172	1·170	1·167	1·165	1·163	1·161	1·158	1·156
B.	21·6	21·3	21·2	20·9	20·5	20·3	20·1	19·9	19·6	19·4
Sp.Gew.	1·166	1·164	1·162	1·160	1·157	1·155	1·153	1 151	1·148	1·146
B.	20·4	20·2	20·0	19 8	19·5	19·3	19 1	18 9	18·6	18·4

— 225 —

auf die spec. Gewichte von Aetznatronlaugen.

50°	55°	60°	65°	70°	75°	80°	85°	90°	95°	100°
1·342	1·339	1·336	1·333	1·331	1·328	1·326	1·323	1·321	1·318	1·316
36·8	36·5	36·3	36·1	35·9	35·7	35·5	35·3	35·1	34·8	34·7
1·332	1·330	1·327	1·324	1 322	1·319	1·316	1·314	1·311	1·308	1·306
36·0	35·8	35·6	35·3	35·2	34·9	34·7	34·5	34·3	34·0	33·8
1·322	1·320	1·317	1·314	1·312	1·309	1·306	1·304	1·301	1·298	1·296
35·2	35·2	34·8	34·5	34 3	34·1	33·8	33·6	33·4	33·1	32·9
1·312	1·310	1·307	1·304	1·302	1·299	1·296	1·294	1·291	1·288	1·286
34·3	34·2	33·9	33·6	33·5	33·2	32·9	32·8	32·5	32·3	32·1
1·302	1·300	1·297	1·294	1·292	1·289	1·286	1·283	1·280	1 277	1·274
33·5	33·3	33·0	32·8	32·6	32·3	32·1	31·8	31·5	31·3	31·0
1·292	1·289	1·286	1·284	1·281	1·278	1·275	1·272	1·269	1·266	1·263
32·6	32·3	32·1	31·9	31·6	31·4	31·1	30·8	30·5	30·3	30·0
1·282	1·279	1·276	1·274	1·271	1·268	1·265	1·262	1·259	1·256	1·253
31·7	31·5	31·2	31·0	30·7	30·5	30·2	29·9	29 6	29·4	29·1
1·272	1·269	1·266	1·264	1·261	1·258	1·255	1·252	1·249	1·245	1·242
30·8	30·5	30·3	30·1	29·8	29·5	29·3	29·0	28·7	28·4	28·1
1·262	1·259	1·256	1·254	1·251	1·248	1·245	1·242	1·239	1·235	1·232
29·9	29·6	29·4	29·2	28·9	28·6	28·4	28·1	27 8	27·4	27·1
1·252	1·250	1·247	1·245	1·242	1·239	1·236	1·233	1·231	1·228	1·225
29·0	28·8	28·5	28·4	28·1	27·8	27·5	27·2	27·0	26·7	26·5
1·242	1·240	1·237	1·235	1·232	1·229	1·226	1·223	1·221	1·218	1·215
28·1	27·9	27·6	27·4	27·1	26·8	26·5	26·3	26·1	25·8	25·5
1·233	1·231	1·228	1·226	1·223	1·220	1·218	1·215	1·213	1·209	1·207
27·2	27·0	26·7	26·5	26·3	26·0	25·8	25·5	25·3	24·9	24·7
1·223	1·221	1·218	1·216	1·213	1·210	1·208	1·205	1·203	1·200	1·197
26·3	26·1	25·8	25·6	25·3	25·0	24·8	24·5	24·3	24·0	23·7
1·212	1·210	1·208	1·205	1·202	1·200	1·198	1·195	1·192	1·190	1·187
25·2	25·0	24·8	24·5	24·2	24·0	23·8	23·5	23·2	23·0	22·7
1·202	1·200	1·198	1·195	1·192	1·190	1·188	1·185	1·182	1·180	1·177
24·2	24·0	23·8	23·5	23·2	23·0	22·8	22·5	22·2	22·0	21·7
1·192	1·191	1·189	1·186	1·184	1·181	1·179	1·176	1·173	1·171	1·168
23·2	23·1	22·9	22·6	22·4	22·1	21·9	21·6	21·2	21·0	20·7
1·184	1·182	1·180	1·177	1·175	1·172	1·169	1·166	1·163	1·161	1·158
22·4	22·2	22·0	21·7	21·4	21·1	20·8	20·4	20·1	19·9	19·6
1·174	1·172	1·169	1·166	1·164	1·161	1·158	1·155	1·153	1·150	1·147
21·3	21·1	20·8	20·4	20 2	19·9	19·6	19·3	19·1	18·8	18·5
1·164	1·162	1·159	1·156	1·153	1·151	1·148	1·145	1·143	1·140	1·137
20·2	20·0	19·7	19·4	19·1	18·9	18·6	18·3	18·1	17·8	17·4
1·154	1·152	1·149	1·146	1·143	1·140	1·138	1·135	1·132	1·130	1·127
19·2	19·0	18·7	18·4	18·1	17·8	17·5	17·1	16 8	16·5	16·2
1·144	1·142	1·139	1·136	1·133	1·130	1·128	1·125	1·122	1·120	1·117
18·2	18·0	17·6	17·3	16·9	16·5	16·3	16·0	15·7	15·4	15·1

5. Tabelle über den Einfluss der Temperatur
(Fort-

	0°	5°	10°	15°	20°	25°	30°	35°	40°	45°
Sp.Gew.	1·156	1·154	1·152	1·150	1·148	1·146	1·144	1·142	1·140	1·137
Baumé	19·4	19·2	19·0	18·8	18·6	18·4	18·2	18·0	17·8	17·4
Sp.Gew.	1·146	1·144	1·142	1·140	1·138	1·136	1·134	1·132	1·130	1·127
B.	18·4	18·2	18·0	17·8	17·5	17·3	17·0	16·8	16·5	16·2
Sp.Gew.	1·136	1·134	1·132	1·130	1·128	1·126	1·124	1·122	1·120	1·118
B	17·3	17·0	16·8	16·5	16·3	16·1	15·9	15·7	15·5	15·2
Sp.Gew.	1·126	1·124	1·122	1·120	1·118	1·116	1·114	1·112	1·110	1·108
B.	16·1	15·9	15·7	15·4	15·2	15·0	14·8	14·5	14·3	14·0
Sp.Gew.	1·115	1·113	1·112	1·110	1·108	1·106	1·104	1·102	1·100	1·099
B.	14·9	14·6	14 5	14·8	14·0	13·8	13·5	13·2	13·0	12·9
Sp.Gew.	1·105	1·103	1·102	1·100	1·098	1·096	1·095	1·093	1·092	1·090
B.	13·6	13·4	13·3	13·0	12·8	12·6	12·4	12·2	12·1	11·9
Sp.Gew.	1·094	1·093	1·091	1·090	1·088	1·087	1·086	1·084	1·082	1·080
B.	12·3	12·2	12·0	11·9	11·6	11·5	11·4	11·1	10·9	10·6
Sp.Gew.	1·084	1·083	1·081	1·080	1·078	1·077	1·076	1·074	1·072	1·070
B.	11·1	11·0	10·8	10·6	10·4	10·3	10·1	9·9	9·6	9·4
Sp.Gew.	1·074	1·073	1·071	1·070	1·068	1·067	1·066	1·064	1·062	1·060
B.	9·9	9·8	9·5	9·4	9·1	9·0	8·9	8·6	8·3	8·0
Sp.Gew.	1·064	1·063	1·061	1·060	1·058	1·057	1·056	1·054	1·052	1·050
B.	8·6	8·4	8·2	8,0	7·8	7·6	7·5	7·3	7·0	6·7
Sp.Gew.	1·054	1·053	1·051	1·050	1·048	1·047	1·046	1·044	1·042	1·040
B.	7·3	7·1	6·9	6·7	6·4	6·3	6·2	5·9	5·6	5·4
Sp.Gew.	1·044	1·043	1·041	1·040	1·038	1·037	1·036	1·034	1·032	1·030
B.	5·9	5·8	5·5	5·4	5·1	5·0	4·9	4·6	4·4	4·1
Sp.Gew.	1·034	1·033	1·031	1·030	1·028	1·027	1·026	1·024	1·022	1·020
B.	4·6	4·5	4 3	4 1	3·9	3·7	3·5	3·3	3·0	2·8
Sp.Gew.	1·024	1·023	1·021	1·020	1·018	1·017	1·016	1·014	1·012	1·010
B.	3·3	3·2	2·9	2 8	2·5	2·4	2·3	2·0	1·7	1·4
Sp.Gew.	1·014	1·013	1·011	1·010	1·008	1·007	1·006	1·004	1·002	1·000
B.	2·0	1·9	1·6	1·4	1·1	1·0	0·9	0·6	0·3	—

L. Analyse der Handelssoda.

Der alkalimetrische Gehalt wird stets **nach dem Glühen** bestimmt und für den geglühten (trockenen) Zustand angegeben; dies ist der eigentlich maassgebende Titer. Zur Analyse wird 2·6525 g abgewogen, aufgelöst und ohne Filtration titrirt; jedes ccm Normalsäure zeigt 2 Proc. Na_2CO_3 an.

Als Normalsäure wendet man Salzsäure an, die im Liter 36·45 g HCl enthält und auf chemisch reines Natriumcarbonat

auf die spec. Gewichte von Aetznatronlaugen.
setzung.)

50°	55°	60°	65°	70°	75°	80°	85°	90°	95°	100°
1·135	1·132	1·130	1·127	1·124	1·121	1·118	1·116	1·113	1·110	1·107
17·1	16·8	16·5	16·2	15·9	15·6	15·2	15·0	14·6	14·2	13·9
1·125	1·122	1·120	1·117	1·114	1·111	1·108	1·106	1·103	1·100	1·097
16·0	15·7	15·4	15·1	14·8	14·4	14·0	13·8	13·4	13·0	12·7
1·116	1·113	1·110	1·107	1·104	1·101	1·099	1·096	1·093	1·090	1·087
15·0	14·6	14·3	13·9	13·5	13·1	12·9	12·6	12·2	11·9	11·5
1·106	1·103	1·100	1·097	1·094	1·092	1·089	1·086	1·083	1 080	1·077
13·8	13·4	13·0	12·7	12·3	12·1	11·8	11·4	11·0	10·6	10·3
1·097	1·094	1·091	1·089	1·086	1·083	1·080	1·077	1·074	1·071	1·068
12·7	12·3	12·0	11·8	11·4	11·0	10·6	10·3	9·9	9·5	9·1
1·087	1·084	1·082	1·079	1·076	1·073	1·070	1·067	1·064	1·061	1·058
11·5	11·1	10·9	10·5	10·1	9·8	9·4	9·0	8·6	8·2	7·8
1·078	1·075	1·073	1·070	1·067	1·064	1·061	1 058	1·056	1·052	1·048
10·4	10·0	9·8	9·4	9·0	8·6	8·2	7·8	7·5	7·0	6·4
1·068	1·066	1·063	1·060	1·057	1·054	1·051	1·048	1·046	1·043	1·040
9·1	8·9	8·4	8·0	7·6	7·3	6·9	6·4	6·2	5·8	5·4
1·058	1·056	1·053	1·050	1·047	1·044	1·042	1·039	1·036	1·033	1·030
7·8	7·5	7·1	6·7	6·3	5·9	5·6	5·2	4·9	4 5	4·0
1·048	1·046	1·043	1·010	1·037	1·034	1·032	1·029	1·026	1·023	1·020
6·4	6·2	5·8	5·4	5·0	4·5	4·4	4·0	3·6	3·2	2·8
1·038	1·036	1·033	1·030	1·027	1·024	1·021	1·019	1·016	1·013	1·010
5·1	4·9	4·5	4·1	3·7	3·3	2·9	2·6	2·3	1·9	1·4
1·028	1·026	1·023	1·020	1·017	1·014	1·011	1 009	1·006	1·003	1 000
3·9	3 6	3·1	2·8	2·4	2·0	1·6	1·3	0·9	0·4	
1·018	1·016	1·013	1·010	1·007	1·004	1·001	0·999	0·996	0 993	0·990
2·5	2·2	1·9	1·4	1·0	0·6	0·1	—	—	—	
1·008	1·006	1·003	1·000	0·997	0·994	0·991	0·989	0·986	0·983	0·980
1·1	0·9	0·4	—	—	—	—	—			
0·998	0·996	0·993	0·990	0·987	0·984	0·981	0·979	0 976	0 973	0·970
—	—	—	—	—	—	—				

gestellt, sowie mit Silbernitrat kontrollirt ist; vgl. Anhang. Als Indikator dient Lackmustinktur mit längerem Kochen oder bequemer (und bei Anwendung von Glasgefässen genauer) Methylorange in der Kälte.

Zu einer **vollständigen Analyse** der Handelssoda wird 50 g derselben in warmem Wasser aufgelöst und

1. **der unlösliche Rückstand** abfiltrirt und ausgewaschen; das Filtrat und die Waschwässer werden auf ein Liter gebracht. Hierin bestimmt man

2. **kohlensaures Natron** durch Titriren von 20 ccm
= 1 g der Soda mit Normalsalzsäure, unter Abzug des in No. 3
gefundenen Betrages; der Betrag No. 4 ist stets minim.

3. **Aetznatron** durch Chlorbaryum nach S. 204.

4. **Schwefelnatrium** in 100 ccm = 5 g durch Titriren
mit ammoniakalischer Silberlösung (Bereitung im Anhange),
welche im Liter 13·810 g Ag enthält und pro Kubikcentimeter
0·005 g Na_2S anzeigt. Man erhitzt die Sodalösung zum Sieden,
setzt Ammoniak zu und tröpfelt die Silberlösung aus einer in
$^1/_{10}$ ccm getheilten Bürette zu, so lange, bis kein neuer schwarzer
Niederschlag von Ag_2S entsteht. Um dies genauer beobachten
zu können, filtrirt man gegen das Ende der Operation und titrirt
das Filtrat weiter; dies wird nach Bedarf öfters wiederholt. Jeder
Kubikcentimeter der Silberlösung zeigt 0·1 Proc. Na_2S in der
Soda an.

5. **Schwefligsaures Natron.** Man säuert 100 ccm der
Lauge = 5 g Soda mit Essigsäure an, setzt Stärkelösung zu
und titrirt mit Jodlösung bis Blau. Eine Zehntelnormal-Jodlösung
zeigt pro Kubikcentimeter 0·006308 g Na_2SO_3 oder hier 0·126 Proc.;
die S. 204 erwähnte Lösung von 3·246 g Jod im Liter zeigt
pro Kubikcentimeter 0·001614 g Na_2SO_3, oder hier 0·0323 Proc.
Hiervon muss man allerdings den Betrag von No. 4 abziehen,
wobei man 1 ccm der Silberlösung = 1·3 ccm der Zehntel-
normal-Jodlösung oder = 5·0 der schwächeren Jodlösung be-
rechnet.

6. **Schwefelsaures Natron.** Man säuert 20 ccm der
Lauge = 1 g Soda mit Salzsäure an, fällt mit Chlorbaryum
nach S. 141 und wägt das $BaSO_4$, wovon 1·000 Th. = 0·6089 Th.
Na_2SO_4 ist.

7. **Chlornatrium.** Man neutralisirt 20 ccm der Lauge =
1 g Soda genau mit Salpetersäure, am besten, indem man aus
einer Bürette genau soviel Normalsalpetersäure zusetzt, als man
in No. 2 an Salzsäure gebraucht hatte; dann versetzt man mit
gelbem Kaliumchromat und titrirt mit Zehntel-Silberlösung nach
S. 182. Jedes Kubikcentimeter derselben zeigt 0·00585 g NaCl.

8. **Eisen.** Man neutralisirt 100 ccm Lauge = 5 g Soda
mit eisenfreier Schwefelsäure, reducirt durch eisenfreies Zink
(S. 178) und titrirt mit Zwanzigstelnormal-Chamäleonlösung, wo-
von jedes Kubikcentimeter 0·0028 g Fe oder hier = 0·056 Proc.
Eisen anzeigt.

**Tabelle zur Vergleichung der deutschen, eng-
lischen und französischen Handelsgrade von Soda.**

Manche englische Fabriken geben die wirklichen Procente
von Na_2O (Gay-Lussac's Grade) an, die aus dem Newcastle-
Distrikte brauchten früher die Grade der dritten Spalte und die aus
dem Liverpool-Distrikte noch schwächere, nicht einmal bestimmt
feststehende Grade. Im allgemeinen kommt der „Liverpool-

test" 1—2 Grade höher als der „Newcastle-test" derselben Soda heraus, manchmal noch mehr. Die französischen (Descroizilles') Grade bedeuten die Mengen von Schwefelsäuremonohydrat SO_4H_2, welche von 100 Th. der Soda neutralisirt werden.

Gay-Lussac's Grade Proc. Na_2O	Deutsche Grade Proc. Na_2CO_3	Englische (Newcastler) Grade	Französische (Descroizilles) Grade	Proc. NaOH	Gay-Lussac's Grade Proc. Na_2O	Deutsche Grade Proc. Na_2CO_3	Englische (Newcastler) Grade	Französische (Descroizilles) Grade	Proc. NaOH
0·5	0·85	0·51	0·79	0·65	17·5	29·92	17·73	27·66	22·58
1	1·71	1·01	1·58	1·29	18	30·78	18·23	28·45	23·22
1·5	2·56	1·52	2·37	1·94	18·5	31·63	18·74	29·24	23·87
2	3·42	2·03	3·16	2·58	19	32·49	19·25	30·03	24·51
2·5	4·27	2·54	3·95	3·23	19·5	33·34	19·76	30·82	25·16
3	5·13	3·04	4·74	3·87	20	34·20	20·26	31·61	25·80
3·5	5·98	3·55	5·53	4·52	20 5	35·05	20·77	32·40	26·45
4	6·84	4·05	6·32	5·16	21	35·91	21·27	33·19	27·09
4·5	7·69	4·56	7·11	5·81	21·5	36·76	21·78	33·98	27·74
5	8·55	5·06	7·90	6·45	22	37 62	22·29	34·77	28·38
5·5	9·40	5·57	8·69	7·10	22·5	38·47	22·80	35·56	29·03
6	10·26	6·08	9·48	7·74	23	39·33	23·30	36·35	29·67
6·5	11·11	6·59	10·27	8·39	23·5	40·18	23·81	37·14	30·32
7	11·97	7 09	11·06	9·03	24	41·04	24·31	37·93	30·96
7·5	12·82	7·60	11·85	9·68	24·5	41·89	24·82	38·72	31·61
8	13·68	8·10	12·64	10·32	25	42·75	25·32	39·51	32·25
8·5	14·53	8·61	13·43	10·97	25·5	43·60	25·83	40·30	32·90
9	15·39	9·12	14·22	11·61	26	44·46	26·34	41·09	33·54
9·5	16·24	9·63	15·01	12·26	26·5	45·31	26·85	41·88	34·19
10	17·10	10·13	15·81	12·99	27	46·17	27·35	42·67	34·83
10·5	17·95	10·64	16·60	13·55	27·5	47·02	27·86	43·46	35·48
11	18·81	11·14	17·39	14·19	28	47·88	28·36	44·25	36·12
11·5	19·66	11·65	18·18	14·84	28·5	48·73	28·37	45·04	36·77
12	20·52	12·17	18·97	15·48	29	49·59	29·38	45·83	37·41
12·5	21·37	12·68	19·76	16·13	29·5	50·44	29·89	46·62	38·06
13	22·23	13·17	20·55	16·77	30	51·29	30·39	47·42	38·70
13·5	23 08	13·68	21·34	17·32	30·5	52·14	30·90	48·21	39·35
14	23·94	14·18	22·13	18·06	31	53·00	31·41	49·00	40·00
14·5	24·79	14·69	22·92	18·71	31·5	53·85	31·91	49·79	40·65
15	25·65	15·19	23·71	19·35	32	54·71	32·42	50·88	41·29
15·5	26·50	15·70	24·50	20·00	32·5	55·56	32·92	51·37	41·94
16	27·36	16·21	25·29	20·64	33	56·42	33·43	52·16	42·58
16·5	28·21	16·73	26·08	21·29	33·5	57·27	33·94	52·95	43·23
17	29·07	17·22	26·87	21·93	34	58·13	34·44	53·74	43·87

Gay-Lussac's Grade Proc. Na₂O	Deutsche Grade Proc. Na₂CO₃	Englische (Newcastler) Grade	Französische (Descroizilles) Grade	Proc. NaOH	Gay-Lussac's Grade Proc. Na₂O	Deutsche Grade Proc. Na₂CO₃	Englische (Newcastler) Grade	Französische (Descroizilles) Grade	Proc. NaOH
34·5	58·98	34·95	54·53	44·52	53·5	91·47	54·20	84·56	69·03
35	59·84	35·46	55·32	45·16	54	92·32	54·71	85·35	69·67
35·5	60·69	35·96	56·11	45·81	54·5	93·18	55·22	86·14	70·32
36	61·55	36·47	56·90	46·45	55	94·03	55·72	86·93	70·96
36·5	62·40	36·98	57·69	47·10	55·5	94·89	56·23	87·72	71·61
37	63·26	37·48	58·48	47·74	56	95·74	56·74	88·52	72·25
37·5	64·11	37·98	59·27	48·39	56·5	96·60	57·24	89·31	72·90
38	64·97	38·50	60·06	49·03	57	97·45	57·75	90·10	73·54
38·5	65·82	39·00	60·85	49·68	57·5	98·31	58·26	90·89	74·19
39	66·68	39·51	61·64	50·32	58	99·16	58·76	91·68	74·83
39·5	67·53	40·02	62·43	50·97	58·5	100·02	59·27	92·47	75·48
40	68·39	40·52	63·22	51·60	59	100·87	59·77	93·26	76·12
40·5	69·24	41·03	64·01	52·25	59·5	101·73	60·28	94·05	76·77
41	70·10	41·54	64·81	52·90	60	102·58	60·79	94·84	77·40
41·5	70·95	42·04	65·60	53·55	60·5	103·44	61·30	95·63	78·05
42	71·81	42·55	66·39	54·19	61	104·30	61·80	96·42	78·70
42·5	72·66	43·06	67·18	54·84	61·5	105·15	62·31	97·21	79·35
43	73·52	43·57	67·97	55·48	62	106·01	62·82	98·00	80·00
43·5	74·37	44·07	68·76	56·13	62·5	106·86	63·32	98·79	80·65
44	75·23	44·58	69·55	56·77	63	107·72	63·83	99·58	81·29
44·5	76·08	45·08	70·34	57·32	63·5	108·57	64·33	100·37	81·94
45	76·94	45·59	71·13	58·06	64	109·43	64·84	101·16	82·58
45·5	77·80	46·10	71·92	58·71	64·5	110·28	65·35	101·95	83·23
46	78·66	46·60	72·71	59·35	65	111·14	65·85	102·74	83·87
46·5	79·51	47·11	73·50	60·00	65·5	111·99	66·36	103·53	84·52
47	80·37	47·62	74·29	60·64	66	112·85	66·87	104·32	85·16
47·5	81·22	48·12	75·08	61·29	66·5	113·70	67·37	105·11	85·81
48	82·07	48·63	75·87	61·93	67	114·56	67·88	105·90	86·45
48·5	82·93	49·14	76·66	62·58	67·5	115·41	68·39	106·69	87·10
49	83·78	49·64	77·45	63·22	68	116·27	68·89	107·48	87·74
49·5	84·64	50·15	78·24	63·87	68·5	117·12	69·40	108·27	88·39
50	85·48	50·66	79·03	64·50	69	117·98	69·91	109·06	89·03
50·5	86·34	51·16	79·82	65·15	69·5	118·83	70·41	109·85	89·67
51	87·19	51·67	80·61	65·80	70	119·69	70·92	110·64	90·30
51·5	88·05	52·18	81·40	66·45	70·5	120·53	71·43	111·43	90·95
52	88·90	52·68	82·19	67·09	71	121·39	71·93	112·23	91·60
52·5	89·76	53·19	82·98	67·74	71·5	122·24	72·44	113·02	92·25
53	90·61	53·70	83·77	68·38	72	123·10	72·95	113·81	92·90

Gay-Lussac's Grade Proc. Na₂O	Deutsche Grade Proc. Na₂CO₃	Englische (Newcastler) Grade	Französische (Descroizilles) Grade	Proc. NaOH	Gay-Lussac's Grade Proc. Na₂O	Deutsche Grade Proc. Na₂CO₃	Englische (Newcastler) Grade	Französische (Descroizilles) Grade	Proc. NaOH
72·5	123·95	73·45	114·60	93·55	75·5	129·08	76·49	119·34	97·32
73	124·81	73·96	115·39	94·19	76	129·94	77·00	120·13	98·06
73·5	125·66	74·47	116·18	94·84	76·5	130·79	77·51	120·92	98·71
74	126·52	74·97	116·97	95·48	77	131·65	78·01	121·71	99·35
74·5	127·37	75·48	117·76	96·13	77·5	132·50	78·52	122·50	100·00
75	128·23	75·99	118·55	96·77					

VI. Schwefel-Regeneration.

A. Verfahren von Schaffner-Mond.

1. **Sodarückstand.** Analyse desselben auf verwerthbaren Schwefel S. 206.

2. **Schwefellaugen.** Man entnimmt die Proben mit einer 3·2 ccm fassenden Pipette und macht damit folgende Proben:

a) 3·2 ccm Lauge wird auf 100 ccm verdünnt, Stärke zugesetzt und mit Zehntel-Jodlösung titrirt, von der man x ccm verbraucht.

b) Die in a) erhaltene Lösung wird mit einem Tropfen einer Lösung von Natriumthiosulfat entfärbt, Lackmus oder Methylorange zugesetzt und mit Zehntelnormal-Natronlauge austitrirt, von der man y ccm verbraucht.

c) 6·4 ccm der Schwefellauge werden mit essigsaurem Natron und Zinkvitriol versetzt, bis alles Sulfid als ZnS niedergefallen ist, auf 200 ccm verdünnt, durch ein trockenes Filter gegossen und 100 ccm des Filtrats mit Stärke und Zehntel-Jodlösung titrirt, von der man z ccm verbraucht.

Es zeigt dann 2 z den als **Thiosulfat** (unterschwefligsaures Salz) in der Lauge vorhandenen Schwefel in Grammen pro Liter an (denn $2 CaS_2O_3 + 2 J = CaS_4O_6 + CaJ_2$, also 1 ccm Jodlösung $= 0·006412$ g S); y giebt den als **Sulfhydrat** vorhandenen Schwefel in Grammen pro Liter (denn $CaH_2S_2 + 4 J = CaJ_2 + S_2 + 2 HJ$ und $2HJ + 2NaOH = 2H_2O + 2NaJ$ also 1 ccm Jodlösung $= 0·001603$ g S, aber 1 ccm Natronlauge $= 0·003206$ g S); $x - 2y - z$ giebt den als **Sulfide** vorhandenen

Schwefel in Grammen pro Liter, wenn man, was für praktische Zwecke genügt, annimmt, dass deren Formel $= CaS_2$ ist (denn $CaS_2 + 2J = CaJ_2 + 2 S$: also 1 ccm Jodlösung $= 0{\cdot}003206$ g S; die Zahl x begreift aber auch noch das Sulfhydrat im Betrage $2y$, weil dieses doppelt so viel Jod als Natron braucht, und das Thiosulfat im Betrage von z).

Den Gesammtschwefel der Lauge (abgesehen von Schwefelsäure) bekommt man durch Addition aller drei Beträge, also $2z+y+x-2y-z = x+z-y$, ebenfalls in Grammen pro Liter.

Nach der Gleichung: $2H_2S + SO_2 = 2H_2O + 3S$ müsste, um keinen Ueberschuss nach der einen oder der anderen Seite zu haben, gerade 2 Mol. CaS_2 oder 1 Mol. CaH_2S_2 auf 1 Mol. CaS_2O_3 kommen. Nun verbrauchen aber 2 Mol. CaS_2, ebenso wie 1 Mol. CaH_2S_2, 4 At. J, während 1 Mol. CaS_2O_3 nur 1 At. J verbraucht, wie obige Gleichungen zeigen; demnach ist das günstigste Verhältniss in einer Schwefellauge das, wenn $x = 5z$. Wenn aber in Wirklichkeit $x > 5z$ ist, so wird bei der Zersetzung der Lauge mit Säure Schwefelwasserstoff entweichen müssen, und man verliert vom Gesammtschwefel eine entsprechende Menge, nämlich $0{\cdot}5 (x-5z)$ g S, weil sowohl bei Sulfid, als bei Sulfhydrat jedem Atom J ein halbes Molekül H_2S entspricht. Ist dagegen nach der Analyse $x < 5z$, ist also das Thiosulfat im Ueberschusse, so wird bei der Zersetzung SO_2 entweichen müssen und man verliert vom Schwefel $0{\cdot}25 (5z - x)$ in Grammen pro Liter, weil auf 1 At. J 1 Mol. SO_2 kommt. In einem wie im anderen Falle kann der Rest als gewinnbarer Schwefel bezeichnet werden.

3. Ablaufende Füllungslaugen. a) Freie Säure wird mit Normalnatron und Methylorange titrirt. Bei Anwesenheit von H_2S erfährt man direkt die freie HCl, da H_2S auf das Orange nicht wirkt; oder man verjagt den H_2S durch Erwärmung und titrirt dann. Ist aber, wie gewöhnlich, SO_2 im Ueberschuss, so findet man durch das Normalnatron die Menge von HCl und SO_2 zusammen; letzteres wird nach No. 2 ermittelt und abgezogen.

b) Man titrirt mit Stärke und Zehntel-Jodlösung auf blau. Sowohl bei SO_2 als bei H_2S entspricht jedes Kubikcentimeter der Jodlösung $0{\cdot}001603$ g S.

4. Regenerations-Schwefel wird wie Rohschwefel, S. 136 speciell auf Wassergehalt und Asche untersucht.

B. Verfahren von Chance-Claus.

1. Bestimmung des Sulfidschwefels im Sodarückstande. Man benutzt einen Kolben mit Hahntrichter und Gasrohr, das letzte verbunden mit einem Absorptionsapparat, z. B. Fig. 7, S. 150, welcher mit Kalilauge gefüllt und am besten mit einem Aspirator verbunden ist. In den Kolben giebt man etwa 2 g Sodarückstand und etwas Wasser und lässt aus dem

Hahntrichter Salzsäure, verdünnt mit dem gleichen Volum Wasser, allmälig einlaufen, bis die Zersetzung beendigt ist. Man kocht zur Austreibung alles Gases, wobei viel Wasser in des Kugeln des Absorptionsapparates verdichtet wird. Wenn etwa $^2/_3$ der Kugeln siedend heiss geworden sind, öffnet man den Trichterhahn, lässt den Apparat abkühlen, bringt den Inhalt den Absorptionsapparates in eine $^1/_2$ Literflasche füllt zur Marke und entnimmt einen aliquoten Theil davon, den man mit ziemlich viel gut ausgekochtem Wasser verdünnt, mit Essigsäure neutralisirt und mit $^1/_{10}$ N-Jodlösung titrirt, wovon jedes ccm $= 0·001603$ g S.

2. **Sulfidschwefel im carbonisirten Rückstand.** Man verwendet etwa 6 g zur Analyse, welche wie in No. 1 vorgenommen wird.

3. **Sulfidschwefel + CO_2 im Sodarückstand.** Zu dieser, nur ausnahmsweise ausgeführten Bestimmung braucht man einen kleinen Kolben mit Hahntrichter, verbunden mit einem mit Natriumsulfat gefüllten U-Rohr (für Absorption von HCl) und genügend vielen Chlorcalciumröhren, um das Gas gut zu trocknen. Auf letztere folgen zwei gewogene Kalikugel-Apparate und schliesslich wieder gewogene Chlorcalciumröhren. Der Kolben wird mit 2 g Rückstand und etwas Wasser beschickt und ein Strom Stickstoffgas durch den Apparat geleitet. [Man bereitet dieses Gas am besten aus Kalkofengasen, die man durch Natronlauge, dann durch ein mit Kupferspähnen gefülltes rothglühendes Rohr und dann wieder durch Kalilauge und Barytwasser leitet.] Nun zersetzt man den Rückstand mit Salzsäure, kocht und leitet längere Zeit einen Strom von Stickstoffgas hindurch, um alles H_2S und CO_2 aus dem Kolben in die Kaliapparate und Trockenröhren zu treiben. Durch Rückwägen der letzteren erfährt man die Menge von $H_2S + CO_2$. Durch Behandlung der Kalilauge nach No. 1 erfährt man die Menge des H_2S, und diejenige der CO_2 aus dem Unterschiede beider Bestimmungen.

4. **Sulfidschwefel in Laugen von Schwefelcalcium oder Schwefelnatrium.** Man verdünnt 10 ccm auf 250, entnimmt einen aliquoten Theil, verdünnt stark mit luftfreiem Wasser, säuert mit Essigsäure an und titrirt wie in No. 1. Bei Gegenwart von Thiosulfat bestimmt man dies wie in No. 5 und zieht es ab. Bei Gegenwart von Polysulfid zeigt diese Methode nicht den durch Säuren ausfällbaren, sondern nur den als H_2S ausscheidbaren Schwefel an.

5. **Natron, Kalk und Thiosulfat in Schwefellaugen.** In 5 ccm der Lauge bestimmt man die Gesammt-Alkalinität (CaO + Na_2O) durch Titriren mit Salzsäure und Methylorange. In eine andere Probe von 50 ccm leitet man CO_2 bis zur Austreibung alles H_2S (angezeigt durch Bleipapier) kocht zur Zersetzung von Calciumbicarbonat, verdünnt auf 500 ccm, lässt absitzen, entnimmt 50 ccm des klaren Antheils und titrirt

wiederum, wobei man nur Na_2O findet, während CaO durch den Unterschied gegenüber der ersten Titrirung angezeigt wird.

Eine andere Probe der carbonisirten Flüssigkeit titrirt man mit $^1/_{10}$ N-Jodlösung auf Thiosulfat; 1 ccm der Jodlösung = 0·006412 g Schwefel als $Na_2S_2O_3$.

6. **Kalkofengase.** Man bestimmt CO_2 in irgend einer Gasbürette oder im Orsat-Apparat (Fig. 2, S. 129), wobei zugleich der Sauerstoff bestimmt werden kann.

7. **Gas aus dem Gasometer.** a) H_2S und CO_2 zusammen werden wie in No. 6 bestimmt.

b) H_2S für sich wird bestimmt in einer weithalsigen Flasche von genau bekanntem Inhalt (etwa 500 ccm) mit doppelt durchbohrtem Kautschukstopfen. Ein Glasrohr geht fast auf den Boden, ein anderes endet dicht unter dem Kork; beide sind aussen mit Hähnen versehen. Man lässt Gas bis zur vollständigen Verdrängung der Luft hindurchstreichen, lässt durch einen der Hähne 20 oder 25 ccm Normalnatronlauge einlaufen, schüttelt gut um, bringt die Lauge in eine Messflasche, spült nach und füllt zur Marke auf. Ein aliquoter Theil davon wird mit luftfreiem Wasser stark verdünnt, mit Essigsäure angesäuert und mit Jod titrirt. Am besten verwendet man eine Lösung von 11·43 g Jod im Liter, welche pro ccm 1 ccm H_2S von 0^0 und 760 mm anzeigt. Um auch das angewendete Gas auf diese Normalien zu reduciren, stellt man in einem Gasvolumeter (S. 175) die Röhren B und C so, dass die Quecksilberkuppen in eine Ebene fallen, liest den Stand in B ab und dividirt mit dieser Zahl in den Kubikinhalt der angewendeten Probeflasche × 100.

8. **Austrittsgase aus den Claus-Oefen.** Sie enthalten kleine Mengen von SO_2 und H_2S, welche beide beim Durchtritt durch Jodlösung 2 HJ für je 1 S bilden; aber während H_2S die Acidität nicht weiter vermehrt, bildet SO_2 ausserdem ein Aequivalent an SO_4H_2. Man misst also $SO_2 + H_2S$ durch das in HJ verwandelte J, und SO_2 für sich durch die nach Neutralisation des HJ übrig bleibende Acidität. Da aber beim Durchleiten der grossen Gasmenge durch die Jodlösung etwas Jod verflüchtigt wird, muss man noch Natronlauge oder besser Thiosulfatlösung einschalten. Man aspirirt einen oder mehrere Liter des Gases durch 50 ccm $^1/_{10}$ N-Jodlösung, enthalten in einem Vielkugel-Apparat, Fig. 7, S. 150, gefolgt von einem eben solchen, mit 50 ccm $^1/_{10}$ N-Thiosulfatlösung beschickten Apparate. Nach Beendigung der Operation entleert man beide Apparate in ein Becherglas und titrirt mit $^1/_{10}$ N-Jodlösung und Stärke auf blau; die verbrauchte Zahl ccm (= n), multiplicirt mit 0·001603 giebt den als SO_2 und H_2S zusammen vorhandenen Schwefel. Man zerstört nun die blaue Farbe durch einen Tropfen Thiosulfat, setzt Methylorange zu und titrirt mit $^1/_{10}$ N-Natron bis zum Verschwinden

der Rothfärbung; man brauche davon m ccm. (m−n) 0·001603 g giebt den als SO_2 vorhandenen Schwefel an.

VII. Salpetersäurefabrikation.
A. Chilisalpeter.

Die Verkäufer bedienen sich in der Regel der indirekten Analyse, d. h. sie bestimmen Feuchtigkeit, Chlornatrium, Natriumsulfat und Unlösliches zusammen (die „Refraktion" genannt) und nehmen alles Uebrige = wirklichem Natriumnitrat an. Da jedoch häufig im Chilisalpeter Kaliumnitrat vorkommt, dessen Gehalt an Salpetersäure geringer als der des Natriumnitrats ist, so können auf diesem Wege Fehler von über $1^0/_0$ $NaNO_3$ entstehen. Daher sollte neben der indirekten Analyse eine direkte Bestimmung des **Kaligehalts**, oder eine solche des **Salpetersäuregehalts** vorgenommen werden.

1. **Wasser.** Man trocknet 10 g oder mehr einer guten Durchschnittsprobe im Glas- oder Porzellanschälchen bei 130^0 4−5 Stunden lang, bis zur Gewichtskonstanz.

2. **Salpetersäure.** Da es sehr schwierig ist ein sehr kleines Durchschnittsmuster zu erzielen, so zieht man ein solches von ungefähr 20 g, trocknet dies bei 110^0, zerreibt äusserst fein, mischt vollständig durch und entnimmt hiervon das für die Salpetersäurebestimmung wie auch für die übrigen Bestimmungen Nöthige. Für den vorliegenden Zweck schüttet man das Muster in ein enges Wiegeröhrchen, welches bis zu einer Marke ca. 0·35 g*) hält, verkorkt das Röhrchen und wägt zurück. Dann schüttet man den Inhalt in ein inzwischen vorgerichtetes „Nitrometer für Salpeter", d. h. ein 130 ccm fassendes, indem man die Substanz möglichst auf den Boden des Glasbechers bringt. Dabei muss der Dreiweghahn so stehen, dass seine Bohrungen weder nach oben, noch seitlich ausmünden. Man lässt nun ca. $^1/_2$ ccm Wasser einlaufen, wartet kurze Zeit, bis der Salpeter fast oder ganz zergangen ist, saugt die Lösung mit den Krystallen durch vorsichtiges Oeffnen des Glashahns bei gesenktem Niveaurohr in das Innere des Messrohrs, spült mit $^1/_2$ höchstens 1 ccm Wasser nach und lässt nun ca. 15 ccm koncentrirte reine Schwefelsäure nachlaufen. (Wenn man zu viel Wasser anwendet, d. h. mehr als höchstens im Ganzen

---
*) Man muss so viel abwägen, dass bei der herrschenden Temperatur und Barometerstand das entwickelte Stickoxyd keinesfalls unter 100 ccm oder über 120 ccm beträgt.

1½ ccm, so verdünnt sich die Schwefelsäure zu sehr und es entsteht dann ein das genaue Ablesen verhindernder, längere Zeit bleibender Schaum, indem sich viel basisches Quecksilbersulfat ausscheidet.) Die Reaktion wird wie bei dem gewöhnlichen Nitrometer (S. 172) durch kräftiges Schütteln der sauren Lösung mit dem Quecksilber beendigt. Man stellt dabei das Niveaurohr schon vorläufig ziemlich richtig ein, um starke Druckdifferenzen und damit Gefahr einer Undichtheit des Hahnes zu vermeiden und wartet mindestens ½ Stunde zur Abkühlung. Jetzt stellt man definitiv ein, indem man für je 6½ Theilstriche der Säureschicht im Messrohr einen Theilstrich des Quecksilbers im Niveaurohr zugiebt. Man liest das Gasvolum ab, überzeugt sich aber dann, ob es wirklich unter Atmosphärendruck steht, indem man etwas Schwefelsäure in den Becher giesst und dieselbe wie S. 173 beschrieben, durch vorsichtiges Oeffnen des Hahnes einfliessen lässt. Temperatur und Barometerstand werden zugleich abgelesen, das Gasvolum nach den Tabellen S. 38 ff. auf 0^0 und 760 mm Druck reducirt und dadurch x ccm NO erhalten. Jedes ccm NO entspricht $0{\cdot}0037993$ g $NaNO_3$ (Tabelle S. 16); das Ganze dividirt durch das angewendete Gewicht a und multiplicirt mit 100, giebt den Procentgehalt, der also $= \dfrac{0{\cdot}37993\,x}{a}$ ist.

NB. Man überzeuge sich, ob das Nitrometer bis zur Marke 100 genau 100 ccm fasst, indem man es umkehrt, Quecksilber bis zur Marke 100 einfüllt, dieses ablaufen lässt und wägt; es soll bei 15^0 1356 wiegen. Wenn nicht, so muss man jeder Ablesung entsprechend viel zugeben oder davon abziehen.

Für den vorliegenden Fall ist jedoch der Zersetzung im Gasmessrohre selbst die Anwendung des Gasvolumeters (S. 174) mit besonderem Zersetzungsgefäss D unbedingt vorzuziehen. Die Manipulation wird genau wie auf S. 176 beschrieben ausgeführt. Wenn das Gasmessrohr A 100 ccm hält, so verwendet man ca. $0{\cdot}25$ g, wenn es nur 50 ccm hält, nur $0{\cdot}15$ g Chilisalpeter für jede Probe.

3. Unlösliches. Man löst 10 g in Wasser, filtrirt, wäscht aus und glüht; bei erheblichen Mengen von organischer Substanz trocknet man erst bei 100^0 und wägt das Filter mit dem Niederschlage, ehe man glüht. Die Lösung wird zu den Bestimmungen No. 4 bis 6 verwendet.

4. Schwefelsaures Natron wird in der Lösung von No. 2 gewichtsanalytisch mit Chlorbaryum bestimmt, S. 205.

5. Chlornatrium durch Silberlösung titrirt S. 182.

6. Kali. Man verdampft mehrmals mit starker Salzsäure zur Trockniss bis zu völliger Zerstörung der Nitrate, und bestimmt das Kali wie im Chlorkalium, Kap. VIII. A. Es wird

auf Kaliumnitrat berechnet, wovon 100 Th. äquivalent mit 84·09 Th. $NaNO_3$ sind.

7. Jod wird nachgewiesen durch Reduciren der Jodsäure mit Zink, Erhitzen der Lösung mit koncentrirter Schwefelsäure, welche das Jod frei macht, Verdünnen und Ausschütteln mit Schwefelkohlenstoff, der das freie Jod mit rosarother Farbe aufnimmt. Noch genauer ist die bei Salpetersäure angegebene Probe. Auzenat (Ch. Cbl. 1900, I. S. 571) giebt eine kolorimetrische Probe an, beruhend darauf, dass Jodate in Gegenwart von Jodkalium durch Essigsäure zersetzt werden, nicht aber Nitrate.

8. Perchlorat (nach Gilbert). 20 g der getrockneten Probe werden in einer flachen Platinschale mit 2—3 ccm konc. Sodalösung durchtränkt, ca. 1 g chlorfreies Mangandioxyd zugefügt, bei kleiner Flamme eingetrocknet, zum Schmelzen gebracht und mit aufgelegtem Deckel 15 Minuten auf dunkle Rothgluth erhitzt. Die Schmelze wird in heissem Wasser aufgelöst und die Lösung auf 250 ccm gebracht. 50 ccm $=$ 4 g Salpeter werden mit Salpetersäure angesäuert und $1^0/_0$ Kaliumpermanganatlösung zugetröpfelt, bis die rothe Färbung eine Minute bestehen bleibt. Dann wird Eisenalaun zugesetzt und mit Silberlösung nach Volhard titrirt. Von dem so gefundenen Chlorgehalt wird der ursprünglich vorhandene (nach No. 5 gefundene) abgezogen und der Rest als Perchlorat berechnet. 1 Th. NaCl entspricht dann 2·1034 Th. $NaClO_4$.

B. Bisulfat.

1. Freie Säure wird mit Normalnatronlauge titrirt, S. 183. Bei grösseren Mengen von Eisenoxyd oder Thonerde fügt man, ohne Zusatz eines Indikators, Normalnatron zu, bis die ersten Flocken eines Niederschlages erscheinen, welche die Beendigung der Reaktion anzeigen.

2. Salpetersäure kann im Nitrometer oder Gasvolumeter nach derselben Methode wie der Chilisalpeter im Nitrometer für Salpeter, bestimmt werden, nämlich durch Auflösen im Hahntrichter mit ganz wenig Wasser und Zersetzen mit viel Schwefelsäure (S. 235). Da stets nur wenig Salpetersäure darin vorhanden ist, so muss man das Nitrometer für Säuren mit seiner engen Messröhre nehmen.

3. Eisenoxyd und Thonerde eventuell wie S. 184.

C. Salpetersäure.

1. Tabelle der specifischen Gewichte von Salpetersäuren bei 15°C. (bezogen auf Wasser von 4°), nach Lunge und Rey.

NB. Diese Tabelle gilt nur für chemisch reine, auch von Untersalpetersäure freie Salpetersäure, nicht für Säuren des Handels; vgl. S. 151.

Vol.-Gew. bei $\frac{15°}{4°}$ (luftleer)	Grade Baumé	Grade des Densimeters	100 Gewichtstheile enthalten						1 Liter enthält Kilogramm					
			N_2O_5	HNO_3	Säure von				N_2O_5	HNO_3	Säure von			
					36° Bé.	40° Bé.	48½° Bé.				36° Bé.	40° Bé.	48½° Bé.	
1·000	0	0	0·08	0·10	0·19	0·16	0·10		0·001	0·001	0·002	0·002	0·001	
1·005	0·7	0·5	0·85	1·00	1·89	1·61	1·03		0·008	0·010	0·019	0·016	0·010	
1·010	1·4	1	1·62	1·90	3·60	3·07	1·95		0·016	0·019	0·036	0·031	0·019	
1·015	2·1	1·5	2·39	2·80	5·30	4·52	2·87		0·024	0·028	0·053	0·045	0·029	
1·020	2·7	2	3·17	3·70	7·01	5·98	3·79		0·033	0·038	0·072	0·061	0·039	
1·025	3·4	2·5	3·94	4·60	8·71	7·43	4·72		0·040	0·047	0·089	0·076	0·048	
1·030	4·1	3	4·71	5·50	10·42	8·88	5·64		0·049	0·057	0·108	0·092	0·058	
1·035	4·7	3·5	5·47	6·38	12·08	10·30	6·54		0·057	0·066	0·125	0·107	0·068	
1·040	5·4	4	6·22	7·26	13·75	11·72	7·45		0·064	0·075	0·142	0·121	0·077	
1·045	6·0	4·5	6·97	8·13	15·40	13·13	8·34		0·073	0·085	0·161	0·137	0·087	
1·050	6·7	5	7·71	8·99	17·03	14·52	9·22		0·081	0·094	0·178	0·152	0·096	
1·055	7·4	5·5	8·43	9·84	18·64	15·89	10·09		0·089	0·104	0·197	0·168	0·107	

— 239 —

1·060	8·0	6	9·15	10·68	20·23	17·25	10·95	0·097	0·113	0·214	0·182	0·116
1·065	8·7	6·5	9·87	11·51	21·80	18·59	11·81	0·105	0·123	0·233	0·198	0·126
1·070	9·4	7	10·57	12·33	23·35	19·91	12·65	0·113	0·132	0·250	0·213	0·135
1·075	10·0	7·5	11·27	13·15	24·91	21·24	13·49	0·121	0·141	0·267	0·228	0·145
1·080	10·6	8	11·96	13·95	26·42	22·53	14·31	0·129	0·151	0·286	0·244	0·155
1·085	11·2	8·5	12·64	14·74	27·92	23·80	15·12	0·137	0·160	0·303	0·258	0·164
1·090	11·9	9	13·31	15·53	29·41	25·08	15·93	0·145	0·169	0·320	0·273	0·173
1·095	12·4	9·5	13·99	16·32	30·91	26·35	16·74	0·153	0·179	0·339	0·289	0·184
1·100	13·0	10	14·67	17·11	32·41	27·63	17·55	0·161	0·188	0·356	0·304	0·193
1·105	13·6	10·5	15·34	17·89	33·89	28·89	18·35	0·170	0·198	0·375	0·320	0·203
1·110	14·2	11	16·00	18·67	35·36	30·15	19·15	0·177	0·207	0·392	0·335	0·212
1·115	14·9	11·5	16·67	19·45	36·84	31·41	19·95	0·186	0·217	0·411	0·350	0·223
1·120	15·4	12	17·34	20·23	38·31	32·67	20·75	0·195	0·227	0·430	0·366	0·233
1·125	16·0	12·5	18·00	21·00	39·77	33·91	21·54	0·202	0·236	0·447	0·381	0·242
1·130	16·5	13	18·66	21·77	41·23	35·16	22·33	0·211	0·246	0·466	0·397	0·252
1·135	17·1	13·5	19·32	22·54	42·69	36·40	23·12	0·219	0·256	0·485	0·413	0·263
1·140	17·7	14	19·98	23·31	44·15	37·65	23·91	0·228	0·266	0·504	0·430	0·273
1·145	18·3	14·5	20·64	24·08	45·61	38·89	24·70	0·237	0·276	0·523	0·446	0·283
1·150	18·8	15	21·29	24·84	47·05	40·12	25·48	0·245	0·286	0·542	0·462	0·293
1·155	19·3	15·5	21·94	25·60	48·49	41·35	26·26	0·254	0·296	0·561	0·478	0·304
1·160	19·8	16	22·60	26·36	49·92	42·57	27·04	0·262	0·306	0·580	0·494	0·314
1·165	20·3	16·5	23·25	27·12	51·36	43·80	27·82	0·271	0·316	0·598	0·510	0·324
1·170	20·9	17	23·90	27·88	52·80	45·03	28·59	0·279	0·326	0·617	0·526	0·334
1·175	21·4	17·5	24·54	28·63	54·22	46·24	29·36	0·288	0·336	0·636	0·543	0·345
1·180	22·0	18	25·18	29·38	55·64	47·45	30·13	0·297	0·347	0·657	0·560	0·356

(Fortsetzung.)

Vol.-Gew. bei $\frac{15°}{4}$ (luftleer)	Grade Baumé	Grade des Densi-meters	100 Gewichtstheile enthalten						1 Liter enthält Kilogramm				
			N_2O_5	HNO_3	Säure von				N_2O_5	HNO_3	Säure von		
					30° Bé.	40° Bé.	48½° Bé.				30° Bé.	40° Bé.	48½° Bé.
1·185	22·5	18·5	25·83	30·13	57·07	48·66	30·90		0·306	0·357	0·676	0·577	0·366
1·190	23·0	19	26·47	30·88	58·49	49·87	31·67		0·315	0·367	0·695	0·593	0·376
1·195	23·5	19·5	27·10	31·62	59·89	51·07	32·43		0·324	0·378	0·715	0·610	0·388
1·200	24·0	20	27·74	32·36	61·29	52·26	33·19		0·333	0·388	0·735	0·627	0·398
1·205	24·5	20·5	28·36	33·09	62·67	53·23	33·94		0·342	0·399	0·755	0·644	0·409
1·210	25·0	21	28·99	33·82	64·05	54·21	34·69		0·351	0·409	0·775	0·661	0·419
1·215	25·5	21·5	29·61	34·55	65·44	55·18	35·44		0·360	0·420	0·795	0·678	0·431
1·220	26·0	22	30·24	35·28	65 82	56·16	36·18		0·369	0·430	0·815	0·695	0·441
1·225	26·4	22·5	30·88	36·03	68·24	57·64	36·95		0·378	0·441	0·835	0·712	0·452
1·230	26·9	23	31·53	36·78	69·66	59·13	37·72		0·387	0·452	0·856	0·730	0·466
1·235	27·4	23·5	32·17	37·53	71·08	60·61	38·49		0·397	0·463	0·877	0·748	0·475
1·240	27·9	24	32·82	38·29	72·52	61·84	39·27		0·407	0·475	0·900	0·767	0·487
1·245	28·4	24·5	33·47	38·96	73·96	63·07	40·05		0·417	0·486	0·921	0·785	0·498
1·250	28·8	25	34·13	39·82	75·42	64·31	40·84		0·427	0·498	9·943	0·804	0·511
1·255	29·3	25·5	34·78	40·58	76·86	65·54	41·62		0·437	0·509	0·965	0·822	0·522
1·260	29·7	26	35·44	41·34	78·30	66·76	42·40		0·447	0·521	0·987	0·841	0·534
1·265	30·2	26·5	36·09	42·10	79·74	67·99	43·18		0·457	0·533	1·009	0·860	0·547

— 241 —

1·270	30·6	27	36·75	42·87	81·20	69·23	43·97	0·467	0·544	1·031	0·879	0·558
1·275	31·1	27·5	37·41	43·64	82·65	70·48	44·76	0·477	0·556	1·054	0·898	0·570
1·280	31·5	28	38·07	44·41	84·11	71·72	45·55	0·487	0·568	1·077	0·918	0·583
1·285	32·0	28·5	38·73	45·18	85·57	72·96	46·34	0·498	0·581	1·100	0·938	0·596
1·290	32·4	29	39·39	45·95	87·03	74·21	47·13	0·508	0·593	1·123	0·957	0·608
1·295	32·8	29·5	40·05	46·72	88·48	75·45	47·92	0·519	0·605	1·146	0·977	0·621
1·300	33·3	30	40·71	47·49	89·94	76·70	48·71	0·529	0·617	1·169	0·997	0·633
1·305	33·7	30·5	41·37	48·26	91·40	77·94	49·50	0·540	0·630	1·193	1·017	0·646
1·310	34·2	31	42·06	49·07	92·94	79·25	50·33	0·551	0·643	1·218	1·038	0·659
1·315	34·6	31·5	42·76	49·89	94·49	80·57	51·17	0·562	0·656	1·243	1·059	0·673
1·320	35·0	32	43·47	50·71	96·05	81·90	52·01	0·573	0·669	1·268	1·080	0·686
1·325	35·4	32·5	44·17	51·53	97·60	83·22	52·85	0·585	0·683	1·294	1·103	0·701
1·330	35·8	33	44·89	52·37	99·19	84·58	53·71	0·597	0·697	1·320	1·126	0·715
1·3325	36·0	33·25	45·26	52·80	100·00	85·27	54·15	0·603	0·704	1·333	1·137	0·722
1·335	36·2	33·5	45·62	53·22	100·80	85·95	54·58	0·609	0·710	1·346	1·148	0·728
1·340	36·6	34	46·35	54·07	102·41	87·32	55·46	0·621	0·725	1·373	1·171	0·744
1·345	37·0	34·5	47·08	54·93	104·04	88·71	56·34	0·633	0·739	1·400	1·193	0·758
1·350	37·4	35	47·82	55·79	105·67	90·10	57·22	0·645	0·753	1·427	1·216	0·772
1·355	37·8	35·5	48·57	56·66	107·31	91·51	58·11	0·658	0·768	1·455	1·240	0·788
1·360	38·2	36	49·35	57·57	109·03	92·97	59·05	0·671	0·783	1·483	1·265	0·803
1·365	38·6	36·5	50·13	58·48	110·75	94·44	59·98	0·684	0·798	1·513	1·289	0·818
1·370	39·0	37	50·91	59·39	112·48	95·91	60·91	0·698	0·814	1·543	1·314	0·835
1·375	39·4	37·5	51·69	60·30	114·20	97·38	61·85	0·711	0·829	1·573	1·339	0·850
1·380	39·8	38	52·52	61·27	116·04	98·95	62·84	0·725	0·846	1·603	1·366	0·868
1·3833	40·0	—	53·08	61·92	117·27	100·00	63·51	0·735	0·857	1·623	1·383	0·879
1·385	40·1	38·5	53·35	62·24	117·88	100·51	63·84	0·739	0·862	1·633	1·392	0·884

Taschenbuch für Sodafabrikation. 3. Aufl.

(Fortsetzung.)

Vol.-Gew. $\frac{15°}{4°}$ bei (luftleer)	Grade Baumé	Grade des Densimeters	100 Gewichtstheile enthalten				1 Liter enthält Kilogramm				
			N_2O_5	HNO_3	Säure von				Säure von		
					36° Bé.	40° Bé.	48½° Bé.	N_2O_5	HNO_3	36° Bé.	40° Bé.	48½° Bé.

Vol.-Gew.	Gr. B.	Gr. D.	N_2O_5	HNO_3	36° Bé.	40° Bé.	48½° Bé.	N_2O_5	HNO_3	36° Bé.	40° Bé.	48½° Bé.
1·390	40·5	39	54·20	63·23	119·75	102·12	64·85	0·753	0·879	1·665	1·420	0·902
1·395	40·8	39·5	55·07	64·25	121·68	103·76	65·90	0·768	0·896	1·697	1·447	0·919
1·400	41·2	40	55·97	65·30	123·67	105·46	66·97	0·783	0·914	1·731	1·476	0·937
1·405	41·6	40·5	56·92	66·40	125·75	107·24	68·10	0·800	0·933	1·767	1·507	0·957
1·410	42·0	41	57·86	67·50	127·84	109·01	69·23	0·816	0·952	1·803	1·537	0·976
1·415	42·3	41·5	58·83	68·63	129·98	110·84	70·39	0·832	0·971	1·839	1·568	0·996
1·420	42·7	42	59·83	69·80	132·19	112·73	71·59	0·849	0·991	1·877	1·600	1·016
1·425	43·1	42·5	60·84	70·98	134·43	114·63	72·80	0·867	1·011	1·915	1·633	1·037
1·430	43·4	43	61·86	72·17	136·68	116·55	74·02	0·885	1·032	1·955	1·667	1·058
1·435	43·8	43·5	62·91	73·39	138·99	118·52	75·27	0·903	1·053	1·995	1·701	1·080
1·440	44·1	44	64·01	74·68	141·44	120·61	76·59	0·921	1·075	2·037	1·736	1·103
1·445	44·4	44·5	65·13	75·98	143·90	122·71	77·93	0·941	1·098	2·080	1·773	1·126
1·450	44·8	45	66·24	77·28	146·36	124·81	79·26	0·961	1·121	2·123	1·810	1·150
1·455	45·1	45·5	67·38	78·60	148·86	126·94	80·62	0·981	1·144	2·167	1·848	1·173
1·460	45·4	46	68·56	79·98	151·47	129·17	82·03	1·001	1·168	2·212	1·886	1·198
1·465	45·8	46·5	69·79	81·42	154·20	131·49	83·51	1·023	1·193	2·259	1·927	1·224
1·470	46·1	47	71·06	82·90	157·00	133·88	85·03	1·045	1·219	2·309	1·969	1·250

1·475	46·4	47·5	72·39	84·45	159·94	136·39	86·62	1·068	1·246	2·360	2·012	1·278
1·480	46·8	48	73·76	86·05	162·97	138·97	88·26	1·092	1·274	2·413	2·058	1·307
1·485	47·1	48·5	75·18	87·70	166·09	141·63	89·95	1·116	1·302	2·466	2·103	1·335
1·490	47·4	49	76·80	89·60	169·69	144·73	91·90	1·144	1·335	2·528	2·156	1·369
1·495	47·8	49·5	78·52	91·60	173·48	147·93	93·95	1·174	1·369	2·593	2·211	1·404
1·500	48·1	50	80·65	94·09	178·19	151·96	96·50	1·210	1·411	2·672	2·278	1·447
1·501			81·09	94·60	179·16	152·78	97·03	1·217	1·420	2·689	2·293	1·456
1·502			81·50	95·08	180·07	153·55	97·52	1·224	1·428	2·704	2·306	1·465
1·503			81·91	95·55	180·96	154·31	98·00	1·231	1·436	2·720	2·319	1·473
1·504	48·4	50·5	82·29	96·00	181·81	155·04	98·46	1·238	1·444	2·735	2·332	1·481
1·505			82·63	96·39	182·55	155·67	98·86	1·244	1·451	2·748	2·343	1·488
1·506	48·5		82·94	96·76	183·25	156·27	99·27	1·249	1·457	2·759	2·353	1·494
1·507			83·26	97·13	183·95	156·86	99·62	1·255	1·464	2·773	2·364	1·502
1·508	48·7		83·58	97·50	184·65	157·47	100·00	1·260	1·470	2·784	2·374	1·508
1·509		51	83·87	97·84	185·30	158·01	100·35	1·265	1·476	2·795	2·384	1·514
1·510			84·09	98·10	185·79	158·43	100·62	1·270	1·481	2·805	2·392	1·519
1·511			84·28	98·32	186·21	158·79	100·84	1·274	1·486	2·814	2·400	1·524
1·512			84·46	98·53	186·61	159·13	101·06	1·277	1·490	2·822	2·406	1·528
1·513			84·63	98·73	186·98	159·45	101·26	1·280	1·494	2·829	2·413	1·532
1·514			84·78	98·90	187·30	159·70	101·44	1·283	1·497	2·835	2·418	1·535
1·515	49·0	51·5	84·92	99·07	187·63	160·00	101·61	1·287	1·501	2·843	2·424	1·539
1·516			85·04	99·21	187·89	160·22	101·75	1·289	1·504	2·848	2·429	1·543
1·517			85·15	99·34	188·14	160·43	101·89	1·292	1·507	2·854	2·434	1·546
1·518			85·26	99·46	188·37	160·63	102·01	1·294	1·510	2·860	2·439	1·549
1·519			85·35	99·57	188·58	160·81	102·12	1·296	1·512	2·864	2·442	1·551
1·520	49·4	52	85·44	99·67	188·77	160·97	102·23	1·299	1·515	2·869	2·447	1·554

2. Einfluss der Temperatur auf das

	0° C.	5°	10°	15°	20°	25°	30°	35°	40°	45°
Sp.Gew.	1·424	1·414	1·407	1·400	1·392	1·385	1·378	1·371	1·363	1·356
Baumé	43·0	42·3	41·8	41·2	40·7	40·2	39·6	39·1	38·5	37·9
Sp Gew.	1·413	1·404	1·397	1·390	1·382	1·375	1·367	1·361	1·354	1·347
B.	42·2	41·5	41·0	40·5	39·9	39·4	38·8	38·3	37·8	37·2
Sp.Gew.	1·402	1·394	1·387	1·380	1·372	1·365	1·357	1·351	1·344	1·339
B.	41·4	40·8	40·3	39·8	39·2	38·6	38·0	37·5	36·9	36·5
Sp.Gew.	1·391	1·383	1·377	1·370	1·363	1·356	1·349	1·342	1·335	1·330
B.	40·6	40·0	39·5	39·0	38·5	37·9	37·3	36·8	36·2	35·8
Sp.Gew.	1·380	1·373	1·367	1·360	1·353	1·346	1·340	1·333	1·326	1·320
B.	39·8	39·2	38·8	38·2	37·7	37·1	36·6	36·1	35·5	35·0
Sp.Gew.	1·369	1·362	1·356	1·350	1·343	1·337	1·330	1·323	1·317	1·312
B.	38·9	38·4	37·9	37·4	36·9	36·4	35·8	35·3	34·8	34·3
Sp.Gew.	1·359	1·352	1·346	1·340	1·333	1·327	1·320	1·314	1·308	1·303
B.	38·2	37·6	37·1	36·6	36·1	35·6	35·0	34·5	34·0	33·5
Sp.Gew.	1·348	1·342	1·336	1·330	1·324	1·318	1·311	1·305	1·299	1·294
B.	37·3	36·8	36·3	35·8	35·3	34·8	34·3	33·7	33·2	32·8
Sp.Gew.	1·338	1·332	1·326	1·320	1·314	1·308	1·302	1·296	1·290	1·285
B.	36·5	36·0	35·5	35·0	34·5	34·0	33·5	32·9	32·4	32·0
Sp.Gew.	1·327	1·321	1·316	1·310	1·304	1·299	1·298	1·287	1·281	1·276
B.	35·6	35·1	34·7	34·2	33·6	33·2	32·7	32·2	31·6	31·2
Sp.Gew.	1·317	1·311	1·306	1·300	1·294	1·289	1·288	1·278	1·273	1·268
B.	34·8	34·3	33·8	33·3	32·8	32·3	31·8	31·4	30·9	30·5
Sp.Gew.	1·307	1·301	1·296	1·290	1·284	1·279	1·273	1·268	1·263	1·258
B.	33·9	33·4	32·9	32·4	31·9	31·5	30·9	30·5	30·0	29·5
Sp.Gew.	1·297	1·291	1·286	1·280	1·274	1·269	1·263	1·258	1·253	1·248
B.	33·0	32·5	32·1	31·5	31·0	30·5	30·0	29·5	29·1	28·6
Sp Gew.	1·287	1·281	1·276	1·270	1·265	1·259	1·254	1·248	1·243	1·238
B.	32·2	31·6	31·2	30·6	30·2	29·6	29·2	28·6	28·2	27·7
Sp.Gew.	1·277	1·271	1·266	1·260	1·255	1·249	1·244	1·238	1·233	1·228
B.	31·3	30·7	30·3	29·7	29·3	28·7	28·3	27·7	27·2	26·7
Sp.Gew.	1·266	1·260	1·255	1·250	1·245	1·240	1·235	1·229	1·224	1·219
B.	30·3	29·7	29·3	28·8	28·4	27·9	27·4	26·8	26·4	25·9
Sp.Gew.	1·256	1·250	1·245	1·240	1·235	1·230	1·225	1·220	1·215	1 210
B.	29·4	28·8	28·4	27·9	27·4	26·9	26·5	26·0	25·5	25·0
Sp.Gew.	1·245	1·240	1·235	1·230	1·225	1·220	1·215	1·210	1·206	1·201
B.	28·4	27·9	27·4	26·9	26·5	26·0	25·5	25·0	24·6	24·1
Sp Gew.	1·235	1·230	1·225	1·220	1·215	1·210	1·205	1·200	1·196	1·191
B.	27·4	26·9	26·5	26·0	25·5	25·0	24·5	24·0	23·6	23·1
Sp.Gew.	1·224	1·219	1·214	1·210	1·205	1·200	1·196	1·191	1·187	1·182
B.	26·4	25·9	25 4	25·0	24·5	24·0	23·6	23·1	22·7	22·2

— 245 —

specifische Gewicht von Salpetersäuren.

50°	55°	60°	65°	70°	75°	80°	85°	90°	95°	100°
1·349	1·342	1·335	1·329	1·323	1·316	1·310	1·303	1·296	1·290	1·283
37·3	36·8	36·2	35·8	35·3	34·7	34·2	33·5	32·9	32·4	31·8
1·340	1·333	1·327	1·320	1·314	1·308	1·302	1·294	1·288	1·282	1·276
36·6	36·1	35·6	35·0	34·5	34·0	33·5	32·8	32·3	31·7	31·2
1·332	1·325	1·319	1·312	1·305	1·300	1·293	1·286	1·280	1·274	1·267
36·0	35·4	34·9	34·3	33·7	33·3	32·7	32·1	31·5	31·0	30·4
1·323	1·316	1·310	1·304	1·298	1·292	1·286	1·279	1 274	1·267	1·260
35·3	34·7	34·2	33·6	33·1	32 6	32·1	31·5	31·0	30·4	29·7
1·314	1·308	1·302	1·296	1·290	1·284	1·278	1·272	1 266	1·260	1·254
34·5	34·0	33·5	32·9	32·4	31·9	31·4	30·8	30·3	29·7	29·2
1·305	1·300	1·294	1·288	1·282	1·276	1·270	1·265	1·259	1·253	1·247
33·7	33·3	32·8	32·3	31·7	31·2	30·6	30·2	29·6	29·1	28·5
1·297	1·291	1·286	1·280	1·274	1·268	1·263	1·257	1·252	1·246	1·240
33·0	32·5	32·1	31·5	31·0	30·5	30·0	29·5	29·0	28·5	27·9
1·288	1·282	1·278	1·272	1·266	1·261	1·255	1·250	1·245	1·240	1·234
32·3	31·7	31·4	30·8	30·3	29·8	29·3	28·8	28·4	27·9	27·3
1·280	1·274	1·269	1·264	1·258	1·253	1·248	1·243	1·238	1·233	1·228
31·5	31·0	30·5	30·1	29·5	29·1	28·6	28·2	27·7	27·2	26·7
1·271	1·266	1·261	1·256	1·251	1·246	1·240	1·235	1·230	1·225	1·220
30·7	30·3	29·8	29·4	28·9	28·5	27·9	27·4	26·9	26 5	26·0
1·263	1·258	1·253	1·248	1·243	1·238	1·232	1·227	1·222	1·217	1·212
30·0	29·5	29·1	28·6	28·2	27·7	27·1	26·6	26·2	25·7	25·2
1·253	1·248	1·244	1·239	1·234	1·229	1·223	1·218	1·213	1·208	1·203
29·1	28·6	28·3	27·8	27·3	26·8	26·3	25·8	25·3	24·8	24·3
1·243	1·238	1·234	1·229	1·224	1·219	1·214	1·209	1·204	1·199	1·194
28·2	27·7	27·4	26·8	26·4	25·9	25·4	24·9	24·4	23·9	23·4
1·234	1·229	1·225	1·220	1·215	1·210	1·205	1·199	1·195	1·190	1·185
27·3	26·8	26·5	26·0	25·5	25·0	24·5	23·9	23·5	23·0	22·5
1·224	1·219	1·215	1·210	1·205	1·200	1·195	1·190	1·185	1·180	1·175
26·4	25·9	25·5	25·0	24·5	24·0	23 5	23·0	22·5	22·0	21·4
1·215	1·210	1·206	1·201	1·196	1·191	1·186	1·181	1·176	1·171	1·167
25·5	25·0	24·6	24·1	23·6	23·1	22·6	22·1	21 6	21·0	20 6
1·205	1·200	1·196	1·191	1·186	1·181	1·177	1·172	1·167	1·162	1·158
24·5	24·0	23 6	23·1	22·6	22·1	21·7	21·1	20·6	20·0	19·6
1·196	1·191	1·187	1·182	1·177	1·172	1·168	1·163	1·158	1·153	1·149
23·6	23·1	22·7	22·3	21·7	21·1	20·7	20·1	19·6	19·1	18·7
1·186	1·182	1·177	1·172	1·167	1·163	1·158	1·153	1·148	1·144	1·139
22·6	22·2	21·7	21·1	20·6	20·1	19 5	19·1	18·6	18·2	17·6
1·177	1·173	1·168	1·163	1·160	1·154	1·149	1·144	1·140	1·135	1·130
21·7	21·2	20·7	20·1	19·8	19·2	18·7	18·2	17·8	17·1	16·5

2. Einfluss der Temperatur auf das

(Fort-

	0° C.	5°	10°	15°	20°	25°	30°	35°	40°	45°
Sp.Gew.	1·213	1·208	1·204	1·200	1·195	1·190	1·186	1·181	1·177	1·172
Baumé	25·3	24·8	24·4	24·0	23·5	23·0	22·6	22·1	21·7	21·1
Sp.Gew.	1·202	1·198	1·194	1·190	1·185	1·181	1·177	1·172	1·168	1·163
B.	24·2	23·8	23·4	23·0	22·5	22·0	21·7	21·1	20·7	20·1
Sp.Gew.	1·192	1·188	1·184	1·180	1·177	1·171	1·167	1·163	1·158	1·154
B.	23·2	22·8	22·4	22·0	21·7	21·0	20·6	20·1	19·6	19·2
Sp.Gew.	1·182	1·178	1·174	1·170	1·166	1·162	1·158	1·154	1·149	1·145
B.	22·2	21·8	21·3	20·9	20·4	20·0	19·6	19·2	18·7	18·3
Sp.Gew.	1·172	1·168	1·164	1·160	1·156	1·152	1·148	1·144	1·140	1·136
B.	21·1	20·7	20·2	19·8	19·4	19·0	18·6	18·2	17·8	17·3
Sp.Gew.	1·161	1·158	1·154	1·150	1·146	1·142	1·139	1·135	1·130	1·127
B.	19·9	19·6	19·2	18·8	18·4	18·0	17·6	17·1	16·5	16·2
Sp.Gew.	1·151	1·147	1·144	1·140	1·136	1·132	1·129	1·125	1·121	1·118
B.	18·9	18·5	18·2	17·7	17·3	16·8	16·4	16·0	15·6	15·2
Sp.Gew.	1·139	1·136	1·133	1·130	1·126	1·123	1·119	1·116	1·112	1·109
B.	17·6	17·3	16·9	16·5	16·1	15·8	15·3	15·0	14·5	14·1
Sp.Gew.	1·129	1·126	1·123	1·120	1·116	1·113	1·110	1·106	1·103	1·100
B.	16·4	16·1	15·8	15·4	15·0	14·6	14·3	13·8	13·4	13·0
Sp.Gew.	1·118	1·115	1·112	1·110	1·107	1·104	1·101	1·097	1·094	1·091
B.	15·2	14·9	14·5	14·2	13·9	13·5	13·1	12·7	12·3	12·0
Sp.Gew.	1·108	1·105	1·102	1·100	1·097	1·094	1·091	1·088	1·085	1·082
B.	14·0	13·6	13·3	13·0	12·7	12·3	12·0	11·6	11·3	10·9
Sp.Gew.	1·098	1·095	1·092	1·090	1·087	1·084	1·081	1·078	1·075	1·073
B.	12·8	12·4	12·1	11·9	11·5	11·1	10·8	10·4	10·0	9·8
Sp.Gew.	1·088	1·085	1·082	1·080	1·077	1·074	1·071	1·068	1·065	1·063
B.	11·6	11·3	10·9	10·6	10·3	9·9	9·5	9·1	8·7	8·4
Sp.Gew.	1·077	1·075	1·072	1·070	1·067	1·064	1·061	1·058	1·056	1·054
B.	10·3	10·0	9·6	9·4	9·0	8·6	8·2	7·8	7·5	7·3
Sp.Gew.	1·067	1·064	1·062	1·060	1·057	1·055	1·052	1·050	1·048	1·045
B.	9·0	8·6	8·3	8·0	7·6	7·4	7·0	6·7	6·4	6·0
Sp.Gew.	1·057	1·054	1·052	1·050	1·047	1·045	1·043	1·040	1·038	1·035
B.	7·6	7·3	7·0	6·7	6·3	6·0	5·8	5·4	5·1	4·8
Sp.Gew.	1·047	1·044	1·042	1·040	1·037	1·035	1·033	1·030	1·028	1·025
B.	6·3	5·9	5·6	5·4	5·0	4·8	4·5	4·1	3·9	3·4
Sp.Gew.	1·037	1·034	1·032	1·030	1·027	1·025	1·023	1·020	1·018	1·015
B.	5·0	4·6	4·4	4·1	3·7	3·4	3·1	2·8	2·5	2·1
Sp.Gew.	1·027	1·024	1·022	1·020	1·017	1·015	1·013	1·010	1·008	1·005
B.	3·7	3·3	3·0	2·8	2·4	2·1	1·9	1·4	1·2	0·7
Sp.Gew.	1·017	1·014	1·012	1·010	1·007	1·005	1·003	1·000	0·998	0·995
B.	2·4	2·0	1·7	1·4	1·0	0·7	0·4	—	—	—

specifische Gewicht von Salpetersäuren.
setzung.)

50⁰	55⁰	60⁰	65⁰	70⁰	75⁰	80⁰	85⁰	90⁰	95⁰	100⁰
1·167	1·163	1·158	1·154	1·150	1·145	1·140	1·136	1·131	1·126	1·122
20·6	20·1	19·6	19·2	18·8	18·3	17·8	17·3	16·7	16·1	15·6
1·158	1·154	1·150	1·146	1·141	1·136	1·132	1·128	1·123	1·119	1·115
19·6	19·2	18·8	18·4	17·9	17·2	16·8	16·3	15·8	15·3	14·9
1·150	1·145	1·141	1·137	1·133	1·128	1·124	1·120	1·116	1·112	1·107
18·8	18·3	17·9	17·4	16·9	16·3	15·9	15·4	15·0	14·5	13·9
1·141	1·137	1·132	1·128	1·124	1·120	1·116	1·113	1·108	1·105	1·100
17·9	17·4	16·8	16·3	15·9	15·4	15·0	14·6	14·0	13·6	13·0
1·132	1·128	1·124	1·120	1·116	1·112	1·108	1·105	1·101	1·097	1·094
16·8	16·3	15·9	15·4	15·0	14·5	14·0	13·6	13·1	12·7	12·3
1·123	1·119	1·115	1·112	1·108	1·104	1·100	1·097	1·095	1·090	1·086
15·8	15·3	14·9	14·5	14·0	13·5	13·0	12·7	12·4	11·9	11·4
1·114	1·110	1·107	1·103	1·100	1·096	1·093	1·090	1·086	1·082	1·079
14·8	14·3	13·9	13·4	13·0	12·6	12·2	11·9	11·4	10·9	10·5
1·105	1·102	1·099	1·094	1·091	1·088	1·084	1·081	1·078	1·075	1·071
13·6	13·3	12·9	12·3	12·0	11·6	11·1	10·8	10·4	10·0	9·5
1·096	1·093	1·090	1·086	1·083	1·080	1·076	1·073	1·070	1·067	1·064
12·6	12·2	11·9	11·4	11·0	10·6	10·1	9·8	9·4	9·0	8·6
1·087	1·084	1·081	1·078	1·075	1·072	1·068	1·065	1·063	1·060	1·056
11·5	11·1	10·7	10·4	10·0	9·6	9·1	8·7	8·4	8·0	7·5
1·079	1·076	1·073	1·070	1·067	1·064	1·061	1·058	1·055	1·052	1·049
10·5	10·1	9·8	9·4	9·0	8·6	8·2	7·8	7·4	7·0	6·5
1·070	1·067	1·064	1·061	1·058	1·055	1·052	1·050	1·048	1·045	1·042
9·4	9·0	8·6	8·2	7·8	7·4	7·0	6·7	6·4	6·0	5·6
1·060	1·058	1·055	1·052	1·050	1·047	1·044	1·042	1·040	1·038	1·036
8·0	7·8	7·4	7·0	6·7	6·3	5·9	5·6	5·4	5·1	4·9
1·051	1·049	1·046	1·044	1·042	1·039	1·037	1·034	1·031	1·029	1·027
6·9	6·6	6·2	5·9	5·6	5·3	5·0	4·6	4·2	4·0	3·7
1·043	1·040	1·038	1·036	1·034	1·031	1·029	1·026	1·023	1·021	1·018
5·8	5·4	5·1	4·9	4·6	4·3	4·0	3·5	3·2	2·9	2·5
1·033	1·030	1·028	1·026	1·024	1·021	1·019	1·015	1·014	1·012	1·009
4·5	4·1	3·9	3·5	3·3	2·9	2·6	2·1	2·0	1·7	1·3
1·023	1·020	1·018	1·016	1·014	1·011	1·009	1·007	1·004	1·002	1·000
3·2	2·8	2·5	2·3	2·0	1·6	1·3	1·0	0·6	0·3	—
1·013	1·010	1·008	1·006	1·004	1·001	0·999	0·997	0·994	0·993	0·990
1·9	1·4	1·2	0·9	0·6	0·2	—	—	—	—	—
1·003	1·001	0·999	0·997	0·995	0·992	0·990	0·988	0·985	0·983	0·981
0·4	0·1	—	—	—	—	—	—	—	—	—
0·993	0·991	0·989	0·987	0·985	0·982	0·980	0·978	0·975	0·973	0·971
—	—	—	—	—	—	—	—	—	—	—

3. **Gesammt-Acidität.** Man titrirt eine verdünnte Probe mit Normalnatron; als Indikator kann man (ausser Lackmus) ganz gut auch hier Methylorange verwenden, wenn man nach S. 169 verfährt, wo dann die salpetrige Säure nicht stört; vergl. auch unter D 3.

Weniger starke Salpetersäuren lassen sich mit Pipetten oder Büretten abmessen; rauchende Säuren werden am besten mit der Kugelhahnpipette (S. 180) abgewogen, unter viel eiskaltem Wasser langsam auslaufen gelassen und schnell titrirt, ehe sich die salpetrige Säure zersetzen kann.

4. **Chlorgehalt.** Man sättigt mit chlorfreier Soda bis zu neutraler oder schwach alkalischer Reaktion und titrirt mit Silberlösung nach S. 182.

5. **Schwefelsäure.** Man sättigt beinahe vollständig mit reiner Soda und fällt mit Chlorbaryum nach S. 141. Wenn die Säure einen merklichen festen Rückstand hinterlässt, so besteht dieser meist aus schwefelsaurem Natron, was man berücksichtigen muss.

6. **Salpetrige Säure bezw. Untersalpetersäure** bestimmt man, indem man die Säure aus einer Bürette in ein gemessenes Volum verdünnter, mässig warmer Chamäleonlösung laufen lässt, nach S. 170. Man berechnet in der Regel das Ergebniss als Untersalpetersäure; jedes ccm Halbnormalchamäleon entspricht $0{\cdot}02302$ g N_2O_4, also ist bei einem Verbrauche von n ccm Chamäleon und m ccm der zu prüfenden Säure der Gehalt an

$$N_2O_4 = \frac{0{\cdot}02302 \; n}{m} \; \text{Gramm.}$$

7. **Fester Rückstand**, grösstentheils schwefelsaures Natron, mit wenig Eisenoxyd etc., bestimmt durch Abrauchen von 50 ccm an einem vor Staub geschützten Orte bis zur Trockne, Glühen und Wägen.

8. **Eisen.** Man übersättigt mit Ammoniak, filtrirt den Niederschlag ab, wäscht ihn und glüht das Fe_2O_3. Spuren nach S. 179 auf kolorimetrischem Wege.

9. **Jod** wird nachgewiesen durch kurze Digestion mit blankem Zink, um die Jodsäure zu reduciren und etwas salpetrige Säure zu erzeugen, welche das J auch aus HJ frei macht; das freie Jod wird dann durch Schütteln mit Schwefelkohlenstoff in diesen übergeführt und an dessen rother Färbung erkannt. Noch genauer ist die Probe von Beckurts. Man giebt zu der stark verdünnten Säure einige Tropfen einer Lösung von Jodkalium in gekochtem Wasser und einen Tropfen Stärkelösung, worauf die kleinsten Spuren von Jodsäure sich durch Blaufärbung anzeigen. Jedenfalls ist aber mit dem Jodkalium und reiner Säure ein Kontrollversuch zu machen, da dieses selbst oft KJO_3 enthält.

NB. No. 8 und 9 werden nur bei „chemisch reiner Salpetersäure" ausgeführt.

Ueber den Verkauf der hochprocentigen (über 90%) Salpetersäure gilt dasselbe, was auf S. 151 über die Unzuverlässigkeit der Gehaltsbestimmung durch das specifische Gewicht und die Nothwendigkeit einer wirklichen Analyse gesagt worden ist; im vorliegenden Falle um so mehr, als die Untersalpetersäure das spec. Gewicht sehr stark beeinflusst (Lunge und Marchlewski, Ztsch. f. angew. Ch. 1892 S. 10 u. 330).

D. Analyse von Mischsäuren (Gemengen von Schwefelsäure und Salpetersäure).

1. Schwefelsäure. Man wägt 2—3 g in einer Kugelhahnpipette (Fig. 11 S. 180) ab, lässt sie in eine kleine Porzellanschale laufen und erhitzt $^1/_2 - 1$ Stunde auf dem Wasserbad unter Zusatz von ein wenig Wasser (zur Zerstörung aller Nitrosylschwefelsäure), bis selbst beim Umschwenken kein salpetriger Geruch mehr wahrzunehmen ist. Die Austreibung der Salpetersäure wird befördert, wenn man hin und wieder vorsichtig auf die Säure bläst und die Schale umschwenkt. Dann spült man ihren Inhalt in ein Becherglas und titrirt mit N- oder $^1/_2$ N-Natron und Methylorange, was nur Schwefelsäure anzeigt.

2. Salpetrige Säure bestimmt man nach S. 170 durch Einlaufenlassen der Säure in abgemessene $^1/_2$N-Chamäleonlösung. Sie kann als HNO_2 oder N_2O_3 oder auch als Untersalpetersäure, N_2O_4, berechnet werden: im letzteren Falle zeigt jedes ccm des Halbnormalchamäleons 0·02302 g N_2O_4 an; wenn also **x** die ccm des angewendeten Chamäleons, **y** die ccm der zu dessen Entfärbung verbrauchten Säure, **s** das specifische Gewicht desselben bedeutet, so ist die $N_2O_4 = \dfrac{23\,x}{y}$ in g pro Liter der Säure oder $\dfrac{2·3\,x}{y\,s}$ der Gehalt der Säure an N_2O_4 in Gewichtsprocenten.

3. Salpetersäure. Man wägt 2—3 g in der Kugelhahnpipette ab, lässt vorsichtig in viel Wasser einlaufen und titrirt die Gesammtsäure mit Normalnatron. Als Indikator kann man Lackmus anwenden, muss aber dann längere Zeit kochen; man kann aber auch Methylorange in der Kälte verwenden, trotz der salpetrigen Säure, wenn man in der S. 169 angegebenen Art verfährt. Von dem Ergebniss zieht man die nach 1 und 2 bestimmte Schwefelsäure und Salpetrigsäure ab (indem man für je 0·04904 g H_2SO_4 und je 0·03804 g N_2O_3 oder 0·04604 g N_2O_4 ein ccm Normalnatron rechnet); der Unterschied in ccm $\times$ 0·06305 $= HNO_3$.

4. Salpetersäure + Salpetrigsäure (resp. Untersalpetersäure) wird durch das Nitrometer nach S. 172 oder 174 bestimmt, und dadurch die Bestimmungen 2 + 3 kontrollirt.

VIII. Pottaschefabrikation.

A. Chlorkalium.

1. **Feuchtigkeit.** Man erhitzt 10 g längere Zeit auf 150⁰ und lässt unter dem Exsiccator erkalten.

2. **Kaligehalt**[1]. a) **Bei Abwesenheit von schwefelsaurem Kali** (d. i. nicht über ·05⁰/₀ SO_3) löst man 1·6405 g der gut gemischten Probe in einem Halbliterkolben, füllt zur Marke und filtrirt. Von dem Filtrate werden 20 ccm (= 0·3056 g) in einer Porzellanschale mit 5 ccm einer Platinchloridlösung versetzt, welche in 100 ccm 10 g Pt enthält. Man dampft auf dem Wasserbade unter öfterem Umschütteln oder Umrühren zur Syrupkonsistenz ein, so dass die freie HCl zum grössten Theile verjagt wird und die Masse nach dem Erkalten trocken erscheint. Nach dem Erkalten übergiesst man die Masse nach Zerdrücken mit einem abgeflachten Glasstabe, mit 20 ccm starkem (mindestens 94 ⁰/₀) Alkohol, zerreibt tüchtig durch und presst die Flüssigkeit durch ein bei 120—130⁰ bis zur Gewichtskonstanz — wozu ungefähr 1 Stunde nöthig ist — getrocknetes, gewogenes und mit Alkohol angefeuchtetes Filter, das nicht bis zum Rand gefüllt sein darf. Ein zweiter Aufguss wird mit Alkohol in der Art gemacht, dass die Schale auf dem Wasserbade beinahe zum Sieden des Alkohols erwärmt wird. Der ausgewaschene Niederschlag wird auf das Filter gespült, möglichst abgesaugt, zwischen Filtrirpapier gepresst, und bei 120—130⁰ bis zur Gewichtskonstanz getrocknet, wozu meist 20 Minuten genügen. 1 mg K_2PtCl_6 = 0·1⁰/₀ KCl in der angewendeten Menge.

b) **Bei Anwesenheit von Kaliumsulfat**

(mehr als 1 ⁰/₀). Man löst 30·56 g des Rohsalzes in 500 ccm Kolben mit 300 ccm Wasser und 15 ccm konc. Salzsäure

---

[1] Ausführlicheres bei Tietjens, Lunge's Chem.-techn. Untersuchungen I, 456 ff. woraus die hier gegebenen Vorschriften sub No. 2 im wesentlichen entnommen sind. Das gilt auch von den für die Berechnung der Resultate zu Grunde gelegten Zahlen, welche der vieljährigen Erfahrung in Stassfurt entsprechen und womit auch die Ergebnisse der genauesten unabhängigen Analytiker durchaus stimmen. Diese lassen sich eben nicht damit vereinigen, dass man das wirkliche Aequivalent des Platins = 194·80 und die Formel K_4PtCl_6 als maassgebend annimmt, in welchem Falle man für die Analyse p 0·3071 g Substanz anwenden müsste, was aber ganz unrichtige Resultate ergeben würde.

kochend auf und füllt nach dem Erkalten bis zur Marke auf. Nach dem Erkalten wird 50 ccm der klaren Lösung im 200 ccm Kolben zum Kochen gebracht und mit der genau richtigen Menge von Chlorbaryum ausgefällt. Die Hauptmenge desselben kann man schnell, die letzten ccm muss man tropfenweise zusetzen, unter Prüfung der sich klärenden Flüssigkeit durch Einwerfen eines Körnchens von Chlorbaryum, bis dieses keinen Nebel mehr erzeugt. Einen etwaigen Ueberschuss von $BaCl_2$ muss man durch einige Tropfen verdünnter Schwefelsäure entfernen. Nach dem Erkalten füllt man zur Marke auf und entnimmt 20 ccm der klaren Lösung $=$ 0·3056 g Salz, die dann wie bei 1. mit Platinchlorid behandelt werden. 1 mg K_2PtCl_6 entspricht $0·1^0/_0$ KCl, wenn man das K als KCl berechnen will. (Bei eigentlichen Sulfaten, wie Kainit und dgl. löst man ursprünglich 35·69 g auf, ist dann bei obigem Verfahren je 1 mg K_2PtCl_6 $=$ $0·1^0/_0$ K_2SO_4). Zu dem gefundenen Gehalt ist bei Kaliumsulfat $(90-91^0/_0)$ $0·3^0/_0$ hinzuzuaddiren, während bei schwefelsaurer Kalimagnesia eine Korrektion nicht erforderlich ist.

3. Chlornatrium. a) Bei hochprocentiger Waare. Wenn nur wenig oder keine Schwefelsäure anwesend ist, so berechnet man das NaCl aus dem Unterschiede zwischen dem durch Gewichtsanalyse direkt ermittelten Gehalt an KCl und einer Bestimmung des Gesammtchlors durch Titriren mit Silberlösung nach S. 182.

Bei erheblicherem Gehalt an schwefelsaurem Kali bestimmt man ausser dem Kali- und Chlorgehalt auch den an Schwefelsäure (nach S. 141), berechnet das gefundene Baryumsulfat auf Chlorkalium (1 Th. $BaSO_4 =$ 0·7468 $K_2SO_4 =$ 0·6395 KCl), zieht diesen Betrag von der auf KCl berechneten Gesammtmenge des Kalis ab, und subtrahirt den Rest des KCl (welcher also als solches vorhanden und in Rechnung zu stellen ist) von der Menge von KCl, welche sich aus der Bestimmung des Gesammtchlors auf KCl berechnet. Der jetzt nominell bleibende Rest von KCl wird auf NaCl berechnet (100 KCl äquivalent mit 78·52 NaCl), die Schwefelsäure auf K_2SO_4.

b) Bei niedrigprocentiger Waare ist eine Bestimmung des Natrongehaltes nicht üblich. Wenn sie doch ausgeführt werden soll, so kann man das Chlornatrium nur durch vollständige Analyse bestimmen. Man bestimmt dann KCl wie oben, ferner Ca (S. 183), Mg (S. 184), SO_3 (S. 141), Unlösliches und Feuchtigkeit Man berechnet SO_3 als $CaSO_4$, oder, wenn nicht genug Ca vorhanden ist, theilweise als $MgSO_4$ und K_2SO_4. Sollte die SO_3 nicht zur Sättigung alles Mg hinreichen, so berechnet man den Ueberschuss von Mg als $MgCl_2$; der Ueberschuss von Cl über das zur Bildung von KCl und $MgCl_2$ erforderliche wird als NaCl berechnet.

Vgl. auch Chem.-techn. Unters. I. 469.

4. **Magnesium** (als Chlorid oder Sulfat) wird nach S. 184 bestimmt, nachdem der Kalk ausgefällt ist, und wird meist als $MgCl_2$ berechnet; übrigens nur ausnahmsweise bestimmt.

B. Kaliumsulfat.

Man bestimmt:
1. KCl nach S. 182. 1 ccm $^1/_{10}$ Normal-Silberlösung zeigt 0·00746 g KCl.
2. Freie SO_3 nach S. 183.
3. Fe nach S. 144 resp. 178.
4. Unlösliches, CaO etc. ganz wie bei Natriumsulfat. Im Falle einer vollständigen Kalibestimmung wird das S. 250 beschriebene Verfahren angewendet.
5. NaCl mutatis mutandis wie in A. a. v. S.

C. Kalkstein nach S. 195.
D. Kohle wie S. 203.
E. Rohpottasche wie Rohsoda S. 203.
F. Pottaschenrückstand wie Sodarückstand S. 205 und 232.
G. Rohpottaschlauge wie Rohsoda S. 206.
H. Carbonisirte Lauge wie S. 208.

I. Handelspottasche.

1. **Gesammt-Alkalität** bestimmt man durch Titriren mit Normalsalzsäure nach S. 226.
2. **Kaligehalt** wird bestimmt nach der S. 250 gegebenen Vorschrift, so dass auch alles schwefelsaure Salz in Chlorkalium umgewandelt wird. Man muss natürlich bei der ersten Auflösung eine entsprechend grössere Menge Salzsäure zusetzen, um das kohlensaure Salz zu sättigen.
3. **Chlorkalium** bestimmt durch Silberlösung, S. 182 u. 252.
4. **Schwefelsaures Kali** bestimmt durch Fällung mit Chlorbaryum und Wägen des $BaSO_4$ nach S. 141. 1 g $BaSO_4$ = 0·7468 g K_2SO_4.
5. **Unlösliches** wie S. 227.
6. **Kieselsaures Kali.** Man bestimmt die SiO_2 durch Sättigender Pottasche mit Salzsäure, Abdampfen zur Trockniss, Befeuchten mit Salzsäure, nochmaliges Abdampfen, Aufnehmen mit verdünnter Salzsäure, Filtriren, Waschen und starkes Glühen der SiO_2. Diese Bestimmung wird nur ausnahmsweise ausgeführt, das kieselsaure Kali aber mit dem kohlensauren verrechnet.
7. **Phosphorsäure** wird nach der Magnesiamethode bestimmt (vgl. S. 254 No. 8) und wie Kieselsäure behandelt.
8. **Berechnung der Analyse.** Man berechnet:

a) K_2CO_3 aus der Differenz zwischen dem Gesammt-Kali und dem dem Cl und SO_3 entsprechenden Kali,
b) Na_2CO_3 aus der Differenz zwischen der Gesammt-Alkalität und dem eben berechneten K_2CO_3,
c) KCl und
d) K_2SO_4 wie oben
e) Wasser und
f) Unlösliches resp. Eisen durch besondere Bestimmung.

NB. Bei Schlempenaschen und Wollschweissaschen, welche über 8 Proc. K_2SO_4 enthalten, wird die S. 250 sub A b beschriebene Methode angewendet.

K. Schlempenkohle *).

Der Inhalt der Probeflasche wird in einer ganz trockenen Reibschale schnell verrieben, durchgemischt, in die Flasche zurückgegeben und mit einem Gummistopfen verschlossen.

1. Feuchtigkeit. Ein beliebiges Gewicht (5 — 12 g) wird in einem niedrigen Filterwägegläschen im Trockenschranke bei 140^0 bis zur Gewichtskonstanz erhitzt; Gewichtsabnahme = Feuchtigkeit.

2. Unlösliches. 20 g werden in 250 ccm kochendes Wasser langsam eingeschüttet, aufgekocht und unter Umrühren noch 15 Minuten digerirt. Man filtrirt durch ein bei 110^0 getrocknetes, gewogenes Filter, wäscht gut aus und füllt das Filtrat auf 500 ccm auf; diese Lösung wird zu den folgenden Bestimmungen gebraucht. Das Filter mit dem Rückstand wird bei 110^0 bis zur Gewichtskonstanz getrocknet und gewogen. Man kann dann den Rückstand noch veraschen und somit das Unlösliche in einen anorganischen und organischen Theil trennen.

3. Alkalisalze. In vier mit Rührstab tarirten Schälchen werden je 25 ccm der Lösung (= 1 g Schlempenkohle) auf dem Wasserbade zur Trockniss verdampft, auf einer Asbestplatte unter beständigem Umrühren calcinirt und schliesslich einige Minuten auf freier Flamme durchgeglüht; nach dem Erkalten im Exsiccator wird gewogen; Rückstand = Summe der Alkalisalze. Diese vier Glührückstände werden zu den weiteren Bestimmungen benutzt.

4. Chlorkalium. Der Glührückstand von 25 ccm Lösung = 1 g Schlempenkohle wird mit Wasser aufgenommen, mit Salpetersäure genau neutralisirt, der Cyanwasserstoff durch Kochen entfernt und die erkaltete Flüssigkeit mit $^1/_{10}$ N-Silberlösung nach S. 182 titrirt. Die verbrauchten ccm der Silberlösung $\times$ 0·7460 = Proc. KCl; oder $\times$ 0·6915 = Proc. K_2CO_3.

---

*) Im wesentlichen bearbeitet nach C. Heyer, Chem. Zeit. 1891, S. 1489 ff. und Alberti und Hempel, ebend. S. 1623.

5. **Kieselsäure.** Der geglühte Rückstand von 125 ccm Lösung (= 5 g Schlempenkohle) wird mit Wasser aufgenommen, vorsichtig mit Salzsäure übersättigt, zur Trockne verdampft, 1—2 Stunden auf 105—110° erwärmt, in Wasser mit Zusatz einiger Tropfen Salzsäure aufgenommen und filtrirt; der unlösliche Rückstand = Kieselsäure. Das Filtrat nebst Waschwässern wird auf 250 ccm gebracht, und zu den folgenden Bestimmungen benutzt.

6. **Schwefelsaures Kali.** 50 ccm der Lösung von No. 5 (= 1 g Kohle) wird mit Chlorbaryumlösung nach S. 141 heiss gefällt. Das erhaltene $BaSO_4 \times 0{\cdot}7468$ = Proc. K_2SO_4 oder $\times 0{\cdot}5924$ = Proc. K_2CO_3.

7. **Kaligehalt im Ganzen und Kaliumcarbonat.** 25 ccm der Lösung von No. 5 (= 1 g Kohle) wird im Kochen mit der aus No. 6 berechneten Menge Chlorbaryumlösung gefällt, um alles Sulfat in Chlorid umzuwandeln. Man benutzt am besten eine Lösung, welche in 100 ccm soviel Chlorbaryum enthält, als 1 g $BaSO_4$ entspricht, also $1{\cdot}047$ g $BaCl_2, 2H_2O$, und lässt davon aus einer Bürette soviel zulaufen, dass auf jedes in No. 6 gefundene mg $BaSO_4$ immer $0{\cdot}1$ ccm der Chlorbaryumlösung kommt. Die Fällung wird in einem 100 ccm Kölbchen vorgenommen. Man lässt erkalten, füllt zur Marke auf, filtrirt und verdampft von dem Filtrat 20 ccm (= $0{\cdot}2$ g Kohle) in mit Rührstab versehenem Porzellanschälchen unter Zufügung von 10 ccm Platinchloridlösung (1 g Platin enthaltend) auf dem Wasserbad zur Trockne. Der Rückstand wird mit 95procentigem Weingeist übergossen, $^1/_2$ Stunde stehen gelassen, durch öfteres Decantiren mit 80procentigem Weingeist ausgewaschen, auf ein bei 120° getrocknetes und gewogenes Filter gebracht, fertig ausgewaschen, bei 120° getrocknet und gewogen.

Die gefundene Menge Kaliumplatinchlorid, mit $0{\cdot}2830$ multiplicirt, geben das Gesammt-Kali als K_2CO_3 ausgedrückt; zieht man hiervon die nach No. 4, 5, 6, und 8 gefundenen Mengen von anderen Kalisalzen, umgerechnet auf Kaliumcarbonat, ab, so erhält man den Gehalt der Schlempenkohle an Kaliumcarbonat.

NB. Der Fehler, der durch Nichtberücksichtigung des Volums des $BaSO_4$ entsteht, wird nach Heyer durch das vom $BaSO_4$ mitgerissene KCl bis zur Unmerklichkeit kompensirt.

8. **Kaliumphosphat.** 250 ccm Lösung (= 10 g Schlempenkohle) werden mit Salpetersäure übersättigt, 40 g Ammoniumnitrat darin aufgelöst, mit Molybdänlösung gefällt und wie üblich die Phosphorsäure schliesslich mit Magnesiamischung bestimmt. Das gefundene $Mg_2P_2O_7 \times 1{\cdot}932$ = Proc. K_3PO_4; jedem Proc. K_3PO_4 entspricht $0{\cdot}9763$ Proc. K_2CO_3.

9. **Natriumcarbonat** wird gefunden durch Abzug der sämmtlichen Kalisalze von der in No. 3 gefundenen Summe der Alkalisalze. Kontrollirt durch die nächste No.

10. **Alkalität.** Man löst den Glührückstand von 25 ccm der Lösung No. 3 (= 1 g) in Wasser und titrirt mit Methylorange und Normalsalzsäure. Die verbrauchten ccm Normalsäure × 6·9 geben die Alkalität, berechnet in Proc. K_2CO_3. Zieht man hiervon den wirklich als K_2CO_3 vorhandenen (nach No. 7) ermittelten Betrag ab und multiplicirt man den Rest mit 0·7673, so erhält man das Na_2CO_3 in Procent.

11. Manche Schlempenkohlen enthalten neben schwefelsaurem Kali auch andere Schwefelverbindungen, besonders **Schwefelkalium**. Man kann dann den Gehalt an Schwefelsäure 1. direkt, 2. nach dem Calciniren ermitteln und den Unterschied als Schwefelkalium in Rechnung stellen.

L. Tabelle über den Gehalt von Pottaschlaugen nach dem spec. Gewicht bei 15°.

Spec. Gew.	Baumé	Densimeter	Procent K_2CO_3	1 cbm enthält Kilogr K_2CO_3	Spec. Gew.	Baumé	Densimeter	Procent K_2CO_3	1 cbm enthält Kilogr. K_2CO_3
1·007	1	0·7	0·7	7	1·231	27	23·1	23·5	289
1·014	2	1·4	1·5	15	1·241	28	24·1	24·5	304
1·022	3	2·2	2·3	23	1·252	29	25·2	25·5	319
1·029	4	2·9	3·1	32	1·263	30	26·3	26·6	336
1·037	5	3·7	4·0	41	1·274	31	27·4	27·5	350
1·045	6	4·5	4·9	51	1·285	32	28·5	28·5	366
1·052	7	5·2	5·7	60	1·297	33	29·7	29·6	384
1·060	8	6·0	6·5	69	1·308	34	30·8	30·7	402
1·067	9	6·7	7·3	78	1·320	35	32·0	31·6	417
1·075	10	7·5	8·1	87	1·332	36	33·2	32·7	436
1·083	11	8·3	9·0	97	1·345	37	34·5	33·8	455
1·091	12	9·1	9·8	107	1·357	38	35·7	34·8	472
1·100	13	10·0	10·7	118	1·370	39	37·0	35·9	492
1·108	14	10·8	11·6	129	1·383	40	38·3	37·0	512
1·116	15	11·6	12·4	138	1·397	41	39·7	38·2	534
1·125	16	12·0	13·3	150	1·410	42	41·0	39·3	554
1·134	17	13·4	14·2	161	1·424	43	42·4	40·5	577
1·142	18	14·2	15·0	171	1·438	44	43·8	41·7	600
1·152	19	15·2	16·0	184	1·453	45	45·3	42·8	622
1·162	20	16·2	17·0	198	1·468	46	46·8	44·0	646
1·172	21	17·2	18·0	211	1·483	47	48·3	45·2	670
1·180	22	18·0	18·8	222	1·498	48	49·8	46·5	697
1·190	23	19·0	19·7	234	1·514	49	51·4	47·7	722
1·200	24	20·0	20·7	248	1·530	50	53·0	48·9	748
1·210	25	21·0	21·6	261	1·546	51	54·6	50·1	775
1·220	26	22·0	22·5	275	1·563	52	56·3	51·3	802

— 256 —

M. Einfluss der Temperatur auf das

	0° C.	5°	10°	15°	20°	25°	30°	35°	40°	45°
Sp.Gew.	1·588	1·586	1·583	1·580	1·577	1·574	1·571	1·568	1·566	1·563
Baumé	53·5	53·4	53·2	53·0	52·8	52·7	52·5	52·3	52·2	52·0
Sp.Gew.	1·577	1·575	1·573	1·570	1·568	1·565	1·563	1·560	1·557	1·554
B.	52·8	52·7	52·6	52·4	52·3	52·1	52·0	51·8	51·7	51·5
Sp.Gew.	1·567	1·565	1·563	1·560	1·558	1·555	1·553	1·550	1·548	1·545
B.	52·3	52·1	52·0	51·8	51·7	51·5	51·4	51·3	51·1	51·0
Sp.Gew.	1·557	1·554	1·552	1·550	1·548	1·546	1·544	1·541	1·538	1·536
B.	51·7	51·5	51·4	51·3	51·1	51·0	50·9	50·7	50·5	50·4
Sp.Gew.	1·547	1·544	1·542	1·540	1·538	1·536	1·534	1·531	1·528	1·526
B.	51·1	50·9	50·8	50·6	50·5	50·4	50·3	50·1	49·9	49·8
Sp.Gew.	1·536	1·534	1·532	1·530	1·528	1·526	1·524	1·521	1·518	1·515
B.	50·4	50·3	50·1	50·0	49·9	49·8	49·6	49·5	49·3	49·1
Sp.Gew.	1·526	1·524	1·522	1·520	1·518	1·516	1·514	1·511	1·508	1·505
B.	49·8	49·6	49·5	49·4	49·3	49·1	49·0	48·8	48·6	48·5
Sp.Gew.	1·516	1·514	1·512	1·510	1·508	1·506	1·503	1·500	1·498	1·495
B.	49·1	49·0	48·9	48·8	48·6	48·5	48·3	48·1	48·0	47·8
Sp.Gew.	1·506	1·504	1·502	1·500	1·498	1·496	1·493	1·490	1·488	1·485
B.	48·5	48·4	48·3	48·1	48·0	47·9	47·7	47·5	47·3	47·1
Sp.Gew.	1·496	1·494	1·492	1·490	1·488	1·486	1·484	1·481	1·478	1·475
B.	47·9	47·7	47·6	47·5	47·3	47·2	47·1	46·9	46·7	46·5
Sp.Gew.	1·486	1·484	1·482	1·480	1·478	1·476	1·474	1·471	1·468	1·465
B.	47·2	47·1	46·9	46·8	46·7	46·5	46·4	46·2	46·0	45·8
Sp.Gew.	1·476	1·474	1·472	1·470	1·468	1·466	1·464	1·461	1·458	1·455
B.	46·5	46·4	46·3	46·1	46·0	45·9	45·7	45·5	45·3	45·1
Sp.Gew.	1·466	1·464	1·462	1·460	1·458	1·456	1·454	1·451	1·448	1·445
B.	45·9	45·7	45·6	45·5	45·3	45·2	45·1	44·9	44·7	44·5
Sp.Gew.	1·456	1·454	1·452	1·450	1·448	1·446	1·444	1·441	1·438	1·435
B.	45·2	45·1	44·9	44·8	44·7	44·5	44·4	44·2	44·0	43·8
Sp.Gew.	1·446	1·444	1·442	1·440	1·438	1·436	1·434	1·431	1·428	1·425
B.	44·5	44·4	44·3	44·1	44·0	43·9	43·7	43·5	43·3	43·1
Sp.Gew.	1·436	1·434	1·432	1·430	1·428	1·426	1·423	1·420	1·418	1·414
B.	43·9	43·7	43·6	43·4	43·3	43·2	43·0	42·7	42·5	42·3
Sp.Gew.	1·426	1·424	1·422	1·420	1·418	1·416	1·413	1·410	1·408	1·404
B.	43·2	43·0	42·9	42·7	42·6	42·4	42·2	42·0	41·8	41·5
Sp.Gew.	1·416	1·414	1·412	1·410	1·408	1·406	1·404	1·401	1·398	1·395
B.	42·4	42·3	42·2	42·0	41·9	41·7	41·5	41·3	41·1	40·9
Sp.Gew.	1·406	1·404	1·402	1·400	1·398	1·396	1·394	1·391	1·388	1·385
B.	41·7	41·5	41·4	41·2	41·1	40·9	40·8	40·6	40·4	40·2
Sp.Gew.	1·396	1·394	1·392	1·390	1·388	1·386	1·384	1·381	1·378	1·376
B.	40·9	40·8	40·7	40·5	40·4	40·2	40·1	39·9	39·6	39·5

spec. Gewicht von Pottaschlaugen.

50°	55°	60°	65°	70°	75°	80°	85°	90°	95°	100°
1·559	1·556	1·553	1·550	1·546	1·542	1·538	1·534	1·530	1·526	1·521
51·8	51·6	51·4	51·3	51·0	50·8	50·5	50·3	50·0	49·8	49·5
1·551	1·548	1·545	1·541	1·537	1·533	1·530	1·526	1·522	1·518	1·513
51·3	51·1	51·0	50·7	50·5	50·2	50·0	49·8	49·5	49·3	49·0
1·543	1·539	1·536	1·532	1·528	1·525	1·522	1·517	1·513	1·509	1·505
50·8	50·6	50·4	50·1	49·9	49·7	49·5	49·2	49·0	48·7	48·5
1·533	1·530	1·527	1·524	1·521	1·518	1·513	1·509	1·504	1·501	1·498
50·2	50·0	49·8	49·6	49·5	49·3	49·0	48·7	48·4	48·2	48·0
1·523	1·520	1·517	1·514	1·511	1·508	1·504	1·500	1·497	1·494	1·490
49·6	49·4	49·2	49·0	48·8	48·6	48·4	48·1	47·9	47·7	47·5
1·512	1·509	1·507	1·504	1·500	1·497	1·494	1·491	1·488	1·485	1·481
48·9	48·7	48·6	48·4	48·1	47·9	47·7	47·5	47·3	47·1	46·9
1·502	1·499	1·497	1·494	1·490	1·487	1·484	1·481	1·478	1·475	1·471
48·3	48·1	47·9	47·7	47·5	47·3	47·1	46·9	46·7	46·5	46·2
1·492	1·489	1·487	1·484	1·480	1·477	1·474	1·471	1·468	1·465	1·461
47·6	47·4	47·3	47·1	46·8	46·6	46·4	46·2	46·0	45·8	45·5
1·482	1·479	1·476	1·474	1·470	1·467	1·464	1·461	1·458	1·455	1·451
46·9	46·7	46·5	46·4	46·1	45·9	45·7	45·5	45·3	45·1	44·9
1·472	1·469	1·466	1·464	1·460	1·457	1·454	1·450	1·447	1·444	1·441
46·3	46·1	45·9	45·7	45·5	45·3	45·1	44·8	44·6	44·4	44·2
1·462	1·459	1·456	1·454	1·450	1·447	1·444	1·440	1·437	1·434	1·431
45·6	45·4	45·2	45·1	44·8	44·6	44·4	44·1	43·9	43·7	43·5
1·452	1·449	1·446	1·444	1·440	1·437	1·434	1·431	1·428	1·424	1·421
44·9	44·7	44·5	44·4	44·1	43·9	43·7	43·5	43·3	43·0	42·8
1·442	1·439	1·436	1·434	1·430	1·427	1·424	1·421	1·418	1·414	1·411
44·3	44·1	43·9	43·7	43·4	43·2	43·0	42·8	42·6	42·3	42·1
1·432	1·429	1·426	1·423	1·420	1·417	1·414	1·410	1·408	1·405	1·402
43·6	43·4	43·2	42·9	42·7	42·5	42·3	42·0	41·9	41·6	41·4
1·422	1·419	1·416	1·413	1·410	1·407	1·404	1·400	1·398	1·396	1·392
42·9	42·7	42·4	42·2	42·0	41·8	41·5	41·2	41·1	40·9	40·7
1·411	1·409	1·406	1·404	1·401	1·398	1·395	1·391	1·388	1·385	1·382
42·1	41·9	41·7	41·5	41·3	41·1	40·9	40·6	40·4	40·2	39·9
1·401	1·399	1·396	1·394	1·391	1·388	1·385	1·381	1·378	1·375	1·372
41·3	41·2	40·9	40·8	40·6	40·4	40·2	39·9	39·6	49·4	39·2
1·392	1·390	1·387	1·384	1·380	1·377	1·374	1·371	1·368	1·365	1·362
40·7	40·5	40·3	40·1	39·8	39·5	39·3	39·9	38·1	38·6	38·4
1·382	1·380	1·377	1·374	1·370	1·367	1·364	1·361	1·358	1·355	1·352
39·9	39·8	39·5	39·3	39·0	38·8	38·5	38·3	38·1	37·8	37·6
1·373	1·370	1·367	1·364	1·361	1·358	1·355	1·351	1·348	1·345	1·342
39·2	39·0	38·8	38·5	38·3	38·1	37·8	37·5	37·3	37·0	36·8

M. Einfluss der Temperatur auf das
(Fort-

	0° C.	5°	10°	15°	20°	25°	30°	35°	40°	45°
Sp Gew.	1·386	1·384	1·382	1·380	1·378	1·376	1·374	1·371	1·368	1·366
Baumé	40·2	40·1	39·9	39·8	39·6	39·5	39·3	39·1	38·9	38·7
Sp.Gew.	1·376	1·374	1·372	1·370	1·368	1·366	1·364	1·361	1·358	1·356
B.	39·5	39·3	39·2	39·0	38·9	38·7	38·5	38·3	38·1	37·9
Sp.Gew.	1·366	1·364	1·362	1·360	1·358	1·356	1·354	1·351	1·348	1·346
B.	38·7	38·5	38·4	38·2	38·1	37·9	37·8	37·5	37·3	37·1
Sp.Gew.	1·356	1·354	1·352	1·350	1·348	1·346	1·344	1·341	1·338	1·336
B.	37·9	37·8	37·6	37·4	37·3	37·1	36·9	36·7	36·5	36·3
Sp.Gew.	1·346	1·344	1·342	1·340	1·338	1·336	1·334	1·331	1·328	1·326
B.	37·1	36·9	36·8	36·6	36·5	36·3	36·2	35·9	35·7	35·5
Sp.Gew.	1·336	1·334	1·332	1·330	1·328	1·326	1·324	1·321	1·318	1·316
B.	36·3	36·2	36·0	35·8	35·7	35·5	35·3	35·1	34·8	34·7
Sp.Gew.	1·326	1·324	1·322	1·320	1·318	1·316	1·314	1·311	1·308	1·306
B.	35·5	35·3	35·2	35·0	34·8	34·7	34·5	34·3	34·0	33·8
Sp.Gew.	1·316	1·314	1·312	1·310	1·308	1·306	1·303	1·300	1·298	1·295
B.	34·7	34·5	34·3	34·2	34·0	33·8	33·5	33·3	33·1	32·8
Sp.Gew.	1·306	1·304	1·302	1·300	1·298	1·296	1·293	1·290	1·288	1·285
B.	33·8	33·6	33·5	33·3	33·1	32·9	32·7	32·4	32·3	32·0
Sp.Gew.	1·296	1·294	1·292	1·290	1·288	1·286	1·283	1·280	1·278	1·275
B.	32·9	32·8	32·6	32·4	32·3	32·1	31·8	31·5	31·4	31·1
Sp.Gew.	1·286	1·284	1·282	1·280	1·278	1·276	1·273	1·270	1·268	1·265
B.	32·1	31·9	31·7	31·5	31·4	31·2	30·9	30·6	30·5	30·2
Sp.Gew.	1·276	1·274	1·272	1·270	1·268	1·265	1·263	1·260	1·257	1·255
B.	31·2	31·0	30·8	30·6	30·5	30·2	30·0	29·7	29·5	29·3
Sp.Gew.	1·266	1·264	1·262	1·260	1·258	1·255	1·253	1·250	1·247	1·245
B.	30·3	30·1	29·9	29·7	29·5	29·3	29·1	28·8	28·5	28·4
Sp.Gew.	1·256	1·254	1·252	1·250	1·248	1·246	1·243	1·240	1·238	1·235
B.	29·4	29·2	29·0	28·8	28·6	28·5	28·2	27·9	27·7	27·4
Sp.Gew.	1·246	1·244	1·242	1·240	1·238	1·236	1·233	1·230	1·228	1·225
B.	28·5	28·3	28·1	27·9	27·7	27·5	27·2	26·9	26·7	26·5
Sp.Gew.	1·236	1·234	1·232	1·230	1·228	1·226	1·224	1·222	1·219	1·217
B.	27·5	27·3	27·1	26·9	26·7	26·5	26·4	26·2	25·9	25·7
Sp.Gew.	1·226	1·224	1·222	1·220	1·218	1·216	1·214	1·212	1·209	1·207
B.	26·5	26·4	26·2	26·0	25·8	25·6	25·4	25·2	24·9	24·7
Sp.Gew.	1·216	1·214	1·212	1·210	1·208	1·206	1·204	1·202	1·199	1·197
B.	25·6	25·4	25·2	25·0	24·8	24·6	24·4	24·2	23·9	23·7
Sp.Gew.	1·206	1·204	1·202	1·200	1·198	1·196	1·194	1·192	1·189	1·187
B.	24·6	24·4	24·2	24·0	23·8	23·6	23·4	23·2	22·9	22·7
Sp.Gew.	1·196	1·194	1·192	1·190	1·188	1·186	1·184	1·182	1·179	1·177
B.	23·6	23·4	23·2	23·0	22·8	22·6	22·4	22·2	21·9	21·7

spec. Gewicht von Pottaschlaugen.
setzung.)

50°	55°	60°	65°	70°	75°	80°	85°	90°	95°	100°
1·363	1·360	1·357	1·354	1·351	1·348	1·345	1·341	1·338	1·335	1·332
38·5	38·2	38·0	37·8	37·5	37·3	37·0	36·7	36·5	36·2	36·0
1·353	1·350	1·347	1·344	1·341	1·338	1·335	1·332	1·329	1·326	1·323
37·7	37·4	37·2	36·9	36·7	36·5	36·2	36·0	35·8	35·5	35·3
1·343	1·340	1·337	1·334	1·331	1·328	1·325	1·322	1·319	1·316	1·313
36·9	36·6	36·4	36·2	35·9	35·7	35·4	35·2	34·9	34·7	34·4
1·333	1·330	1·327	1·324	1·321	1·318	1·315	1·312	1·309	1·306	1·303
36·1	35·8	35·6	35·3	35·1	34·8	34·6	34·3	34·1	33·8	33·5
1·323	1·320	1·317	1·314	1·311	1·308	1·305	1·302	1·299	1·296	1·293
35·3	35·0	34·8	34·5	34·3	34·0	33·7	33·5	33·2	32·9	32·7
1·313	1·310	1·307	1·304	1·301	1·298	1·295	1·292	1·289	1·286	1·284
34·4	34·2	33·9	33·6	33·4	33·1	32·8	32·6	32·3	32·1	31·9
1·303	1·300	1·297	1·294	1·291	1·288	1·285	1·282	1·279	1·276	1·274
33·5	33·3	33·0	32·8	32·5	32·3	32·0	31·7	31·5	31·2	31·0
1·292	1·290	1·287	1·284	1·281	1·278	1·276	1·273	1·270	1·267	1·264
32·6	32·4	32·2	31·9	31·6	31·4	31·2	30·9	30·6	30·4	30·1
1·282	1·280	1·277	1·274	1·271	1·268	1·266	1·263	1·260	1·257	1·254
31·7	31·5	31·3	31·0	30·7	30·5	30·3	30·0	29·7	29·5	29·2
1·273	1·270	1·267	1·264	1·261	1·258	1·256	1·253	1·250	1·247	1·244
30·9	30·6	30·4	30·1	29·8	29·5	29·4	29·1	28·8	28·5	28·3
1·263	1·260	1·257	1·254	1·251	1·248	1·246	1·243	1·240	1·237	1·234
30·0	29·7	29·5	29·2	28·9	28·6	28·5	28·2	27·9	27·6	27·3
1·252	1·250	1·247	1·244	1·242	1·239	1·236	1·234	1·231	1·228	1·225
29·0	28·8	28·5	28·3	28·1	27·8	27·5	27·3	27·0	26·7	26·5
1·242	1·240	1·237	1·234	1·232	1·229	1·226	1·224	1·221	1·218	1·215
28·1	27·9	27·6	27·3	27·1	26·8	26·5	26·4	26·1	25·8	25·5
1·232	1·230	1·227	1·224	1·221	1·218	1·216	1·213	1·210	1·208	1·205
27·1	26·9	26·6	26·4	26·1	25·8	25·6	25·3	25·1	24·8	24·5
1·222	1·220	1·217	1·214	1·211	1·208	1·206	1·203	1·200	1·198	1·195
26·2	26·0	25·7	25·4	25·1	24·8	24·6	24·3	24·0	23·8	23·5
1·214	1·212	1·209	1·205	1·202	1·198	1·196	1·194	1·192	1·188	1·186
25·4	25·2	24·9	24·5	24·2	23·8	23·6	23·4	23·2	22·8	22·6
1·204	1·202	1·199	1·196	1·193	1·190	1·187	1·184	1·182	1·178	1·176
24·4	24·2	23·9	23·6	23·3	23·0	22·7	22·4	22·2	21·8	21·6
1·194	1·192	1·189	1·186	1·183	1·181	1·178	1·175	1·172	1·169	1·167
23·4	23·2	22·9	22·6	22·3	22·1	21·8	21·4	21·1	20·8	20·6
1·184	1·182	1·179	1·176	1·173	1·171	1·168	1·165	1·162	1·159	1·157
22·4	22·2	21·9	21·6	21·2	21·0	20·7	20·3	20·0	19·7	19·5
1·174	1·172	1·169	1·166	1·164	1·161	1·158	1·155	1·152	1·149	1·146
21·3	21·1	20·8	20·4	20·2	19·9	19·6	19·3	19·0	18·7	18·4

M. Einfluss der Temperatur auf das
(Fort-

	0° C.	5°	10°	15°	20°	25°	30°	35°	40°	45°
Sp.Gew.	1·186	1·184	1·182	1·180	1·178	1·176	1·174	1·172	1·170	1·167
Baumé	22·6	22·4	22·2	22·0	21·8	21·6	21·3	21·1	20·9	20·6
Sp.Gew.	1·175	1·173	1·171	1·170	1·168	1·166	1·164	1·162	1·160	1·157
B.	21·4	21·2	21·0	20·9	20·7	20·4	20·2	20·0	19·8	19·5
Sp.Gew.	1·165	1·163	1·161	1·160	1·158	1·156	1·154	1·152	1·150	1·147
B	20·3	20·1	19·9	19·8	19·6	19·4	19·2	19·0	18·8	18·5
Sp.Gew.	1·155	1·153	1·151	1·150	1·148	1·146	1·144	1·142	1·140	1·137
B.	19·3	19·1	18·9	18·8	18·6	18·4	18·2	18·0	17·7	17·4
Sp.Gew.	1·144	1·143	1·141	1·140	1·138	1·136	1·134	1·132	1·130	1·127
B.	18·2	18·1	17·9	17·8	17·5	17·3	17·0	16·8	16·5	16·2
Sp.Gew.	1·133	1·132	1·131	1·130	1·128	1·126	1·124	1·122	1·120	1·117
B.	16·9	16·8	16·7	16·5	16·3	16·1	15·9	15·7	15·4	15·1
Sp.Gew.	1·123	1·122	1·121	1·120	1·118	1·116	1·114	1·112	1·110	1·107
B.	15·8	15·7	15·6	15·4	15·2	15·0	14·8	14·5	14·3	13·9
Sp.Gew.	1·113	1·112	1·111	1·110	1·108	1·106	1·104	1·102	1·100	1·097
B.	14·6	14·5	14·4	14·2	14·0	13·8	13·5	13·3	13·0	12·7
Sp.Gew.	1·103	1·102	1·101	1·100	1·098	1·096	1·094	1·092	1·090	1·087
B.	13·4	13·3	13·1	13·0	12·8	12·6	12·3	12·1	11·9	11·5
Sp.Gew.	1·093	1·092	1·091	1·090	1·089	1·087	1·086	1·083	1·081	1·079
B.	12·2	12·1	12·0	11·9	11·7	11·5	11·4	11·0	10·8	10·5
Sp.Gew.	1·083	1·082	1·081	1·080	1·079	1·077	1·076	1·073	1·071	1·069
B.	11·0	10·9	10·8	10·6	10·5	10·3	10·2	9·8	9·5	9·3
Sp.Gew.	1·073	1·072	1·071	1·070	1·069	1·067	1·066	1·064	1·062	1·060
B.	9·8	9·6	9·5	9·4	9·3	9·0	8·9	8·6	8·3	8·0
Sp.Gew.	1·063	1·062	1·061	1·060	1·059	1·057	1·056	1·054	1·052	1·050
B.	8·4	8·3	8·2	8·0	7·9	7·6	7·5	7·3	7·0	6·7
Sp.Gew.	1·053	1·052	1·051	1·050	1·049	1·047	1·046	1·044	1·042	1·040
B.	7·1	7·0	6·9	6·7	6·6	6·3	6·1	5·9	5·6	5·4
Sp.Gew.	1·043	1·042	1·041	1·040	1·039	1·037	1·036	1·034	1·032	1·030
B.	5·8	5·6	5·5	5·4	5·3	5·0	4·9	4·6	4·4	4·1
Sp.Gew.	1·033	1·032	1·031	1·030	1·028	1·027	1·025	1·024	1·022	1·020
B.	4·5	4·4	4·3	4·1	3·9	3·7	3·4	3·3	3·0	2·8
Sp.Gew.	1·023	1·022	1·021	1·020	1·018	1·017	1·015	1·014	1·012	1·010
B.	3·2	3·0	2·9	2·7	2·5	2·4	2·1	2·0	1·7	1·4
Sp.Gew.	1·013	1·012	1·011	1·010	1·008	1·007	1·005	1·004	1·002	1·000
B.	1·9	1·7	1·6	1·4	1·2	1·0	0·7	0·6	0·3	—

spec. Gewicht von Pottaschlaugen.
setzung.)

50°	55°	60°	65°	70°	75°	80°	85°	90°	95°	100°
1·164	1·162	1·159	1·156	1·154	1·151	1·148	1·145	1·142	1·139	1·136
20·2	20·0	19·7	19·4	19·2	18·9	18·6	18·3	18·0	17·6	17·3
1·155	1·152	1·150	1·147	1·144	1·141	1 138	1·135	1·132	1·129	1·126
19·3	19 0	18·8	18·5	18·2	17·9	17·5	17·1	16·8	16·4	16·1
1·145	1·142	1·140	1·137	1·134	1·131	1·128	1·125	1·122	1·119	1·116
18·3	18·0	17·7	17·4	17·0	16·7	16·3	16·0	15·7	15 3	15·0
1·135	1·132	1·130	1·128	1·125	1·122	1·118	1·115	1·112	1·109	1·106
17·1	16·8	16·5	16·3	16·0	15·7	15·2	14·9	14 5	14·1	13·8
1·125	1·122	1·120	1·118	1·115	1·112	1·108	1·105	1·102	1 099	1·096
16·0	15·7	15·4	15·2	14 9	14·5	14·0	13·6	13·3	12·9	12 6
1·114	1·112	1·110	1·108	1·105	1·102	1·098	1·095	1·092	1·089	1·086
14 8	14·5	14·3	14·0	13·6	13·3	12·8	12·4	12·1	11·8	11·4
1·104	1·102	1·100	1·098	1·095	1·092	1·088	1·085	1·082	1·078	1·076
13·5	13·3	13·0	12 8	12·4	12·1	11·6	11·3	10·9	10 5	10 1
1·094	1·092	1·090	1·087	1·084	1·082	1·079	1·075	1·072	1·069	1·067
12·3	12·1	11·9	11·5	11·1	10·9	10·5	10·0	9·6	9·3	9 0
1·084	1·082	1·080	1·077	1·074	1·072	1·069	1·065	1·062	1·059	1·057
11·1	10·9	10·6	10·3	9·9	9·6	9·3	8·7	8·3	7·9	7·6
1·077	1·074	1·071	1·068	1·065	1·063	1·060	1·057	1·054	1·050	1 048
10·3	9·9	9·5	9·1	8·7	8·4	8·0	7·6	7·3	6 7	6·4
1·067	1·066	1·062	1·059	1·056	1·054	1·051	1·048	1·045	1·041	1·038
9·0	8·9	8 3	7·9	7·5	7·3	6·9	6·4	6·0	5·5	5·1
1·058	1·056	1·053	1·050	1·047	1·045	1·042	1·039	1·036	1·032	1·029
7·8	7·5	7·1	6·7	6·3	6·0	5·6	5·3	4·9	4·4	4·0
1·048	1·046	1·044	1·041	1·038	1·036	1·033	1·030	1·026	1·023	1 020
6·4	6·2	5·9	5·5	5·1	4·9	4·5	4·1	3·6	3·2	2·8
1·038	1·036	1·033	1·031	1·028	1·025	1·022	1·019	1·016	1·013	1·010
5·1	4·9	4·5	4·3	3·9	3·4	3·0	2·6	2·3	1·9	1·4
1·028	1·026	1·023	1·021	1·018	1·015	1·012	1·009	1·006	1·003	1·000
3 9	3·5	3·2	2·9	2 5	2·1	1·7	1·3	0 9	0·4	
1·018	1·016	1·014	1·012	1·009	1·006	1·002	0·999	0·996	0·993	0·990
2·5	2·2	2·0	1·7	1·3	0·9	0·3	—	—	—	—
1 008	1·007	1·004	1·002	0·999	0·996	0·993	0·990	0·987	0·984	0·981
1·1	1·0	0·6	0·3	—	—	—	—	—	—	—
0·998	0·996	0·994	0·992	0·989	0·986	0 983	0·980	0·977	0·974	0·971
—	—	—	—	—	—	—	—	—	—	—

N. Tabelle über das spec. Gew. von Kalilaugen bei 15°

Spec. Gewicht	Baumé	Densimeter	100 Gewichtstheile enthalten		1 cbm enthält Kilogramm	
			K_2O	KOH	K_2O	KOH
1·007	1	0·7	0·7	0·9	7	9
1·014	2	1·4	1·4	1·7	14	17
1·022	3	2·2	2·2	2·6	22	26
1·029	4	2·9	2·9	3·5	30	36
1·037	5	3·7	3·3	4·5	39	46
1·045	6	4·5	4·7	5·6	49	58
1·052	7	5·2	5·4	6·4	57	67
1·060	8	6·0	6·2	7·4	66	78
1·067	9	6·7	6·9	8·2	74	88
1·075	10	7·5	7·7	9·2	83	99
1·083	11	8·3	8·5	10·1	92	109
1·091	12	9·1	9·2	10·9	100	119
1·100	13	10·0	10·1	12·0	111	132
1·108	14	10·8	10·8	12·9	119	143
1·116	15	11·6	11·6	13·8	129	153
1·125	16	12·5	12·4	14·8	140	167
1·134	17	13·4	13·2	15·7	150	178
1·142	18	14·2	13·9	16·5	159	188
1·152	19	15·2	14·8	17·6	170	203
1·162	20	16·2	15·6	18·6	181	216
1·171	21	17·1	16·4	19·5	192	228
1·180	22	18·0	17·2	20·5	203	242
1·190	23	19·0	18·0	21·4	214	255
1·200	24	20·0	18·8	22·4	226	269
1·210	25	21·0	19·6	23·3	237	282
1·220	26	22·0	20·3	24·2	248	295
1·231	27	23·1	21·1	25·1	260	309
1·241	28	24·1	21·9	26·1	272	324
1·252	29	25·2	22·7	27·0	284	338
1·263	30	26·3	23·5	28·2	297	353
1·274	31	27·4	24·2	28·9	308	368
1·285	32	28·5	25·0	29·8	321	385
1·297	33	29·7	25·8	30·7	335	398
1·308	34	30·8	26·7	31·8	349	416
1·320	35	32·0	27·5	32·7	363	432
1·332	36	33·2	28·3	33·7	377	449
1·345	37	34·5	29·3	34·9	394	469
1·357	38	35·7	30·2	35·9	410	487
1·370	39	37·0	31·0	36·9	425	506

Spec. Gewicht	Baumé	Densimeter	100 Gewichtstheile enthalten		1 cbm enthält Kilogramm	
			K_2O	KOH	K_2O	KOH
1·383	40	38·3	31·8	37·8	440	522
1·397	41	39·7	32·7	38·9	457	543
1·410	42	41·0	33·5	39·9	472	563
1·424	43	42·4	34·4	40·9	490	582
1·438	44	43·8	35·4	42·1	509	605
1·453	45	45·3	36·5	43·4	530	631
1·468	46	46·8	37·5	44·6	549	655
1·483	47	48·3	38·5	45·8	571	679
1·498	48	49·8	39·6	47·1	593	706
1·514	49	51·4	40·6	48·3	615	731
1·530	50	53·0	41·5	49·4	635	756
1·546	51	54·6	42·5	50·6	655	779
1·563	52	56·3	43·6	51·9	681	811
1·580	53	58·0	44·7	53·2	706	840
1·597	54	59·7	45·8	54·5	731	870
1·615	55	61·5	47·0	55·9	759	902
1·634	56	63·4	48·3	57·5	789	940

IX. Ammoniakfabrikation[*].

A. Gaswasser.

Das Gaswasser enthält das NH_3 hauptsächlich als kohlensaures Ammoniak und Schwefelammonium, welche durch blosses Kochen ohne Zusatz von Kalk oder Natron ausgetrieben werden und in denen das NH_3 auf alkalimetrischem Wege bestimmt werden kann (flüchtiges Ammoniak). Daneben kommt aber stets auch etwas nicht durch blosses Kochen austreibbares und nicht alkalimetrisch bestimmbares NH_3 als Chlorid, Rhodanür, Sulfit, Thiosulfat, Ferrocyanür etc. vor (fixes Ammoniak).

Für technische Zwecke genügen folgende Bestimmungen:

1. **Flüchtiges Ammoniak.** Man verdünnt 20 ccm Gaswasser mit 10 ccm Wasser, setzt 30 ccm Normalsalzsäure zu, kocht bis zur Austreibung alles CO_2 und H_2S und titrirt mit

[*] Vgl. Chem.-Techn. Untersuch. II, 671 ff.

$^1/_2$ N-Natron zurück unter Anwendung der gewöhnlichen Indikatoren, oder kalt mit Anwendung von Methylorange unter direktem Zusatz von Säure ohne Rücktitrirung, ausser wenn die Flüssigkeit zu stark gefärbt ist, wo man dann verdünnen oder aber mit Lackmuspapier arbeiten muss. Jedes ccm Normalsäure ist $=$ 0·1707 g NH_3 oder für 20 ccm $=$ 0·08535 Gew. Proc. in 100 Vol. Gaswasser, oder $=$ 0·4216 Unzen englischer Schwefelsäure (93%) pro Gallone.

2. **Gesammt-Ammoniak.** Man bringt 20 ccm Gaswasser mit 20 ccm Wasser in den Kolben A, Fig. 16 und 30 ccm Normalsäure, verdünnt auf 60 ccm, in die Vorlagen B und C, wovon B die Hauptmenge erhält. Dann lässt man durch den Hahntrichter a überschüssige Kalkmilch einlaufen, erhitzt, lässt 1—2 Stunden

Fig. 16.

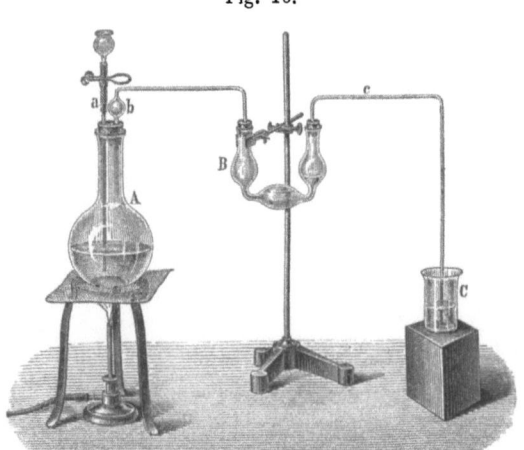

sacht kochen, um alles NH_3 nach B überzutreiben, vereinigt den Inhalt von B und C und titrirt mit $^1/_2$ N-Natron zurück, wovon man a ccm gebraucht. Dann zeigt $30 - \dfrac{a}{2}$ die verbrauchte Normalsäure an, welche wie in No. 1 auf NH_3 verrechnet wird.

3. **Gesammt-Schwefel.** Man versetzt 100 ccm Gaswasser mit Bromwasser, bis dessen Farbe und Geruch einen deutlichen Ueberschuss anzeigen, säuert mit reiner Salzsäure an, kocht bis zur Austreibung alles Broms, filtrirt nöthigenfalls, neutralisirt nahezu, aber nicht ganz, mit reiner Soda und fällt die Schwefelsäure mit Chlorbaryum nach S. 141. Zuweilen will

man wissen, wieviel Schwefelsäure im Gaswasser schon ursprünglich vorhanden war, was man durch Ansäuern einer Probe von nicht oxydirtem Gaswasser und Fällen mit Chlorbaryum ermittelt.

4. Rhodanammonium. Man dampft 50 ccm Gaswasser zur Trockne ab, erhitzt den Rückstand 3—4 Stunden auf 100^0, digerirt mit starkem Alkohol, filtrirt, wäscht mit Alkohol nach, verdampft alle Filtrate zur Trockne, löst den Rückstand in Wasser, filtrirt Unlösliches ab, setzt eine gemischte Lösung von schwefliger Säure und Kupfervitriol zu und erwärmt gelinde, worauf CuNCS niederfällt. Man spült den Niederschlag in einen Kolben, löst ihn in Salpetersäure auf, kocht einige Zeit und schlägt das Cu durch NaOH als CuO nieder; das Gewicht des geglühten CuO $\times$ 0·96 ergiebt dasjenige des $NH_4.CNS$.

Oder man titrirt mit einer Lösung von 6·244 g krystallisirtem Kupfervitriol ($CuSO_4$, $5H_2O$) im Liter, von welcher jedes ccm 0·00145 g NCS oder 0·00190 $(NH_4)NCS$ anzeigt. Man bringt die zu prüfende Lösung zum Kochen, setzt etwas Natriumbisulfit und darauf die Kupferlösung so lange zu, bis ein Tropfen des Gemisches in Berührung mit einem Tropfen einer 5procentigen Lösung von Ferrocyankalium sofort eine braune Färbung hervorruft. (Vgl. J. Soc. Chem. Ind. 1883 S. 122 und 231.)

Oder colorimetrisch nach Chem.-techn. Unters. II, 680.

B. Schwefelsaures Ammoniak.

1. Ammoniakgehalt. Das sorgfältig gezogene Durchschnittsmuster wird ganz durchgerieben, vollständig durch ein Sieb von 7—8 Maschen pro Quadratcentimeter geschlagen und hiervon eine kleine Durchschnittsprobe genommen. Von der so vorbereiteten Probe werden aus einem verstopften Glase 17·07 g abgewogen, zu 500 ccm gelöst und davon 50 ccm unfiltrirt in dem oben gezeigten Apparate Fig. 16 ganz wie sub A 2 destillirt. Jedes ccm der durch den Ausdruck $30 - \dfrac{a}{2}$ gefundenen Säuremenge ist $=$ 0·01707 g NH_3 $=$ 1·0 Procent.

Bequemer und weit schneller ist die Bestimmung des NH_3 durch die Bromnatronmethode, welche man in einem Azotometer oder im Gasvolumeter vornehmen kann, wobei das Ammoniak in elementaren Stickstoff übergeht und ein solcher gemessen wird. Hierzu wird das in Fig. 3 S. 191 gezeigte Anhängefläschchen verwendet, welches an dem Gasvolumeter, Fig. 8 S. 175, angebracht wird. Die Bromnatronlauge bereitet man durch Auflösen von 100 g bestem Aetznatron in 250 g Wasser und vorsichtigen Zusatz von 25 g Brom. Sie muss an einem dunklen, kühlen Orte aufbewahrt werden und hält sich auch so nur wenige Tage wirksam. Das Ammoniaksalz, fest oder in Lösung, wird in den äusseren Raum des Fläschchens a, die Bromnatronlauge

(25—30 ccm) in das innere Gefäss b eingeführt. Der Stopfen f, welcher schon an dem Gasmessrohre A bei c hängt, wird dicht in das Fläschchen eingepresst und der dadurch entstehende Druck durch augenblickliches Lüften des Stopfens e ausgeglichen, und überhaupt ganz, wie auf S. 191 beschrieben, in Bezug auf die Einleitung der Reaktion, sowie auf die Einstellung des Quecksilbers in dem Gasmessrohr, dem Niveaurohr und dem Reduktionsrohr verfahren. Da die Reaktion in diesem Falle unter erheblicher Wärmeentwicklung vor sich geht, so empfiehlt es sich hier ganz besonders, das Fläschchen a vor Beginn und wiederum nach Beendigung der Reaktion längere Zeit (10—15 Minuten) in ein grosses, mit Wasser von Zimmertemperatur gefülltes Gefäss einzustellen. Am Schlusse stellt man die Röhren so, dass das Volum des Stickstoffgases auf 0^0 und 760 mm im trockenen Zustande reducirt abgelesen werden kann. Jedes ccm entspricht dann 0·0012853 g N oder 0·0015627 g NH_3, wobei schon die der sogenannten „Absorption" des Stickstoffs (d. h. der unvollkommenen Reaktion) entsprechende Korrektur angebracht ist und besondere Korrektionstabellen ganz entbehrlich sind. Wenn man direkt Procente ablesen will, so wägt man 1·563 g schwefelsaures Ammoniak ab, löst in 100 ccm Wasser auf, verwendet 10 ccm der Lösung zur Analyse und setzt dann jedes ccm des Stickstoffs = 1 Proc. NH_3.

2. **Rhodanammonium** wird qualitativ durch verdünnte Eisenchlorīdlösung nachgewiesen, quantitativ nach S. 265 A 4 bestimmt.

C. Tabelle der specifischen Gewichte von Ammoniaklösungen bei 15° nach Lunge und Wiernik.

Spec. Gew. bei 15°	Proc. NH_2	1 Liter enthält NH_2 bei 15° g	Korrektion des spec. Gew. für ± 1°	Spec. Gew. bei 15°	Proc. NH_2	1 Liter enthält NH_2 bei 15° g	Korrektion des spec. Gew. für ± 1°
1·000	0·00	0·0	0·00018	0·980	4·80	47·0	0·00023
0·998	0·45	4·5	0·00018	0·978	5·30	51·8	0·00023
0·996	0·91	9·1	0·00019	0·976	5·80	56·6	0·00024
0·994	1·37	13·6	0·00019	0·974	6·30	61·4	0·00024
0·992	1·84	18·2	0·00020	0·972	6·80	66·1	0·00025
0·990	2·31	22·9	0·00020	0·970	7·31	70·9	0·00025
0·988	2·80	27·7	0·00021	0·968	7·82	75·7	0·00026
0·986	3·30	32·5	0·00021	0·966	8·33	80·5	0·00026
0·984	3·80	37·4	0·00022	0·964	8·84	85·2	0·00027
0·082	4·30	42·2	0·00022	0·962	9·35	89·9	0·00028

Spec. Gew. bei 15°	Proc. NH₃	1 Liter enthält NH₃ bei 15° g	Korrektion des spec. Gew. für ± 1°	Spec. Gew. bei 15°	Proc. NH₃	1 Liter enthält NH₃ bei 15° g	Korrektion des spec Gew. für ± 1°
0·960	9·91	95·1	0·00029	0·920	21·75	200·1	0·00047
0·958	10·47	100·3	0·00030	0·918	22·39	205·6	0·00048
0·956	11·03	105·4	0·00031	0·916	23·03	210·9	0·00049
0·954	11·60	110·7	0·00032	0·914	23·68	216·3	0·00050
0·952	12·17	115·9	0·00033	0·912	24·33	221·9	0·00051
0·950	12·74	121·0	0·00034	0·910	24·99	227·4	0·00052
0·948	13·31	126·2	0·00035	0·908	25·65	232·9	0·00053
0·946	13·88	131·3	0·00036	0·906	26·31	238·3	0·00054
0·944	14·46	136·5	0·00037	0·904	26·98	243·9	0·00055
0·942	15·04	141·7	0·00038	0·902	27·65	249·4	0·00056
0·940	15·63	146·9	0·00039	0·900	28·33	255·0	0·00057
0·938	16·22	152·1	0·00040	0·898	29·01	260·5	0·00058
0·936	16·82	157·4	0·00041	0·896	29·69	266·0	0·00059
0·934	17·42	162·7	0·00041	0·894	30·37	271·5	0·00060
0·932	18·03	168·1	0·00042	0·892	31·05	277·0	0·00060
0·930	18·64	173·4	0·00042	0·890	31·75	282·6	0·00061
0·928	19·25	178·6	0·00043	0·888	32·50	288·6	0·00062
0·926	19·87	184·2	0·00044	0·886	33·25	294·6	0·00063
0·924	20·49	189·3	0·00045	0·884	34·10	301·4	0·00064
0·922	21·12	194·7	0·00046	0·882	34·95	308·3	0·00065

Ueber flüssiges (komprimirtes) Ammoniak vgl. Chem.-techn. Unters. II, 687.

D. Tabelle über das spec. Gewicht der Lösungen von gewöhnlichem kohlensauren Ammoniak bei 15°.

(Lunge und Smith.)

Densimeter	Grade Baumé	Spec. Gewicht bei 15°	Procent kohlens. Ammoniak	Veränderung des spec. Gewichts für ±1°
0·5	0·6	1·005	1·66	0·0002
1	1·4	1·010	3·18	0·0002
1·5	2·1	1·015	4·60	0·0003
2	2·7	1·020	6·04	0·0003

Densi-meter	Grade Baumé	Spec. Gewicht bei 15°	Procent kohlens. Ammoniak	Veränderung des spec. Gewichts für ±1°
2·5	3·4	1·025	7·49	0·0003
3	4·1	1·030	8·93	0·0004
3·5	4·7	1·035	10·35	0·0004
4	5·4	1·040	11·86	0·0004
4·5	6·0	1·045	13·36	0·0005
5	6·7	1·050	14·83	0·0005
5·5	7·4	1·055	16·16	0·0005
6	8·0	1·060	17·70	0·0005
6·5	8·7	1·065	19·18	0·0005
7	9·4	1·070	20·70	0·0005
7·5	10·0	1·075	22·25	0·0006
8	10·6	1·080	23·78	0·0006
8·5	11·2	1·085	25·31	0·0007
9	11·9	1·090	26·82	0·0007
9·5	12·4	1·095	28·33	0·0007
10	13·0	1·100	29·93	0·0007
10·5	13·6	1·105	31·77	0·0007
11	14·2	1·110	33·45	0·0007
11·5	14·9	1·115	35·08	0·0007
12	15·4	1·120	36·88	0·0007
12·5	16·0	1·125	38·71	0·0007
13	16·5	1·130	40·34	0·0007
13·5	17·1	1·135	42·20	0·0007
14	17·8	1·140	44·29	0·0007
14·5	17·9	1·1414	44·90	0·0007

X. Bereitung der Normallösungen.

A. Normalsäure und Normallauge.

Als Grundlage der Alkalimetrie und Acidimetrie dient chemisch reines kohlensaures Natron. Man prüft es durch Auflösen von ca. 5 g in Wasser, wobei eine völlig klare, farblose Lösung entstehen soll, welche nach Uebersättigung mit reiner Salpetersäure und Verdünnung durchaus keine Trübung mit Chlorbaryum und mit Silbernitrat, höchstens eine ganz leise

Opalescenz geben soll; in diesem Falle kann man es für hinreichend rein annehmen[1]). Vor dem Gebrauche wird die Soda mindestens 20 Minuten lang im Platintiegel unter öfterem Umrühren soweit erhitzt, dass der Boden des Tiegels glühend wird, die Soda aber nicht zum Sintern kommt; aus dem im Exsiccator erkalteten Tiegel werden nach einander mehrere Proben von 1—2 g direkt ausgewogen und zur Titerstellung der Normalsäure benutzt. Man muss mindestens auf $^1/_2$ mg genau auswägen können.

Als Normalsäure dient Salzsäure, welche vor der Schwefelsäure und Oxalsäure folgende Vortheile hat: 1. ist sie allgemeiner verwendbar, z. B. auch für Erdalkalien; 2. man kann ihren Titer, abgesehen von der Stellung auf reine Soda, durch Fällen mit Silbernitrat sehr genau kontrolliren, viel genauer als denjenigen der Schwefelsäure durch Chlorbaryum. Man verdünnt zunächst reine Salzsäure auf ca. 1·020 spec. Gew., so dass man eine Säure erhält, welche etwas über die Normalstärke (39·46 g) HCl pro Liter) hält. Diese füllt man in eine Bürette und titrirt damit eine der wie oben abgewogenen, frisch geglühten Sodaproben vom Gewicht w, wozu man x ccm Säure braucht.

Wenn die Säure wirklich normal wäre, so müsste $x = \dfrac{w}{0·05305}$ sein, was aber kaum eintreffen wird; vermuthlich wird man weniger Säure brauchen. Man berechnet nun nach der obigen Formel, wie viel Kubikcentimeter wirkliche Normalsäure gebraucht werden sollten; diese Zahl y ist also $= \dfrac{w}{0·05305}$ und x wird kleiner als y sein. Um nun zu erfahren, wie stark man diese vorläufige Säure verdünnen muss, damit sie normal wird, setzen wir $u = \dfrac{1000\,x}{y}$; u ist dann die Zahl der Kubikcentimeter der vorläufigen Säure, welche man in den Mischcylinder einfüllt und durch Zusatz von reinem Wasser auf 1000 ccm bringt.

Wenn man brauchbare Normalnatronlauge oder Halbnormal-Sodalösung (S. 272) vorräthig hat, kann man diese dazu

---

*) Die vom Verfasser von der chem. Fabrik Burgbrohl bezogene „reine Soda" war entschieden reiner als die nach Reinitzer's Vorschrift (Zsch. f. angew. Ch. 1894, 551) aus käuflichem Bicarbonat dargestellte, wie genaue quantitative Versuche zeigten; die erstere kann, falls sie den im Text gestellten Anforderungen genügt, unbedenklich als quantitativ rein genug für Titerstellung verwendet werden und ist trotz aller Empfehlungen anderweitiger „Ursubstanzen" diesen allen vorzuziehen. Die im Text beschriebene Art der Erhitzung giebt dasselbe Resultat wie Erhitzen im Luftbad auf 300⁰.

benutzen, um durch eine völlig analoge Methode die vorläufige Säure zu untersuchen und auf Normalsäure zu bringen. Die fertig gemischte Normalsäure muss aber nun jedenfalls durch Titriren neuer Proben von geglühter reiner Soda darauf untersucht werden, ob sie völlig richtig, also $x = y$ ist. Sehr wünschbar ist noch eine weitere Kontrolle durch gewichtsanalytische Bestimmung des Chlorgehaltes mittelst Silbernitrats. 10 ccm der Säure ($= 0\cdot3646$ HCl) sollen $1\cdot4338$ g AgCl ergeben.

Als Indikator beim Titriren wurde früher allgemein und wird noch heute vielfach Lackmustinktur gebraucht, die man bekanntlich in offenen Gefässen aufbewahren muss, damit sie nicht verdirbt. Man muss bei Anwendung derselben die mit Probesäure versetzte Flüssigkeit anhaltend kochen, um sämmtliche Kohlensäure auszutreiben und mit dem Zusatz von Säure so lange fortfahren, als noch bei längerem Kochen die Farbe von roth nach violett oder blau zurückgeht. Hierbei wird bei vielen Glassorten eine ganz erhebliche Menge von Alkali aufgelöst, und dadurch der Versuch ungenau gemacht. Das Titriren in der Hitze giebt keine so genauen Resultate; lässt man aber erkalten, so kann wieder die Luftkohlensäure störend einwirken. Ein Versuch mit Lackmus dauert selten unter $^1/_2$ Stunde, oft darüber. Phenolphtalein zeigt genau dieselben Uebelstände. Dagegen ist die Titration in wenigen Minuten beendigt, wenn man Dimethylanilin-Orange (kurz bezeichnet als Methylorange) in verdünnter wässriger Lösung als Indikator anwendet. Man darf alsdann aber nicht mit heissen Lösungen, sondern nur bei gewöhnlicher Temperatur arbeiten, und darf nur Mineralsäuren (nicht Oxalsäure) zum Titriren anwenden. Man versetzt die kalte Sodalösung mit einigen Tropfen der Lösung des Methylorange, am besten mittelst einer Pipette, so dass eine eben sichtbare hellgelbe Färbung entsteht (bei zu starker Färbung ist später der Uebergang in roth nicht scharf) und titrirt dann mit Normalsäure. Die Kohlensäure wirkt nicht merklich (s. u.) auf den Farbstoff ein; erst wenn alles Na_2CO_3 zersetxt und ein minimaler Ueberschuss von Salzsäure vorhanden ist, geht das Gelb plötzlich und scharf in purpurroth über. Man lässt also die Säure hintereinander unter Umschütteln einlaufen, bis der Farbenwechsel eingetreten ist. Ebenso scharf ist der Uebergang von roth zu hellgelb oder fast farblos beim Titriren von Mineralsäuren mit ätzendem oder kohlensaurem Alkali. Die Resultate sind identisch mit den besten mit Lackmus erhaltenen; der Hauptvortheil bei Methylorange ist die grosse Ersparniss an Zeit und die Vermeidung des Erhitzens, sowie des Angriffs auf das Glas. Für Methylorange spricht ferner, dass es von Schwefelwasserstoff, welcher Lackmus zerstört, ebenso wenig wie von Kohlensäure beeinflusst wird, also z. B. zum direkten Titriren von Rohsodalaugen verwendet werden kann. Schweflige Säure dagegen wirkt auf Methylorange ebenso wie die stärkeren Mineralsäuren, doch nur mit dem halben Wirkungswerthe, so dass der Neutralisationspunkt bei Entstehung der Verbindung NaHSO$_3$ liegt. Bei Gegenwart von **salpetriger Säure** wird Methylorange allmälig zerstört, ist aber bei Anwendung des S. 169 beschriebenen Verfahrens dennoch vollkommen brauchbar.

Bei Anwendung von $^1/_5$ Normalsäure (schwächere Säuren gewähren keinen Vortheil, weil dann der Farbenumschlag meist um $1-2$ Tropfen unsicher ist) ist der Umschlag von gelb auf purpurroth nicht ganz scharf; es tritt eine bräunliche Mittelfarbe ein, die man früher als Endpunkt genommen hat. Küster hat darauf hingewiesen, dass man bis zu der schwachen Rosafärbung gehen sollte, welche die in der Flüssigkeit vorhandene Kohlensäure auch bei Abwesenheit von starken Säuren mit Methylorange giebt. Bei $^1/_1$ oder $^1/_2$ Normalsäure kommt dies gar nicht in Betracht; bei $^1/_5$ N-Säure kann man ebenso ganz nach der Vorschrift von Küster, wie nach der früheren Uebung arbeiten, wenn man nur bei der Titerstellung ebenso wie beim späteren Gebrauche verfährt. In beiden Fällen geht man bis auf einen Tropfen (ca. $^1/_{40}$ ccm) sicher.

Nach allgemeiner Uebereinstimmung ist Methylorange der beste Indikator bei der Titrirung von **Basen** mittelst starker Mineralsäuren; aber ganz genau dasselbe gilt von der Titrirung von **starken Säuren** (Schwefelsäure, Salzsäure, Salpetersäure), bei der sogar seine Vorzüge eher noch mehr zur Geltung kommen, weil man durch einen kleinen Kohlensäuregehalt des Normalalkalis durchaus nicht gestört wird, der bei Anwendung von Lackmus oder Phenolphtalein genaueres Arbeiten erschwert. **Organische** Säuren allerdings kann man mit Methylorange nicht titriren. Die zuweilen als Indikator empfohlene Muttersubstanz desselben (Dimethylamidoazobenzol), die nur in Alkohol löslich ist, ist viel weniger empfehlenswerth als die wasserlösliche Methylorange des Handels. Dasselbe gilt vom Aethylorange.

Wenn die Normalsäure fertig ist, stellt man das **Normalalkali** dar, indem man etwa 50 g bestes käufliches Aetznatron in 1 l reinem Wasser auflöst und 50 ccm der Lösung mit der Normalsäure titrirt. Man wird mehr als 50 ccm Säure brauchen, nämlich **x** ccm, und findet die Anzahl **u** ccm, welche mit reinem Wasser auf 1 l verdünnen muss, um Normalnatron zu erhalten, durch den Ansatz: $u = \dfrac{50\,000}{x}$. Die jetzt erhaltene Flüssigkeit wird von neuem durch Titriren auf ihre Richtigkeit geprüft.

Normalnatronlauge muss, wenn man mit Lackmus arbeiten will, möglichst kohlensäurefrei sein und später möglichst vor der Kohlensäure der Luft geschützt werden, weil nach dem Anziehen von CO_2 (die übrigens im käuflichen Aetznatron nie fehlt) der

Farbenübergang in der Kälte nicht mehr scharf ausfällt. Ganz kohlensäurefreie Lauge ist umständlich herzustellen und schwierig in diesem Zustande bei längerem Gebrauche zu erhalten. Wenn man dagegen Methylorange als Indikator verwendet, so kann man die Natronlauge ohne weitere Vorsichtsmaassregeln anwenden und kann sogar statt derselben eine durch Auflösen von 53 g reiner Soda in 1 l Wasser dargestellte Lösung als Normalalkali gebrauchen, welche in der Kälte angewendet wird und eben so scharfe Resultate wie Natronlauge giebt, wobei man sich um die zum Theil unter Aufbrausen entweichende Kohlensäure gar nicht zu kümmern braucht. Die allgemeine Anwendung einer Normal-Natriumcarbonat-Lösung ist jedoch wegen des Herauskrystallisirens an Büretten, Flaschenhälsen etc. nicht bequem. Deshalb ist es vorzuziehen, schwächere Natriumcarbonatlösungen darzustellen; schon eine halbnormale Lösung zeigt jenes Auskrystallisiren kaum.

Alle Normalflüssigkeiten müssen so nahe als möglich bei einer Temperatur, z. B. 15^0 oder 18^0 C., zubereitet und verwendet werden. Wenn sie längere Zeit in einer Flasche gestanden haben, wobei leicht etwas Wasser abdunstet und sich im oberen Theile der Flasche wieder kondensirt, so muss man durch Umschütteln wieder die richtige Mischung herstellen. Am besten bereitet man eine grössere Menge, z. B. 50 l, und füllt davon nach Bedarf in eine 2–5 l fassende Flasche um, aus der die Büretten versorgt werden, unter Umschütteln bei jedem Gebrauche der grossen oder kleinen Flasche.

Falls die Temperatur des Arbeitsraumes mehr als $2-3^0$ über der bei Herstellung der Normallösung angewendeten (gewöhnlich 15^0) beträgt, so muss für genauere Bestimmungen eine Korrektion angebracht werden, wofür nach Jul. Wagner folgende Tabelle dienen kann. Die Zahlen bedeuten Hundertstel von ccm und gelten für destillirtes Wasser oder verdünnte Normallösungen. Bei $^1/_1$-Normallösungen betragen die Werthe schon das Doppelte bis Vierfache der hier gegebenen (Alf. Schulze, Zsch. f. analyt. Ch. **21**, 167).

t^0	Abzuziehen in Hundertsteln eines ccm		
	für je 1 ccm	für je 10 ccm	für je 20 ccm
16	0·015	0·2	0·3
17	0·031	0·3	0·6
18	0·047	0·5	0·9
19	0·065	0·7	1·3
20	0·084	0·8	1·7
21	0·100	1·0	2·0
22	0·125	1·3	2·5
23	0·146	1·5	2·9
24	0·168	1·7	3·4
25	0·191	1·9	3·8

B. Chamäleonlösung.

In der Regel wird eine Halbnormal-Lösung verwendet, d. h. eine solche, welche pro Kubikcentimeter 0˙004 g Sauerstoff abgeben kann. Sie dient z. B. zur Bestimmung der salpetrigen Säure in Schwefelsäure, zu der der Stickstoffsäuren im Kammer-Austrittsgase, zur Braunstein-Analyse, zu den analytischen Arbeiten für das Weldon-Verfahren u. s. f.

Für die Bestimmung von Eisen, welches in den Produkten der Sodaindustrie in sehr kleinen Mengen vorzukommen pflegt, verwendet man besser eine Zehntel- oder Zwanzigstel-Normallösung, welche man aus der Halbnormallösung durch Verdünnung auf das Fünffache resp. Zehnfache darstellt, und welche pro Kubikcentimeter 0˙0056 resp. 0˙0028 g Eisen anzeigt. Bei der Verdünnung kann sich jedoch der Titer etwas ändern, weshalb man ihn von neuem kontrolliren muss.

Das Kaliumpermanganat kommt in schöner, krystallisirter Form in den Handel. Von einem ganz reinen Salze und mit ganz reinem Wasser würde man für eine Halbnormallösung 15˙815 g im Liter auflösen müssen. Da aber weder für die Reinheit des Salzes noch für diejenige des (destillirten) Wassers absolute Sicherheit besteht, so löst man 16 g gut krystallisirtes Permanganat in 1 l destillirtem Wasser und lässt die Lösung mindestens 3—4 Tage stehen, ehe man ihren Titer bestimmt, damit das Permanganat auf die Verunreinigungen des Wassers wirken kann. Erst dann bestimmt man den Titer und korrigirt ihn nöthigenfalls mit ein wenig Wasser auf genau halbnormal. Eine so hergestellte Lösung, von Staub und direktem Sonnenlicht geschützt, hält sich beliebig lange.

Keine einzige der vielen Methoden[*]) zur Titerstellung von Chamäleon ist einwurfsfrei. Am meisten gebräuchlich ist diejenige mit feinstem w e i c h e m Eisendraht, sogenanntem Blumendraht, dessen Wirkungswerth man im Durchschnitt zu 99˙8 % Fe annehmen kann, wovon aber Abweichungen von + 0˙1 % sehr leicht und selbst grössere zuweilen vorkommen[**]), was eben für die anderen „Ursubstanzen" auch fast immer zutrifft. Vor dem Abwägen wird der Draht durch Schmirgelpapier und dann durch Schreibpapier durchgezogen, um minimale Rostmengen zu entfernen. Man wägt 0˙5611 g Draht = 0˙5600 Fe ab (wenn man die Länge anmerkt, kann man später bei neuen

---

*) Vgl. darüber Chem.-Techn. Untersuch. I, 97 ff.

**) Prof. Treadwell hat, durch Kontrolle mit nach seiner elektrolytischen Methode absolut rein dargestelltem Eisen (Chem.-Techn. Unters. I, 100) gefunden, dass es im Handel Blumendraht giebt, dessen Wirkungswerth 100˙2 beträgt, indem auch C, Si etc. reducirend wirken können.

Wägungen sofort fast genau das Richtige treffen), bringt ihn in den Kolben mit Kautschuk-Ventil (Fig. 12, S. 191), löst in verdünnter Schwefelsäure unter Erwärmen auf, lässt erkalten und fügt aus der Bürette Chamäleonlösung zu, bis eine schwache, aber deutliche und mindestens $1/2$ Minute dauernde Rosafärbung eingetreten ist. Eine später, selbst etwa schon nach 5 Minuten eintretende Entfärbung darf nicht beachtet werden. Obige Menge Eisen soll genau 20 ccm Chamäleon beanspruchen. Wenn dies nicht der Fall ist, so korrigirt man entweder den Fehler jedesmal durch Rechnung oder, weit besser, man korrigirt die Chamäleonlösung sofort durch Zusatz von mehr Permanganat oder Wasser. Gesetzt, man habe nicht 20, sondern x ccm Chamäleon gebraucht, so müsste man zur Herstellung einer richtigen Halbnormallösung $\frac{15·815 \, x}{20}$ g des verwendeten übermangansauren Salzes nehmen, also das Fehlende, nämlich die eben berechnete Zahl minus 15·815 g, noch zusetzen. Selbstverständlich wird man den Titer dann nochmals kontrolliren.

Eine ausgezeichnet gute und dabei sehr schnelle Kontrolle des Titers einer Chamäleonlösung kann man mit dem Nitrometer oder Gasvolumeter vornehmen Hierzu wird ganz wie bei der Analyse des Braunsteins (S. 191) beschrieben, verfahren Man bringt bei einem 100 ccm fassenden Messrohre 15 ccm, bei einem 150 ccm fassenden 20 ccm der Chamäleonlösung in den äusseren Raum des Fläschchens a, setzt dazu 30 ccm verdünnte Schwefelsäure (1 : 5), bringt 15 ccm käufliches Wasserstoffsuperoxyd*) in das innere Gefäss b, setzt den Kork auf, nimmt die Einstellung, wie dort beschrieben, vor, setzt die Reaktion durch Neigen des Fläschchens und Ausfliessen des H_2O_2 in Gang, schüttelt nur eine Minute lang, ohne das Gefäss mit der Hand zu erwärmen, stellt das Quecksilber im Niveaurohr auf dasjenige im Gasmessrohr ein, schliesst den Hahn, komprimirt das Gas in dort beschriebener Weise auf Normalzustand und liest ab. Jedes ccm des Gases zeigt 0 0007145 g aktiven Sauerstoff an. Die Resultate stimmen durchaus mit denen der Eisenmethode und sind genauer als diejenige der Titerstellung mit Oxalsäure. Man hat dabei den grossen Vortheil, von der Reinheit der angewendeten Kontrollsubstanz ganz unabhängig zu sein, und den aktiven Sauerstoff direkt in absolutem Maasse zu erhalten.

Die Chamäleonlösung wird am besten aus einer Bürette mit seitlichem (hohlem) Glashahne verwendet. Eine etwaige (durch Staub etc. eintretende Veränderung in ihrem Titer macht sich schon durch Entstehen eines Niederschlags von MnO_2 in

---

*) Bei dem schwankenden Gehalte des käuflichen Wasserstoffsuperoxyds ist ein Vorversuch räthlich. Es sollte von demselben kein grösserer Ueberschuss vorhanden sein.

der Flasche bemerklich. Es ist zweckmässig, obige Kontrolle mit Eisen oder H_2O_2 alle 3 Monate zu wiederholen.

Bei Gegenwart von viel freier Salzsäure ist die Titrirung mit Chamäleon wegen Chlorentwicklung ungenau. Dies wird jedoch ganz vermieden, wenn die Flüssigkeit ziemlich viel Mangansalz enthält oder man ihr direkt etwa 1 g eisenfreies Mangansulfat zusetzt.

C. Jodlösung.

Man wägt 12·685 g reines umsublimirtes Jod (welches man schon im Handel beziehen, oder durch Verreiben von rohem Jod mit 10 Proc. Jodkalium und Umsublimiren darstellen kann) auf einer mindestens 5 mg sicher zeigenden Tarirwaage genau ab, schüttet es in einen Literkolben, in dem sich bereits eine koncentrirte Lösung von 15—18 g Jodkalium befindet, verschliesst den Kolben, schüttelt bis zu vollständiger Lösung und verdünnt bis zur Marke. Man erhält so eine Zehntelnormal-Lösung, deren Titer durch die, ihrerseits auf reines Jod gestellte, Arsenlösung kontrollirt wird. Die beiden Lösungen sollen einander ganz genau, Kubikcentimeter pro Kubikcentimeter, äquivalent sein.

Eine gute Kontrolle des Jodtiters kann auf gasvolumetrischem Wege vorgenommen werden, wobei man sich aber genau nach folgender Vorschrift richten muss. Man benutzt hierzu das Nitrometer oder Gasvolumeter mit Anhängefläschchen, Fig. 13, S. 191. In den äusseren Raum des Fläschchens bringt man 50 ccm der Jodlösung, in das innere Cylinderchen ein frisch bereitetes und abgekühltes Gemisch von 6 mm Wasserstoffsuperoxyd von 2 °/o und 8 ccm Kalilauge (1 Th käufliches Kalihydrat auf 1 Th. Wasser). Da ein grösserer Ueberschuss von H_2O_2 durchaus vermieden werden muss, so darf man kein stärkeres als 2 procentiges Reagens anwenden (Ermittlung des Gehaltes in demselben Apparate durch Behandlung mit Chlorkalk oder Chamäleon, also genaue Umkehrung der S. 198 und 274 beschriebenen Operationen). Man versetzt nun das Fläschchen, nach Verbindung mit dem Gasmessrohr, in kreisende Bewegung, ohne dass dabei etwas aus dem inneren Cylinder herauslaufen darf, neigt es plötzlich um 90⁰ und lässt so die Flüssigkeiten sich augenblicklich innig mischen. Nun schwenkt man nur noch einige Sekunden um (nicht länger!), stellt die Quecksilberkuppen ein und liest sofort ab, also wie bei der Braunstein- (S. 191) und Chlorkalk-Analyse. Jedes ccm Sauerstoff entspricht 0·011329 g Jod (nach der Gleichung: $2J + H_2O_2 = 2HJ + O_2$).

Speciell für Bestimmung kleiner Mengen von Schwefelnatrium verwendet man zuweilen eine besondere Jodlösung, welche pro Kubikcentimeter 0·001 g Na_2S anzeigt. Sie wird dargestellt durch Auflösen von 3·246 g reinem Jod mit 5 g Jodkalium zu einem Liter.

Die Jodlösungen, namentlich die verdünnteren, halten sich in gut verschlossenen Flaschen an kühlen Orten längere Zeit, sollten aber doch monatlich einmal mit Arsenlösung kontrollirt werden.

Bereitung der Stärkelösung. 3 g Stärke wird mit wenig Wasser zu einem gleichmässigen Brei verrührt und allmälig in 300 g in einer Porcellanschale kochendes Wasser eingetragen; man erhitzt weiter, bis eine fast klare Lösung entstanden ist. Man lässt diese in einem hohen Glase absetzen, giesst das Klare durch ein Filter und sättigt mit Kochsalz oder setzt einige Tropfen Formalin zu. Die Lösung, im Kühlen aufbewahrt, hält sich längere Zeit; sobald man Pilzvegetation in derselben bemerkt, ist sie zu verwerfen.

Sehr bequem ist die nach Zulkowsky (Wagner's Jahresb. 1878 S. 753) dargestellte wasserlösliche Stärke, welche im Zustande von dickem Brei, den man nicht eintrocknen lassen darf, aufbewahrt wird und von welcher man jedesmal eine kleine Menge mittelst eines Glasstabes entnimmt. Auch andere wasserlösliche Stärken finden sich im Handel vor.

D. Arsenlösung

dient allgemein zur Titerstellung und als Ergänzung der Jodlösung, speciell zur Chlorkalk-Titrirung. Man verwendet käufliche reine, gepulverte arsenige Säure, welche man prüft, ob sie beim Sublimiren aus einem Schälchen in ein Uhrglas nicht anfangs ein gelbliches Sublimat (von As_2S_3, das leichter flüchtig ist) giebt und sich bei stärkerem Erhitzen ganz verflüchtigt. Vor dem Gebrauche lässt man das Pulver einige Zeit im Exsiccator über Schwefelsäure und kann es dann ohne besondere Vorsichtsmaassregeln abwägen, da es nicht hygroskopisch ist. Zur Bereitung einer Zehntelnormallösung wägt man 4·950 g arsenige Säure genau ab, kocht mit ca. 10 g reinem doppeltkohlensaurem Natron und ca. 200 ccm Wasser bis zur völligen Auflösung, setzt noch einmal 10 g Bicarbonat zu und verdünnt nach dem Erkalten auf 1 l. Die Lösung ist durchaus haltbar und äquivalent mit 0·003545 g Chlor oder 0·012685 g Jod pro Kubikcentimeter.

Bei Anwendung von reiner und trockener arseniger Säure wird diese Lösung von vornherein richtig sein. Man kann sie aber noch kontroliren, was man namentlich bei Bereitung grösserer Mengen nicht verabsäumen sollte, indem man ca. 0·5 g reines Jod mit 0·1 g Jodkalium verreibt, in einem Schälchen auf einem Sandbad oder auf Asbestpappe erhitzt, bis sich reichliche Dämpfe erheben, dann mit einem trockenen Uhrglase bedeckt, den grösseren Theil, aber nicht das Ganze, des Jods hinein sublimiren lässt, das Uhrglas mit einem zweiten bedeckt, welches darauf luftdicht passt und mit ihm gewogen ist und wägt. Dann lässt man die Uhrgläser in eine Lösung von 1 g Jodkalium (frei von jodsaurem Kali) in 10 g Wasser gleiten, wartet ein wenig bis zur Auflösung des Jods, verdünnt mit ca. 100 ccm Wasser und titrirt mit der Arsenlösung. Wenn die Farbe nur noch hellgelb ist, setzt man ein wenig Stärkelösung zu und titrirt genau bis zum Verschwinden der Blaufärbung. Die verbrauchte Menge Arsenlösung in Kubikcentimetern, multiplicirt mit 0·012685, soll genau gleich dem angewendeten Gewichte von Jod sein.

E. Silberlösung.

Man wägt genau 16·997 reines krystallisirtes (am besten vorher einige Stunden im Exsiccator aufbewahrtes) Silbernitrat ab und löst in einem Liter Wasser auf. Dies giebt eine Zehntelnormallösung, von welcher jedes Kubikcentimeter $=$ 0·003545 g Cl oder 0·003646 g HCl oder 0·00585 g NaCl anzeigt. Eine Lösung, welche 0·001 g NaCl pro Kubikcentimeter anzeigt, erhält man durch Auflösen von 2·906 Silbernitrat in 1 l Wasser.

Ammoniakalische Silberlösung, zur Bestimmung von Schwefelalkalien nach Lestelle (S. 228), erhält man durch Auflösen von 13·810 g Feinsilber in reiner Salpetersäure, Zusatz von 250 ccm Ammoniakflüssigkeit und Verdünnen auf 1 l. Jedes Kubikcentimeter hiervon zeigt 0·005 g Na_2S an.

F. Kupfervitriollösung

zur Bestimmung von Ferrocyanalkali. Man löst 12·475 reinen krystallisirten, nicht verwitterten Kupfervitrol in 1 l Wasser auf (vgl. S. 207).

G. Oxalsäurelösung

zur Bestimmung der „Basis" bei der Braunstein-Regenerirung (S. 195). Man löst 63·06 g reine, nicht verwitterte, krystallisirte Oxalsäure in 1 l Wasser und kontrollirt den Titer mit Normalnatronlauge. Die Lösung ist, namentlich im Lichte, nicht ganz haltbar und eignet sich schon aus diesem Grunde nicht so gut wie Salzsäure zur Alkalimetrie; ferner auch deshalb, weil dabei Methylorange als Indikator nicht anwendbar ist.

XI. Vorschriften für das Ziehen von Durchschnitts-Mustern.

A. Erze und Mineralien aller Art
(Schwefelkies, Braunstein, Kohlen, Salz).

1. Gepulverte Erze, Schliech, Salz etc. Man entnimmt von jedem auf die Waage gebrachten Kübel, Karren und dgl. eine Probe von ca. $^1/_2$ kg vermittelst eines grossen Schöpflöffels, so dass man stets ungefähr die gleiche Menge erhält. Bei Eisenbahnwaggons, welche direkt in das Magazin gestürzt werden, nimmt man drei Proben, nämlich von den beiden Enden und der Mitte[*]. Sämmtliche Einzelproben werden zunächst in ein Fass gegeben und bedeckt gehalten, um Verdunsten von Feuchtigkeit zu hindern. Nach Beendigung der Abnahme stürzt man den Inhalt des Fasses auf einer ebenen, reinen und harten Fläche aus, breitet das Gut flach aus, schaufelt es zu einem kleinen Haufen im Mittelpunkt zusammen, indem man ganz regelmässig rings herum geht, breitet diesen Haufen von neuem flach aus und entnimmt eine Probe von etwa einem Viertel der Masse, indem man mit einer Schaufel zwei sich rechtwinklig kreuzende Streifen aushebt und noch etwas aus der Mitte der vier übrig bleibenden Quadranten entnimmt. Mit dieser kleineren Probe verfährt man ebenso wie mit der grösseren, so dass man jetzt auf nicht mehr als ca. 2 kg Masse kommt. Diese wird nochmals gut durchgemischt und daraus 4 (oder eine beliebige andere Zahl) 100 g fassende Pulvergläser gefüllt, indem man dieselben auf einem Papiere dicht neben einander aufstellt und von jeder Handvoll etwas in jedes der Gläser fallen lässt. Wenn diese gefüllt sind, werden sie sofort mit gut schliessenden Korken verschlossen, die man dicht über dem Halse der Flasche abschneidet und gut versiegelt. Dabei kann erforderlichenfalls das Siegel des Käufers und Verkäufers resp. ihrer Vertreter oder das einer dritten Partei angebracht werden Die Operation des Durchmischens etc. und Füllens der Flaschen muss so schnell als möglich vorgenommen werden, um die Verdunstung oder das Anziehen erheblicher Mengen von Feuchtigkeit zu hindern.

Obige Probegläser werden dem Laboratoriumchemiker übergeben, welcher deren Inhalt zu pulvern hat, bis er **vollständig**

---

[*] Da obiges Verfahren vor Irrungen nicht immer schützt, so zieht man in manchen Fabriken die in No. 2 beschriebene Probenahme mit ganzen Wiegeküblen und dgl. vor. Vgl. auch Chem.-techn. Unters. I, 6 ff.

durch ein Sieb von 1 mm Maschenöffnung durchgeht; es darf nichts Grobes zurückbleiben. Hiervon wird nach genauestem Durchmischen ein kleineres Muster gezogen und auf den für die Analyse nöthigen Feinheitsgrad durch Pulvern im Stahlmörser oder Achatmörser, bei weicheren Substanzen in einem Mörser von hartem Porcellan gebracht. Braunstein darf man nicht in eisernen Mörsern pulvern. Die Feuchtigkeit wird mit einem unzerriebenen Theile des Musters bestimmt.

2. Grobstückige Erze u. dgl., welche Zerkleinerung erfordern. Man muss hiervon um so grössere Proben entnehmen, je gröber das Korn ist. Wenn die Stücke nicht über Apfelgrösse und nicht gar zu ungleich gross sind, genügt es, von jedem Wiegekübel etc. wie in No. 1 eine Probe zu entnehmen, aber mittelst einer Schaufel, welche ca. 5 kg fasst. Bei noch gröberem und in jedem Falle bei ungleichmässigem Korn ist es vorzuziehen, von Zeit zu Zeit einen ganzen Wiegekübel (z. B. jeden zehnten oder zwanzigsten) auf einen besondern Raum zu stürzen, wo sich das ganze Durchschnittsmuster ansammelt. Unter allen Umständen muss man möglichst Sorge tragen, das Verhältniss zwischen grobem und feinem Material in dem Durchschnittsmuster richtig zu repräsentiren. Dasselbe wird nun zunächst von Hand und mittelst einer mechanischen Vorrichtung auf Wallnussgrösse zerkleinert, wobei nichts Gröberes ausgehalten werden darf. Das zerkleinerte Gut wird durch mehrmaliges Hin- und Herschaufeln gründlichst durchgemengt, dann in einen flachen Haufen ausgebreitet und aus diesem ein kleineres Muster von ca. 10—12 kg durch Ausheben zweier sich kreuzender Streifen und der Mitte der Quadranten entnommen. Das reducirte Muster wird nun weiter zerkleinert, entweder in einem grossen Eisenmörser oder besser mittelst eines schweren Hammers auf einer massiv gebetteten, mit aufstehendem Rande versehenen Gusseisenplatte von ca. $^3/_4—1$ m im Quadrat (dies ist viel bequemer und reinlicher als Pulvern im Mörser). Das Grobe wird durch ein Sieb von 3 mm Maschenöffnung abgesiebt und weiter zerkleinert, bis alles durchgesiebt ist. Das Gut wird nun wie in No. 1 durch Mischen und Ausstechen zu einer Menge von 1—2 kg reducirt, aus welcher man, wie dort vorgeschrieben, die Probegläser füllt.

B. Chemische Produkte.

1. Sulfat, Soda u. dgl. Wenn diese Materialien lose sind, zieht man die Probe ganz wie in No. 1. Wenn sie in Fässern sind, wird je nach der Grösse des Postens, jedes dritte, fünfte oder zehnte Fass an einem seiner Böden angebohrt und mittelst eines langen, bis zum Mittelpunkt des Fasses gehenden, halbrunden Probenziehers, Fig. 17, indem man diesen

um seine Axe dreht, ein Muster herausgezogen. Alle einzelnen Fassmuster kommen in ein grosses Pulverglas, bis man mit dem Probenziehen fertig ist. Dann schüttet man den Inhalt des Glases auf einen grossen Papierbogen, mischt gründlichst durch, zerdrückt etwaige Klumpen mit einem Spatel und füllt die bereitstehenden 100-Gramm-Gläser ganz gleichmässig, genau wie S. 278 für Erzproben vorgeschrieben. Auch für das Verkorken und Versiegeln gelten dieselben Regeln.

Fig. 17.

2. **Chlorkalk, Pottasche** und andere Substanzen, welche an der Luft durch Anziehen von Feuchtigkeit oder aus anderen Gründen schnell verderben, werden wie in No. 3 behandelt, jedoch mit grösster Schnelligkeit und unter gutem Verschlusse des grossen Pulverglases, welches die Hauptprobe aufnimmt. Sicherer verfährt man nach Mittheilung der Chemischen Fabrik Griesheim-Elektron wie folgt. Man benutzt einen Probestecher, Fig. 18, hergestellt aus einem $1^1/_2$" Gasrohr durch Aufmeisseln in der Längsrichtung, so dass eine Längsöffnung von 25 mm Breite entsteht. Eine Seite dieser Öffnung (a) wird geschärft, ebenso der untere Theil (b), welcher in den Chlorkalk eingetrieben wird. Der Obertheil ist verstärkt und mit einer Handhabe (c) versehen. Vor dem Eintreiben des Probestechers wird das Fass gut gerüttelt, aufrecht gestellt, und dann der Probestecher möglichst tief eingeführt, nöthigenfalls mit dem Hammer eingetrieben. Die Probenahme erfolgt am besten beim Oeffnen des Fasses oder nach Anbohren des Deckels (nicht der Seite!); die Bohrlöcher schliesst man dann durch ein kleines Blech, mit Papier als Dichtung. Der eingetriebene Probestecher wird mehrmals um seine Achse gedreht, so dass

Fig. 18.

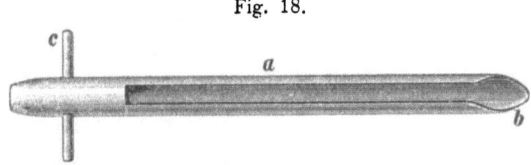

er mit seiner scharfen Seite den Chlorkalk durchschneidet und sich so füllt. Die herausgezogene Probe wird auf Papier gebracht, daselbst möglichst schnell (am besten mit einer kleinen Walze) zerkleinert, gemischt und ausgebreitet. Dann werden recht schnell mit einem Spatel von verschiedenen Stellen

Pröbchen genommen und in Gläser gefüllt, die gut zu verschliessen und an einem kühlen, dunklen Orte aufzubewahren sind. Man sollte Chlorkalkmuster immer ohne grösseren Aufenthalt analysiren.

Ueber die Probestecher von Angerstein und von Gavalowski vgl. Chem.-Techn. Unters. I, 15, 16.

3. **Kaustische Soda.** Die Probe ist für Verkaufszwecke aus den Trommeln an möglichst vielen Stellen zu entnehmen, am sichersten im noch geschmolzenen Zustande. Für den inneren Fabriksgebrauch schöpft man am besten aus jedem Kessel während des Entleerens drei Proben von oben, von der Mitte und von unten, giesst sie eine nach der anderen auf eine Platte (wobei sie sich, da sie inzwischen erstarren, später leicht von einander absondern lassen) und benutzt die mittlere Probe vorzugsweise zur Analyse.

Die Muster ziehen selbst in wohlverschlossenen Flaschen leicht an der Oberfläche Feuchtigkeit und Kohlensäure an, was sich durch das Entstehen einer blinden Kruste zeigt. **Diese Kruste muss vor dem Abwägen der Proben durch Abkratzen entfernt werden.**

XII. Vergleichung der verschiedenen Araeometergrade.

A. Schwere Flüssigkeiten.

Die Baumé-Grade (B) sind nach der Formel $d = \dfrac{144\cdot 3}{144\cdot 3 - n}$ berechnet (das sogenannte „rationelle" Baumé-Araeometer), wobei Wasser von $15^0 = 0^0$ und Schwefelsäuremonohydrat nach früherer (unrichtiger) Annahme $= 1\cdot 842$ bei 15^0 oder $= 66^0$ B gesetzt ist. Die Twaddell-Grade (T), welche in England allein üblich sind, sind gleich der Hälfte der Densimeter-Grade (D), welche aus den specifischen Gewichten durch Weglassen der Ganzen 1 und Verrücken des Dezimalzeichens um zwei Stellen nach rechts entstehen.

1. Baumé-Grade als Einheit.

B	D	T	Spec. Gew.	B	D	T	Spec. Gew.	B	D	T	Spec. Gew.
1	0·7	1·4	1·007	4	2·9	5·8	1·029	7	5·2	10·4	1·052
2	1·4	2·8	1·014	5	3·7	7·4	1·037	8	6	12	1·060
3	2·2	4·4	1·022	6	4·5	9	1·045	9	6·7	13·4	1·067

B	D	T	Spec. Gew.	B	D	T	Spec. Gew.	B	D	T	Spec. Gew.
10	7·5	15	1·075	29	25·2	50·4	1·252	48	49·8	99·6	1·498
11	8·3	16·6	1·083	30	26·3	52·6	1·263	49	51·4	102·8	1·514
12	9·1	18·2	1·091	31	27·4	54·8	1·274	50	53	106	1·530
13	10	20	1·100	32	28·5	57	1·285	51	54·6	109·2	1·546
14	10·8	21·6	1·108	33	29·7	59·4	1·297	52	56·3	112·6	1·563
15	11·6	23·2	1·116	34	30·8	61·6	1·308	53	58	116	1·580
16	12·5	25	1·125	35	32·0	64	1·320	54	59·7	119·4	1·597
17	13·4	26·8	1·134	36	33·2	66·4	1·332	55	61·5	123	1·615
18	14·2	28·4	1·142	37	34·5	69	1·345	56	63·4	126·8	1·634
19	15·2	30·4	1·152	38	35·7	71·4	1·357	57	65·2	130·4	1·652
20	16·2	32·4	1·162	39	37	74	1·370	58	67·1	134·2	1·671
21	17·1	34·2	1·171	40	38·3	76·6	1·383	59	69·1	138·2	1·691
22	18	36	1·180	41	39·7	79·4	1·397	60	71·1	142·2	1·711
23	19	38	1·190	42	41	82	1·410	61	73·2	146·4	1·732
24	20	40	1·200	43	42·4	84·8	1·424	62	75·3	150·6	1·753
25	21	42	1·210	44	43·8	87·6	1·438	63	77·4	154·8	1·774
26	22	44	1·220	45	45·3	90·6	1·453	64	79·6	159·2	1·796
27	23·1	46·2	1·231	46	46·8	93·6	1·468	65	81·9	163·8	1·819
28	24·1	48·2	1·241	47	48·3	96·6	1·483	66	84·2	168·4	1·842

2. Densimeter und Twaddell als Einheit.

D	T	B	Spec. Gew.	D	T	B	Spec. Gew.	D	T	B	Spec. Gew.
	1	0·7	1·005		17	11·2	1·085		33	20 3	1·165
1	2	1·4	1·010	9	18	11·9	1·090	17	34	20·9	1·170
	3	2·1	1·015		19	12·4	1·095		35	21·4	1·175
2	4	2·7	1·020	10	20	13	1·100	18	36	22	1·180
	5	3·4	1·025		21	13·6	1·105		37	22·5	1·185
3	6	4·1	1·030	11	22	14·2	1·110	19	38	23·0	1·190
	7	4·7	1·035		23	14·9	1·115		39	23·5	1·195
4	8	5·4	1·040	12	24	15·4	1·120	20	40	24	1·200
	9	6·0	1·045		25	16	1·125		41	24·5	1·205
5	10	6·7	1·050	13	26	16·5	1·130	21	42	25	1·210
	11	7·4	1·055		27	17	1·135		43	25·5	1·215
6	12	8	1·060	14	28	17·7	1·140	22	44	26	1·220
	13	8·7	1 065		29	18·3	1·145		45	26·4	1·225
7	14	9·4	1·070	15	30	18·8	1·150	23	46	26·9	1·230
	15	10	1·075		31	19·3	1·155		47	27·4	1·235
8	16	10·6	1·080	16	32	19·8	1·160	24	48	27·9	1·240

— 283 —

D	T	B	Spec. Gew.	D	T	B	Spec. Gew.	D	T	B	Spec. Gew.
	49	28·4	1·245	45	90	44·8	1·450		131	57·1	1·655
25	50	28·8	1·250		91	45·1	1·455	66	132	57·4	1·660
	51	29·3	1·255	46	92	45·4	1·460		133	57·7	1·665
26	52	29·7	1·260		93	45·8	1·465	67	134	57·9	1·670
	53	30·2	1·265	47	94	46·1	1·470		135	58·2	1·675
27	54	30·6	1·270		95	46·4	1·475	68	136	58·4	1·680
	55	31·1	1·275	48	96	46·8	1·480		137	58·7	1·685
28	56	31·5	1·280		97	47·1	1·485	69	138	58·9	1·690
	57	32	1·285	49	98	47·4	1·490		139	59·2	1·695
29	58	32·4	1·290		99	47·8	1·495	70	140	59·5	1·700
	59	32·8	1·295	50	100	48·1	1·500		141	59·7	1·705
30	60	33·3	1·300		101	48·4	1·505	71	142	59·9	1·710
	61	33·7	1·305	51	102	48·7	1·510		143	60·2	1·715
31	62	34·2	1·310		103	49	1·515	72	144	60·4	1·720
	63	34·6	1·315	52	104	49·4	1·520		145	60·6	1·725
32	64	35	1·320		105	49·7	1·525	73	146	60·9	1·730
	65	35·4	1·325	53	106	50	1·530		147	61·1	1·735
33	66	35·8	1·330		107	50·3	1·535	74	148	61·4	1·740
	67	36·2	1·335	54	108	50·6	1·540		149	61·6	1·745
34	68	36·6	1·340		109	50·9	1·545	75	150	61·8	1·750
	69	37	1·345	55	110	51·2	1·550		151	62·1	1·755
35	70	37·4	1·350		111	51·5	1·555	76	152	62·3	1·760
	71	37·8	1·355	56	112	51·8	1·560		153	62·5	1·765
36	72	38·2	1·360		113	52·1	1·565	77	154	62·8	1·770
	73	38·6	1·365	57	114	52·4	1·570		155	63	1·775
37	74	39	1·370		115	52·7	1·575	78	156	63·2	1·780
	75	39·4	1·375	58	116	53	1·580		157	63·5	1·785
38	76	39·8	1·380		117	53·3	1·585	79	158	63·7	1·790
	77	40·1	1·385	59	118	53·6	1·590		159	64	1·795
39	78	40·5	1·390		119	53·9	1·595	80	160	64·2	1·800
	79	40·8	1·395	60	120	54·1	1·600		161	64·4	1·805
40	80	41·2	1·400		121	54·4	1·605	81	162	64·6	1·810
	81	41·6	1·405		122	54·7	1·610		163	64·8	1·815
41	82	42	1·410	61	123	55	1·615	82	164	65	1·820
	83	42·3	1·415	62	124	55·2	1·620		165	65·2	1·825
42	84	42·7	1·420		125	55·5	1·625	83	166	65·5	1·830
	85	43·1	1·425	63	126	55·8	1·630		167	65·7	1·835
43	86	43·4	1·430		127	56	1·635	84	168	65·9	1·840
	87	43·8	1·435	64	128	56·3	1·640		169	66·1	1·845
44	88	44·1	1·440		129	56·6	1·645	85	170	66·3	1·850
	89	44·4	1·445	65	130	56·9	1·650				

B. Leichte Flüssigkeiten (Temp. 12·5⁰).

Grade Baumé Cartier u. Beck	Baumé Vol. Gew.	Cartier Vol. Gew.	Beck Vol. Gew.	Grade Baumé Cartier u. Beck	Baumé Vol. Gew.	Cartier Vol. Gew.	Beck Vol. Gew.
0	—	—	1·0000	36	0·8488	0·8439	0·8252
1	—	—	0·9941	37	0·8439	0·8387	0·8212
2	—	—	0·9883	38	0·8391	0·8336	0·8173
3	—	—	0·9826	39	0·8343	0·8286	0·8133
4	—	—	0·9770	40	0·8295	—	0·8095
5	—	—	0·9714	41	0·8249	—	0·8061
6	—	—	0·9659	42	0·8202	—	0·8018
7	—	—	0·9604	43	0·8156	—	0·7981
8	—	—	0·9550	44	0·8111	—	0·7944
9	—	—	0·9497	45	0·8066	—	0·7907
10	1·0000	—	0·9444	46	0·8022	—	0·7871
11	0·9932	1·0000	0·9392	47	0·7978	—	0·7834
12	0·9865	0·9922	0·9340	48	0·7935	—	0·7799
13	0·9799	0·9846	0·9289	49	0·7892	—	0·7763
14	0·9733	0·9764	0·9239	50	0·7849	—	0·7727
15	0·9669	0·9695	0·9189	51	0·7807	—	0·7692
16	0·9605	0·9627	0·9139	52	0 7766	—	0·7658
17	0·9542	0·9560	0·9090	53	0·7725	—	0·7623
18	0·9480	0·9493	0·9042	54	0·7684	—	0·7589
19	0·9420	0·9427	0·8994	55	0·7643	—	0·7556
20	0·9359	0·9363	0·8947	56	0·7604	—	0·7522
21	0·9299	0·9299	0·8900	57	0·7565	—	0·7489
22	0·9241	0·9237	0·8854	58	0·7526	—	0·7456
23	0·9183	0·9175	0·8808	59	0·7487	—	0·7423
24	0·9125	0·9114	0·8762	60	0·7449	—	0·7391
25	0·9068	0·9054	0·8717	61	—	—	0·7359
26	0·9012	0·8994	0·8673	62	—	—	0·7328
27	0·8957	0·8935	0·8629	63	—	—	0·7296
28	0·8902	0·8877	0·8585	64	—	—	0·7265
29	0·8848	0·8820	0·8542	65	—	—	0·7234
30	0·8795	0·8763	0·8500	66	—	—	0·7203
31	0·8742	0·8707	0·8457	67	—	—	0·7173
32	0·8690	0·8652	0·8415	68	—	—	0·7142
33	0·8639	0 8598	0·8374	69	—	—	0·7112
34	0·8588	0·8545	0·8333	70	—	—	0·7083
35	0·8538	0·8491	0·8292				

Alphabetisches Register.

Abbrände von Schwefelkies 143.
— von Zinkblende 146.
Acidimetrie 169, 268.
Acidität der Kammergase 150.
Aetzkali, spec. Gewichte 262.
Aetzkalk s. Kalk.
Aetznatron, Analyse 215.
— in Rohsoda 204.
— spec. Gew. d. Lösungen 222.
Alkalimetrie 268.
Alkalimetrischer Gehalt d. Rohsoda 204.
— — der Rohsodalauge 206.
— — der Handelssoda 226.
— — der Pottasche 252, 255.
Alkalimetrische Grade, Tabelle 228.
Ammoniak, Bestimmnng in Ablaugen vom Destilliren 213.
— — im Gaswasser 263.
— — im schwefelsauren Ammoniak 265.
— Löslichkeit 22.
— spec. Gewichte der Lösungen 266.
Ammoniakfabrikation 263.
Ammoniaksodafabrikation 212.
Amtliche Bezeichnung der Münzen, Maasse und Gewichte 79.
Anemometer 132.
Anhydrid-Analyse 179.
Araeometergrade, Vergleichung 281.
Arsen in Blende 146.
— in Rohschwefel 136.
— in Salzsäure 190.

Arsen in Schwefelkies 143.
— in Schwefelsäure 179.
Arsenlösung zum Titriren 276.
Asche von Brennmaterialien 126.
— von Rohschwefel 136.
Atomgewichte 2.
Ausdehnung durch Wärme 30.
— des Wassers 54.
Ausmessung von Flächen und Körpern 77.
Austrittsgase der Bleikammern 148.
— des Claus-Ofens 214.
— der Salzsäure-Kondensation 184.

Barometerstand, Korrektionstabellen für 44.
Basis im Weldonschlamm 195.
Baumégrade 281, 284.
Bicarbonat, Bestimmung 208, 213.
— in Ammoniaksoda 213.
Bisulfat 237.
Blechgewichte 93.
Blei in Blende 146.
— in Schwefelkies 142.
— in Schwefelsäure 178.
Bleichlaugen 201.
Bleiröhren, Gewichte 98.
Blende 144.
— geröstete 146.
Bodensatz von kaustischer Soda 214.
Braunstein 191.
— regenerirter 194.

Brennmaterialien 126.
Brucinreaktion 178.

Calorimeter 128.
Carbonisirte Laugen 208.
Chamäleonlösung 273.
Chance-Claus-Verfahren 232.
Chancel's Sulfurimeter 138.
Chilisalpeter 235.
Chlor, bleichendes im Chlorkalk 197.
— freies in Deacon-Gasen 200.
— — in Salzsäure 190.
— — in Chlorkalkkammerluft 199.
— Löslichkeit 22.
— flüssiges 202.
Chlorammonium, Löslichkeit 18.
Chlorcalcium, Löslichkeit 18.
Chloride in chlorsaurem Kali 201.
— in elektrolytischen Laugen 217.
— in Kochsalz 182.
— in Handelssoda 228.
— in Rohsoda 205.
— in Salzsäure 188.
— in Schlempenkohle 253.
— in Schwefelsäure 199.
— in Sulfat 183.
Chlorimetrische Grade 198.
Chlorkalium, Bestimmung 250, 253.
— käufliches 250.
— Löslichkeit 18.
Chlorkalk, Analyse 197.
— Grädigkeitstabelle 198.
— Musterziehen 280.
Chlorkammer-Luft 199.
Chlornatrium, käufliches 182.
— Löslichkeit 18.
— im Chlorkalium 251.
— s. a. Chloride.
Chlorsaures Kali, Analyse 201.
— — in Laugen 215.
— — Löslichkeit 18.
Chlorsaures Natron, Löslichkeit 18.

Chlorwasserstoff, Löslichkeit 22
— in Deacongasen 200.
— s. a. Chloride und Salzsäure
Condensation der Salzsäure 184.
Cylinder, Ausmessung 77.

Deacon-Verfahren 200.
Densimetergrade 281, 282.
Dichte von Gasen und Dämpfer 29.
Diphenylaminreaktion 178.
Drahtgewebe 92.
Dreieck 77.
Dulong'sche Formel 127.
Durchschnittsmuster 278.

Eisen in Abbränden 144.
— für Chamäleontiter 273.
— in Kalkmilch 196.
— in Salzsäure 190.
— in Schwefelsäure 178.
— in Soda 228.
— in Sulfat 184.
Elektrische Maasse 62.
Elektrochemische Aequivalente 63.
Elektrolytische Laugen 215.
Englische Maasse etc., Reduktion auf metrische 67.
Erze, Musterziehen 278.
Explosive Gasgemische 60.

Faktoren für Gewichtsanalysen 12.
Ferrocyannatrium in Sodalaugen 207.
Feuerungen, Gase 128.
— Kontrolle 131.
Formeln von Verbindungen 3.

Gasanalysen von Generatorgasen 131.
— von Rauchgasen 128.
— von Kalkofengasen 213.
— im Schwefelsäurebetrieb 147.
Gase, Löslichkeit in Wasser 21, 22, 23.

— 287 —

Gase von Schwefelregeneration 234
— verflüssigte 61.
— Dichte und Litergewichte 29.
— Verbrennungswärmen 60.
— s. a. Gasanalysen, Rauchgase etc.
Gasgemische, explosive 60.
Gasschwefel 138.
Gasvolumeter 174.
— Berechnungen für 16.
Gasvolumina, Reduktion für Temperatur 38.
— — für Druck 44.
Gaswasser 263.
Gefrierpunkte von Lösungen 35.
— von Schwefelsäure 166.
Generatorgase 131.
Gewichte, amtliche Bezeichnung 79.
— specifische s. d.
— von geschichteten Körpern 26.
— von Metallblechen 95.
— von Quadrat- und Rundeisen 95.
— von Gusseisenröhren 96.
— von Bleiröhren 98.
— verschiedener Länder 80.
— Reduktionstabellen 83, 87.
Gewichtsanalysen, Faktoren 12.
Glaubersalz-Analyse 183.
Gusseiserne Röhren, Normaltabelle 96.

Handelssoda 226.
Handelsgrade von Chlorkalk 198.
— von Soda 228.
Hargreaves-Verfahren 185.
Heizkraft, Bestimmung 128.

Indikatoren 169, 248, 270.

Jod in Salpeter 227.
— in Salpetersäure 248.
Jodlösung, normale 275.

Kali in Chilisalpeter 236.
— in Chlorkalium 250.
— in Pottasche 252.
— in schwefelsaurem Kali 250.
— in Schlempenkohle 253.
Kalilauge, spec. Gew. 262.
Kaliumcarbonat, spec. Gewicht 255.
Kaliumsulfat, Analyse 252.
Kalk in Blende 146.
— in Kochsalz 183.
— in Kalkstein 195.
— in gebranntem Kalk 196.
— in Rückstand von kaustischer Soda 214.
— in Rohsoda 203, 204.
— gebrannter 196.
— gelöschter 196.
Kalkmilch, spec. Gewicht 197.
Kalkofengas 213.
Kalkrückstand von kaustischer Soda 213.
Kalkstein 195.
Kammergase (Schwefelsäure) 148.
— (Chlorkalk) 199.
Kaustische Soda 215.
— — spec. Gew. der Lösungen 222.
— — Kohlensäure in 213, 215.
— — Ziehen in Mustern 281.
Kaustisches Kali, Lösungen 262.
Kegel, Ausmessung 77.
Kiesofengase 147.
Kochsalz 182, s. a. Chloride, Chlornatrium.
Kohlen als Brennmaterial 126.
— zur Sodaschmelze 203.
Kohlenoxyd, Bestimmung 128.
Kohlensäure, Best. nach Lunge & Marchlewski 208.
— in Braunstein 193.
— in Deacongasen 200.
— in elektrolytischen Laugen 217.
— in Kalk 196.
— in Rauchgas 128.

Kohlensäure in Schwefelkies 143.
— in Sodalaugen 208, 210.
— in Zinkblende 146.
Kohlensaures Ammoniak, Löslichkeit 18.
— — spec. Gew. der Lösungen 267.
— Kali, Löslichkeit 19.
— — spec. Gew. der Lösungen 217.
— — saures, Löslichkeit 19.
— — s. a. Pottasche.
— Natron, Löslichkeit 19.
— — spec. Gew. der Lösungen 216, 217.
— — saures, Löslichkeit 19.
— — s. a. Soda und Bicarbonat.
Koksrückstand von Kohle 126.
Kondensation der Salzsäure 184.
Kreis, Ausmessung 79.
Kreisumfänge und Inhalte 64.
Kuben 64.
Kubikfusse, Kubikmeter 82.
Kubikwurzeln 64.
Kugel, Ausmessung 79.
Kugelhahnpipette 180.
Kupfer in Schwefelkies 141.
— in Abbränden 117.
Kupfervitriollösung zum Titriren 207, 277.

Leichte Flüssigkeiten, Araeometer für 284.
Litergewichte von Gasen und Dämpfen 29, 291.
Löslichkeit verschiedener Substanzen 17, 18.
— von Gasen 21, 22, 23.
Luftkompression 59.

Maasse, amtliche Bezeichnung 79.
— verschiedener Länder 80.
— Reduktionstabellen 83, 87.
Magnesia in Blende 146.
— in Chlorkalium 252.
— in Kalkstein 196.
— in Sulfat 184.

Magnesiumchlorid in Kochsalz 183.
— in Chlorkalium 252.
Mangan im Wildonschlamm 184
Mangandioxyd im Braunstein 191
— im Weldonschlamm 194.
Mathematische Tabellen 64.
Metallbleche, Gewichte 95.
Methan, Bestimmung 132.
Methylorange 169, 248, 270.
Mischsäuren 249.
Molekulargewichte 3.
Mond's Schwefelgeneration 231
Münztabelle 98.
Musterziehen 278.

Natriumnitrit 170.
Natron in Chlorkalium 251.
— nutzbares in Sodarückstand 205.
— in Pottasche 253, 254.
Nitrometer 172, 191, 235.
Nitrose 170, 172.
Normalalkali 268, 271.
Normalarsenlösung 276.
Normalchamäleon 273.
Normaljodlösung 275.
Normallösungen 268.
— Temperaturkorrektion für 272.
Normaloxalsäure 277.
Normalsäure 268.
Normalsilberlösung 277.
Normalsodalösung 272.

Oleum, Schmelzpunkte 166.
— spec. Gewichte 167, 169.
— Analyse 179.
Orsat-Apparat 128.
Orsat-Lunge-Apparat 131.
Oxalsäure zum Titriren 277.

Patentgesetz, deutsches 98.
— des In- und Auslandes 112.
Penot's Methode 197.
Perchlorat-Bestimmung 237.
Phosphate in Pottasche 254.

Pferdestärken 83.
Pottasche 252.
— Musterziehen 280.
Pottaschefabrikation 250.
Pottaschelauge, spec. Gew. 255.
Preussische Maasse etc. 83.
Procentische Zusammensetzung von Verbindungen 3.
Pyramide 78.
Pyrit s. Schwefelkies.
Pyrometer 134.
Pyrometrische Temperaturen 37.

Quadrate 64.
Quadrateisen 95.
Quadratfusse, -meter 82.
Quadratwurzeln 64.
Quecksilberdruck, Reduktion auf Wasserdruck 54.

Rauchgase 128.
Reduktionstabellen für alkalimetrische Grade 229.
— für Araeometergrade 281, 282, 284.
— für chlorimetrischeGrade198.
— für Gase auf 0^0 38.
— — auf 760 mm Druck 44.
— für Maasssysteme 83, 87.
— für Temperaturskalen 31.
— für Wasserdruck auf Quecksilberdruck 54.
Regenerirter Braunstein 194.
Rhodanammonium 265.
Röhren, gusseiserne 96.
— bleierne 98.
Röstgase 147.
Rohschwefel 136.
Rohsoda 203.
Rohsodalauge 206.
Rundeisen 95.

Salmiakgeist, spec. Gewicht 266.
Salpeter 235.
Salpetersäure 172, 238.
— in Bisulfat 237.
— in Chilisalpeter 235.

Salpetersäure in Mischsäuren 249.
— spec. Gewicht 238.
— Verunreinigungen 248.
Salpetersaures Kali, Löslichkeit 19.
— — Bestimmung 236.
— Natron, Löslichkeit 19.
— — Analyse 235.
Salpetrige Säure in Nitrose 170.
— — in Salpetersäure 248.
— — in Mischsäuren 249.
— — Einfluss auf Methylorange 169.
Salpetrigsaures Natron 170.
Salz (NaCl), Analyse 182.
— Musterziehen 278.
Salze, ausgesoggte, von kaustischer Soda 214.
Salzlösungen, spec. Gewichte 28.
Salzsäure, Analyse 188.
— Austrittsgase von Kondensation 184.
— als Normalsäure 269.
— spec. Gewichte 186.
Salzsäure, Verbrauch für Braunsteinzersetzung 193.
Sauerstoff in Rauchgasen 129.
— in Kammergasen 148.
Säuregehalt der Kammergase 149, 150.
— der Kiesofengase 147.
— im Sulfat 183.
— im Bisulfat 237.
Schlempenkohle 283.
Schmelzpunkte 34.
— von Schwefelsäuren u. Oleum 166.
Schwefel (Rohschwefel) 136.
— in Abbränden 143, 146.
— Feinheitsgrad 138.
— in Gasschwefel 138.
— in Gaswasser 264.
— in Kohle 126.
— Löslichkeit in CS_2 137.
— in Salzen von kaustischer Soda 214.
— in Schwefelkies 140.

Schwefel in Sodalaugen 207.
— in Sodarückstand 206, 232.
— in Zinkblende 140, 146.
Schwefelkies 140.
— Abbrände 143.
— Musterziehen 279.
— Röstgase 147.
Schwefellaugen 231, 233.
Schwefelnatrium 204, 206, 228.
Schwefel-Regeneration nach Mond 231, 232.
— nach Chance 232.
— Gase 234.
Schwefelsäure, Bestimmung von freier 169.
— — durch $BaCl_2$ 141.
— spec. Gewichte 151.
— — — Temp.-Korrekt. 156, 164.
— Gefrierpunkte 166.
— Schmelzpunkte 166.
— Siedepunkte 164.
— Verunreinigungen 170.
— Bestimmung in Kochsalz 183.
— — in Mischsäuren 249.
— — in Salzsäure 190.
— rauchende, Analyse 179.
— — Schmelzpunkte 166.
— — Gehalt an SO_3 163.
Schwefelsaures Ammoniak, Analyse 265.
— Kali, Analyse 250.
— — Löslichkeit 20.
Schwefelsaure Magnesia, Löslichkeit 20.
Schwefelsaures Natron, Analyse 183.
— — Löslichkeit 20.
— — in Rohsoda 205.
Schweflige Säure in Gasen 147.
— — in Oleum 181.
— — in Salzsäure 190.
Schwefligsaures Natron 228.
Schwefelwasserstoff in Austrittsgasen 234.
Selen, Nachw. 137, 178.
Siebgaze 92.

Siedepunkte 86.
— von Schwefelsäuren 164.
Silberlösung zum Titriren 228, 277.
Soda, chemisch reine als Ursubstanz zum Titriren 269.
— rohe 203.
— des Handels 226.
— kaustische 212.
— Grädigkeitstabelle 228.
— Musterziehen 279.
Sodafabrikation, Rohstoffe 203.
Sodalauge 206.
Sodalösungen, spec. Gew. 216, 217.
— als Normalflüssigkeit 272.
Sodamutterlauge 211.
Sodarückstand 205, 232.
Specifische Gewichte von festen Körpern 24.
— von Flüssigkeiten 28.
— von Gasen 29.
— von Salzlösungen 28.
Specifische Wärmen 57.
Stärkelösung 276.
Steinkohle 127, 203.
Steinsalz 182, 278.
Stickoxyd in Kammergasen 150.
— im Nitrometer, Umrechnung auf andere N-Verbindungen 16, 174.
Stickstoff in Kohle 203.
— in Ammoniaksalzen 265.
— in Nitrose 172.
Stickstoffsäuren in Schwefelsäure 178.
— Verhältniss zu einander 177.
Sulfat, Analyse 183.
— Musterziehen 279.
Sulfide, Bestimmung 204, 206, 211, 231, 233.
Sulfit, Bestimmung 211.
Sulfurimeter 138.

Temperaturen, hohe 37.
— Messung 134.
— Reduktion bei Gasen 38.

Temperaturkorrektion für Normallösungen 272.
Thermometerskalen, Vergleichung 31.
Thioschwefelsaures Natron, Löslichkeit 20
Thiosulfate, Bestimmung 211, 231, 233.
Thonerde in Sulfat 184.
Twaddell-Grade 281, 282

Unfallversicherungs-Gesetz 122.
Unterchlorige Säure 215.
Untersalpetersäure 248.
Unterschwefliges Natron, Bestimmung 211, 231, 233.
— — Löslichkeit 20.

Verbrennungswärme von Gasen 60.

Wärme, Ausdehnung durch 30.
— specifische 57.
— Aufwand zur Erzeugung von Wasserdampf 58.
Wärmeeinheiten 58.

Wasser, Volumen bei verschiedenen Temperaturen 54.
— Siedpunkt bei verschiedenem Druck 57.
Wasserdampf, Wärmeaufwand zur Erzeugung 58.
— Spannkraft 55, 56.
Wasserdruck, Reduktion auf Quecksilber 54.
Wassergas, Analyse 131.
Wassergehalt von gelöschtem Kalk 196.
— von Deacon-Gasen 201.
Wasserstoff, Bestimmung 131.
Wasserstoffsuperoxydmethode für Braunstein 191.
— für Chlorkalk 197.
— für Chamäleontiter 273.
— für Jodlösung 275.
Weldonschlamm 194.

Zink in Schwefelkies 142.
Zinkblende 146.
— geröstete 146.
Zugmessung 132.

Berichtigungen.

S. 29: Das Litergewicht des Wasserstoffs ist 0·090213 (nicht 1·90153).
S. 29: „ „ der atm. Luft: 1·2931 (nicht 1·12931).
S. 127 Zeile 9 von unten: S. 141 (nicht S. 142).
S. 136 „ 7 „ oben: Rohschwefel (nicht Rehschwefel).

Kgl. Universitätsdruckerei von H. Stürtz in Würzburg.

Verlag von Julius Springer in Berlin N.

Taschenbuch für die Mineralöl-Industrie.
Von Dr. S. Aisinman.
Mit 50 Abbildungen im Text.
In Leder gebunden Preis M. 7, –.

Leitfaden für Zuckerfabrikchemiker
zur Untersuchung der in der Zuckerfabrikation vorkommenden Produkte und Hilfsstoffe.
Von Dr. E. Preuss,
Chemiker des Dr. C. Scheibler'schen Laboratoriums (R. Fiebig) in Berlin.
Mit 33 in den Text gedruckten Abbildungen.
In Leinwand gebunden Preis M. 4,—.

Analyse der Fette und Wachsarten.
Von Dr. Rudolf Benedikt,
weil. Professor an der k. k. Technischen Hochschule in Wien.
Dritte erweiterte Auflage
herausgegeben von Ferdinand Ulzer, Professor am k. k. Technologischen Gewerbe-Museum in Wien.
Mit dem Bildniss Benedikts in Photogravüre und 48 Textfiguren.
In Leinwand gebunden Preis M. 12, –.

Die chemische Untersuchung des Eisens.
Eine vollständige Zusammenstellung der bekanntesten Untersuchungs-Methoden für
Eisen, Stahl, Roheisen, Eisenerz, Kalkstein, Schlacke, Thon, Kohle, Koks, Verbrennungs- und Generatorgase.
Von Andrew Alexander Blair.
Vervollständigte deutsche Bearbeitung von L. Rürup, Hütten-Ingenieur.
Mit zahlreichen in den Text gedruckten Abbildungen.
In Leinwand gebunden Preis M. 6, .

Chemiker-Kalender.
Ein Hilfsbuch für Chemiker, Physiker, Mineralogen, Industrielle, Pharmaceuten, Hüttenmänner etc
Von Dr. Rudolf Biedermann.
In zwei Theilen.
I. Theil in Leinwandband. – II. Theil (Beilage) geheftet. Preis zus. M. 4, .
I. Theil in Lederband. — II. Theil (Beilage) geheftet. Preis zus. M. 4,50.

Zeitschrift für angewandte Chemie.
Organ des Vereins Deutscher Chemiker.
Begründet von Dr. Ferdinand Fischer.
Herausgegeben
von **Dr. H. Caro** und **Dr. L. Wenghöffer.**
Erscheint wöchentlich.
Preis für den Jahrgang M. 20.—; für das Ausland zuzüglich Porto.

Zu beziehen durch jede Buchhandlung.

Verlag von Julius Springer in Berlin N.

Chemisch-technische Untersuchungsmethoden.

Mit Benutzung der früheren
von Dr. Friedrich Böckmann bearbeiteten Auflagen
und unter Mitwirkung von

*C. Adam, L. Aubry, F. Barnstein, Th. Beckert, C. Bischof, O. Böttcher,
C. Councler, K. Dieterich, K. Dümmler, A. Ebertz, C. v. Eckenbrecher,
F. Erismann, F. Fischer, E. Gildemeister, R. Gnehm, O. Guttmann, E. Haselhoff,
R. Henriques, W. Herzberg, D. Holde, W. Jettel, H. Köhler, E. O. v. Lippmann,
J. Messner, C. Moldenhauer, G. S. Neumann, J. Püssler, O. Pfeiffer, O. Pufahl,
G. Pulvermacher, H. Rasch, O. Schluttig, C. Schoch, G. Schüle, L. Tietjens, K. Windisch*

herausgegeben von

Dr. Georg Lunge,

Professor der techn. Chemie am Eidgenöss. Polytechnikum in Zürich.

Vierte, vollständig umgearbeitete und vermehrte Auflage.

—— In drei Bänden. ——

Erster Band.	**Zweiter Band.**
Mit 146 in den Text gedruckten Abbild.	Mit 143 in den Text gedruckten Abbild.
Preis M. 16.—, gebd. M. 18.—.	Preis M. 16.—, gebd. M. 18.—.

Dritter Band.
Mit 101 in den Text gedruckten Abbildungen.
Preis M. 23.—, gebd. M. 25.—.

Inhalt des Werkes. Band I. Allgemeiner Theil: Prof. Dr. Lunge, Zürich. — Technische Gasanalyse: Prof. Dr. Ferd. Fischer, Göttingen. — Brennstoffuntersuchung: Prof. Dr. Ferd. Fischer, Göttingen. — Fabrikation der schwefligen Säure, Salpetersäure und Schwefelsäure: Prof. Dr. Lunge, Zürich. — Sulfat- und Salzsäure-Fabrikation: Prof. Dr. Lunge, Zürich. — Fabrikation der Soda: Prof. Dr. Lunge, Zürich. — Die Industrie des Chlors: Prof. Dr. Lunge, Zürich. — Kalisalze: Chefchemiker Dr. Tietjens, Leopoldshall. — Cyanverbindungen: Fabrikdirektor C. Moldenhauer, Frankfurt a. M. — Thonanalyse: Prof. Dr. Bischof, Wiesbaden. — Thonwaaren: K. Dümmler, Wilmersdorf. — Thonerdepräparate: Prof. Dr. Lunge, Zürich. — Glas: Prof. C. Adam, Wien. — Die Mörtel-Industrie: Dr. C. Schoch, Berlin. — Die Luft: Prof. Dr. Erismann, Zürich. — Trink- und Brauchwasser: Prof. Dr. Erismann, Zürich. — Prüfung des Wassers für Kesselspeisung u. a. techn. Zwecke: Prof. Dr. Lunge, Zürich. — Abwässer: Dr. E. Haselhoff, Münster i. W. — Boden: Dr E. Haselhoff, Münster i. W. — **Band II.** Eisen: Direktor Th. Beckert, Duisburg. — Metalle ausser Eisen. Metallsalze: Prof. Dr. Pufahl, Berlin. — Künstliche Düngemittel: Dr. O. Böttcher, Möckern. — Futterstoffe: Dr. F. Barnstein, Möckern. — Explosivstoffe: O. Guttmann, London. — Zündwaaren: Wladimir Jettel, Partenkirchen. — Gasfabrikation: Ammoniak: Dr. O. Pfeiffer, Magdeburg. — Calciumkarbid und Acetylen: Prof. Dr. Lunge, Zürich. — Industrie des Steinkohlentheers: Dr. H. Köhler, Worms. — Unorganische Farbstoffe: Prof. Dr. Gnehm, Zürich. — **Band III.** Petroleum, andere Mineralöle, Paraffin, Ceresin, konsistente Fette, Schmiermittel: Dr D. Holde, Charlottenburg. — Fette, Oele, Wachse, Firnisse, Anstrichfarben, Seifen, Kerzen, Glycerin: Dr. R. Henriques, Berlin. — Harze, Drogen, Galenische Präparate: Dr. Karl Dieterich, Helfenberg b Dresden. — Kautschuk, Guttapercha: Dr. R Henriques, Berlin. — Aetherische Oele: Dr. E. Gildemeister, Leipzig-Gohlis. - Zucker: Direktor Dr. E. O. von Lippmann u. Dr. G. Pulvermacher, Halle a. S. — Stärke, Dextrin etc.: Prof. Dr. C. von Eckenbrecher, Charlottenburg. — Spiritus, Branntwein, Liqueure, Essig: Dr. Schüle und Dr. Ebertz, Hohenheim. — Wein: Dr. K. Windisch, Geisenheim. — Bier: Prof. Dr. L. Aubry, München. — Gerbstoffe: Prof. Dr. C. Councler, Hann.-Münden — Leder: Direktor Dr. Pässler, Freiberg i. S. — Papier: Assistent W. Herzberg, Charlottenburg. — Tinte: Dr G. S. Neumann und Direktor O. Schluttig, Loschwitz-Dresden. — Organische Präparate: Dr. Messner, Darmstadt. — Die Weinsäureindustrie: Gewerberath Dr. Herm. Rasch, Berlin. — Organische Farbstoffe und Ausgangsprodukte derselben; Prüfung der Gespinnstfasern, Appreturen: Prof. Dr. Gnehm, Zürich.

Zu beziehen durch jede Buchhandlung.

MIX
Papier aus verantwortungsvollen Quellen
Paper from responsible sources
FSC® C105338

If you have any concerns about our products,
you can contact us on
ProductSafety@springernature.com

In case Publisher is established outside the EU,
the EU authorized representative is:
**Springer Nature Customer Service Center GmbH
Europaplatz 3, 69115 Heidelberg, Germany**

Printed by Libri Plureos GmbH
in Hamburg, Germany